"十一五"高等院校规划教材

嵌入式系统接口原理与应用

主　编　文全刚
副主编　陈　远　　纪　绪　　朱天元

北京航空航天大学出版社

内容简介

本书主要内容分成3个部分：第一部分介绍以ARM为内核的嵌入式微处理器基本知识、嵌入式开发环境，包括第1、2章。第二部分介绍存储器接口、基本输入/输出接口、外部总线接口、网络接口、嵌入式系统软件设计等知识，包括第3～7章。第三部分是实验内容，包括第8章。本书含光盘1张，内含相关实验的源代码和相应视频，读者可根据实际情况选做其中的实验。

本书可作为高等院校计算机、电子及相关专业的教材或参考书，也适合工程技术人员参考。

图书在版编目(CIP)数据

嵌入式系统接口原理与应用/文全刚主编．—北京：北京航空航天大学出版社，2009.10
ISBN 978-7-81124-929-3

Ⅰ.嵌… Ⅱ.文… Ⅲ.微型计算机—接口—系统设计
Ⅳ.TP364.721

中国版本图书馆 CIP 数据核字(2009)第 178828 号

© 2009，北京航空航天大学出版社，版权所有。
未经本书出版者书面许可，任何单位和个人不得以任何形式或手段复制本书及所附光盘内容。侵权必究。

嵌入式系统接口原理与应用

主　编　文全刚
副主编　陈　远　纪　绪　朱天元
责任编辑　董立娟

*

北京航空航天大学出版社出版发行
北京市海淀区学院路37号(100191)　发行部电话：010-82317024　传真：010-82328026
www.buaapress.com.cn　E-mail：emsbook@gmail.com
北京时代华都印刷有限公司印装　各地书店经销
开本：787×960　1/16　印张：23.75　字数：532千字
2009年10月第1版　2009年10月第1次印刷　印数：4 000册
ISBN 978-7-81124-929-3　　定价：42.00元(含光盘)

前 言

目前,嵌入式产品已经无处不在:通信、信息、数字家庭、工业控制等领域,随处都能见到嵌入式产品;国内也掀起了学习嵌入式知识的热潮。嵌入式知识的学习范围很广,不仅要学习软件知识还要学习硬件知识。学习嵌入式要以应用为导向,因此,建议学习者首先选择一款主流芯片,以点带面、循序渐进地进行。目前,以 ARM 为核心的嵌入式技术逐渐成为我国嵌入式教学的主流。

结合多年的教学实践,我们编写了嵌入式系列教材,《嵌入式系统接口原理与应用》是软硬件结合最紧密的知识模块。目前,嵌入式设计中大多数是结合某种开发板做二次开发,因此,硬件的比重只占到 20%,而软件的比重却占到 80%。本书按照"接口原理→典型电路→接口编程"这种模式对常用接口进行了介绍,重点是接口驱动程序的编写。本书的接口驱动程序不是基于某种操作系统,而是用 C 语言编写从而直接控制接口控制器。通过 ADS 集成开发调试环境,读者可以很清楚地看到软件对硬件的控制过程。这个理解过程对于读者编写基于某种操作系统下的接口驱动程序有很大的帮助。本书的前导课程是《计算机组成原理》、《C 语言程序设计》、《汇编语言程序设计——基于 ARM 体系结构》,后续课程是《嵌入式 Linux 操作系统原理与应用》、《嵌入式系统原理与应用》。

本书主要内容分成 3 个部分:第一部分介绍以 ARM 为内核的嵌入式微处理器基本知识、嵌入式开发环境,包括第 1、2 章。第二部分介绍存储器接口、基本输入/输出接口、外部总线接口、网络接口、嵌入式系统软件设计等知识,包括第 3~7 章。第三部分是实验内容,包括第 8 章。具体章节安排如下:

第 1 章 嵌入式微处理器:首先介绍嵌入式系统的基本组成结构,然后介绍微处理器的基本知识以及常用的嵌入式微处理器,最后重点介绍国内几种以 ARM 为内核的嵌入式微处理器以及 ARM 芯片的选型。

第 2 章 嵌入式开发环境:介绍接口硬件开发的基本知识、基于开发板的二次开发、最小硬件系统模块、电源复位电路、时钟电路、JTAG 接口等知识,结合实例重点介绍本书接口软件开发所用的开发工具——ADS 平台。

第 3 章 嵌入式系统的存储器:结合半导体存储器件的发展过程分别介绍 ROM、

EPROM、Flash ROM 等器件的原理和基本结构,重点介绍国内用得比较多的两种 Nand Flash 芯片和 NOR Flash 芯片。最后介绍常用的外部存储器,如硬盘、光盘、U 盘等。

第 4 章　基本输入/输出接口:结合国内常用的 ARM 芯片 S3C2410,介绍常用的输入/输出接口,如 GPIO、键盘与鼠标接口、数/模转换、触摸屏、显示器接口、音频接口等,并结合电路介绍如何对基本的输入/输出接口进行软件编程。

第 5 章　外部总线接口:结合国内常用的 ARM 芯片 S3C2410,介绍常用的外部总线接口,如 RS-232 接口、PCI 接口、SPI 接口、I^2C 接口、USB 接口、PCMCIA 接口等,并结合电路介绍如何对外部总线进行接口编程。

第 6 章　网络接口:主要介绍以太网络、CAN 总线、GPRS 接口、ZigBee 技术、GPS 接口技术。

第 7 章　嵌入式系统软件设计:首先介绍通用操作系统和嵌入式操作系统的基本联系和区别,然后重点介绍 μC/OS-Ⅱ 操作系统的基本结构及其在 ARM 内核 CPU 中的移植,最后结合实例介绍 μC/OS-Ⅱ 下应用程序的编写。

第 8 章　常用接口实验:首先介绍嵌入式接口开发环境,然后对常用的接口实验进行介绍,其中,基本实验主要包括存储器实验、矩阵键盘实验、A/D 转换实验、触摸屏实验、LCD 实验、串口实验、SPI 总线接口、μC/OS-Ⅱ 实验;扩展实验包括 I^2C 实验、CAN 总线接口、GPRS 实验。基本实验都有相应的视频作参考,读者可根据实际情况选做其中的实验。

本书有如下几个特点:

① 本书是学习 ARM 架构嵌入式知识中接口知识模块的课程,适用于嵌入式方向应用型本科教学,也适合读者自学。

② 本书编写中融入了作者多年的项目经验,编写时注重实践操作部分,尽量避免繁琐、高深的理论介绍,强调培养学生的动手能力。

③ 配套的实验教学视频,结合国内常用的 UP-NETARM2410S 实验平台,本书 90% 以上的程序都可以在 ADS 开发环境中进行在线调试。针对这些实验我们做了 19 个视频供学习者参考,真正做到了手把手教学。

④ 配套光盘,本书中用到的学习资料和所有的源程序都在光盘中,利于教学与自学。

⑤ 配套的网络资源,读者可以登录 http://jsjpg.jluzh.com/,找到嵌入式系统实验室教学网,里面提供了一些免费的教学资源。

本书在编写过程中得到了北京航空航天大学何立民教授、北京航空航天大学出版社马广云博士的很多帮助和鼓励,在此表示衷心的感谢。参与本书编写工作的人员如下:吉林大学珠海学院陈远、朱天元、罗建、纪绪、苗雨、孙奇、陈卓、张荣高、乔瑞芳、孙永坚等，湖南铁道职业技术学院刘志成副教授，一并表示感谢。同时，感谢康学林副院长、教学工作部杨文彦主任、王元良教授、庞振平教授、陈守孔教授、姜云飞教授、司玉娟教授、张立教授、闫维和教授、刘亚松高级工程师等，以及家人的大力支持。

  由于时间仓促，加之作者水平有限，错误和不足之处在所难免，敬请读者批评指正。有兴趣的读者，可以发送电子邮件到：wen_sir_125@163.com，与作者进一步交流；也可以发送电子邮件到：xdhydcd5@sina.com，与本书的策划编辑进行交流。

作　者

2009 年 6 月于珠海

目 录

第1章 嵌入式微处理器

1.1 概 述 ······ 1
- 1.1.1 嵌入式系统的组成 ······ 1
- 1.1.2 嵌入式处理器的分类 ······ 2
- 1.1.3 嵌入式处理器的评估指标 ······ 5

1.2 嵌入式微处理器基础 ······ 6
- 1.2.1 微处理器设计中的基本概念 ······ 6
- 1.2.2 体系结构 ······ 9
- 1.2.3 CISC 和 RISC 技术 ······ 10
- 1.2.4 流水线技术 ······ 11
- 1.2.5 多核技术 ······ 15
- 1.2.6 嵌入式处理器发展趋势 ······ 17

1.3 总线概述 ······ 19
- 1.3.1 基本概念 ······ 19
- 1.3.2 片内总线 ······ 21
- 1.3.3 芯片总线 ······ 22
- 1.3.4 系统内总线 ······ 22
- 1.3.5 外部总线 ······ 24

1.4 常见的嵌入式微处理器 ······ 25
- 1.4.1 PowerPC 处理器 ······ 25
- 1.4.2 68K/ColdFire 处理器 ······ 28
- 1.4.3 MIPS 处理器 ······ 28
- 1.4.4 SPARC 处理器 ······ 29
- 1.4.5 ARM 处理器 ······ 30

1.5 ARM 处理器 ······ 35

  1.5.1　ARM 内核 ………………………………………………………………… 35
  1.5.2　ARM 寄存器 ……………………………………………………………… 37
  1.5.3　信息存储的字节顺序 …………………………………………………… 42
  1.5.4　ARM 指令系统 …………………………………………………………… 44
  1.5.5　ARM 处理器的中断和异常 ……………………………………………… 48
 1.6　ARM 内核 ………………………………………………………………………… 52
  1.6.1　ARM7 系列 ……………………………………………………………… 52
  1.6.2　ARM9 系列 ……………………………………………………………… 53
  1.6.3　ARM10 系列 ……………………………………………………………… 55
  1.6.4　ARM11 系列 ……………………………………………………………… 57
  1.6.5　SecurCore 微处理器系列 ………………………………………………… 58
  1.6.6　StrongARM 和 XScale 系列 ……………………………………………… 58
  1.6.7　ARM Cortex 处理器系列 ………………………………………………… 60
 1.7　基于 ARM 核的芯片选择 ……………………………………………………… 61
  1.7.1　ARM 内核的选择 ………………………………………………………… 61
  1.7.2　接口控制器的选择 ………………………………………………………… 62
  1.7.3　多核的选择 ………………………………………………………………… 64
  1.7.4　国内常用 ARM 芯片 ……………………………………………………… 65
  1.7.5　选择方案举例 ……………………………………………………………… 68
 习　题 ……………………………………………………………………………………… 69

第 2 章　嵌入式开发环境

 2.1　硬件设计基础 ……………………………………………………………………… 70
  2.1.1　电路设计基本流程 ………………………………………………………… 70
  2.1.2　常用的电路设计工具 ……………………………………………………… 71
  2.1.3　接口的作用 ………………………………………………………………… 72
  2.1.4　接口设计 …………………………………………………………………… 75
 2.2　基于开发板的二次开发 ………………………………………………………… 77
  2.2.1　基于开发板的二次开发概述 ……………………………………………… 77
  2.2.2　嵌入式最小系统的硬件模块 ……………………………………………… 78
  2.2.3　嵌入式系统的启动架构 …………………………………………………… 81
 2.3　电源和复位接口 ………………………………………………………………… 82
  2.3.1　电源接口概述 ……………………………………………………………… 82
  2.3.2　低功耗设计和电源管理 …………………………………………………… 83

2.3.3 电源接口电路 ... 86
2.3.4 RST 电路 ... 86
2.4 调试接口 ... 88
2.4.1 嵌入式系统的调试方法 ... 88
2.4.2 JTAG 调试接口 ... 88
2.5 ADS1.2 集成开发环境 ... 90
2.5.1 Code Warrior IDE ... 90
2.5.2 AXD 调试器 ... 92
2.5.3 使用 ADS 开发软件过程 ... 92
2.5.4 汇编语言和 C 语言交互编程 ... 95
习 题 ... 98

第3章 嵌入式系统的存储器

3.1 存储系统概述 ... 99
3.1.1 存储器的分类 ... 99
3.1.2 存储系统的层次结构 ... 101
3.1.3 半导体存储器的主要性能指标 ... 102
3.1.4 嵌入式系统存储设备 ... 103
3.2 随机存储器 RAM ... 103
3.2.1 概 述 ... 103
3.2.2 静态随机存储器 SRAM ... 104
3.2.3 动态随机存储器 DRAM ... 107
3.2.4 同步动态随机存储器 SDRAM ... 110
3.2.5 双倍速率随机存储器 DDRAM ... 111
3.2.6 存储器接口 ... 111
3.2.7 存储器接口编程 ... 113
3.3 只读存储器 ROM ... 116
3.3.1 掩膜 ROM ... 116
3.3.2 可编程 ROM ... 117
3.3.3 可擦除可编程 ROM ... 117
3.3.4 电可擦除可编程 ROM ... 118
3.3.5 Flash 存储器 ... 119
3.4 Nor Flash 芯片介绍 ... 123
3.4.1 SST39VF160 ... 123

3.4.2 SST39VF160 的操作命令 ……………………………… 124
3.4.3 Nor Flash 接口电路 ……………………………… 128
3.4.4 Nor Flash 接口编程 ……………………………… 129
3.5 Nand Flash 存储器 ……………………………… 134
3.5.1 K9F1208UOB 概述 ……………………………… 134
3.5.2 K9F1208UOB 的操作命令 ……………………………… 137
3.5.3 Nand Flash 控制器 ……………………………… 140
3.5.4 Nand Flash 接口电路 ……………………………… 142
3.5.5 Nand Flash 接口编程 ……………………………… 143
3.6 外部存储器 ……………………………… 148
3.6.1 硬 盘 ……………………………… 148
3.6.2 光盘存储器 ……………………………… 150
3.6.3 Flash 卡 ……………………………… 151
习 题 ……………………………… 154

第4章 基本输入/输出接口

4.1 输入/输出接口概述 ……………………………… 155
4.1.1 GPIO 的结构与原理 ……………………………… 155
4.1.2 S3C2410 中的 GPIO ……………………………… 157
4.2 键盘和鼠标接口 ……………………………… 160
4.2.1 键盘接口 ……………………………… 160
4.2.2 键盘接口编程 ……………………………… 162
4.2.3 PS/2 接口 ……………………………… 164
4.3 A/D 转换器 ……………………………… 167
4.3.1 A/D 转换器概述 ……………………………… 167
4.3.2 A/D 转换的原理 ……………………………… 168
4.3.3 D/A 转换的方法 ……………………………… 173
4.3.4 A/D 转换电路 ……………………………… 175
4.3.5 A/D 转换接口编程 ……………………………… 177
4.4 触摸屏接口 ……………………………… 179
4.4.1 触摸屏的工作原理 ……………………………… 179
4.4.2 S3C2410 触摸屏控制器 ……………………………… 182
4.4.3 S3C2410 触摸屏接口编程 ……………………………… 185
4.5 显示器接口 ……………………………… 188

4.5.1 CRT 显示器 189
4.5.2 LED 显示器 192
4.5.3 液晶显示器 196
4.6 LCD 控制器接口与编程 199
4.6.1 LCD 控制器概述 199
4.6.2 控制流程 200
4.6.3 LCD 接口编程 203
4.7 音频接口 206
4.7.1 I^2S 总线概述 206
4.7.2 基于 I^2S 接口的硬件设计 209
4.7.3 基于 I^2S 接口的软件设计 211
习 题 212

第 5 章 外部总线接口

5.1 串行与并行接口 213
5.1.1 概 述 213
5.1.2 RS-232-C 串行接口 216
5.1.3 UART 控制器 218
5.1.4 串行接口编程 222
5.1.5 并行接口 224
5.2 USB 接口 227
5.2.1 概 述 227
5.2.2 USB 通信原理 231
5.2.3 S3C2410 的 USB 接口 233
5.2.4 USB 接口软件设计 235
5.3 IEEE1394 接口 236
5.3.1 概 述 236
5.3.2 IEEE1394 协议结构 238
5.4 SPI 接口 239
5.4.1 概 述 239
5.4.2 S3C2410 中的 SPI 接口 241
5.4.3 SPI 接口编程 243
5.5 I^2C 总线接口 244
5.5.1 概 述 244

5.5.2 I^2C 总线工作原理 ········· 245
5.5.3 I^2C 总线接口电路 ········· 247
5.5.4 I^2C 总线接口编程 ········· 248
5.6 PCMCIA 接口和 PCI 总线 ········· 250
5.6.1 PCMCIA 接口 ········· 250
5.6.2 PCI 总线 ········· 251
习　题 ········· 253

第6章　网络接口

6.1 以太网接口 ········· 254
6.1.1 概　述 ········· 254
6.1.2 以太网接口工作原理 ········· 258
6.1.3 以太网接口软件设计 ········· 258
6.2 CAN 总线接口 ········· 260
6.2.1 概　述 ········· 260
6.2.2 CAN 总线工作原理 ········· 261
6.2.3 CAN 总线接口 ········· 262
6.2.4 CAN 总线接口编程 ········· 264
6.3 常用无线接入技术 ········· 267
6.3.1 概　述 ········· 267
6.3.2 红外技术 ········· 267
6.3.3 HomeRF 技术 ········· 268
6.3.4 GPRS/CDMA 接入技术 ········· 269
6.3.5 WLAN 技术 ········· 270
6.4 蓝牙接口 ········· 271
6.4.1 概　述 ········· 271
6.4.2 蓝牙的基本原理 ········· 273
6.4.3 蓝牙接口 ········· 276
6.5 GPRS 接口 ········· 279
6.5.1 概　述 ········· 279
6.5.2 GPRS 的基本原理 ········· 280
6.5.3 GPRS 接口 ········· 282
6.5.4 GPRS 接口编程 ········· 285
6.6 ZigBee 技术 ········· 286

  6.6.1 概　述 ……………………………………………………………………… 286
  6.6.2 ZigBee 技术的基本原理 ……………………………………………………… 288
  6.6.3 ZigBee 接口 …………………………………………………………………… 290
 6.7 GPS 接口 …………………………………………………………………………… 292
  6.7.1 概　述 ……………………………………………………………………… 292
  6.7.2 GPS 的基本原理 ……………………………………………………………… 293
  6.7.3 GPS 接口 ……………………………………………………………………… 295
  6.7.4 GPS 接口编程 ………………………………………………………………… 296
 习　题 …………………………………………………………………………………… 297

第7章　嵌入式系统软件设计

 7.1 嵌入式系统软件结构 ……………………………………………………………… 298
  7.1.1 嵌入式软件体系结构 ………………………………………………………… 298
  7.1.2 设备驱动层 …………………………………………………………………… 299
  7.1.3 实时操作系统 ………………………………………………………………… 300
  7.1.4 中间件层 ……………………………………………………………………… 301
  7.1.5 应用程序 ……………………………………………………………………… 302
 7.2 嵌入式操作系统 …………………………………………………………………… 302
  7.2.1 操作系统的基本功能 ………………………………………………………… 302
  7.2.2 嵌入式操作系统 ……………………………………………………………… 303
  7.2.3 嵌入式操作系统 μC/OS-Ⅱ 概述 …………………………………………… 305
 7.3 μC/OS-Ⅱ 的内核结构 ……………………………………………………………… 305
  7.3.1 多任务 ………………………………………………………………………… 305
  7.3.2 任务调度 ……………………………………………………………………… 308
  7.3.3 中断与时间管理 ……………………………………………………………… 309
  7.3.4 μC/OS-Ⅱ 的初始化 …………………………………………………………… 311
  7.3.5 μC/OS-Ⅱ 的任务通信和同步 ………………………………………………… 312
 7.4 μC/OS-Ⅱ 的原理与移植 …………………………………………………………… 314
  7.4.1 移植 μC/OS-Ⅱ 基本要求 ……………………………………………………… 314
  7.4.2 主体移植过程 ………………………………………………………………… 315
 7.5 基于 μC/OS-Ⅱ 的应用程序设计 …………………………………………………… 318
  7.5.1 基于 μC/OS-Ⅱ 扩展的 RTOS 体系结构 ……………………………………… 318
  7.5.2 基于 μC/OS-Ⅱ 的应用程序 …………………………………………………… 319
  7.5.3 基于绘图 API 的应用程序 …………………………………………………… 320

习　题 ……………………………………………………………………………… 323

第8章　常用接口实验

8.1　嵌入式系统开发环境 …………………………………………………………… 324

8.2　存储器实验 ……………………………………………………………………… 326

8.3　矩阵键盘实验 …………………………………………………………………… 333

8.4　A/D 转换实验 …………………………………………………………………… 336

8.5　触摸屏实验 ……………………………………………………………………… 338

8.6　LCD 实验 ………………………………………………………………………… 342

8.7　串口实验 ………………………………………………………………………… 343

8.8　SPI 实验 ………………………………………………………………………… 347

8.9　I^2C 接口实验 …………………………………………………………………… 349

8.10　CAN 总线实验 ………………………………………………………………… 353

8.11　GPRS 总线实验 ………………………………………………………………… 355

8.12　μC/OS-Ⅱ实验 ………………………………………………………………… 359

参考文献 ……………………………………………………………………………… 363

第1章 嵌入式微处理器

嵌入式产品的设计是以处理器为核心的系统设计,以 ARM 为内核的嵌入式处理器得到了广泛的应用。本章首先介绍嵌入式系统的基本组成结构,然后介绍微处理器的基本知识以及常用的嵌入式微处理器,最后重点介绍国内几种以 ARM 为内核的嵌入式微处理器以及 ARM 芯片的选型方法。

1.1 概 述

1.1.1 嵌入式系统的组成

嵌入式系统是软/硬件结合紧密的系统。一般而言,嵌入式系统由嵌入式硬件平台、嵌入式软件组成。其中,嵌入式系统硬件平台包括各种嵌入式器件,图 1-1 下半部分是一个以 ARM 嵌入式处理器为中心,由存储器、I/O 设备、通信模块以及电源等必要辅助接口组成的嵌入式系统。嵌入式系统的硬件核心是嵌入式微处理器,有时为了提高系统的信息处理能力,常外接 DSP 和 DSP 协处理器(也可内部集成),以完成高性能信号处理。

嵌入式系统不同于普通计算机,它是为产品量身定做的专用计算机应用系统。在实际应用中的嵌入式系统硬件配置非常精简,除了微处理器和基本的外围电路以外,其余的电路都可根据需求和成本进行裁减、定制,非常经济、可靠。随着计算机技术、微电子技术、应用技术的不断发展及纳米芯片加工工艺技术的发展,以微处理器为核心,集成多功能的 SOC 系统芯片已成为嵌入式系统的核心。在嵌入式系统设计中,要尽可能地选择满足系统功能接口的 SOC 芯片,这些 SOC 集成了大量的外围 USB、UART、以太网、ADC/DAC 等功能模块。

可编程片上系统 SOPC(System On Programmable Chip)结合了 SOC 和 PLD、FPGA 各自的技术特点,使得系统具有可编程的功能,是可编程逻辑器件在嵌入式应用中的完美体现,极大地提高了系统在线升级、换代的能力。以 SOC/SOPC 为核心,用最少的外围部件和连接部件构成一个应用系统,满足系统的功能需求,这是嵌入式系统发展的一个方向。

嵌入式系统软件一般包含 4 个方面:设备驱动层、实时操作系统(RTOS)、中间件层、实际应用程序层,如图 1-1 上半部分所示。

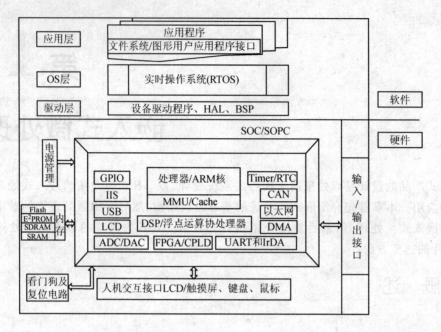

图 1-1 典型的嵌入式系统组成

1.1.2 嵌入式处理器的分类

嵌入式系统的硬件是以嵌入式处理器为核心,配置必要的外围接口部件。在嵌入式系统设计中,应尽可能选择适于系统功能接口的 SOC/SOPC 芯片,以最少的外围部件构成一个应用系统,满足嵌入式系统的特殊需求。

嵌入式处理器可分为 4 类:嵌入式微处理器(MPU,Micro Processor Unit)、嵌入式微控制器(MCU,Microcontroller Unit)、嵌入式 DSP(EDSP,Embedded Digital Signal Processor)、嵌入式片上系统(System On Chip)。随着嵌入式系统复杂性的提高,控制算法更加复杂。嵌入式 Internet 的广泛应用、嵌入式操作系统的引入以及触摸屏等复杂人机接口的使用,使 32 位处理器核的应用也日趋广泛。

1. 嵌入式微处理器

嵌入式微处理器(MPU,Micro Processor Unit)就是与通用计算机的微处理器对应的 CPU。在应用中它的特征是具有 32 位以上的处理器,具有较高的性能,当然其价格也相应较高。但与计算机处理器不同的是,在实际嵌入式应用中只保留和嵌入式应用紧密相关的功能硬件,去除其他的冗余功能部分,这样就以最低的功耗和资源实现嵌入式应用的特殊要求。和工业控制计算机相比,嵌入式微处理器具有体积小、质量小、成本低、可靠性高的优点。早期的嵌入式系统是将微处理器装配在专门设计的电路板上,并在电路板上设计了与嵌入式系统相关的功能模块,这样可以满足嵌入式系统体积小和功耗低的要求。目前,嵌入式处理器主要包括 Am186/88、386EX、PowerPC、Motorola68000、ARM/StrongARM、MIPS 等系列。其中,ARM/StrongARM 是专为手持设备开发的嵌入式微处理器,属于中档价位。

2. 嵌入式微控制器

嵌入式微控制器(MCU,Microcontroller Unit)将 CPU、存储器(少量的 RAM、ROM 或两者都有)和其他外设封装在同一片集成电路里。嵌入式微控制器的典型代表是单片机,从 20 世纪 70 年代末单片机出现到今天,虽然已经经过了近 30 年的发展,但这种 8 位电子器件目前在嵌入式设备中仍然有着极其广泛的应用。单片机芯片内部集成 ROM/EPROM、RAM、总线、总线逻辑、定时/计数器、看门狗、I/O、串行口、脉宽调制输出、A/D、D/A、Flash RAM、E^2PROM 等各种必要的功能和外设。和嵌入式微处理器相比,微控制器的最大特点是单片化,体积大大减小,从而降低功耗和成本、提高可靠性。微控制器是目前嵌入式系统工业的主流。微控制器的片上外设资源一般比较丰富,适合于控制,因此称为微控制器。

由于 MCU 具有低廉的价格、优良的性能等优势,所以拥有的品种和数量最多,其中比较有代表性的有 8051、MCS-251、MCS-96/196/296、P51XA、C166/167、68K 系列以及 MCU 8XC930/931、C540、C541。另外,还有许多半通用系列,如支持 USB 接口的 MCU8XC930/931、C540、C541;支持 I^2C、CAN(控制器局域网)、LCD 及众多专用 MCU 和兼容系列。目前,MCU 占嵌入式系统约 70% 的市场份额。

3. 嵌入式 DSP 处理器

嵌入式 DSP 专门用来对离散时间信号进行极快地处理计算,提高了编译效率和执行速度。DSP 处理器对系统结构和指令进行了特殊设计,使其适合于执行 DSP 算法,编译效率较高,指令执行速度也较高。在数字滤波、FFT、谱分析等方面,DSP 算法正在大量进入嵌入式领域。

DSP 的理论算法在 20 世纪 70 年代就已经出现,但是由于专门的 DSP 处理器还未出现,所以这种理论算法只能通过 MPU 等分立元件实现。MPU 较低的处理速度无法满足 DSP 的算法要求,其应用领域仅仅局限于一些尖端的高科技领域。随着大规模集成电路技术发展,1982 年世界上诞生了首枚 DSP 芯片,其运算速度比 MPU 快了几十倍,在语音合成和编码解码器中得到了广泛应用。至 20 世纪 80 年代中期,随着 CMOS 技术的进步与发展,第二代基于 CMOS 工艺的 DSP 芯片应运而生,其存储容量和运算速度都得到成倍提高,成为语音处理、图像硬件处理技术的基础。到 20 世纪 80 年代后期,DSP 的运算速度进一步提高,应用领域也从上述范围扩大到了通信和计算机方面。20 世纪 90 年代后,DSP 发展到了第五代产品,集成度更高,使用范围也更加广阔。

DSP 应用正在从通用微处理器中以普通指令实现 DSP 功能过渡到采用嵌入式 DSP 处理器实现 DSP 功能。嵌入式 DSP 处理器有两个发展方向:一是嵌入式 DSP 处理器和嵌入式处理器经过单片化设计,片上增加丰富的外设,从而成为具有高性能 DSP 功能的 SOC;二是在通用微处理器、微控制器或 SOC 中增加 DSP 协处理器,如 Intel 公司的 MCS-296 和 Siemems 公司的 TriCore。推动嵌入式 DSP 处理器发展的是嵌入式系统的智能化,如各种带有智能逻辑的消费类产品、生物信息识别终端、带有加解密算法的键盘、ADSL、接入和实时语音压缩解压系统等。这些应用的智能化算法的运算量一般都较大,特别是矢量运算、指针线性寻址等较多,而这些正是 DSP 处理器的长处所在。而随着嵌入式处理器技术的发展,许多嵌入式微处理器核已设计、集成了 DSP 的主要功能,也留有特殊算法的协处理器接口,这样很容易设计具有 DSP 功能的高性能嵌入式 SOC。目前,应用最为广泛的 DSP 有 TI 公司的 TMS320C2000/C5000 系列等,另外如 Intel 公司的 MCS-296 和 Siemens 公司的 TriCore 也有各自的应用范围。

4. 嵌入式片上系统

20 世纪 90 年代后期,嵌入式系统设计从以嵌入式微处理器为核心的"集成电路"级设计不断转向"集成系统"级设计,提出了 SOC 的基本概念。目前,嵌入式系统已进入单片系统 SOC 的设计阶段,并开始逐步进入实用化、规范化阶段。集成电路已进入 SOC 的设计流程。

系统芯片出现的原因是信息市场快速的变化和竞争的日益加剧使得新产品在市场上的生命期大为缩短,平均从 36 个月缩短为 9~15 个月,而具有原始创新思想的产品的设计周期也大大缩短,这样 Time-to-Market 给 SOC 提供了良好的发展空间。随着高性能系统对系统复杂度、处理速度、功耗、功能多样化的需求,在信息处理与通信系统(如网络、多媒体、移动通信)中迫切需要开发高性能的 SOC 芯片,传统的通过多种芯片集成系统的方法已很难满足实际发展中对高性能的需求。因此,市场的需求对传统的 IC 设计和系统设计提出了新的挑战,使得整机和 IC 设计在一个产品的设计初期就必须紧密结合于一体。另外,成本、价格、可靠性等对集成电路设计者也同样提出了新的挑战。因此,不断发展和竞争日益激烈的信息市场不断地推动着 SOC 技术的迅速发展。

集成电路技术自身的不断发展、器件特征尺寸的不断缩小、集成度的不断提高、多种工艺及工艺集成技术的发展、设计方法的提高和 EDA 工具的发展,为将一个应用系统融合为 SOC 从技术上提供了可能。进入 21 世纪后,集成电路设计进入了高度集成的 SOC 时代。采用 SOC 设计技术可大幅度提高系统的可靠性、减小系统的面积,降低系统成本和功耗,极大地提高系统的性能价格比。

SOC 技术的出现,表明了微电子设计由以往的 IC(电路集成)向 IS(系统集成)发展,因此,以功能设计为基础的传统 IC 设计流程必须转变到以功能整合为基础的 SOC 设计全新流程,而面向嵌入式系统的 SOC 设计将是未来推动集成电路设计业发展至关重要的因素。

这种设计方法不是把系统所需要用到的所有集成电路简单地二次集成到一个芯片上;如果这样实现单片系统,是不可能达到单片系统所要求的高密度、高速度、高性能、小体积、低电压、低功耗等指标的,特别是低功耗要求。单片系统设计要从整个系统性能要求出发,把微处理器、模型算法、芯片结构、外围器件各层次电路直至器件的设计紧密结合起来,并通过建立在全新理念上的系统软件和硬件的协同设计,在单个芯片上实现整个系统的功能。有时,也可能把系统做在几个芯片上,这是因为实际上并不是所有系统都能在一个芯片上实现;还可能因为实现某种单片系统的工艺成本太高,以至于失去商业价值。目前,实际中应用的单片系统还属于简单的单片系统,如智能 IC 卡等,但几个著名的半导体厂商正在紧锣密鼓地研制和开发像单片 PC 这样的复杂单片系统。

1.1.3 嵌入式处理器的评估指标

嵌入式领域中有许多用来分析处理器性能的标准,如测量处理器执行一段指定程序的速度。目前,一般消费者能够使用的测试向量非常多,问题是如何正确选择最为接近目标应用的测试向量。换句话说,要先明确预期最终应用程序在待选平台的运行情况和测试目的,然后再挑选符合要求的特定测试向量。常用的嵌入式处理器有如下几种指标:

(1) MIPS 测试基准

MIPS 测试方法是计算在单位时间内各类指令的平均执行条数,即根据各种指令的使用频度和执行时间来计算。其单位是每秒百万条指令,表示为 MIPS。MIPS 开始是定义在 VAX11/70 小型计算机上的,它是第一台以 MIPS 速度运行的机器。但许多专业人士认为 MIPS 测试结果说明不了什么问题,因为指令只是性能度量空间中的一维而已,当把它扩展到不同体系结构上时,其工作方式完全不同;除非用 VAX 系列的机器进行对比,否则 MIPS 并没什么意义。

(2) Dhrystone

Dhrystone 测试基准是个简单的 C 语言程序,它可以编译成大约 2 000 条汇编代码,并且不使用操作系统提供的服务功能。Dhrystone 测试基准也符合古老的 VAX 系列标准。目前,Dhrystone 是市面上最普遍适用的测试向量,但 EEMBC 验证实验室(EEMBC Certification-Labs,ECL)的最新研究指出,Dhrystone 不仅不适于作为嵌入式系统的测试向量,甚至在其他大多数场合下都不适合进行应用。Dhrystone 有许多漏洞,例如,易被非法利用、人为痕迹明显、代码长度太短、缺乏验证及标准的运行规则等。

(3) EEMBC

EEMBC(Embedded Microprocessor Benchmark Consortium)测试向量是现在新兴流行的被认为比 Dhrystone 和 MIPS 更具有实际价值的测试基准。不同于 Dhrystone 测试基准,EEMBC 由其技术委员会开发,表示实际应用中能用来测量处理器能力的算法。EEMBC 是一个非营利性组织,致力于帮助设计人员快速有效地选择处理器;该组织到目前为止共发布了 46 个性能测试向量,分别应用于电信、网络、消费性产品、办公室设备和汽车电子这 5 大领域。EEMBC 测试基于每秒钟算法执行的次数和编译代码大小的统计结果。因为编译器对代码大小和执行效率会产生巨大的影响,所以每种测试必须包括足够多的编译器信息并设置不同的优化选项。EEMBC发展势头很好,并有可能成为嵌入式系统开发人员进行处理器和编译器性能比较的工业标准。

需要说明的是,虽然某些定量指标能够帮助评价不同的嵌入式处理器,但是一次详细的分析比较仍然非常重要;这些需要仔细衡量的因素包括性能分析、功耗和效率分析、开发工具支持以及价格。

1.2 嵌入式微处理器基础

1.2.1 微处理器设计中的基本概念

1. ASIC 与 FPGA

ASIC(Application Specific Intergrated Circuits)即专用集成电路,是指应特定用户要求和特定电子系统的需要而设计、制造的集成电路。

FPGA(Field Programmable Gate Array)即现场可编程门阵列,是在可编程阵列逻辑PAL(Programmable Array Logic)、门阵列逻辑GAL(Gate Array Logic)、可编程逻辑器件PLD(Programmable Logic Device)等可编程器件的基础上进一步发展的产物。它是作为专用集成电路ASIC领域中的一种半定制电路而出现的,既解决了定制电路的不足,又克服了原有可编程器件门电路数有限的缺点。

图1-2为FPGA结构原理。FPGA能完成任何数字器件的功能,上至高性能CPU,下至简单的74系列电路。FPGA如同一张白纸或一堆积木,工程师可以通过传统的原理图输入法或是硬件描述语言自由设计一个数字系统。通过软件仿真,我们可以事先验证设计的正确性。PCB完成以后,还可以利用FPGA的在线修改能力随时修改设计而不必改动硬件电路。用户对FPGA的编程数据放在Flash芯片中,通过上电加载到FPGA中对其进行初始化;也可在线对其编程,实现系统在线重构,这一特性可以构建一个根据计算任务不同而实时定制的CPU,这是当今研究的热门领域。使用FPGA来开发数字电路,可以大大缩短设计时间,减少PCB面积,提高系统的可靠性。FPGA的这些优点使得PLD技术在20世纪90年代以后得到飞速的发展,同时也大大推动了电子设计自动化EDA(Electronic Design Automatic)软件和硬件描述语言VHDL的进步。

目前,用CPLD(复杂可编程逻辑器件)和FPGA(现场可编程门阵列)来进行ASIC设计是最为流行的方式之一,共性是都具有用户现场可编程特性、都支持边界扫描技术,但两者在集成度、速度以及编程方式上具有各自的特点。ASIC有它固有的优势,特点是面向特定用户的需求,它作为集成电路技术与特定用户的整机或系统技术紧密结合的产物,具有体积小、质量小、功耗低、可靠性与性能高、保密性强、成本低等优点,所以在今后一段时间内ASIC仍然会占据高端芯片市场和大批量应用的成熟中低端市场。

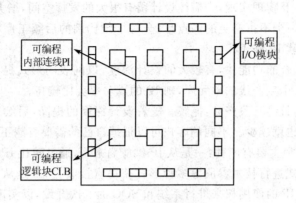

图 1-2 FPGA 结构原理

FPGA 特别适合于样品研制或小批量产品开发,使产品能以最快的速度上市,而当市场扩大时,它可以很容易地由 ASIC 实现,因此开发风险也大为降低。

2. IP 核

如果单片系统设计从零开始,则既不现实也无必要。因为除了设计不成熟外,未经过时间考验,系统性能和质量得不到保证外;此外,还会因为设计周期太长而失去商业价值。为了缩短单片系统设计周期和提高系统的可靠性,目前最有效的一个途径就是通过授权,使用已成熟且经过优化的 IP 核模块来进行设计集成和二次开发,利用胶粘逻辑技术 GLT(Glue Logic Technology)把这些 IP 核模块嵌入到 SOC 中。

IP(Intellectual Property)就是常说的知识产权。美国 Dataquest 咨询公司将半导体产业的 IP 定义为用于 ASIC、ASSP、PLD 等当中,并且是预先设计好的电路功能模块。

1997 年,CICC(Custom IC Conference,专用 IC 国际年会)的《单元建库》论文分册首次出现有关 IP 的报道,而第二年 CCIC 年会的 IP 论文数量已发展到 3 个分册。同年,半导体战略论坛'98(Silicon Strategies '98)则组织了 IP 专题国际研讨会,到 1999 年更进一步发展到 ASIC Status'99 的论文总量的三分之一是讨论 IP 的文章。最著名的微电子国际年会(半导体战略论坛)于 1998 年 3 月 16~17 日在美国加州的硅谷(San Jose)召开,并以 IP 产业的现状和发展为大会主题。共有 48 个全球最著名的微电子公司的主要负责人作了大会发言,声势之盛堪称史无前例。这些 IC 业界的主要学术年会历来是集成电路领域的风向标,具有方向性的指导意义,它们从另一个角度展示了 IP 产业迅猛的发展势头。

IP 分为软 IP、固 IP 和硬 IP。

软 IP 用计算机高级语言的形式描述功能块的行为,但是并不涉及用什么电路和电路元件实现这些行为。软 IP 的最终产品基本上与通常的应用软件大同小异,开发过程与应用软件也十分相似,只是所需的开发软、硬件环境,尤其工具软件要昂贵很多。软 IP 的设计周期短,设计投入少,且由于不涉及物理实现,为后续设计留有很大的发挥空间,增大了 IP 的灵活性和适应性。当然,软 IP 的一个不可避免的弱点是:会有一定比例的后续工序无法适应软 IP 设计,从而造成一定程度的软 IP 修正。

固 IP 是完成了综合的功能块,有较大的设计深度,以网表的形式提交给客户使用。如果客户与固 IP 使用同一个生产线的单元库,则 IP 的成功率会比较高。

硬 IP 提供设计的最终阶段产品:掩膜。随着设计深度的提高,后续工序所需要做的事情就越少,当然,灵活性也就越少。不同的客户可以根据自己的需要订购不同的 IP 产品。

IP 产业获利的途径主要有两种:一是从 IP 供应商来看,通过转让 IP 核、提供 IP 使用许可证或以知识产权的形式进行技术参股等多种形式获得直接收益;二是从 IP 的集成商/开发商来看,通过购买 IP 或 IP 的使用权来进行系统和 SOC 的二次开发,以实现价值增值。

在国外,IP 专营公司也日见增多。目前,自主开发和经营 IP 核的公司有英国的 ARM (Advanced RISC Machine)、Amphion 以及美国的 DeSOC 等。以 ARM 公司为例,ARM 公司以 IP 提供者的身份向各大半导体制造商出售知识产权,自己却不介入芯片的生产和销售。从 1985 年设计开发出第一块 RISC 处理器 IP 模块,到 1990 年首次将其 IP 专利权转让给 Apple 公司,一直到 2000 年,全球共有诸如 IBM、TI、NXP、NEC、Sony 等几十家公司采用其 IP 核开发自己的产品;只用了不到 15 年的时间,基于 ARM 处理器核的 SOC 芯片的应用开发得到了广泛的应用。SOC 芯片已成为提高移动通信、网络、信息家电、高速计算、多媒体应用及军用电子系统性能的核心器件,是嵌入式系统的硬件核心。

近年来,我国已经在 IP 产业上也有了很大的动作。科技部于 2000 年启动了"十五"国家 863 计划超大规模集成电路 SOC 专项工作,希望通过这一努力,初步建成具有自主知识产权、品种较为齐全、管理科学的国家级 IP 核库;并掌握国际水平的 SOC 软硬件协同设计、IP 核复用和超深亚微米集成电路设计的关键技术。我国 IP 产业正在从概念阶段向实用阶段过渡。

3. 硬件描述语言 HDL

随着 EDA 技术的发展,使用硬件语言设计 PLD/FPGA 成为一种趋势。目前,最主要的硬件描述语言是 VHDL 和 Verilog HDL。

VHDL 诞生于 1982 年。1987 年底,VHDL 被 IEEE 和美国国防部确认为标准硬件描述语言。自 IEEE 公布了 VHDL 的标准版本 IEEE-1076(简称 87 版)之后,各 EDA 公司相继或推出了自己的 VHDL 设计环境,或宣布自己的设计工具可以和 VHDL 接口。此后,VHDL 在电子设计领域得到了广泛的推广,并逐步取代了原有的非标准的硬件描述语言。1993 年,IEEE 对 VHDL 进行了修订,从更高的抽象层次和系统描述能力上扩展 VHDL 的内容,公布了新版本的 VHDL,即 IEEE 标准的 1076-1993 版本(简称 93 版)。

VHDL 主要用于描述数字系统的结构、行为、功能和接口。除了含有许多具有硬件特征的语句外,VHDL 的语言形式、描述风格及句法是十分类似于一般的计算机高级语言。VHDL 的程序结构特点是将一项工程设计或称设计实体(可以是一个元件、一个电路模块或一个系统)分成外部(或称可视部分、端口)和内部(或称不可视部分),即涉及实体的内部功能和算法完成部分。在对一个设计实体定义了外部界面后,一旦其内部开发完成后,其他的设计就可以直接调用这个实体。这种将设计实体分成内、外两部分的概念是 VHDL 系统设计的基本点。

Verilog HDL 就是在使用最广泛的 C 语言的基础上发展起来的一种硬件描述语言,是由 GDA(Gateway Design Automation)公司的 PhilMoorby 在 1983 年末首创的,最初只设计了一个仿真与验证工具,之后又陆续开发了相关的故障模拟与时序分析工具。1985 年,Moorby 推出它的第三个商用仿真器 Verilog-XL,获得了巨大的成功,从而使得 Verilog HDL 迅速得到推广应用。1989 年,CADENCE 公司收购了 GDA 公司,使得 VerilogHDL 成为了该公司的独家专利。1990 年,CADENCE 公司公开发表了 Verilog HDL,并成立 LVI 组织以促进 Verilog HDL 成为 IEEE 标准,即 IEEE Standard 1364-1995。Verilog HDL 的最大特点就是易学易用,如果有 C 语言的编程经验,可以在一个较短的时间内很快的学习和掌握。

VHDL 和 Verilog HDL 两者相比,VHDL 的书写规则比 Verilog 繁琐一些,学习起来要困难一些;但 Verilog 自由的语法也容易让少数初学者出错。从国内来看,VHDL 的参考书很多,便于查找资料,而 Verilog HDL 的参考书相对较少,这给学习 Verilog HDL 带来一些困难。

现在,VHDL 和 Verilog 作为 IEEE 的工业标准硬件描述语言,又得到众多 EDA 公司的支持,在电子工程领域,已成为事实上的通用硬件描述语言。有专家认为,在新的世纪中,VHDL 与 Verilog 语言将承担起大部分的数字系统设计任务。

1.2.2 体系结构

1. 冯·诺依曼体系结构

我们将数据和指令都存储在一个存储器中的计算机称为冯·诺依曼机,这种结构的计算机系统由一个中央处理器单元(CPU)和一个存储器组成。存储器拥有数据和指令,并且可以根据所给的地址对它进行读/写,图 1-3(a)所示。

CPU 有几个可以存放内部使用值的内部寄存器。其中,存放指令在存储器中地址的寄存器是程序计数器(PC)。CPU 先从存储器中取出指令,然后对指令进行译码,最后执行。程序计数器并不直接决定机器下一步要做什么,它只是间接地指向了存储器中的指令。只要改变指令,就能改变 CPU 所做的事情。

2. 哈佛结构

另一种体系结构是哈佛结构,它与冯·诺依曼结构很相似,如图 1-3(b)所示。哈佛结构为数据和程序提供了各自独立的存储器,程序计数器只指向程序存储器而不指向数据存储器,这样做的结果是很难在哈佛机上编写一个自修改的程序(写入数据值,然后使用这些值作为指令的程序)。

哈佛体系结构现今仍广泛使用的原因很简单,即独立的程序存储器和数据存储器为数字信号处理提供了较高的性能。实时处理信号会对数据存取系统带来两方面的压力:首先,大量的数据流通过 CPU;其次,数据必须在一个精确的时间间隔内处理,而不是恰巧轮到 CPU 时进行处理。连续的定期到达的数据集合叫做流数据。让两个存储器有不同的端口就相当于提供了较大存储器带宽,这样一来,数据和程序就不必再竞争同一个端口,这使得数据适时地移动更容易。

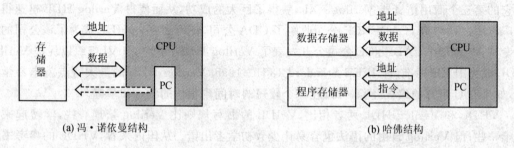

图 1-3 冯·诺依曼结构和哈佛结构

1.2.3 CISC 和 RISC 技术

1. 复杂指令集计算机

随着大规模集成电路技术的发展,计算机的硬件成本不断下降,软件成本不断提高,使得指令系统增加了更多更复杂的指令,以提高操作系统的效率。另外,同一系列的新型机对其指令系统只能扩充而不能减去旧型机的任意一条以达到程序兼容。这样一来,指令系统越来越复杂,有的计算机指令甚至达到数百条,人们就称这种计算机为 CISC(Complex Instruction Set Computer)。如我们所熟悉的 IBM 公司的大、中型计算机,Intel 公司的系列 CPU8086、80286、80386 微处理器等就是 CISC 类 CPU 的典型代表。

当指令过于复杂时,机器的设计周期会很长,资金耗费会更大,同时使处理器的设计、验证和日常维护也变得日益繁杂。例如,Intel 80386 32 位机器耗资达 1.5 亿美元,开发时间长达 3 年多,结果正确性还很难保证,维护也很困难;1975 年,IBM 公司投资数亿美元研制的高速机器 FS 机,最终以"复杂结构不宜构成高速计算机"的结论,宣告研制失败。

2. 精简指令集计算机

RISC(Reduced Instruction Set Computer)的基本思想是尽量简化计算机指令功能,只保留那些功能简单、能在一个节拍内执行完成的指令,而把较复杂的功能用一段子程序来实现。RISC 技术的精华就是通过简化计算机指令功能,使指令的平均执行周期减少,从而提高计算机的工作主频,同时大量使用通用寄存器来提高子程序执行的速度。

RISC 结构一般具有如下一些特点：

① 指令格式的规格化和简单化：选取使用频率最高的指令，并补充一些最有用的指令。为与流水线结构相适应且提高流水线的效率，指令的格式必须趋于简单和固定的格式。比如指令采用 16 位或 32 位的固定的长度，并且指令中的操作码字段、操作数字段都尽可能具有统一的格式。此外，尽量减少寻址方式，从而使硬件逻辑部件简化且缩短译码时间，同时也提高了机器执行效率和可靠性。

② 单周期的执行：大部分指令在一个或小于一个机器周期完成。这从根本上克服了 CISC 指令周期数有长有短而造成运行中偶发不确定性，致使运行失常的问题。

③ 采用面向寄存器堆的指令：RISC 结构采用大量的寄存器——寄存器操作指令，使指令系统更为精简。控制部件更为简化，指令执行速度大大提高。VLSI 技术的迅速发展，使得在一个芯片上做大量的寄存器成为可能，这也促成了 RISC 结构的实现。

④ 采用高效的流水线操作：使指令在流水线中并行操作，从而提高处理数据和指令的速度。

⑤ 硬布线控制：CISC 处理器使用大的微码 ROM 进行指令译码；微代码的使用会增加复杂性和每条指令的执行周期。RISC 中采用硬布线控制逻辑为主，不用或少用微程序控制。硬布线控制逻辑可加快指令执行速度，减少微程序码中的指令解释开销。

⑥ 采用加载/存储(Load/Store)指令结构：在 CISC 结构中，大量设置存储器操作指令、频繁地访问内存会使执行速度降低。RISC 结构的指令系统中，只有加载/存储指令可以访问内存，而其他指令均在寄存器之间对数据进行处理。用加载指令从内存中将数据取出，再送到寄存器；在寄存器之间对数据进行快速处理，并将它暂存在那里，以便再有需要时，不必再次访问内存。在适当的时候，使用一条存储指令再将这个数据送回内存。采用这种方法可以提高指令执行的速度。

1986 年，IBM 公司正式推出采用 RISC 体系结构的工作站——IBM RT PC，并采用了新的虚拟存储技术，主要用来完成 CAE、CAD、CAM 等方面的任务。采用了 RISC 体系结构的还有 SUN 公司的 SPARC、SuperSPARC、UtraSPARC，SGI 公司的 84000、R5000、Rl0000，IBM 公司的 Power、PowerPC，Intel 公司的 80860、80960，DEC 公司的 Alpha，HP 公司的 HP3000/930 系列、950 系列。另外，在有些典型的 CISC 处理机中也采用了 RISC 设计思想，如 Intel 公司的 80486、Pentium 系列等。而 RISC 思想在嵌入式方面最成功的应用实例就是 ARM 系列处理器。

1.2.4 流水线技术

1. 流水线的工作原理

计算机指令的执行过程可以简单地分为取指和执行两个阶段。在不采用流水技术的计算机里，取指令和执行指令是周而复始重复出现的，各条指令只能串行顺序地执行，即任一时刻只能进行一个操作,如图 1-4 所示。

取指令1	执行指令1	取指令2	执行指令2	取指令3	执行指令3	…

图 1-4　指令串行执行

图 1-4 中取指令的操作可由指令部件完成,执行指令的操作可由执行部件完成。这种串行执行虽然控制简单,但是执行中各部件的利用率不高。如指令部件工作时,执行部件基本空闲;而执行部件工作时,指令部件基本空闲,不能充分发挥 CPU 的性能。如果指令执行阶段不访问主存,则完全可以利用这段时间取下一条指令,这样就使得取下一条指令的操作和执行当前指令的操作同时进行,如图 1-5 所示。这就实现了两条指令的重叠,即指令的二级流水。

取指令1	执行指令1		
	取指令2	执行指令2	
		取指令3	执行指令3

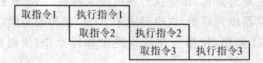

图 1-5　二级流水线

所谓流水线技术,是指将一个重复的时序过程分解为若干个子过程,而每一个子过程都可有效地在其专用功能段上与其他子过程并行执行。并行性有两种含义:一是同时性,指 2 个以上事件在同一时刻发生;二是并发性,指 2 个以上事件在同一时间间隔内发生。计算机的并行处理技术主要有:时间并行、空间并行。时间并行技术是指时间重叠,在并行性概念中引入时间因素,让多个处理过程在时间上相互错开,轮流重叠地使用同一套硬件设备的各个部分,以加快硬件周转而赢得速度。空间并行技术是指资源重复,在并行性概念中引入空间因素,以"数量取胜"为原则来大幅提高计算机的处理速度。空间并行技术主要体现在多处理器系统和多计算机系统。

如果将指令的执行过程进一步细分,则可构成 3 级或多级流水线。描述流水线的工作常采用时空图的方法。

2. 流水线分类

从不同的级别上可对流水线进行不同的分类,这些"分类"对理解流水线的概念有着重要的作用,下面就从不同角度对流水线的分类进行描述:

① 从流水的级别上,可分为部件级、处理机级以及系统级流水线。

② 从流水的功能上,可分为单功能流水线和多功能流水线。

③ 从流水的连接上,可分为静态流水线和动态流水线。

④ 从流水是否有反馈回路,可分为线性流水线和非线性流水线。

⑤ 从流水的流动顺序上,可分为同步流水线和异步流水线。

⑥ 从流水线的数据表示上,可分为标量流水线和向量流水线。如果机器没有向量数据表

示,只对标量数据进行流水处理就称为标量流水线。如果机器具有向量数据表示、设置了相应的向量运算硬件和向量处理指令、能流水地对向量的各元素并行处理就称为向量流水线。

3. 流水线处理机的主要指标

流水线性能的主要指标是吞吐率(Throughput)、效率(Efficiency)、流水深度(Deep)以及加速比(Speedup)。

4. 流水线中的多发技术

流水线技术使计算机系统结构产生重大革新,为了进一步发展,除了采用好的指令调度算法、重新组织指令执行顺序、降低相关问题带来的干扰以及优化编译外,还可开发流水线中的多发技术,设法在一个时钟周期(机器主频的倒数)内产生更多条指令的结果。常见的多发技术有超标量技术、超流水线技术和超长指令字技术。假设处理一条指令分4个阶段:取指(FI)、译码(ID)、执行(EX)和回写(WR)。图1-6是3种多发技术与普通4级流水线的比较。

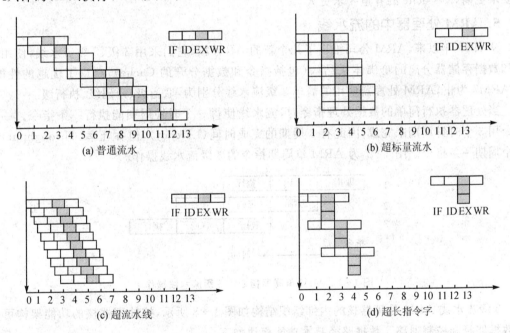

图1-6 4种流水技术的比较

1) 超标量技术

超标量(Super Scalar)技术如图1-6(b)所示,是指在每个时钟周期内可同时并发多条独立指令,即以并行操作方式将两条或两条以上(图1-6为3条)指令编译并执行。

2) 超流水线技术

超流水线(Super Pipe Lining)技术是将一些流水线寄存器插入到流水线段中,好比将流水线再分道,如图 1-6(c)所示。图 1-6 中将原来的一个时钟周期又分成 3 段,使超级流水线的处理器周期比一般流水线的处理器周期短,如图 1-6(a)所示。这样,在原来的时钟周期内,功能部件被使用 3 次,使流水线以 3 倍于原来时钟频率的速度运行。与超标量计算机一样,硬件不能调整指令的执行顺序,靠编译程序解决优化问题。

3) 超长指令字技术

超长指令字(VLIW)技术和超标量技术都是采用多条指令在多个处理部件中并行处理的体系结构,在一个时钟周期内能流出多条指令。但超标量的指令来自同一标准的指令流,VLIW 则是由编译程序在编译时挖掘出指令间潜在的并行性后,把多条能并行操作的指令组合成一条具有多个操作码字段的超长指令(指令字长可达几百位)。由这条超长指令控制 VLIW 机中多个独立工作的功能部件,由每一个操作码字段控制一个功能部件,相当于同时执行多条指令,如图 1-6(d)所示。VLIW 较超标量具有更高的并行处理能力,但对优化编译器的要求更高,对 Cache 的容量要求更大。

5. ARM 处理器中的流水线

从 1995 年以来,ARM 公司推出了几个新的 ARM 核,它们采用 3 级、5 级流水线,使用指令和数据存储器分离的哈佛体系结构(包括指令和数据分开的 Cache),获得了优越的性能。到 ARM7 为止,ARM 处理器使用的简单 3 级流水线分别为:取指级、译码级、执行级。

当处理器执行简单的数据处理指令时,流水线使得一个时钟周期能执行一条指令。一条指令用 3 个时钟周期来完成,因此有 3 周期的完成时间(Latency),但吞吐率(Throughput)是每个周期一条指令。图 1-7 为 ARM 单周期指令的 3 级流水线操作。

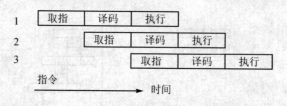

图 1-7 ARM 单周期指令的 3 级流水线操作

3 级流水线 ARM 处理器核的内部组织结构如图 1-8 所示,按处理器核的功能架构可分成数据路径和控制通路。数据路径基本功能模块如下:

- 寄存器堆:寄存器堆主要用来保存处理器状态和处理器工作中的数据。
- 桶形移位器:主要完成指令中第 2 个操作数移位或循环移位。
- 运算器 ALU:运算器 ALU 要求进行的算术或逻辑运算功能。
- 地址寄存器和增值器:用来选择和保存所有存储器地址,并在需要时通过地址增值器产生顺序地址。
- 数据寄存器:数据寄存器对传送到存储器或从存储器取回的数据保存。

控制通路基本功能模块是指令解码器和相关的控制逻辑。对于单周期数据处理类指令，执行时需要读取2个操作数到A总线和B总线。B总线上的数据可能来自寄存器或立即数，经过桶式移位器移位后，与A总线上的数据在ALU中进行指令需要的各种运算，再将结果写回到目的寄存器中。程序计数器的数据在地址寄存器中，地址寄存器的数据送入地址增值器，然后将增加后的地址数据写到R15，同时还写到地址寄存器作为下一次取指的地址选择。

在ARM9TDMI中使用了典型的5级ARM流水线。使用5级流水线的ARM处理器包含5个流水线，即取指、译码、执行、缓冲数据、回写。

1.2.5 多核技术

近20年来，推动微处理器性能不断提高的因素主要有2个：半导体工艺技术的飞速进步和体系结构的不断发展。半导体工艺技术的每一次进步都为微处理器体系结构的研究提出了新的问题，开辟了新的领域；体系结构的进展又在半导体工艺技术发展的基础上进一步提高了微处理器的性能。这2个因素是相互影响，相互促进的。

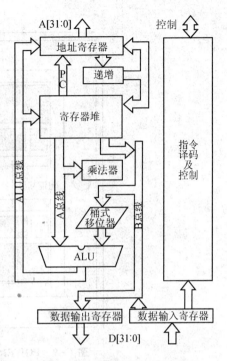

图1-8 3级流水线ARM的组织

2001年，IBM公司推出了基于双核的处理器POWER4，这是世界上第一款采用多核技术的高性能服务器处理器；随后Sun公司和HP公司先后推出了基于双核体系结构的UltraSPARC及PA-RISC芯片。多核芯片通过在一个芯片上集成多个微处理器核心来提高程序的并行性，发挥其最大的能效。每个微处理器核心实质上都是一个相对简单的单线程微处理器或者比较简单的多线程微处理器，这样多个微处理器核心就可以并行地执行程序代码，因而具有了较高的线程级并行性。多核CPU采用了相对简单的微处理器作为处理器核心，使得多核CPU具有高主频、设计和验证周期短、控制逻辑简单、扩展性好、易于实现、功耗低、通信延迟小等优点。此外，多核CPU还能充分利用不同应用的指令级并行和线程级并行，具有较高线程级并行性的应用（如商业应用等）可以很好地利用这种结构来提高性能。目前，单芯片多处理器已经成为处理器体系结构发展的一个重要趋势。

图1-9是POWER4的芯片封装技术和大致的内部结构排列图。IBM用于大型机的多核心模块（MCM，Multi-Chip Modules）设计和芯片制造技术被发展到极限，4个各自独立的POWER4处理器核重新组合在一块不到5英寸的金属基板上，而每个POWER4核心内部又

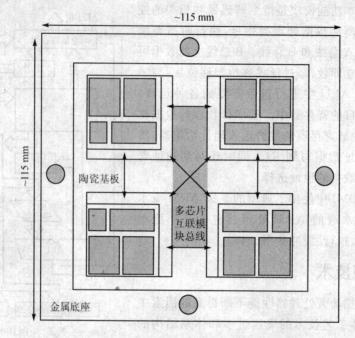

图 1-9 POWER4 的芯片封装技术及内部结构排列

集成了两个各自独立的处理器,共享一个二级缓存,带宽高达 100 Gbps! 而每个核心之间的带宽也达到了惊人的 30 Gbps。就一个完整的 POWER4 处理器个体来说,一般包括 4 块 POWER4 内核,共计 8 块处理器组成一个完整的 SMP 系统。

POWER4 的架构为 64 位,采用深管道、乱序执行指令和超标量设计,除此之外,它还能运行 POWER 的指令集。每个 POWER4 处理器拥有 2 个加载/存储单元;2 个双精度的乘法浮点计算单元;1 个分支决定单元和 1 个条件代码寄存器执行单元。2 个加载/存储单元也有能力执行简单的整数指令,如加、减和位逻辑运算等。每个 POWER4 处理器拥有 32 KB 的数据缓存(Data Cache)和 64 KB 的指令缓存(Instruction Cache),数据缓存每个时钟周期可以完成 2 个加载动作和 1 个存储动作。L1 逻辑控制器支持在数据缓存和指令缓存中实现硬件指令预取。

通常采用 2 种方式实现 2 个或多个内核协调工作。一种是采用对称(Symmetric)多处理技术,就像 IBM Power4 处理器一样,将 2 颗完全一样的处理器封装在一个芯片内,达到双倍或接近双倍的处理性能,由于共享了缓存和系统总线,因此这种做法的优点是能节省运算资源。另一种技术采用非对称多处理(Asymmetric)的工作方式,即 2 个处理器内核彼此不同,各自处理和执行特定的功能,在软件的协调下分担不同的计算任务,比如一个执行加密,而另一个执行 TCP/IP 协议处理。这种处理器的内部结构更像人的大脑,某部分区域在执行某种任务时具有更高的优先级和更强的能力。

1.2.6 嵌入式处理器发展趋势

1. 高度集成化的 SOC 趋势

ARM 公司是一家 IP 供应商,核心业务是 IP 核以及相关工具的开发和设计。半导体厂商通过购买 ARM 公司的 IP 授权来生产自己的微处理器芯片。由此以来,处理器内核来自 ARM 公司,各芯片厂商结合自身已有的技术优势以及芯片的市场定位等因素使芯片设计最优化,从而产生了一大批高度集成、各具特色的 SOC 芯片。例如,Intel 公司的 XScale 系列集成了 LCD 控制器、音频编/解码器,定位于智能 PDA 市场;Atmel 公司的 AT91 系列片内集成了大容量 Flash 和 RAM、高精度 A/D 转换器以及大量可编程 I/O 端口,特别适合于工业控制领域;NXP 公司的 LPC2000 系列片内集成了 128 位宽的零等待 Flash 存储器以及 I^2C、SPI、PWM、UART 等传统接口,极高的性价比使它对传统的 8/16 位 MCU 提出了严峻的挑战。

然而如此众多的高集成度 SOC 芯片将其内核统一于 ARM 核心,从而使得软、硬件平台的移植变得相当容易;只要掌握了 ARM 开发技术的核心,就可以达到"一通百通"的目的,为用户大大降低了培训、学习的成本,缩短了产品上市的时间。

高集成度 SOC 芯片的使用可以带来一系列好处,如减少了外围器件和 PCB 面积、提高系统抗干扰能力、缩小产品体积、降低功耗等。

ARM 公司的 IP 核也由 ARM7、ARM9 发展到今天的 ARM11、Cortex 系列。ARM11 囊括了 Thumb-2、CoreSight、TrusZone 等众多业界领先技术,同时由单一的处理器内核向多核发展,为高端的嵌入式应用提供了强大的处理平台。

图 1-10 是 HMS30C7202 一个 SOC 的功能和系统配置图。HMS30C7202 是韩国现代公司开发的基于 ARM720T 内核、主频为 70 MHz、功能非常强大、高集成度的片上系统;其片内外设的资源很多,广泛应用于 PDA、智能电器、工业控制、网络设备、音频设备、电子图书、POS等;其片上外围设备包括 UART、USB、PS2 和 CAN 接口,I^2S 接口通过外部 DAC 提供高质量的音频输出。电源管理单元的特点是低功耗。

2. 软核与硬核同步发展的 SOPC 技术

用可编程逻辑技术把整个系统放到一块硅片上,称作可编程片上系统 SOPC。SOPC 是一种特殊的嵌入式系统:首先,它是 SOC,即由单个芯片实现整个系统的主要逻辑功能,具有一般 SOC 的基本属性;其次,它又具备软硬件在系统可编程的功能,是可编程系统,具有可裁减、可扩充、可升级等灵活的设计方式。SOPC 技术是可编程逻辑器件在嵌入式应用中的完美体现。SOPC 结合了 SOC 和 PLD、FPGA 各自的优点,涵盖了嵌入式系统设计技术的全部内容。除了以处理器和实时多任务操作系统(RTOS)为中心的软件设计技术、以 PCB 和信号完整性分析为基础的高速电路设计技术以外,SOPC 还涉及目前已引起普遍关注的软硬件协同设计技术。由于 SOPC 的主要逻辑设计是在可编程逻辑器件内部进行,而 BGA 封装已广泛

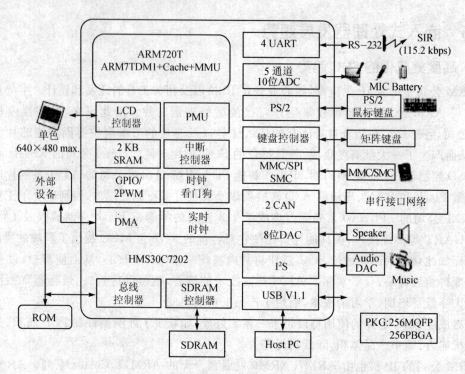

图 1-10　HMS30C7202 系统配置图

应用于微封装领域，传统的调试设备（如逻辑分析仪和数字示波器）已很难进行直接测试分析，因此必将对以仿真技术为基础的软硬件协同设计技术提出更高的要求。同时，新的调试技术也将不断涌现。

SOPC 是 PLD 和 ASIC 技术的融合，目前，$0.13~\mu m$ 的 ASIC 产品制造价格仍然相当高昂；相反，信号处理算法、软件算法模块、控制逻辑等均可以以 IP 核形式体现，集成了硬核或软核 CPU、DSP、存储器、外围 I/O 及可编程逻辑的 SOPC 芯片在应用上具有极高的灵活性，在价格上具有极大的优势，因此，SOPC 被业界称为"半导体产业的未来"。

SOPC 技术中以 Nios 和 MicroBlaze 为代表的 RISC 处理器、IP 核以及用户以 HDL 语言开发的逻辑部件可以最终综合到一片 FPGA 芯片中，实现真正的可编程片上系统，此时的嵌入式处理器称之为"软处理器"或"软核"。Altera 公司最新推出的 NiosII 可以嵌入到 Altera 公司的 StratixII、Stratix、Cyclone 和 HardCopy 等系列可编程器件中，用户可以获得超过 2000 MIPS 的性能，而只需花费不到 35 美分的逻辑的资源。用户可以从 3 种处理器以及超过 60 个的 IP 核中选择所需要的，设计师可以以此来创建一个最适合他们需求的嵌入式系统。软核技术提供了极高的灵活性和性价比。

SOPC 技术的另一个重要分支是嵌入硬核。集高密度逻辑（FPGA）、存储器（SRAM）及嵌入式处理器（ARM/PPC）于单片可编程逻辑器件上，实现了高速度与编程能力的完美结合。Altra 公司的 EPXA10 芯片内部集成了工作频率可达 200 MHz 的 ARM922T 处理器、100 万门可编程逻辑、3 MB 的内部 RAM 以及 512 个可编程 I/O 引脚，可以通过嵌入各种 IP 核实现多种标准工业接口，如 PCI、USB 等。软硬核同步发展，为用户提供了更多、更灵活的选择。

3. 与 DSP 技术融合

传统的嵌入式微处理器可以分为微控制器 MCU、微处理器 MPU 和数字信号处理器 DSP，然而随着技术的发展，它们之间的区别也变得越来越模糊，并有逐步融合的趋势。现在不少的 MCU 和 MPU 具备了 DSP 的特征，如采用哈佛结构、增加了乘加运算指令等；同时，不少 DSP 芯片内部也集成了 A/D、D/A、定时/计数器和 UART 等。这种技术融合趋势也有两条不同的技术路线：

① 在中低端应用中，传统 MPU 内部集成 DSP 宏单元以及在指令集中加入 DSP 功能指令。ARM9E 系列处理器采用哈佛结构的同时增加了 16 位数据乘法和乘加操作指令、双字数据操作指令、Cache 预取指令等，可以满足数字消费品、存储设备、马达控制和低端网络设备对于控制和高密度运算能力的双重需求。

② 高端复杂应用中，向多内核、并行处理的方向发展。如 TI 公司的开放媒体应用处理器 OMAP 集成了 TI 的 TMS320C5XXDSP 内核、一个增强了的 ARM926-EJS 内核以及内部处理器通信机制和音频、视频、网络通信等部件，使之成为一个强大的多媒体移动计算平台。

1.3 总线概述

1.3.1 基本概念

1. 总线及总线分类

总线（Bus）是一组信号线的集合，是系统与系统之间或系统内部各部件之间进行信息传输所必需的全部信号线的总和。总线是系统各部件之间的标准信息通路，部件之间的通信联系必须通过这些总线；离开了这些总线，部件之间的任何联系都不可能发生。

总线按其本质可分为并行总线和串行总线两大类，如图 1-11 所示。这两类总线有其自身独特的优点和缺点，各有其生命力。并行总线的主要优点是高速、高效，缺点是通信距离短（且速度越高，传输距离越短）。串行总线的特点是通信距离远、接口简单，缺点是速度慢。由于并行总线速度高，所以主要以内部总线的形式用于微机内部高速通信；而串行总线信号线较少，适合于远距离通信，所以主要便于微机的远程通信和构成由微机组成的系统或网络。并行总线和串行总线按传送方式又可分为同步、异步等方式。

总线按其规模、功能和所处的位置可分为 4 大类：片内总线、芯片总线、系统内总线和外总

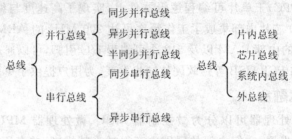

图 1-11 总线分类

线,通常将后 3 类并称为片外总线。嵌入式系统中,这 4 类总线构成了一个层次结构。

2. 衡量总线的参数

总线是各种信号线的集合,是嵌入式系统中各部件之间传送数据、地址和控制信息的公共通路。衡量总线的主要参数如下:

总线带宽:总线的带宽指的是一定时间内总线上可以传送的数据量,即人们常说的每秒传送多少兆字节(MB)的最大稳态数据传输率。与总线带宽密切相关的两个概念是总线的位宽和总线的工作时钟频率。

总线位宽:总线的位宽指的是总线能同时传送的数据位数(bit),即人们常说的 32 位、64 位等总线宽度的概念。总线的位宽越宽,总线每秒数据传输率越大,也就是总线带宽越宽。

总线工作时钟频率:总线的工作时钟频率以 MHz 为单位,工作频率越高,则总线工作速度越快,也即总线带宽越宽。总线带宽 = 总线位宽 × 总线频率/8,单位是 Mbps。

3. 嵌入式系统总线的层次结构

现代微机系统中,总线的层次化结构发展十分迅速。层次化总线结构主要分 4 个层次:片内总线、芯片总线、系统内总线和外总线,如图 1-12 所示。

① 片内总线是大规模集成电路(LSI,Large Scale Integrated Circuit)和超大规模集成电路(VLSI)内部各寄存器或功能单元之间的信息交换通道,由生产厂家决定。

② 芯片总线又称元件级总线(Component-Level Bus),它是指系统内或插件板内各元件之间所使用的总线以及芯片与芯片间的总线(如 SPI、I^2C、并行总线)。

③ 系统内总线(System Bus)又称插板级总线(Board-Level Bus),是指微型计算机系统内连接各插件板的总线,如 IBM PC/XT 总线(62 线)、ISA 总线以及 PCI 总线等,板卡间总线(ISA、PCI、VME)。

④ 外总线又称为通信总线(Communication Bus),指用于完成计算机系统与系统之间、计算机与外部设备之间通信的一类总线,如 IEEE-488 并行标准总线、RS-232-C 串行标准总线、设备间总线(USB、1394、RS-232)等。

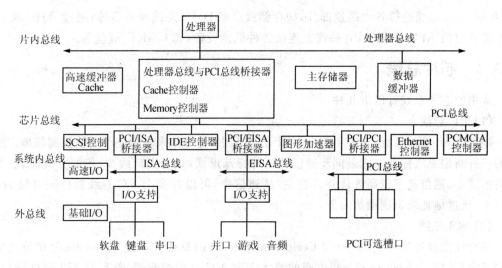

图 1-12 嵌入式系统总线的层次结构

1.3.2 片内总线

目前,业界采用比较多的标准化、开放化的总线方案,包括 IBM 公司的 CoreConnect、ARM 的 AMBA 和 Silicore 公司的 Wishbone。

IBM 的 CoreConnect 总线适合复杂和高端的应用,需要遵守严格的操作协议;ARM 的 AMBA 总线适合较复杂的应用,需要遵守较简单的操作协议;而 Wishbone 总线适合较简单、灵活、增加自己定义部分的应用,使用是完全免费的。

IBM 的先天优势使得 CoreConnect 能在业界长期存在,即便它不被广泛接受。由于 ARM 的大力推广和 AMBA 自身的技术特性,这种总线协议会在大多数应用领域被更多的设计者采用;而由于 OpenCoreS 组织的大力支持,Wishbone 总线也将在比较长的时间内,在自由设计者和中小型 EDA 企业中占据主导地位。

图 1-13 是典型的基于 AMBA 总线的芯片框图,以高性能 ARM 处理器为核心;通过

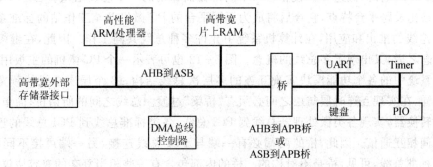

图 1-13 典型的基于 AMBA 总线的系统

AHB 或 ASB 总线连接各种高速部件,如存储接口和 DMA 总线控制器等;通过 AHB 或 APB 桥连接低速的 APB 总线,APB 总线上连接各种低速设备,如 UART、键盘等。

1.3.3 芯片总线

常用的芯片总线有以下几种:

(1) I²C 总线

I²C(Inter - IC)总线 10 多年前由 NXP 公司推出,是近年来在微电子通信控制领域广泛采用的一种新型总线标准。它是同步通信的一种特殊形式,具有接口线少、控制方式简化、器件封装形式小、通信速率较高等优点。在主/从通信中,可以有多个 I²C 总线器件同时接到 I²C 总线上,通过地址来识别通信对象。

(2) SCI 总线

串行外围设备接口 SCI(Serial Ceripheral Interface)总线技术是 Freescale 公司推出的一种同步串行接口。Freescale 公司生产的绝大多数 MCU(微控制器)都配有 SPI 硬件接口,如 68 系列 MCU。SPI 总线是一种三线同步总线,因其硬件功能很强,所以与 SPI 有关的软件就相当简单,使 CPU 有更多的时间处理其他事务。

(3) SCI 总线

串行通信接口 SCI(Serial Communication Interface)也是由 Freescale 公司推出的,是一种通用异步通信接口 UART,与 MCS-51 的异步通信功能基本相同。

1.3.4 系统内总线

局部总线(PCI)和系统总线(ISA)均是作为输入/输出(I/O)设备接口与系统互连的扩展总线,其终端是两种不同的边缘接触型插座;PCI 与 ISA 型 I/O 接口模块(卡)插入这些插座上就实现了这些扩展模块与系统的互连。按照传统的概念,PCI 总线由于离微机处理器较"近",习惯称之为"局部总线";ISA 总线与微处理器之间隔着 PCI 总线,习惯称之为系统总线(标准总线)。实际上,PCI 线是为了适应高速 I/O 设备的需求而产生的一个总线层次,而 ISA 总线是为了延续老的、低速 I/O 设备接口卡的寿命而保留的一个总线层次。由于 PCI 总线的高性能价格比及跨平台特点,它今后将成为不同平台的 PC 微机乃至工作站的标准系统总线。

随着 PCI 总线的推出和应用,在计算机系统中允许多种总线共同工作。因此,在继多处理器、多媒体概念之后,又出现了多总线的概念。图 1-12 也可表示一个 PC 微机的主板用 3 个层次的总线使系统中的各个功能模块实现互连的多层次总线结构。3 个层次总线的频宽不同、控制协议不同,在实现互连时层与层之间必须有"桥梁"过渡。总线之间的所谓桥,简单来说就是一个总线转换器,实现各类微处理器总线到 PCI 总线、各类标准总线到 PCI 总线的连接,并允许它们之间相互通信。因此,桥的两端必有一端与 PCI 总线连接,另一端可接不同的微处理器总线或标准总线,可见,桥是不对称的。桥的内部包含有一些相当复杂的兼容协议的单元电路,也可以与内存控制器或外设控制器包装在一起。实现这些总线桥接功能的是一组大规模集成专用电路,称为 PCI 总线芯片组(Chipset)或 PCI 总线组件。随着微处理器性能的迅速提高及产品种类增多,在保持 PC 机主板的组织结构不变的前提下,只改变这些芯片组的设计即可使系统适应不同微处理器的要求。为了使高速外设能直接与 PCI 总线桥接,一些外设专业厂商开发和推出了一大批新的 PCI 总线的外设控制器大规模集成芯片。以这些芯片为基础,生产出许多 PCI 总线外设插卡,如视频图像卡、高速网络卡、多媒体卡以及高速外存储设备卡(SCSI 控制器,IDE 控制卡)等。这些芯片具有独立的处理能力,并带有 PCI 接口,使高速外设能直接挂到 PCI 局部总线上,共享 PCI 局部总线提供的各种性能优越的服务,大大提高了系统的性能。

(1) ISA 总线

ISA(Industrial Standard Architecture)总线标准是 IBM 公司 1984 年为推出 PC/AT 机而建立的系统总线标准,所以也叫 AT 总线。它是对 XT 总线的扩展,以适应 8/16 位数据总线要求。它在 80286 至 80486 时代应用非常广泛,以至于现在奔腾机中还保留有 ISA 总线插槽,ISA 总线有 98 个引脚。

(2) EISA 总线

EISA 总线是 1988 年由 Compaq 等 9 家公司联合推出的总线标准。它是在 ISA 总线的基础上使用双层插座,在原来 ISA 总线的 98 条信号线上又增加了 98 条信号线,也就是在两条 ISA 信号线之间添加一条 EISA 信号线。在使用中,EISA 总线完全兼容 ISA 总线信号。

(3) VESA 总线

VESA(Video Electronics Standard Association)总线是 1992 年由 60 家附件卡制造商联合推出的一种局部总线,简称为 VL(VESA Local)总线。它的推出为微机系统总线体系结构的革新奠定了基础。该总线系统将 CPU 与主存和 Cache 的直接相连,通常把这部分总线称为 CPU 总线或主总线,其他设备通过 VL 总线与 CPU 总线相连。它定义了 32 位数据线,且可通过扩展槽扩展到 64 位,使用 33MHz 时钟频率,最大传输率达 132 Mbps,可与 CPU 同步工作;是一种高速、高效的局部总线,可支持 386SX、386DX、486SX、486DX 及奔腾微处理器。

(4) PCI 总线

PCI(Peripheral Component Interconnect)总线是当前最流行的总线之一,是由 Intel 公司推出的一种局部总线。它定义了 32 位数据总线,且可扩展为 64 位。PCI 总线主板插槽的体积比原 ISA 总线插槽还小,功能却比 VESA、ISA 有极大的改善,支持突发读/写操作,最大传输速率可达 132 Mbps,可同时支持多组外围设备。PCI 局部总线不能兼容现有的 ISA、EISA、MCA(Micro Channel Architecture)总线,但不受制于处理器,是基于奔腾等新一代微处理器而发展的总线。

(5) Compact PCI

以上所列举的几种系统总线一般都用于商用 PC 机中,在计算机系统总线中,还有另一大类为适应工业现场环境而设计的系统总线,比如 STD 总线、VME 总线、PC/104 总线等。这里仅介绍当前工业计算机的热门总线之一——Compact PCI。Compact PCI 的意思是"坚实的 PCI",是当今第一个采用无源总线底板结构的 PCI 系统,是 PCI 总线的电气和软件标准加欧式卡的工业组装标准,是当今最新的一种工业计算机标准。Compact PCI 是在原来 PCI 总线基础上改造而来,它利用 PCI 的优点,提供满足工业环境应用要求的高性能核心系统,同时还充分考虑利用传统的总线产品,如 ISA、STD、VME 或 PC/104 来扩充系统的 I/O 和其他功能。

1.3.5　外部总线

(1) RS-232-C 总线

RS-232-C 是美国电子工业协会 EIA(Electronic Industry Association)制定的一种串行物理接口标准。RS 是英文"推荐标准"的缩写,232 为标识号,C 表示修改次数。RS-232-C 总线标准设有 25 条信号线,包括一个主通道和一个辅助通道,在多数情况下主要使用主通道;对于一般双工通信,仅需几条信号线就可实现,如一条发送线、一条接收线及一条地线。RS-232-C 标准规定的数据传输速率为每秒 50、75、100、150、300、600、1 200、2 400、4 800、9 600、19 200 波特。RS-232-C 标准规定,驱动器允许有 2 500 pF 的电容负载,通信距离将受此电容限制,例如,采用 150 pF/m 的通信电缆时,最大通信距离为 15 m;若每米电缆的电容量减小,通信距离可以增加。传输距离短的另一原因是 RS-232 属于单端信号传送,存在共地噪声和不能抑制共模干扰等问题,因此一般用于 20 m 以内的通信。

(2) RS-485 总线

在要求通信距离为几十米到上千米时,广泛采用 RS-485 串行总线标准。RS-485 采用平衡发送和差分接收,因此具有抑制共模干扰的能力。加上总线收发器具有高灵敏度、能检测低至 200 mV 的电压的特点,故传输信号能在千米以外得到恢复。RS-485 采用半双工工作方式,任何时候只能有一点处于发送状态,因此,发送电路须由使能信号加以控制。RS-485 用于多点互连时非常方便,可以省掉许多信号线。应用 RS-485 可以联网构成分布式系统,允许最多并联 32 台驱动器和 32 台接收器。

(3) IEEE-488 总线

上述两种外部总线是串行总线,而 IEEE-488 总线是并行总线接口标准。IEEE-488 总线用来连接系统,如微计算机、数字电压表、数码显示器等设备及其他仪器仪表。它按照位行、字节串行双向异步方式传输信号,连接方式为总线方式,仪器设备直接并联于总线上而不需中介单元,但总线上最多可连接 15 台设备。最大传输距离为 20 m,信号传输速度一般为 500 kbps,最大传输速度为 1 Mbps。

(4) USB 总线

通用串行总线 USB(Universal Serial Bus)是由 Intel、Compaq、Digital、IBM、Microsoft、NEC、Northern Telecom 等 7 家世界著名的计算机和通信公司共同推出的一种新型接口标准。它基于通用连接技术，实现外设的简单快速连接，达到方便用户、降低成本、扩展 PC 连接外设范围的目的。它可以为外设提供电源，而不像普通的使用串、并口的设备需要单独的供电系统。另外，快速是 USB 技术的突出特点之一，USB 的最高传输率可达 12 Mbps，比串口快 100 倍，比并口快近 10 倍；而且 USB 还能支持多媒体。

(5) IEEE 1394 总线

该总线是在 Apple 公司的 FireWire 基础上由 IEEE 制定的标准，与 USB 有很大的相似性。它采用树形或菊花链结构，以级连方式在一个接口上最多可连接 63 个不同种类的设备。传输速率高，最高可达 3.2 Gbps；实时性好，总线提供电源，系统中各设备之间的关系是平等的，连接方便，允许热插拔和即插即用。

1.4 常见的嵌入式微处理器

随着嵌入式系统不断深入到人们生活中的各个领域，嵌入式处理器得到了前所未有的飞速发展。目前据不完全统计，全世界嵌入式处理器品种总量已超过 1 500 种，流行体系结构有 50 多个系列。现在几乎每个半导体制造商都生产嵌入式处理器，越来越多的公司有自己的处理器设计部门。

嵌入式微处理器的基础是通用计算机中的 CPU，是嵌入式系统的核心。在应用中，嵌入式微处理器具有体积小、质量轻、成本低、可靠性高等优点。目前，比较有影响的嵌入式 RISC 处理器产品主要有 IBM 公司的 PowerPC、MIPS 公司的 MIPS、Sun 公司的 Sparc 和 ARM 公司的 ARM 系列。

1.4.1 PowerPC 处理器

1. PowerPC 概述

PowerPC 中的 Power 是 Power Optimization With Enhanced RISC 的缩写，PC 代表 Performance Computing。IBM 当前的处理器产品线主要有：POWER 体系结构、PowerPC 系列的处理器、Star 系列以及 IBM 大型机上所采用的芯片(CMOS 工艺的芯片)，它们都有一个共同的祖先 IBM 801；在 IBM 801 以前，基本上都是 CISC 的 CPU。

20 世纪 90 年代，IBM、Apple 和 Motorola 公司（其半导体产业部现称 Freescale 公司）联盟（也称为 AIM 联盟）开发 PowerPC 芯片成功，并制造出基于 PowerPC 的多处理器计算机。PowerPC 源自 POWER 体系结构，在 1993 年首次引入。与 IBM 801 类似，PowerPC 从一开始设计就是要在各种计算机上运行：从靠电池驱动的手持设备到超级计算机和大型机。但是其第一个商业应用却是在桌面系统中，即 Power Macintosh 6100。它基于 POWER 体系结构，但是与 POWER 又有很多的不同，例如，PowerPC 是开放的，它既支持高端的内存模型，也支持低端的内存模型；而 POWER 芯片是高端的。最初的 PowerPC 设计也着重于浮点性能和多处理能力的研究，当然，它也包含了大部分 POWER 指令。很多应用程序都能在 PowerPC 上正常工作。

尽管 IBM 和 Freescale 分别独自开发了自己的芯片，但是从用户层来讲，所有的 PowerPC 处理器都运行相同的关键 PowerPC 指令集，这样可以确保在之上运行的所有软件产品都保持兼容。从 2000 年开始，Freescale 和 IBM 的 PowerPC 芯片都开始遵循 Book E 规范，这样可以提供一些增强特性，从而使得 PowerPC 对嵌入式处理器应用（如网络、存储设备以及消费者设备）更具有吸引力。

除了兼容性之外，PowerPC 体系结构的最大一个优点是它是开放的：它定义了一个指令集(ISA)，并且允许任何人来设计和制造与 PowerPC 兼容的处理器；为了支持 PowerPC 而开发的软件模块的源代码都可以自由使用。最后，PowerPC 核心的精简为其他部件预留了很大的空间，从新添加缓存到协处理都是如此，这样可以实现任意的设计复杂度。

2. 主要产品介绍

PowerPC 系列系列芯片主要有 PowerPC 600 系列、PowerPC 700 和 PowerPC 900 系列，还有嵌入式 PowerPC 400 系列。

(1) PowerPC 600 系列

PowerPC 601 是第一代 PowerPC 系列中的第一个芯片，如图 1-14 所示。它是 POWER 和 PowerPC 体系结构之间的桥梁，与 POWER1 的兼容性比以后的 PowerPC 都要好（甚至比 POWER 同一系列的芯片还要好），同时还兼容 Motorola 88110 总线。PowerPC 601 的首次面世是在 1994 年，这颗处理器采用 32 位的 RISC 架构，位宽首次达到了 64 位，核心电压在 2.5~3.6 V 之间。它集成了 280 万个晶体管、600 nm 的制造技术、采用了 3 个执行单元。PowerPC 601 能够在每个时钟周期内运行 2.5 条指令，主频高达 120 MHz。这条产品线中的下一个芯片是 603，它是一个低端的核心，通常在汽车中可以找到。它与 PowerPC 603 同时发布，当时 PowerPC 604 是业界最高端的芯片。603 和 604 都有一个"e"版本（即 603e 和 604e），该版本中对性能进行了改善。最后，第一个 64 位的 PowerPC 芯片，也是很高端的 PowerPC 620 于 1995 年发布。

(2) PowerPC 700 系列

PowerPC 740 首次面世是在 1998 年和 PowerPC 750、604e 非常类似。PowerPC 750 是世界上第一个基于铜的微处理器，当用于 Apple 计算机时，通常称为 G3，但它很快就被 G4（或称为 Motorola 7400）所取代了。32 位的 PowerPC 750FX 在 2002 年发布时速度就达到了 1 GHz，这在业界引起很大反响。IBM 随之在 2003 年又发布了 750GX，它带有 1 MB 的 L2 缓存，速度是 1 GHz，功耗大约是 7 W。

图 1-14　PowerPC 601

(3) PowerPC 900 系列

64 位的 PowerPC 970 是 POWER4 的一个单核心版本,可以同时处理 200 条指令,速度可以超过 2 GHz,而功耗不过几十瓦。低功耗的优势使其一方面成为笔记本和其他便携式系统的宠儿,另一方面又成为大型服务器和存储设备的首选品;64 位的处理能力和单指令多数据(SIMD)单元可以加速计算密集型的应用,如多媒体和图形。这种芯片用于 Apple 的桌面系统、Xserve 服务器、图像系统以及日益增长的网络系统中。Apple Xerve G5 是第一个装备 PowerPC 970FX 的机器,这是第一个采用应变硅和绝缘硅技术制造的芯片,可以只需更低的功耗就实现更高的速度。

(4) PowerPC 400

这是 PowerPC 处理器中的嵌入式系列产品。PowerPC 的灵活性体系结构可以实现很多的专用系统,但是从来没有其他地方会像 400 系列一样灵活。从机顶盒到 IBM 的"蓝色基因"超级计算机,到处都可以看到它的身影。在这个系列的一端是 PowerPC 405EP,每个嵌入式处理器只需要 1 W 的功耗就可以实现 200 MHz 的主频;而另一端是基于铜技术的 800 MHz 的 PowerPC 440 系列,它可以提供业界最高端的嵌入式处理器。每个子系列都可以专用,例如,PowerPC 440GX 的双千兆以太网和 TCP/IP 负载加速可以减少报文密集型应用对 CPU 的占用率 50% 以上。大量的产品都是在对 PowerPC 400 系列的核心进行高度修改而构建的,其中"蓝色基因"超级计算机就在每个芯片中采用了两个 PowerPC 440 处理器和两个 FP(浮点)核心。

虽然最初考虑用作一个桌面系统的芯片,但是 PowerPC 的低功耗使其成为嵌入式领域中很好的一个替代品,其高性能又对高级应用很有吸引力。现在,PowerPC 已经是很多东西的大脑:从视频游戏终端、多媒体娱乐系统,到数字助手和蜂窝电话,再到基站和 PBX 开关。我们家中的宽带的调制解调器、hub 和路由器、自动化子系统、打印机、复印机以及传真中也都可以找到 PowerPC。当然,桌面系统中也会有 PowerPC。

1.4.2 68K/ColdFire 处理器

1978年，Freescale公司发布了它的第一款16位CISC处理器68000，这也是Freescale 68K系列处理器的第一款处理器。应该说工作效率达到16 MHz的处理器也代表了当时PC处理器的最高水平，即使Intel公司当时8086的技术也比不上它（68000的24位地址线直接就能寻址16 MB内存空间，而8086只能寻址1 MB的内存空间）。当时，可以说这个处理器市场就是Intel公司的X86系列和Fresscale公司的68K系列的天下，而它们也一直在进行着针锋相对的竞争。Freecale公司的68K系列处理器的第二款是6820，这是一款32位处理器，处理器内部集成了256字节的指令高速缓冲（Cache），这在当时非常难得。Apple公司和Sun公司产生的PC或服务器当时基本都是基于68K系列的处理器。不过在这场和Intel处理器的比赛中，Intel公司依靠80386出色的优点，一举占据了优势并将这种优势保持到最后。Freescale公司虽然在68K系列之后还推出68030、68040和68060等处理器，不过Freescale公司显然已经不想和Intel公司在CISC处理器上继续纠缠了。就像前面所提到，Freescale公司直接开辟了PowerPC系列处理器来代替原有的68K处理器的发展。

Freescale公司还开发过多款针对嵌入式系统的68K系列处理器683xx系列，在嵌入式系统中应用也非常广泛。直到今天，68K系列处理器还可以说是在嵌入式领域中运用最广泛的处理器家族之一，每年Freescale公司仍然可以卖出7 500万颗基于68K系列内核的处理器。

不过，由于68K系列处理器是CISC体系结构的，在嵌入式应用中有着先天的不足。所以，在20世纪90年代中期，Freescale公司发布了一个新的处理器体系ColdFire来逐渐取代原来68K系列处理器的应用（原来68K系列的高端应用，如通信方面的应用，已逐步由PowerPC系列取代）。ColdFire系列处理器采用可变长指令的RISC处理器，其指令长度可以是16、32或是48位，这样可以使指令存储更加紧凑。由于ColdFire系列处理器采用RISC体系，因此ColdFire系列的结构更加简单，更容易和其他功能模块整合，功耗也比68K系列小很多。

可以这么说，ColdFire系列处理器在Freescale公司的产品线上是针对中低端、对价格比较敏感的应用，主要是便携式、汽车、自动化、音频类电子消费品。为了让原来使用68K系列处理器的应用平滑过渡到ColdFire系列，Freescale公司在设计ColdFire指令集的时候也煞费苦心。ColdFire指令集是原来68K系列指令集的一个子集，原来基于68K系列处理器的代码可以容易转换到ColdFire系列处理器下。

1.4.3 MIPS 处理器

MIPS的意思是"无内部互锁流水级的微处理器"（Microprocessor without Interlocked Piped Stages），是在20世纪80年代初期由美国斯坦福大学Hennessy教授领导的研究小组研制出来的。MIPS技术公司是一家设计制造高性能、高档次及嵌入式32位和64位处理器的厂商。在 RISC 处理器方面占有重要地位。1984 年,MIPS 计算机公司成立。1992 年,SGI 收购了 MIPS 计算机公司。1998 年,MIPS 脱离 SGI,成为 MIPS 技术公司。

在通用方面,MIPS R 系列微处理器用于构建高性能工作站、服务器和超级计算机系统。在嵌入式方面,MIPS K 系列微处理器是目前仅次于 ARM 的用得最多的处理器之一(1999 年以前 MIPS 是世界上用得最多的处理器),其应用领域覆盖游戏机、路由器、激光打印机、掌上电脑等各个方面。

1986 年推出 R2000 处理器,1988 年推出 R3000 处理器,1991 年推出第一款 64 位商用微处理器 R4000。之后,又陆续推出 R8000(1994 年)、R10000(1996 年)和 R12000(1997 年)等型号。之后,MIPS 公司的战略发生变化,把重点放在嵌入式系统。1999 年,MIPS 公司发布 MIPS 32 和 MIPS 64 架构标准,为未来 MIPS 处理器的开发奠定了基础。新的架构集成了所有原来 MIPS 指令集,并且增加了许多更强大的功能。MIPS 公司陆续开发了高性能、低功耗的 32 位处理器内核(Core)MIPS 32 4Kc 与高性能 64 位处理器内核 MIPS 64 5Kc。2000 年,MIPS 公司发布了针对 MIPS 32 4Kc 的新版本以及未来 64 位 MIPS64 20 Kc 处理器内核。MIPS 公司新近推出的 MIPS 32 24K 微架构支持各种新一代嵌入式设计,如视讯转换器与 DTV 等需要相当高的系统效能与应用设定弹性的数字消费性电子产品。此外,24K 微架构能符合各种新兴的服务趋势,为宽频存取以及还在不断发展的网络基础设施、通信协议提供软件可编程的弹性。

1.4.4 SPARC 处理器

Sun 公司以其性能优秀的工作站闻名,这些工作站的心脏全都是采用 Sun 公司自己研发的 Sparc 芯片。1987 年,Sun 和 TI 公司合作开发了 RISC 微处理器——SPARC。SPARC 微处理器最突出的特点就是它的可扩展性,这是业界出现的第一款具有可扩展性功能的微处理器。SPARC 的推出为 Sun 公司赢得了高端微处理器市场的领先地位。

1999 年,Sun 公司又推出了第三代产品——Ultra SPARC Ⅲ(如图 1-15 所示),这是 Sun SPARC 微处理器发展历史上具有里程碑意义的产品。Ultra SPARC Ⅲ 全面提高了系统应用程序的性能,它的带宽可达 2.4 GB,比 Ultra SPARC Ⅱ 高出 2 倍。首款 Ultra SPARC Ⅲ 微处理器主频达 600 MHz,采用更先进的 0.18 μm 工艺技术,集成了 1 600 万个晶体管,与 Solaris 操作系统和应用软件兼容。在最被业界看好的可扩展性方面,Ultra SPARC Ⅲ 可扩展到 1 000 多个微处理器。借助出众的存储器带宽和多处理器可扩展性,Ultra SPARC Ⅲ 为电子商务、科学计算和数据开采等高性能计算应用提供了非同寻常的平台。凭借卓越的性能和 Solaris 操作环境,Ultra SPARC Ⅲ 将进一步推动服务器的发展,为新世纪发展新一代具有更强扩展能力的处理器系统铺就了道路。

图 1-15 SPARC 处理器

在64位UltraSPARC处理器方面,Sun公司主要有3个系列:

可扩展式s系列:可扩展式s系列专门为可扩展工作站和服务器提供业界领先的性能。目前,UltraSPARCⅢs的频率已经达到750 GHz,还有将推出的UltraSPARCⅣs和UltraSPARC Vs等型号。其中,UltraSPARC IVs的频率为1 GHz,UltraSPARC Vs的频率则为1.5 GHz。

集成式i系列:集成式i系列将多种系统功能集成在一个处理器上,为单处理器系统提供了更高的效益。Sun公司2001年以前交付了400 MHz、440 MHz和480 MHz的UltraSPARCⅡi及600 MHz、700 MHz的Ultra SPARCⅢi微处理器,已经推出的UltraSPARCⅢi的频率达到700 MHz,未来的UltraSPARCⅣi的频率将达到1 GHz。

嵌入式e系列:嵌入式e系列为用户提供理想的性能价格比,这些嵌入式应用包括瘦客户机、电缆调制解调器和网络接口等。Sun公司还将推出主频300 MHz、400 MHz、500 MHz等版本的处理器。

Leon2是GaislerResearch公司于2003年研制完成的一款32位、符合IEEE-1754(SPARCVS)结构的处理器IP核,前身是欧空局研制的Leon以及ERC32。Leon2的目标主要是权衡性能和价格、高可靠性、可移植性、可扩展性、软件兼容性等;其内部硬件资源可裁减(可配置)、主要面向嵌入式系统,可以用FPGA/CPLD和ASIC等技术实现。Leon2的VHDL模块可以在大多数综合工具上进行综合,可以在任何符合VHDL-87标准的仿真器上进行仿真;采用AMBA AHB/APB总线结构的用户设计新模块,可以很容易加入到Leon2中,完成用户的定制应用。

1.4.5 ARM处理器

1. 概 述

ARM系列处理器是英国ARM公司的产品。ARM是世界第一大IP知识产权厂商。可以说,ARM公司引发了嵌入式领域的一场革命,在低功耗、低成本的嵌入式应用领域确立了市场领导地位,成为高性能、低功耗的嵌入式微处理器开发方面的后起之秀,开发了系列产品,是目前32位市场中使用最为广泛的微处理器。ARM公司是业界领先的知识产权供应商。与一般公司不同,ARM公司只采用IP授权的方式允许半导体公司生产基于ARM的处理器产品,提供基于ARM处理器内核的系统芯片解决方案和技术授权,不提供具体的芯片。

ARM取得了极大的成功,世界上几乎所有主要的半导体厂商都从ARM公司购买ARM ISA许可,利用ARM核开发面向各种应用的SOC芯片。早在1999年,ARM核的销量就已突破1.5亿个,市场份额超过了50%。市场调查表明,在2002年度里,占据了整个32位、64位嵌入式微处理器市场的79.5%。ARM从1991年大批量推出商业RISC内核到现在为止,已授权交付了超过20亿个ARM内核的处理器核。在全球已有将近200多个半导体公司购买了ARM核,生产自己的处理器。目前,80%以GSM手机、99%的CDMA手机以及将来的

WCDMA、TD-SCDMA 手机都采用的是基于 ARM 核心的处理器。目前，ARM 系列芯片已广泛应用于移动电话、手持式计算机以及各种各样的嵌入式应用领域，成为世界上销量最大的 32 位微处理器。

第一片 ARM 处理器是 1983 年 10 月至 1985 年 4 月间在 Acorn Computer 公司开发的，于 1985 年 4 月 26 日在 Acorn 公司进行首批 ARM 样片测试并成功地运行了测试程序。在 20 世纪 80 年代后期，ARM 处理器已发展为可支持 Acorn 公司的台式计算机产品，这些产品奠定了英国教育界计算机技术的基础，在当时 ARM 代表着 Acorn RISC Computer。表 1-1 总结了每个核使用的 ARM 体系结构的版本。

表 1-1 ARM 体系结构总结

核	体系结构
ARM1	v1
ARM2	v2
ARM2aS、ARM3	v2a
ARM6、ARM600、ARM610	v3
ARM7、ARM700、ARM710	v3
ARM7TDMI、ARM710T、ARM720T、ARM740T	v4T
Strong ARM、ARM8、ARM810	v4
ARM9TDMI、ARM920T、ARM940T	v4T
ARM9E-S	v5TE
ARM10TDMI、ARM1020E	v5TE
ARM11、ARM1156T2-S、ARM1156T2F-S、ARM1176JZ-S、ARM11JZF-S	v6
Cortex-A、Cortex-R、Cortex-M	v7

ARM 体系结构版本 1 对第一个 ARM 处理器进行描述，其地址空间是 26 位，仅支持 26 位寻址空间，不支持乘法或协处理器指令。以 ARM2 为核的 Acorn 公司的 Archimedes（阿基米德）和 A3000 批量销售，它仍然是 26 位地址的机器，但包含了对 32 位结果的乘法指令和协处理器的支持。ARM2 使用了 ARM 公司现在称为 ARM 体系结构版本 2 的体系结构。

ARM 作为独立的公司，在 1990 年设计的第一个微处理器采用的是版本 3 的体系结构 ARM6。它作为 IP 核、独立的处理器（ARM60）、具有片上高速缓存、MMU 和写缓冲的集成 CPU（用于 Apple Newton 的 ARM600、ARM610）所采纳的体系结构而被大量销售。

体系结构版本 4 增加了有符号、无符号半字和有符号字节的 Load 和 Store 指令，并为结构定义的操作预留一些 SWI 空间；引入了系统模式（使用用户寄存器的特权模式），几个未使用指令空间的角落作为未定义指令使用。

版本 5 主要由两个变种版本 5T、5TE 组成。ARM10 处理器是最早支持版本 5T 的处理器。版本 5T 是体系结构版本 4T 的扩展集,加入了 BLX、CLZ 和 BRK 指令。版本 5TE 在体系结构版本 5T 的基础上增加了信号处理指令集。体系结构 V5TE 定义的信号处理扩展指令集首先在 ARM9E-S 可综合核中实现。

ARM 体系版本 6 是 2001 年发布的。新架构 v6 在降低耗电量的同时,还强化了图形处理性能。通过追加有效进行多媒体处理的 SIMD 功能,将语音及图像的处理功能提高到了原机型的 4 倍。ARM 体系版本 6 首先在 2002 年春季发布的 ARM11 处理器中使用。除此之外,v6 还支持多微处理器内核。

全新的 ARMv7 架构是在 ARMv6 架构的基础上诞生的。ARMv7 架构采用了 Thumb-2 技术,是在 ARM 的 Thumb 代码压缩技术的基础上发展起来的,并且保持了对已存 ARM 解决方案的完整的代码兼容性。Thumb-2 技术比纯 32 位代码少使用 31% 的内存,降低了系统开销,同时却能够提供比已有的基于 Thumb 技术的解决方案高出 38% 的性能表现。ARMv7 架构还采用了 NEON 技术,将 DSP 和媒体处理能力提高了近 4 倍,并支持改良的浮点运算,满足下一代 3D 图形和游戏物理应用以及传统的嵌入式控制应用的需求。此外,ARMv7 还支持改良的运行环境来迎合不断增加的 JIT 和 DAC 技术的使用。

新的 ARMv7 架构定义了 3 大分工明确的系列:"A"系列面向尖端的基于虚拟内存的操作系统和用户应用;"R"系列针对实时系统;"M"系列对微控制器和低成本应用提供优化。

新的 ARM Cortex 处理器系列包括了 ARMv7 架构的所有系列。ARM Cortex-A 系列是针对日益增长的,运行包括 Linux、Windows CE 和 Symbian 在内的操作系统的消费者娱乐和无线产品设计的;ARM Cortex-R 系列针对的是需要运行实时操作系统来进行控制应用的系统,包括有汽车电子、网络和影像系统;ARM Cortex-M 系列则是为那些对开发费用非常敏感同时对性能要求不断增加的嵌入式应用所设计的,如微控制器、汽车车身控制系统和各种大型家电。ARM Cortex-M 系列中的第一个成员 ARMCortex-M3 处理器已于 2004 年 10 月在 ARM 开发者大会上正式发布。

2. 基于 ARM 内核的微处理器基本结构

各大半导体生产商从 ARM 公司购买其设计的 ARM 微处理器核,根据各自不同的应用领域加入适当的外围电路,从而形成自己的 ARM 微处理器芯片。一个典型的使用 ARM 内核的微处理器硬件结构如图 1-16 所示。每一个方框表示了一个功能或特性。方框之间的连线是传送数据的总线。

可以把这个器件分为以下 4 个主要的硬件部分:

ARM 处理器:控制整个器件。有多种版本的 ARM 处理器,以满足不同的处理特性。一个 ARM 处理器包含了一个内核以及一些外围部件,它们之间由总线连接。这些部件可能包括存储器管理和 Cache。

控制器:协调系统的重要功能模块。两个最常见的控制器是中断控制器和存储器控制器。

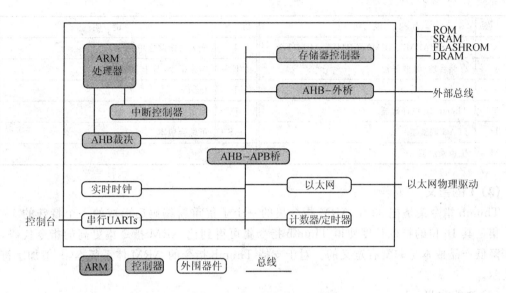

图 1-16 典型 ARM 内核微处理器硬件结构

外设接口部件:提供芯片与外部的所有输入/输出功能,器件之间的一些独有特性就是靠不同的外设接口功能来体现的。

总线:用于在器件不同部件之间进行通信。ARM 处理器中广泛使用的总线结构称为高级微控制总线结构(AMBA)。最初的 AMBA 总线包含 ARM 系统总线(ASB)和 ARM 外设总线(APB),之后又提出一种称为 ARM 高性能总线(AHB)。图 1-16 的器件中有 3 条总线:一条 AHB 总线连接高性能的片内外设接口;一条 APB 总线连接较慢的片内外设接口;第 3 条总线用于连接片外外设,这条外部总线需要一个特殊的桥,用于和 AHB 总线连接。

3. ARM 处理器的命名规则

ARM 使用如下表的命名规则来描述一个处理器。ARM 后的字母和数字表明了一个处理器的功能特性。随着更多特性的增加,将来字母和数字的组合可能会改变。

ARM[x][y][z][T][D][M][I][E][J][F][-S]

(1) 数字[x][y][z]的含义

其中,数字 x 表示产品的系列,如 ARM7、ARM9、ARM10、ARM11 等。处理器系列是共享相同硬件特性的一组处理器的具体实现。例如,ARM7TDMI、ARM740T 和 ARM720T 共享相同的系列特性,都属于 ARM7 系列;数字 y 和 z 则表示有无存储管理/保护单元和有无 Cache,如 ARM 920T 则包含了 MMU 和独立的数据指令 Cache,此处理器能够被用在要求有虚拟存储器支持的操作系统上;ARM940T 包含了一个 MPU 和一个更小的数据指令 Cache,它是针对不要求操作系统的应用而设计的。

ARM [x][y][z][T][D][M][I][E][J][F][-S]

后缀	说明	后缀	说明
x	系列,如 ARM7、ARM9、ARM10、ARM11 等	I	嵌入式跟踪宏单元
y	存储管理/保护单元	E	增强指令(基于 TDMI)
z	Cache	J	Jazelle
T	Thumb 16 位译码器	F	向量浮点单元
D	JTAG 调试器	−S	可综合版本
M	快速乘法器		

(2) T 的含义

Thumb 指令集是把 32 位 ARM 指令集的一个子集重新编码后形成的一个特殊的 16 位指令集。其 16 位的指令长度使得 Thumb 指令集可得到比 ARM 指令集更高的指令代码,这对于降低产品成本是非常有意义的。对于支持 Thumb 指令的 ARM 体系版本,一般加字符 T 来表示。

(3) D 的含义

JTAG 是由 IEEE1149.1 标准测试访问端口(Standard Test Access Port)和边界扫描来描述的,它是 ARM 用来发送和接收处理器内核与测试仪器之间调试信息的一系列协议。

(4) M 的含义

长乘指令(M 变种)。长乘指令是一种生成 64 位相乘结果的乘法指令(此指令为 ARM 指令)。M 变种增加了以下两条长乘指令:一条指令完成 32 位整数乘以 32 位整数,生成 64 位整数的长乘操作;另一条指令完成 32 位整数乘以 32 位整数,然后再加上一个 32 位整数生成 64 位整数的长乘加操作。M 变种很适合这种长乘的应用场合。在 ARM 体系版本 4 及其以后的版本中,M 变种是系统中的标准部分。对于支持长乘 ARM 指令的 ARM 体系版本,用字符 M 来表示。

(5) I 的含义

嵌入式 ICE 宏单元(EmbeddedICE macrocell)是建立在处理器内部、用来设置断点和观察点的调试硬件。

关于 TDMI 还有一点说明,ARM7TDMI 之后的所有 ARM 内核,即使 ARM 标志后没有包含那些字符,但也包含了 TDMI 的特性。

(6) E 的含义

增强型 DSP 指令(E 变种),E 变种的 ARM 体系增加了一些增强处理器对典型的 DSP 算法处理能力的附加指令。E 变种首先在 ARM 体系版本 5T 中使用,用字符 E 表示。在 ARM 体系以前的版本中,E 变种是无效的。

(7) J 的含义

Java 加速器 Jazelle(J 变种),ARM 的 Jazelle 技术是 java 语言和先进的 32 位 RISC 芯片

完美结合的产物。Jazelle技术使得Java代码的运行速度比普通的Java虚拟机提高了8倍,这是因为Jazelle技术提供了Java加速功能,大幅度地提高了机器的运行性能,而功耗反而降低了80%。Jazelle技术使得在一个单独的处理器上同时运行Java应用程序、已经建立好的操作系统、中间件以及其他应用程序成为可能。Jazelle技术的诞生使得一些必须用到协处理器和双处理器的场合可用单处理器代替,这样,既保证了机器的性能,又降低了功耗和成本。支持J变种的ARM体系版本,用字符J来表示。

(8) -S的含义

可综合的,意味着处理器内核是以源代码形式提供的。这种源代码形式又可以被编译成一种易于EDA工具使用的形式。

ARM/Thumb体系版本名称及其含义是在不断发展变化的,最新变化请查阅有关ARM资料。

1.5 ARM处理器

1.5.1 ARM内核

1. ARM核的数据流模型

不同版本的ARM内核的硬件特性是有所区别的,但是其数据流模型基本上是一致的。从软件开发者的角度来看,可以抛开具体硬件结构的细节,而把ARM内核看作是由数据总线连接的各个功能单元组成的集合,ARM内核功能的实现最终体现为各种数据在不同部件之间的流动。一个典型的冯·诺伊曼结构的ARM内核的数据流模型如图1-17所示。这里箭头代表了数据的流向,直线代表了总线,方框表示操作单元或存储区域。这个图不仅说明了数据流向,也说明了组成ARM内核的各个逻辑要素。

数据通过数据总线进入处理器核,这里所指的数据可能是一条要执行的指令或一个数据项。指令译码器在指令执行前先将它们翻译。每一条可执行指令都属于一个特定的指令集。与所有的RISC处理器一样,ARM处理器采用Load-Store体系结构,这就意味着它只有两种类型的指令用于把数据移入/移出处理器:load指令从存储器复制数据到内核的寄存器;反过来,Store指令从寄存器里复制数据到存储器。没有直接操作存储器的数据处理指令,因此数据处理只能在寄存器里进行。由于ARM内核是32位处理器,大部分指令认为寄存器中保存的是32位有符号或无符号数。当从存储器读取数据至一个寄存器时,符号扩展硬件会把8位和16位的有符号数转换成32位。

典型的ARM指令通常有2个源寄存器Rn和Rm、1个结果或目的寄存器Rd。源操作数分别通过内部总线A和B从寄存器文件中读出。

ALU(运算器)或MAC(乘累加单元)通过总线A和B得到寄存器值Rn和Rm,并计算

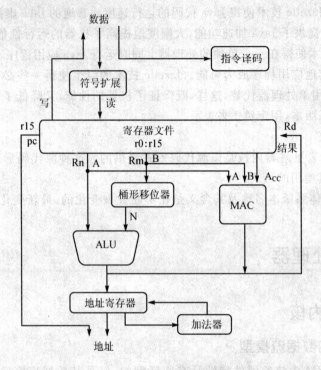

图 1-17 ARM 内核的数据流模型

出一个结果。数据处理指令直接把 Rd 中的计算结果写到寄存器文件。Load-Store 指令使用 ALU 来产生一个地址,这个地址将保存到地址寄存器并发送到地址总线上。

ARM 的一个重要特征是,寄存器 Rm 可以选择在进入 ALU 前是否先经过桶形移位器预处理。桶形移位器和 ALU 协作可以计算较大范围的表达式和地址。

在经过有关功能单元后,Rd 寄存器里的结果通过总线写回到寄存器文件。对于 Load-Store 指令,在内核从下一个连续的存储器单元装载数据到下一个寄存器,或写下一个寄存器的值到下一个连续的存储器单元之前,地址加法器自动更新地址寄存器。处理器连续执行指令,直到发生异常或中断才改变了正常的执行流。

2. ARM 处理器工作模式

ARM 微处理器支持 7 种工作模式,分别为:
- 用户模式(usr):ARM 处理器正常的程序执行状态。
- 快速中断模式(fiq):用于高速数据传输或通道处理。
- 外部中断模式(irq):用于通用的中断处理。
- 管理模式(svc):操作系统使用的保护模式。
- 中止模式(abt):当数据或指令预取终止时进入该模式,用于虚拟存储及存储保护。

- 未定义指令模式(und)：当未定义的指令执行时进入该模式,用于支持硬件协处理器的软件仿真。
- 系统模式(sys)：运行具有特权的操作系统任务。

除用户模式以外,其余的所有6种模式称为非用户模式或特权模式(Privileged Modes);其中,除去用户模式和系统模式以外的5种又称为异常模式(Exception Modes),常用于处理中断或异常,以及需要访问受保护的系统资源等情况。

ARM微处理器的工作模式可以通过软件改变,也可以通过外部中断或异常处理改变。大多数应用程序运行在用户模式下,当处理器运行在用户模式下时,某些被保护的系统资源是不能访问的。

3. 处理器工作状态

自从ARM7TDMI核产生后,体系结构中具有T变种的ARM处理器核可工作在两种状态,并可在两种状态之间切换：
- ARM状态：ARM微处理器执行32位的ARM指令集。
- Thumb状态：ARM微处理器执行16位的Thumb指令集。

ARM处理器在开始执行代码时,只能处于ARM状态,在程序的执行过程中,微处理器可以随时在两种工作状态之间切换,处理器工作状态的转变并不影响处理器的工作模式和相应寄存器中的内容。

1.5.2　ARM寄存器

ARM寄存器可以分为通用寄存器和状态寄存器两类。通用寄存器可用于保存数据和地址,状态寄存器用来标识或设置处理器的工作模式或工作状态等功能。ARM微处理器共有37个32位寄存器,其中31个为通用寄存器,6个为状态寄存器。但是这些寄存器不能被同时访问,最多可有18个活动寄存器：16个数据寄存器和2个处理器状态寄存器。具体哪些寄存器是可编程访问的,取决微处理器的工作状态及具体的工作模式。

1. 通用寄存器

通用寄存器可用于保存数据和地址。这些寄存器都是32位的,它们用字母R为前缀加上该寄存器的序号来标识,如寄存器0可以表示成R0。通用寄存器包括R0~R15,可以分为3类：
- 未分组寄存器；
- 分组寄存器；
- 程序计数器。

(1) 未分组寄存器

未分组寄存器包括R0~R7,在所有工作模式下,未分组寄存器都指向同一个物理寄存器，它们未被系统用作特殊的用途。因此，在中断或异常处理进行工作模式转换时，由于不同的处理器工作模式均使用相同的物理寄存器，可能会造成寄存器中数据的破坏，这一点在进行程序设计时应引起注意。

(2) 分组寄存器

分组寄存器包括 R8~R14，对于分组寄存器，它们每一次访问的物理寄存器与处理器当前的工作模式有关，如图 1-18 所示。对于 R8~R12 来说，每个寄存器对应两个不同的物理寄存器，当使用 fiq 模式时，访问寄存器 R8_fiq~R12_fiq；当使用除 fiq 模式以外的其他模式时，访问寄存器 R8_usr~R12_usr。

系统和用户	快速中断	超级用户	中止	中断	未定义
R0	R0	R0	R0	R0	R0
R1	R1	R1	R1	R1	R1
R2	R2	R2	R2	R2	R2
R3	R3	R3	R3	R3	R3
R4	R4	R4	R4	R4	R4
R5	R5	R5	R5	R5	R5
R6	R6	R6	R6	R6	R6
R7	R7	R7	R7	R7	R7
R8	R8_fiq	R8	R8	R8	R8
R9	R9_fiq	R9	R9	R9	R9
R10	R10_fiq	R10	R10	R10	R10
R11	R11_fiq	R11	R11	R11	R11
R12	R12_fiq	R12	R12	R12	R12
R13	R13_fiq	R13_svc	R13_abt	R13_irq	R13_und
R14	R14_fiq	R14_svc	R14_abt	R14_irq	R14_und
R15(PC)	R15(PC)	R15(PC)	R15(PC)	R15(PC)	R15(PC)

(a) ARM 状态下的通用寄存器与程序计数器

CPSR	CPSR	CPSR	CPSR	CPSR	CPSR
	SPSR_fiq	SPSR_svc	SPSR_abt	SPSR_irq	SPSR_und

◢ = 分组寄存器

(b) ARM 状态下的程序状态寄存器

图 1-18 ARM 状态下的寄存器组织

对于 R13、R14 来说，每个寄存器对应 6 个不同的物理寄存器，其中的一个是用户模式与系统模式共用，另外 5 个物理寄存器对应于其他 5 种不同的工作模式。采用以下的记号来区分不同的物理寄存器：

R13_<mode>
R14_<mode>

其中，mode 为以下几种模式之一：usr、fiq、irq、svc、abt、und。

寄存器 R13 在 ARM 指令中常用作堆栈指针,但这只是一种习惯用法,用户也可使用其他的寄存器作为堆栈指针。而在 Thumb 指令集中,某些指令强制性的要求使用 R13 作为堆栈指针。

由于处理器的每种工作模式均有自己独立的物理寄存器 R13,在用户应用程序的初始化部分,一般都要初始化每种模式下的 R13,使其指向该工作模式的栈空间,这样,当程序的运行进入异常模式时,可以将需要保护的寄存器放入 R13 所指向的堆栈,而当程序从异常模式返回时,则从对应的堆栈中恢复,采用这种方式可以保证异常发生后程序的正常执行。

R14 也称作子程序连接寄存器(Subroutine Link Register)或连接寄存器 LR。当执行 BL 子程序调用指令时,R14 中得到 R15(程序计数器 PC)的备份。其他情况下,R14 用作通用寄存器。与之类似,当发生中断或异常时,对应的分组寄存器 R14_svc、R14_irq、R14_fiq、R14_abt 和 R14_und 用来保存 R15 的返回值。

(3) 程序计数器

寄存器 R15 用作程序计数器(PC),用于控制程序中指令的执行顺序。正常运行时,PC 指向 CPU 运行的下一条指令。每次取指后 PC 的值会自动修改以指向下一条指令,从而保证了指令按一定的顺序执行。当程序的执行顺序发生改变(如转移)时,需要修改 PC 的值。虽然 R15 也可用作通用寄存器,但一般不这么使用,因为对 R15 的使用有一些特殊的限制,当违反了这些限制时,程序的执行结果是未知的。

在 ARM 状态下,任一时刻可以访问以上所讨论的 16 个通用寄存器和 1~2 个状态寄存器。在非用户模式(特权模式)下,则可访问到特定模式下的分组寄存器,图 1-18 说明在每一种工作模式下哪一些寄存器是可以访问的。

2. 状态寄存器

ARM 体系结构包含一个当前程序状态寄存器 CPSR(R16)和 5 个备份的程序状态寄存器(SPSRs)。CPSR 可在任何工作模式下访问,用来保存 ALU 中的当前操作信息、控制允许和禁止中断、设置处理器的工作模式等。备份的程序状态寄存器用来进行异常处理。程序状态寄存器的基本格式如图 1-19 所示。

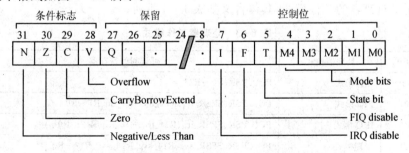

图 1-19 程序状态寄存器格式

(1) 条件码标志

N、Z、C、V 均为条件码标志位。它们的内容可被算术或逻辑运算的结果所改变,并且可以决定某条指令是否被执行。条件码标志位的具体含义如表 1-2 所列。

表 1-2 条件码标志的含义

标志位	含 义
N	正负标志,N=1 表示运算的结果为负数;N=0 表示运算的结果为正数或零
Z	零标志,Z=1 表示运算的结果为零;Z=0 表示运算的结果为非零
C	进位标志:加法运算(包括比较指令 CMN)的结果产生了进位时,C=1;否则,C=0 借位标志:减法运算(包括 CMP)的结果产生了借位时,C=0;否则,C=1
V	溢出标志,V=1 表示有溢出,V=0 表示无溢出
Q	在 ARMv5 及以上版本的 E 系列处理器中,用 Q 标志位指示增强的 DSP 运算指令是否发生了溢出。在其他版本的处理器中,Q 标志位无定义

(2) 控制位

CPSR 的低 8 位(包括 I、F、T 和 M[4:0])称为控制位,当发生异常时这些位可以改变。如果处理器运行特权模式,则这些位也可以由程序修改。

中断禁止位:中断禁止位包括 I、F,用来禁止或允许 IRQ 和 FIQ 两类中断,当 I=1 时,表示禁止 IRQ 中断,I=0 时,表示允许 IRQ 中断;当 F=1 时,表示禁止 FIQ 中断,F=0 时,表示允许 FIQ 中断。

T 标志位:T 标志位用来标识/设置处理器的工作状态。对于 ARM 体系结构 v4 及以上的版本的 T 系列处理器,当该位为 1 时,程序运行于 Thumb 状态;当该位为 0 时,表示运行于 ARM 状态。ARM 指令集和 Thumb 指令集均有切换处理器状态的指令。这些指令通过修改 T 位的值为 1 或 0 来实现在两种工作状态之间切换,但 ARM 微处理器在开始执行代码时,应该处于 ARM 状态。

工作模式位:工作模式位(M[4:0])用来标识或设置处理器的工作模式。M4、M3、M2、M1、M0 决定了处理器的工作模式,具体含义如表 1-3 所列。

表 1-3 处理器工作模式

M[4:0]	处理器模式	可访问的寄存器
10000	用户模式	PC、CPSR、R0~R14
10001	FIQ 模式	PC、CPSR、SPSR_fiq、R14_fiq – R8_fiq、R7~R0
10010	IRQ 模式	PC、CPSR、SPSR_irq、R14_irq、R13_irq、R12~R0
10011	管理模式	PC、CPSR、SPSR_svc、R14_svc、R13_svc、R12~R0

续表 1-3

M[4:0]	处理器模式	可访问的寄存器
10111	中止模式	PC、CPSR、SPSR_abt、R14_abt、R13_abt、R12~R0
11011	未定义模式	PC、CPSR、SPSR_und、R14_und、R13_und、R12~R0
11111	系统模式	PC、CPSR、R14~R0

可见,并不是所有的工作模式位的组合都是有效的,其他的组合结果会导致处理器进入一个不可恢复的状态。

(3) 保留位

CPSR 中的其余位为保留位。当改变 CPSR 中的条件码标志位或者控制位时,保留位不要被改变,在程序中也不要使用保留位来存储数据。保留位将用于 ARM 版本的扩展。

每一种工作模式下又都有一个专用的物理状态寄存器,称为 SPSR(Saved Program Status Register,备份的程序状态寄存器),当异常发生时,SPSR 用于保存 CPSR 的当前值;从异常退出时,则可由 SPSR 来恢复 CPSR。由于用户模式和系统模式不属于异常模式,它们没有 SPSR,当在这两种模式下访问 SPSR,结果是未知的。

3. Thumb 寄存器

Thumb 状态下的寄存器集是 ARM 状态下寄存器集的一个子集,程序可以直接访问 8 个通用寄存器(R7~R0)、程序计数器(PC)、堆栈指针(SP)、连接寄存器(LR)和 CPSR。同时,在每一种特权模式下都有一组 SP、LR 和 SPSR。图 1-20 是 Thumb 状态下的寄存器组织图。

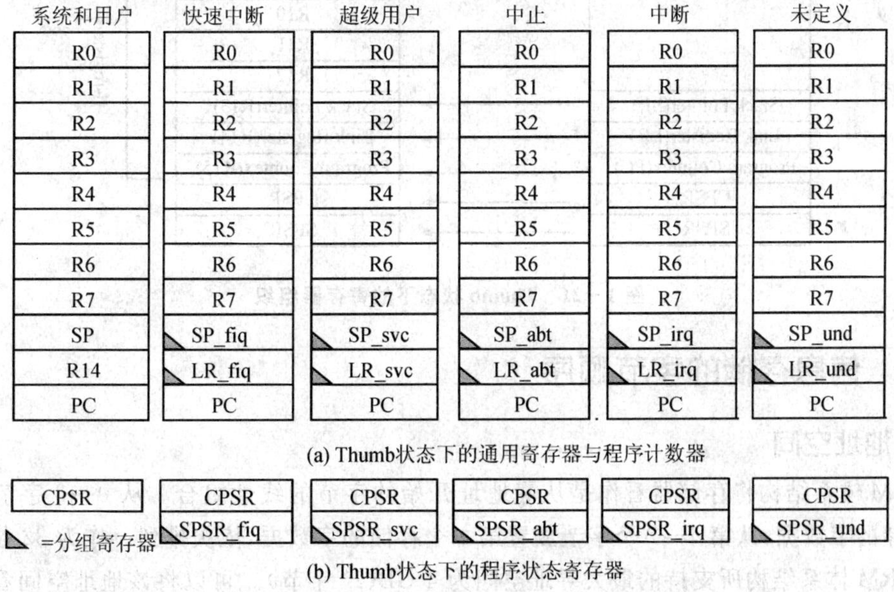

系统和用户	快速中断	超级用户	中止	中断	未定义
R0	R0	R0	R0	R0	R0
R1	R1	R1	R1	R1	R1
R2	R2	R2	R2	R2	R2
R3	R3	R3	R3	R3	R3
R4	R4	R4	R4	R4	R4
R5	R5	R5	R5	R5	R5
R6	R6	R6	R6	R6	R6
R7	R7	R7	R7	R7	R7
SP	SP_fiq	SP_svc	SP_abt	SP_irq	SP_und
R14	LR_fiq	LR_svc	LR_abt	LR_irq	LR_und
PC	PC	PC	PC	PC	PC

(a) Thumb 状态下的通用寄存器与程序计数器

CPSR	CPSR	CPSR	CPSR	CPSR	CPSR
	SPSR_fiq	SPSR_svc	SPSR_abt	SPSR_irq	SPSR_und

△=分组寄存器

(b) Thumb 状态下的程序状态寄存器

图 1-20 Thumb 状态下的寄存器组织

Thumb 状态下的寄存器组织与 ARM 状态下的寄存器组织的关系：
- Thumb 状态下和 ARM 状态下的 R0~R7 是相同的。
- Thumb 状态下和 ARM 状态下的 CPSR 和所有的 SPSR 是相同的。
- Thumb 状态下的 SP 对应于 ARM 状态下的 R13。
- Thumb 状态下的 LR 对应于 ARM 状态下的 R14。
- Thumb 状态下的程序计数器对应于 ARM 状态下 R15

以上的对应关系如图 1-21 所示。

访问 Thumb 状态下的高位寄存器（Hi-registers）：在 Thumb 状态下，高位寄存器 R8~R15 并不是标准寄存器集的一部分，但可使用汇编语言程序受限制地访问这些寄存器，将其用作快速的暂存器。使用带特殊变量的 MOV 指令可以使数据在低位寄存器和高位寄存器之间进行传送；高位寄存器的值可以使用 CMP 和 ADD 指令进行比较或加上低位寄存器中的值。

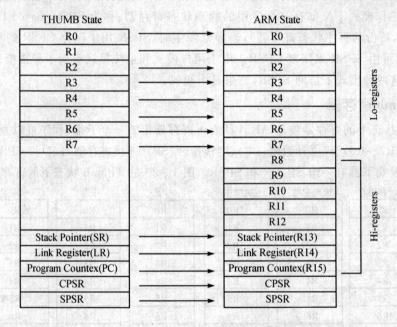

图 1-21 Thumb 状态下的寄存器组织

1.5.3 信息存储的字节顺序

1. 地址空间

ARM 体系结构将存储器看作是从零地址开始的字节的线性组合。从 0~3 字节放置第一个存储的字数据，从第 4~7 个字节放置第 2 个存储的字数据，依次排列。作为 32 位的微处理器，ARM 体系结构所支持的最大寻址空间为 4 GB（2^{32} 字节）。可以将该地址空间看作大小

为 2^{32} 个 8 位字节,这些字节的单元地址是一个无符号的 32 位数值,其取值范围为 $0\sim2^{32}-1$。ARM 地址空间也可以看作是 2^{30} 个 32 位的字单元,这些字单元的地址可以被 4 整除,也就是说该地址低两位为 00。地址为 A 的字数据包括地址为 A、A+1、A+2、A+3 这 4 个字节单元的内容。程序正常执行时,每执行一条 ARM 指令,当前指令计数器加 4 个字节;每执行一条 Thumb 指令,当前指令计数器加 2 个字节。但是,当地址上发生溢出时,执行结果将是不可预知的。

2. 数据类型

ARM 微处理器的指令长度可以是 32 位(在 ARM 状态下),也可以为 16 位(在 Thumb 状态下)。ARM 微处理器中支持字节(8 位)、半字(16 位)、字(32 位)这 3 种数据类型,其中,字需要 4 字节对齐(地址的低两位为 0)、半字需要 2 字节对齐(地址的最低位为 0)。

3. 存储格式

ARM 体系结构可以用两种方法存储字数据,称之为大端格式和小端格式。

(1) 大端格式

在这种格式中,字数据的高字节存储在低地址中,而字数据的低字节则存放在高地址中,如图 1-22 所示。

(2) 小端格式

与大端存储格式相反,在小端存储格式中,低地址中存放的是字数据的低字节,高地址存放的是字数据的高字节,如图 1-23 所示。

31　　24 23　　　16 15　　　8 7　　　0
字单元A
半字单元A | 半字单元A+2
字节单元A | 字节单元A+1 | 字节单元A+2 | 字节单元A+3

图 1-22 大端格式存储模式

31　　24 23　　　16 15　　　8 7　　　0
字单元A
半字单元A+2 | 半字单元A
字节单元A+3 | 字节单元A+2 | 字节单元A+1 | 字节单元A

图 1-23 小端格式存储模式

ARM 处理器能方便地配置为其中任何一种存储格式,但其默认设置为小端格式。在本书中如没有特别说明则表示采用小端格式。

【例 1-1】 假设有一个 32 位数 0x12345678 存放于地址 0x00800100 处,分别采用大端格式和小端格式存放,分别在 AXD 调试器下观察数据在内存中的分布情况是怎么样?

图 1-24 说明了采用大端格式存放时该数在内存中的分布情况。图 1-25 说明了采用小端格式存放时该数在内存中的分布情况。

嵌入式系统接口原理与应用

ARM920T - Memory Start addr 0x800100							
Tab1 - Hex - No prefix				Tab2 - Hex - No prefix			Tab3 - He
Address	0	1	2	3	4	5	6	7
0x00800100	12	34	56	78	E8	00	E8	00
0x00800110	E7	FF	00	10	E8	00	E8	00
0x00800120	E7	FF	00	10	E8	00	E8	00
0x00800130	E7	FF	00	10	E8	00	E8	00

图 1-24 大端格式存储

ARM920T - Memory Start addr 0x800100							
Tab1 - Hex - No prefix				Tab2 - Hex - No prefix			Tab3 - He
Address	0	1	2	3	4	5	6	7
0x00800100	78	56	34	12	00	E8	00	E8
0x00800110	10	00	FF	E7	00	E8	00	E8
0x00800120	10	00	FF	E7	00	E8	00	E8
0x00800130	10	00	FF	E7	00	E8	00	E8

图 1-25 小端格式存储

1.5.4 ARM 指令系统

1. 指令和指令系统

计算机通过执行程序来完成指定的任务,而程序是由一系列有序指令组成的,指令是指示计算机进行某种操作的命令,指令的集合称为指令系统。指令系统的功能强弱在很大程度上决定了这类计算机智能的高低,集中地反映了微处理器的硬件功能和属性。不同系列的微处理器由于内部结构各不相同,因此它们的指令系统不同。指令的符号用规定的英文字母组成,称为助记符。用助记符表示的指令称为汇编语言指令或符号指令,如助记符 MOV 表示数据传送,后面介绍的指令全都是用助记符书写的。

从形式上看,ARM 指令在机器中的表示格式是用 32 位的二进制数表示。计算机根据二进制代码去完成所需的操作,如 ARM 中有一条指令为:

ADDEQS R0,R1,♯8;

其二进制代码形式为:

31~28	27~25	24~21	20	19~16	15~12	11~0
0000	001	0100	1	0001	0000	000000001000
cond	opcode			Rn	Rd	Op2

ARM 指令代码一般可以分为 5 个域:第 1 个域是 4 位[31:28]的条件码域,4 位条件码共有 16 种组合;第 2 个域是指令代码域[27:20],除了指令编码外,还包含几个很重要的指令特征和可选后缀的编码;第 3 个域是地址基址 Rn,是 4 位[19:16],为 R0~R15 共 16 个寄存器编码;第 4 个域是目标或源寄存器 Rd,是 4 位[15:12],为 R0~R15 共 16 个寄存器编码;第 5 个域是地址偏移或操作寄存器、操作数区[11:0]。

上述指令 5 个域为 0000 0010 1001 0001 0000 0000 0000 1000,十六进制代码为 02910008H,指令功能是将 R1 的内容和 8 相加,结果放入 R0 中。由于二进制代码不易理解,也不便于记忆和书写,故常常用字母和其他一些符号组成的"助记符"与操作数来表示指令。这样用助记符和操作数来表示的指令直观、方便,又好理解。

• 44 •

2. 汇编指令格式

用助记符表示的 ARM 指令一般格式如下：

<opcode>{<cond>}{S}<Rd>,<Rn>{,<OP2>}

格式中<>的内容必不可少，{}中的内容可省略。如<opcode>是指令助记符，是必须的。而{<cond>}为指令的执行条件，是可选的，默认的情况下表示使用默认条件 AL（无条件执行）。

<opcode>表示操作码，如 ADD 表示算术加法。

{<cond>}表示指令执行的条件域，如 EQ、NE 等。

{S}决定指令的执行结果是否影响 CPSR 的值。使用该后缀则指令执行的结果影响 CPSR 的值，否则不影响。

<Rd>表示目的寄存器。

<Rn>表示第一个操作数，为寄存器。

<op2>表示第二个操作数，可以是立即数、寄存器和寄存器移位操作数。

例如，上述指令 ADDEQS R0,R1,♯8；其中，操作码为 ADD，条件域 cond 为 EQ，S 表示该指令的执行影响 CPSR 寄存器的值，目的寄存器 Rd 为 R0，第一个操作数寄存器 Rn 为 R1，第二个操作数 OP2 为立即数♯8。

指令格式举例：

```
LDR R0,[R1]      ;读取 R1 地址上的存储单元的数据到寄存器 R0
BEQ ENDDATA      ;条件分支执行指令,执行条件 EQ,即相等则跳转到 ENDDATA 处
ADDS R2,R1,♯1    ;寄存器 R1 中的内容加 1 存入寄存器 R2,并影响 CPSR 寄存器的值
```

3. 指令的条件执行

程序要执行的指令均保存在存储器中，当计算机需要执行一条指令时，首先产生这条指令的地址，并根据地址号打开相应的存储单元取出指令代码，CPU 根据指令代码的要求以及指令中的操作数去执行相应的操作。

当处理器工作在 ARM 状态时，几乎所有的指令均根据 CPSR 中条件码的状态和指令的条件域有条件地执行。当指令的执行条件满足时，指令执行，否则指令忽略。

每一条 ARM 指令包含 4 位条件码，位于指令编码的最高 4 位[31:28]。条件码共有 16 种，每种条件码可用两个字符表示，这两个字符可以添加在指令助记符的后面和指令同时使用。在 16 种条件标志码中，只有 15 种可以使用，如表 1-4 所列，第 16 种（1111）为系统保留，暂时不能使用。

表 1-4 指令的条件码

条件码	助记符后缀	标 志	含 义
0000	EQ	Z 置位	相等
0001	NE	Z 清零	不相等
0010	CS	C 置位	无符号数大于或等于
0011	CC	C 清零	无符号数小于
0100	MI	N 置位	负数
0101	PL	N 清零	正数或零
0110	VS	V 置位	溢出
0111	VC	V 清零	未溢出
1000	HI	C 置位 Z 清零	无符号数大于
1001	LS	C 清零 Z 置位	无符号数小于或等于
1010	GE	N 等于 V	带符号数大于或等于
1011	LT	N 不等于 V	带符号数小于
1100	GT	Z 清零且(N 等于 V)	带符号数大于
1101	LE	Z 置位或(N 不等于 V)	带符号数小于或等于
1110	AL	忽略	无条件执行

下面 3 条指令有何区别?

ADD R4,R3,♯1

ADDEQ R4,R3,♯1

ADDS R4,R3,♯1

第 1 条指令不带条件标志(无条件 AL),指令的执行不受条件标志位的影响,完成加法运算:将 R3 的值加 1 存入寄存器 R4。第 2 条 ADD 指令加上后缀 EQ 变为 ADDEQ 表示"相等则相加",即当 CPSR 中的 Z 标志置位时该指令执行,否则不执行。第 3 条指令的执行也不受条件标志的影响,但是由于附带了后缀 S,这条指令执行的结果将影响 CPSR 中条件标志位的值。

条件后缀只是影响指令是否执行,不影响指令的内容,如上述 ADDEQ 指令,可选后缀 EQ 并不影响本指令的内容,执行时仍然是一条加法指令。

条件后缀和 S 后缀的关系如下:

① 如果既有条件后缀又有 S 后缀,则书写时 S 排在后面,如 ADDEQS R1,R0,R2 指令在 Z=1 时执行,将 R0+R2 的值放入 R1,同时刷新条件标志位。

② 条件后缀是要测试条件标志位,而 S 后缀是要刷新条件标志位。

③ 条件后缀要测试的是执行前的标志位,而 S 后缀是依据指令的结果改变条件标志。

4. 指令的可选后缀

ARM 指令集中大多数指令都可以选择加后缀,这些后缀使得 ARM 指令使用十分灵活。常见的可选后缀有 S 后缀和！后缀。

(1) S 后缀

指令中使用 S 后缀时,指令执行后程序状态寄存器的条件标志位将刷新;不使用 S 后缀时,指令执行后程序状态寄存器的条件标志不会发生变化。S 后缀通常用于对条件进行测试,如是否有溢出、是否进位等；根据这些变化就可以进行一些判断,如是否大于、是否相等,从而可能影响指令执行的顺序。

【例 1-2】 假设 R0=0x1,R3=0x3,指令执行之前 CPSR=nzcvqIFt_SVC,分别执行如下指令 CPSR 的值有何变化？

```
SUB R1,R0,R3      ;R0 的值减去 R3 的值,结果存入 R1
SUBS R1,R0,R3     ;R0 的值减去 R3 的值,结果存入 R1,影响标志位
```

(2)！后缀

如果指令地址表达式中不含！后缀,则基址寄存器中的地址值不发生变化。指令中的地址表达式中含有！后缀时,指令执行后基址寄存器中的地址值将发生变化,变化的结果如下：

基址寄存器中的值(指令执行后)=指令执行前的值+地址偏移量

分别执行下面两条指令有何区别？

```
LDR R3,[R0,#4]
LDR R3,[R0,#4]!
```

在上述指令中,第 1 条指令没有后缀！,指令的结果是把 R0 加 4 作为地址指针,把这个指针所指向的地址单元所存储的数据读入 R3,R0 的值不变。第 2 条指令除了实现以上操作外,还把 R0+4 的结果送到 R0 中。

5. ARM 指令分类

ARM 微处理器的指令集是加载/存储型的,即指令集中的大部分指令仅能处理寄存器中的数据,而且处理结果都要放回寄存器,而对系统存储器的访问则需要通过专门的加载/存储指令来完成。ARM 微处理器的指令集可以分为数据处理指令、数据加载与存储指令、分支指令、程序状态寄存器(PSR)处理指令、协处理器指令和异常产生指令 6 大类,常用的指令及功能如表 1-5 所列(表中指令为基本 ARM 指令,不包括派生的 ARM 指令)。

表 1-5 ARM 指令及功能描述

助记符	指令功能描述	助记符	指令功能描述
ADC	带进位加法指令	MRS	传送 CPSR 或 SPSR 的内容到通用寄存器指令
ADD	加法指令	MSR	传送通用寄存器到 CPSR 或 SPSR 的指令
AND	逻辑"与"指令	MUL	32 位乘法指令
B	分支指令	MLA	32 位乘加指令
BIC	位清零指令	MVN	数据取反传送指令
BL	带返回的分支指令	ORR	逻辑"或"指令
BLX	带返回和状态切换的分支指令	RSB	逆向减法指令
BX	带状态切换的分支指令	RSC	带借位的逆向减法指令
CDP	协处理器数据操作指令	SBC	带借位减法指令
CMN	比较反值指令	STC	协处理器寄存器写入存储器指令
CMP	比较指令	STM	批量内存字写入指令
EOR	"异或"指令	STR	寄存器到存储器的数据存储指令
LDC	存储器到协处理器的数据传输指令	SUB	减法指令
LDM	加载多个寄存器指令	SWI	软件中断指令
LDR	存储器到寄存器的数据加载指令	SWP	交换指令
MCR	从 ARM 寄存器到协处理器寄存器的数据传输指令	TEQ	相等测试指令
MOV	数据传送指令	TST	位测试指令
MRC	从协处理器寄存器到 ARM 寄存器的数据传输指令		

1.5.5 ARM 处理器的中断和异常

1. 中断的基本概念

中断和异常是这样一个过程:当 CPU 内部或外部出现某种事件(中断源)需要处理时,暂停正在执行的程序(断点),转去执行请求中断的那个事件的处理程序(中断服务程序),执行完后,再返回被暂停执行的程序(中断返回),从断点处继续执行。

微机的中断系统应具有以下功能:

① 中断响应:当中断源有中断请求时,CPU 能决定是否响应该请求。

② 断点保护和中断处理:在中断响应后,CPU 能保护断点,并转去执行相应的中断服务程序。每个中断服务程序都有一个确定的入口地址,该地址称为中断向量。

③ 中断优先判断：当有两个或两个以上中断源同时申请中断时，应能给出处理的优先顺序，保证先执行优先级高的中断。

④ 中断嵌套：在中断处理过程中，发生新的中断请求，CPU应能识别中断源的优先级别，在高级的中断源申请中断时，能终止低级中断源的服务程序，而转去响应和处理优先级较高的中断请求，处理结束后再返回较低级的中断服务程序，这一过程称中断嵌套或多重中断。

⑤ 中断返回：自动返回到断点地址，继续执行被中断的程序。

2．ARM处理器的中断异常

ARM处理器支持7种异常情况：复位、未定义指令、软件中断、指令预取中止、数据中止、中断请求(IRQ)、快速中断请求(FIQ)。

(1) 复　位

ARM处理器中都有一个输入引脚nRESET，这是引起ARM处理器复位异常的唯一原因。ARM处理器复位是由外部复位逻辑引起的，有些复位可以使用软件进行控制。复位对系统影响很大，复位后，内部寄存器重新恢复默认值，ARM内部的数据有可能丢失，而有些寄存器的值是不确定的。系统复位后，进入管理模式，一般对系统初始化，如开中断、初始化存储器等。然后切换到用户模式，开始执行正常的用户程序。

(2) 未定义

当ARM处理器遇到不能处理的指令时，产生未定义指令异常。在正常情况下，我们不希望发生未定义指令异常。但在有些情况下，可以利用这个异常，把它作为一个软件中断来利用。还有一些指令代码没有定义，属于无效的指令代码，但是并不能引起未定义指令异常，这些代码准备用于ARM指令集的进一步扩展。

(3) 软件中断

软件中断是由软件中断指令(SWI)引起的。软件中断是一个很灵活的软件功能，和子程序调用不同，软件中断把程序导入管理模式，请求执行特定的管理功能，而正常的子程序调用属于用户模式。

(4) 中　止

产生中止异常意味着对存储器的访问失败。ARM微处理器在存储器访问周期内检查是否发生中止异常。中止异常包括指令预取中止和数据中止两种类型。指令预取访问存储器失败时产生的异常称为指令预取中止异常。此时，存储器系统向ARM处理器发出存储器中止(Abort)信号，预取的指令记为无效，但只有当处理器试图执行无效指令时，指令预取中止异常才会发生，如果指令未被执行，如在指令流水线中发生了跳转，则预取指令中止不会发生；ARM处理器访问数据存储器失败时产生的异常称为数据中止异常。此时，存储器系统向ARM处理器发出存储器中止(Abort)信号，表明数据存储器不能识别ARM处理器的读数据请求，系统的响应与指令的类型有关。

(5) 中断请求(IRQ)

IRQ 异常属于正常的中断请求,可通过对处理器的 nIRQ 引脚输入低电平产生,IRQ 的优先级低于 FIQ,当程序执行进入 FIQ 异常时,IRQ 可能被屏蔽。若将 CPSR 的 I 位置为 1,则会禁止 IRQ 中断;若将 CPSR 的 I 位清零,则处理器会在指令执行完之前检查 IRQ 的输入。注意只有在特权模式下才能改变 I 位的状态。

(6) 快速中断请求(FIQ)

FIQ 异常是为了支持数据传输或者通道处理而设计的。在 ARM 状态下,系统有足够的私有寄存器,从而避免对寄存器保存的需求,减小了系统上下文切换的开销。

若将 CPSR 的 F 位置为 1,则会禁止 FIQ 中断;若将 CPSR 的 F 位清零,则处理器会在指令执行时检查 FIQ 的输入。注意,只有在特权模式下才能改变 F 位的状态。可由外部通过对处理器上的 nFIQ 引脚输入低电平产生 FIQ。

3. 向量表

当一个异常中断发生时,处理器会把 PC 设置为一个特定的存储器地址,这个地址放在一个称为向量表的特定地址范围内。表 1-6 列出了异常向量的地址和进入模式。

表 1-6 异常向量表

地　　址	异　　常	进入模式
0x0000,0000	复位	管理模式
0x0000,0004	未定义指令	未定义模式
0x0000,0008	软件中断	管理模式
0x0000,000C	中止(预取指令)	中止模式
0x0000,0010	中止(数据)	中止模式
0x0000,0014	保留	保留
0x0000,0018	IRQ	IRQ
0x0000,001C	FIQ	FIQ

向量表的入口是一些跳转指令,跳转到专门处理某个异常或中断的子程序。常见的跳转指令有 MOV 指令、B 指令、LDR 指令。

4. FIQ 和 IRQ 中断处理机制

ARM 提供的 FIQ 和 IRQ 异常中断用于外部设备向 CPU 请求中断服务。FIQ 异常中断为快速异常中断,比 IRQ 异常中断优先级高,这两个异常中断的引脚都是低电平有效的。当前程序状态寄存器 CPSR 的 I 控制位可以屏蔽这个异常中断请求:当程序状态寄存器 CPSR 中的 I 控制位为 1 时,FIQ 和 IRQ 异常中断被屏蔽;当程序状态寄存器 CPSR 中的 I 控制位为 0 时,CPU 正常响应 FIQ 和 IRQ 异常中断请求。

IRQ 和 FIQ 中断处理机制如图 1-26 所示。ARM 内核只有二个外部中断输入信号 nFIQ 和 nIRQ，但对于一个系统来说，中断源可能多达几十个。为此，在系统集成的时候，一般都会有一个异常控制器来处理异常信号。用户程序可能存在多个 IRQ/FIQ 的中断处理函数，为了从向量表开始的跳转最终能找到正确的处理函数入口，需要设计一套处理机制和方法。通常可以从硬件和软件两个角度考虑。

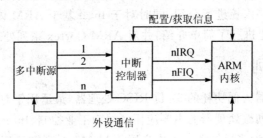

图 1-26 中断处理机制

从硬件角度来看，当某个外部中断触发之后，首先触发 ARM 的内核异常，中断控制器检测到 ARM 的这种状态变化，再通过识别具体的中断源，使 PC 自动跳转到特殊向量表中的对应地址，从而开始一次异常响应。这里需要检查具体的芯片说明，查看是否支持这类特性。

多数情况下用软件来处理异常分支。从软件角度来看，处理中断的程序都可以由向量表确定入口，一旦中断控制器检测到中断并且识别，处理器就会将 PC 的值设置为特定地址。如发生 IRQ 时 PC 的值就会被修改为 0x0000、0018，从而可以跳转到 IRQ 处理程序。

有的系统在 ARM 的异常向量表之外，又增加了一张由中断控制器控制的特殊向量表。当由外设触发一个中断以后，PC 能够自动跳到这张特殊向量表中去，特殊向量表中的每个向量空间对应一个具体的中断源，如图 1-27 所示。

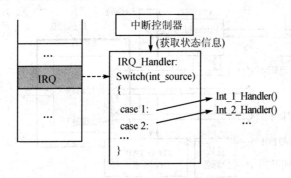

图 1-27 多级向量表

1.6 ARM 内核

常见的 ARM 内核有 ARM7TDMI、ARM9TDMI、ARM10TDMI、SecurCore 处理器核，基于这些处理器核发展起来的 CPU 核主要有 ARM710T/720T/740T、ARM920T/940T、ARM1020E。本节对这些内核进行介绍，同时对于 Intel 基于 ARM 体系结构发展的 Strong-ARM 和 XScale 系列核也进行了简单介绍，并对 ARM Cortex 系列处理等进行了简单介绍。

1.6.1 ARM7 系列

ARM7 系列微处理器为低功耗的 32 位 RISC 处理器，最适用于对价位和功耗要求较高的消费类应用。ARM7 系列微处理器的主要应用领域为工业控制、Internet 设备、网络和调制解调器设备、移动电话等多种多媒体和嵌入式应用。ARM7 系列微处理器包括如下几种类型的核：ARM7TDMI、ARM7TDMI-S、ARM710T、ARM720T、ARM740T、ARM7EJ 等，下面分别进行介绍。

1. ARM7TDMI

ARM7TDMI 是 ARM 公司最早为业界普遍认可且得到了广泛应用的处理器核，特别是在手机和 PDA 中。随着 ARM 技术的发展，它已是目前最低端的 ARM 核。ARM7TDMI 是从最早实现了 32 位地址空间编程模式的 ARM6 核发展而来的，可稳定地在低于 5 V 的电流电压下可靠地工作。它增加了 64 位乘法指令、支持片上调试、Thumb 指令集和 EmbeddedICE 片上断点、观察点。ARM7TDMI 的组织结构如图 1-28 所示，ARM7TDMI 核采用了 3 级流水线结构。

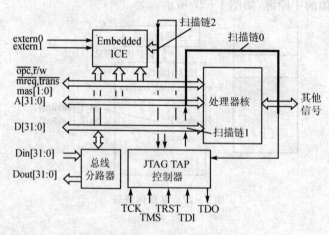

图 1-28 ARM7TDMI 的组织结构

2. 可综合的 ARM7TDMI – S

标准的 ARM7TDMI 处理器核是以物理版图提供的"硬"IP 核定制为某种 VLSI 实现工艺技术。ARM7TDMI – S 是 ARM7TDMI 的一个可综合的版本,是以高级语言描述的"软"IP 核,可根据用户选择的目标工艺的单元库来进行逻辑综合和物理实现,比"硬"的 IP 核更易于转移到新的工艺技术上实现。而综合出的整个核比"硬"核大,电源效率降低 50%。同时,ARM7TDMI – S 在综合过程中支持关于处理器核功能的选项,这些选项可使得综合出的处理器核较小。

3. ARM710T/720T/740T

ARM710T/720T/740T 在 ARM7TDMI 处理器核的基础上增加了一个 8 KB 的指令和数据混合的 Cache。外部存储器和外围器件通过 AMBA 总线主控单元访问,同时还集成了写缓冲器以及 MMU(ARM710T/720T)或存储器保护单元(ARM740T)。

1.6.2 ARM9 系列

ARM8 核是从 1993 年到 1996 年开发的,并开发了具有片上 Cache 及存储器管理单元的高性能 ARM CPU 芯片,以满足比 ARM7 的 3 级流水线更高性能的 ARM 核的需求。后来被 ARM9 取代,ARM9 系列微处理器在高性能和低功耗特性方面提供最佳的性能。ARM9 系列微处理器主要应用于无线设备、仪器仪表、安全系统、机顶盒、高端打印机、数字照相机和数字摄像机等。ARM9 系列微处理器包含 ARM9TDMI、ARM920T、ARM922T 和 ARM940T 这 4 种类型,以适用于不同的应用场合。

ARM9TDMI 将流水线的级数从 ARM7TDMI 的 3 级增加到 5 级,并使用分开的指令与数据存储器的 Harvard 体系结构。在相同工艺条件下,ARM9TDMI 的性能近似为 ARM7TDMI 的 2 倍。ARM9TDMI 的开发使得 ARM 核的性能极大地提高,使用范围增大,并以此为基础开发了 ARM9E、ARM920T 和 ARM940T 的 CPU 核。

ARM9E 系列微处理器为可综合处理器,使用单一的处理器内核,提供了微控制器、DSP、Java 应用系统的解决方案,极大地减少了芯片的面积和系统的复杂程度。ARM9E 系列微处理器提供了增强的 DSP 处理能力,很适合于那些需要同时使用 DSP 和微控制器的应用场合。ARM9 系列微处理器主要应用于下一代无线设备、数字消费品、成像设备、工业控制、存储设备和网络设备等领域。ARM9E 系列微处理器包含 ARM926EJ – S、ARM946E – S 和 ARM966E – S 这 3 种类型,以适用于不同的应用场合。

1. ARM9TDMI

ARM9TDMI 核可采用 0.35 μm、3.3 V 技术实现,也可使用低至 1.2 V 电源的 0.25 μm 和 0.18 μm 的实现工艺。ARM9TDMI 的 5 级流水线的操作如图 1 – 29 所示,图中与 ARM7TDMI 的 3 级流水线进行了比较。该图显示出处理器的主要处理功能及如何在流水线级增加时重新分配执行,以便使时钟频率在相同工艺技术的条件下能够加倍(近似)。重新分配执行功能(寄存器读、移位、ALU、寄存器写)并不是达到高时钟频率所需的全部。处理器还必须能在 ARM7TDMI 所用的一半时间内访问指令存储器,并重新构造指令译码逻辑,使寄存器读与实际的译码同时进行。

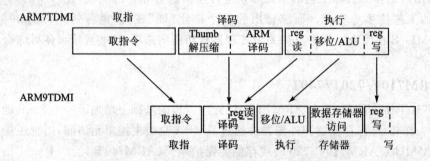

图 1-29 ARM7TDMI 与 ARM9TDMI 流水线比较

ARM7TDMI 实现 Thumb 指令集的方法是使用 ARM7 流水线中的译码级,有比较足够的时间将 Thumb 指令"解压缩"为 ARM 指令。ARM9TDMI 的流水线非常紧密,没有足够的时间能先将 Thumb 指令翻译成 ARM 指令再译码,因此必须设计成专用硬件译码单元直接对 ARM 指令和 Thumb 指令分别进行译码。

在 ARM9TDMI 的流水线中多出的"存储器"级在 ARM7TDMI 中没有直接的对应级。ARM7TDMI 由中断流水线附加的"执行"周期来执行。由于 ARM7TDMI 使用单一的存储器端口进行指令和数据的读/写,这种中断是不可避免的。在读/写数据存储器时不能同时进行取指令操作。ARM9TDMI 通过设置分开的指令与数据存储器来避免这种流水线中断。

2. ARM920T 和 ARM940T

ARM920T 和 ARM940T 在 ARM9TDMI 的基础上增加了指令和数据 Cache。指令和数据端口通过 AMBA 总线主控单元合并在一起,片上还集成了写缓冲器和存储器管理单元(ARM920T)或存储器保护单元(ARM940T)。ARM920T 的组织结构如图 1-30 所示。

3. ARM9E

ARM9E 系列芯片主要有 ARM9E-S、ARM946E-S、ARM966E-S。ARM9E-S 是 ARM9TDMI 核的可综合版本,与"硬"核相比,它实现的是扩展的 ARM 指令集。除了 ARM9TDMI 支持的 ARM 体系结构 V4T 的指令外,ARM9E-S 还支持完整的 ARM 体系结构 V5TE,包括信号处理指令集扩展。在相同工艺条件下,ARM9E-S 比 ARM9TDMI 大 30%,使用 0.25 μm CMOS 工艺时,面积为 2.7 mm^2。

ARM946E-S 和 ARM966E-S 是基于 ARM9E-S 核的、可综合的 CPU 核,都有 AMBA、AHB 接口,可与一个嵌入式跟踪模块一起综合。它们没有地址转换硬件,主要用于嵌入

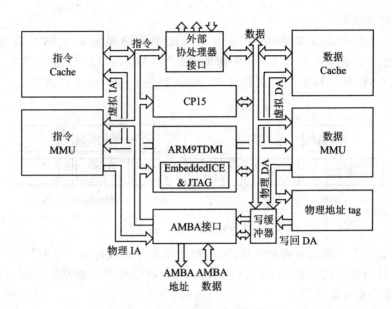

图 1-30 ARM920T 的组织结构

式应用。ARM946E-S 使用 4 路组相连的 Cache。指令和数据 Cache 的大小可以各为 4～64 KB，并且 2 个 Cache 的大小可以不同。2 个 Cache 的行都为 8 个字，支持锁定，并且替换算法由软件选择，可以是伪随机或循环算法。写策略也由软件选择，可以是写直达或写回(Copy-Back)。ARM946E-S 集成了存储器保护单元，其整个组织与 ARM940T 相似。

1.6.3 ARM10 系列

ARM10 发布于 1999 年，将 ARM9 的流水线扩展到 6 级。ARM10 系列微处理器具有高性能、低功耗的特点，由于采用了新的体系结构，与同等的 ARM9 器件相比较，在同样的时钟频率下，性能提高了近 50%，同时，ARM10 系列微处理器采用了先进的节能方式，从而使其功耗极低。ARM10TDMI 属于 ARM 处理器核中的高端处理器核，在相同工艺条件下 ARM10TDMI 的性能近似为 ARM9TDMI 的 2 倍。ARM1020E 是基于 ARM10TDMI 核设计的高性能 CPU 核。ARM10E 系列微处理器包含 ARM1020E、ARM1022E 和 ARM1026EJ-S 这 3 种类型。ARM10 系列微处理器主要应用于下一代无线设备、数字消费品、成像设备、工业控制、通信和信息系统等领域。

1. ARM10TDMI

从 ARM9TDMI 开始，将 2 个途径结合起来提高性能，即提高最高时钟频率和改善 CPI。由于 ARM9TDMI 的流水线已经相当优化，因此 ARM10TDMI 不采用以芯片面积资源和功耗这些 ARM 核的特点为代价的超标量执行这类非常复杂的组织结构来改善性能。

(1) 提高时钟频率

ARM 核可支持的最高时钟频率是由任意流水线级最慢的关键逻辑路径决定的。ARM9TDMI 的 5 级流水线已经规划、平衡得很好了，ARM10TDMI 保留了与 ARM9TDMI 非常相似的流水线，采用特别的方式优化每一级（如图 1-31 所示），从而支持更高的时钟频率。

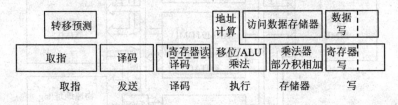

图 1-31 ARM10TDMI 的流水线

通过提前提供下一周期所需的地址，取指和存储器级有效地由一个时钟周期增加到 1.5 个时钟周期。执行级使用改善了的电路技术和结构，以缩短其关键路径。例如，乘法器不用 ALU 来解决部分和与乘积项。

指令译码级是处理器逻辑中唯一不能充分流水化以支持高速时钟的部分，所以在这里增加了"发送"这一级。结果产生了比 ARM9TDMI 的 5 级流水线运行更快的 6 级流水线，但是要求所支持的存储器比 ARM9TDMI 的存储器快不了多少。这是很重要的，因为非常快的存储器往往功耗很高。为有更多的译码时间，所增加的流水线级只是在执行未预料的转移时才增加流水线的相关性。由于增加的流水线级出现在存储器读之前，因此它不会带来新的操作数相关，也不需要新的前推路径。在有转移预测机制的情况下，这个流水线的 CPI 与 ARM9TDMI 流水线非常相似，但是可支持更高的时钟频率。

(2) 改善 CPI

在提高时钟频率之前，必须同时改善 CPI。任何改善 CPI 的方法都必须考虑存储器带宽。ARM7TDMI 几乎在每个时钟周期使用其单一的 32 位存储器，所以 ARM9TDMI 改为哈佛存储器组织，以释放更多的带宽。ARM9TDMI 几乎在每个时钟周期使用其指令存储器。虽然它的数据存储器只有大约 50% 的利用率，但很难利用这一点来改善 CPI。指令带宽必须以某种方式来增加。ARM10TDMI 采用的途径是使用 64 位的存储器，这有效地消除了指令带宽瓶颈，使得能够在处理器的组织中加入若干改善 CPI 的特性。ARM10TDMI 的 MIPS 数达到 1.25，而 ARM7TDMI 的同一参数为 0.9，ARM9TDMI 的同一参数为 1.1。这些数值直接反映出它们运行 Dhrystone 基准程序时各自的 CPI 性能；其他程序可能给出相当不同的 CPI 结果。在执行复杂任务如引导操作系统时，64 位数据总线使 ARM10TDMI 能够给出比 ARM9TDMI 好得多的有效 CPU。

2. ARM1020E

ARM1020E 是基于 ARM10TDMI 核设计的 CPU。它采用 V5TE 版本的 ARM 体系结

构,包括 Thumb 指令集和信号处理指令集扩展。ARM1020E 的组织与 ARM920T 非常相似,差别在于 Cache 的大小和总线的宽度。唯一的实质区别是,ARM1020E 在指令和数据上使用了 2 个 AMBA AHB 总线主模块请求—应答握手信号,而 ARM920T 在内部对它们进行仲裁产生单个外部请求—应答接口。

1.6.4 ARM11 系列

2003 年,ARM 公司发布了第一款执行 ARMv6 架构指令的处理器 ARM1136J-S。它是针对高性能和高能效应而设计的,集成了一条具有独立的 Load-Store 和算术流水线的 8 级流水线。ARMv6 指令包含了针对流媒体处理的单指令流多数据流扩展,采用特殊的设计改善视频处理能力。

2005 年,ARM 公司又公布了 4 个新的 ARM11 系列微处理器内核:ARM1156T2-S 内核、ARM1156T2F-S 内核、ARM1176JZ-S 内核和 ARM11JZF-S 内核、应用 ARM1176JZ-S 和 ARM11JZF-S 内核系列的 PrimeXsys 平台、相关的 CoreSight 技术。

ARM1156T2-S 和 ARM1156T2F-S 内核都基于 ARMv6 指令集体系结构,将是首批含有 ARM Thumb-2 内核技术的产品,可令合作伙伴进一步减少与存储系统相关的生产成本。两款新内核主要用于多种深嵌入式存储器、汽车网络和成像应用产品,提供了更高的 CPU 性能和吞吐量,并增加了许多特殊功能,可解决新一代装置的设计难题。体系结构中增添的功能包括对于汽车安全系统类安全应用产品的开发至关重要的存储器容错能力。ARM1156T2-S 和 ARM1156T2F-S 内核与新的 AMBA 3.0 AXI 总线标准一致,可满足高性能系统的大量数据存取需求。Thumb-2 内核技术结合了 16 位、32 位指令集体系结构,提供更低的功耗、更高的性能、更短的编码,该技术提供的软件技术方案较现用的 ARM 技术方案少使用 26% 的存储空间、较现用的 Thumb 技术方案增速 25%。

ARM1176JZ-S、ARM1176JZF-S 内核及 PrimeXsys 平台是首批以 ARM TrustZone 技术实现手持装置和消费电子装置中公开操作系统的超强安全性的产品,同时也是首次对可节约高达 75% 处理器功耗的 ARM 智能能量管理(ARM Intelligent Energy Manager)进行一体化支持。ARM1176JZ-S 和 ARM1176JZF-S 内核基于 ARMv6 指令集体系结构,主要为服务供应商和运营商所提供的新一代消费电子装置的电子商务和安全的网络下载提供支持。

CoreSight 技术建于 ARM Embedded Trace Macrocell(ETM)实时跟踪模块中,为完整的片上系统(SOC)设计提供最全面的调试、跟踪技术方案,通过最小端口可获得全面的系统可见度,并为开发者大大节约了产品上市时间。ARM CoreSight 技术提供了最标准的调试和跟踪性能,适用于各种内核和复杂外设,可对核内指令和数据进行追踪。该技术为半导体制造商和工具供应商建立了可真正协同工作的系统调试标准,可满足嵌入式开发者和半导体制造商的各种需求,如以最低的成本来提供全面的系统可见度,从而降低处理器成本。

ARM CoreSight 技术可快速地对不同软件进行调试,通过对多核和 AMBA 总线的情况进行同时跟踪。此外,同时对多核进行暂停和调试,CoreSight 技术可对 AMBA 上的存储器和外设进行调试,无须暂停处理器工作,达到不易做到的实时开发。ARM CoreSight 技术拥有更高的压缩率,为半导体制造商们提供了对新的更高频处理器进行调试、跟踪的技术方案。使用 CoreSight 技术,制造商们可通过减少调试所需的引脚、减小片上跟踪缓存所需的芯片面积等手段来降低生产成本。

增强性能的 ARM1156T2-S 和 ARM1156T2F-S 内核为基于 ARM946E-S 和 ARM966E-S 内核的设计提供了简单的扩大容量和提高性能的方案。ARM1156T2F-S 内核包含一个矢量浮点单元,可加快汽车和成像应用产品中复杂计算的需求。ARM1156T2-S 和 ARM1156T2F-S 内核的标准配置中都含有 ARM-Synopsys RTL to GDSII 参考技术方案,可大大减少内核硬化和模拟的时间。

ARM1176JZ-S 和 ARM1176JZF-S 内核、PrimeXsys 平台提供了安全的低功耗设计,含有 AMBA 3.0 AXI,可对频率和电压变化进行控制;系统级 TrustZone 软硬件参考设计。两个新内核中集成了 ARM Jazelle 技术,可加快嵌入式 Java 执行。ARM1176JZF-S 内核包含一个浮点协处理器,极适合用于嵌入式 3D 图像应用产品。两个新内核的标准配置中都含有 ARM-Synopsys RTL to GDSII 参考技术方案,都是可综合的;在 0.13 μm 工艺中,最低频率可达 333～550 MHz。PrimeXsys 平台包含 ARM CoreSight 技术,提供了世界领先的调试和跟踪技术方案。

ARM1156T2-S 和 ARM1156T2F-S 内核与 ARM CoreSight 高级调试和跟踪技术方案兼容。ARM CoreSight 技术方案建于 ARM Embedded Trace Macrocell(ETM)技术基础上,为开发者提供了更高压缩率的跟踪信息、系统总线监视、跟踪单元、片上追踪缓冲技术。ARM RealView Developer Suite 软件支持 ARM1156T2-S 和 ARM1156T2F-S 内核。

1.6.5 SecurCore 微处理器系列

SecurCore 系列微处理器专为安全需要而设计,提供了完善的 32 位 RISC 技术的安全解决方案,因此,SecurCore 系列微处理器除了具有 ARM 体系结构的低功耗、高性能的特点外,还具有其独特的优势,即提供了对安全解决方案的支持。SecurCore 系列微处理器主要应用于一些对安全性要求较高的应用产品及应用系统,如电子商务、电子政务、电子银行业务、网络和认证系统等领域。SecurCore 系列微处理器包含 SecurCore SC100、SecurCore SC110、SecurCore SC200 和 SecurCoreSC210 这 4 种类型,以适用于不同的应用场合。

1.6.6 StrongARM 和 XScale 系列

1995 年,ARM、Apple 和 DEC 公司联合声明将开发一种应用于 PDA 的高性能、低功耗、基于 ARM 体系结构的 StrongARM 微处理器。1998 年,Intel 公司接手 Digital 半导体公司到现在,设计了 StrongARM SA-110,并成为高性能嵌入式微处理器设计的一个里程碑。

1. StrongARM 系列

Intel StrongARM SA-110 处理器采用 ARM 体系结构高度集成的 32 位 RISC 微处理器。它融合了 Intel 公司的设计和处理技术以及 ARM 体系结构的电源效率,在软件上兼容 ARMv4,同时采用具有 Intel 技术优点的体系结构。Intel StrongARM 处理器是哈佛结构,具有独立数据和指令 Cache 有 MMU、是一个包含 5 级流水线的高性能 ARM 处理器,但它不支持 Thumb 指令集。Intel StrongARM 处理器是便携式通信产品和消费类电子产品的理想选择,已成功应用于多家公司的掌上电脑系列产品。StrongARM 组织如图 1-32 所示。

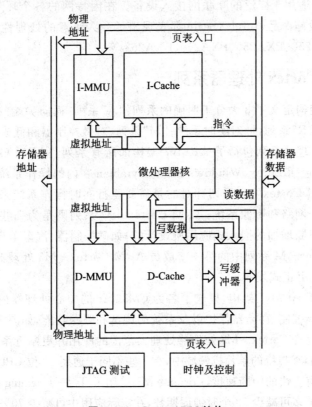

图 1-32 StrongARM 结构

2. XScale 系列

Xscale 处理器是 Intel StrongARM 处理器的后续产品,基于 ARMv5TE 体系结构的解决方案,是一款高性价比、低功耗的处理器。它支持 16 位的 Thumb 指令和 DSP 指令集,已使用在数字移动电话、个人数字助理和网络产品等场合。基于 XScale 技术开发的系列微处理器,由于超低功率与高性能的组合使 Intel XScale 适用于广泛的互联网接入设备,在因特网的各个应用环节中,如在智能手机、高档 PDA、网络存储设备、骨干网(BackBone)路由器等方面,

Intel XScale 都表现出了令人满意的处理性能,因而得到广泛应用。

XScale 微处理器架构经过专门设计,核心采用了 Intel 公司先进的 0.18 μm 工艺技术制造;具备低功耗特性,适用范围为(0.1 mW~1.6 W)。同时,它的时钟工作频率将接近 1 GHz。XScale 与 StrongARM 相比,可大幅度降低工作电压并且获得更好的性能。具体来说,在目前的 StrongARM 中,在 1.55 V 下可获得 133 MHz 的工作频率,在 2.0 V 下可获得 206 MHz 的工作频率;而采用 XScale 后,在 0.75 V 下工作频率达到 150 MHz,在 1.0 V 时工作频率可达到 400 MHz,在 1.65 V 下工作频率则可高达 800 MHz。超低功率与良好性能的组合使 Intel XScale 适用于广泛的互联网接入设备。在因特网的各个环节中,从手持互联网设备到互联网基础设施产品,Intel XScale 都表现出了令人满意的处理性能。Intel Xscale 芯片主要有 Intel PXA250、PXA255、PXA260、PXA263 等。

1.6.7 ARM Cortex 处理器系列

新的 ARMv7 架构定义了 3 大分工明确的系列:"A"系列,面向尖端的基于虚拟内存的操作系统和用户应用;"R"系列,针对实时系统;"M"系列,对微控制器和低成本应用提供优化。

ARM Cortex 处理器系列包括了 ARMv7 架构的所有系列。ARM Cortex - A 系列是针对日益增长的,运行包括 Linux、Windows CE 和 Symbian 在内的操作系统的消费者娱乐和无线产品设计的;ARM Cortex - R 系列针对的是需要运行实时操作系统来进行控制应用的系统,包括有汽车电子、网络和影像系统;ARM Cortex - M 系列则是为那些对开发费用非常敏感同时对性能要求不断增加的嵌入式应用所设计的,如微控制器、汽车车身控制系统和各种大型家电。ARM Cortex - M 系列中的第一个成员 ARM Cortex - M3 处理器已于 2004 年 10 月在 ARM 开发者大会上正式发布。

Cortex - M3 基于 ARMv7 架构,集成了名为 CM3Core 的中心处理器内核和先进的系统外设,实现了内置的中断控制、存储器保护以及系统的调试和跟踪功能,如图 1-33 所示。这些外设可进行高度配置,允许 Cortex - M3 处理器处理大范围的应用并更贴近系统的需求。Cortex - M3 是一个 32 位的核,在传统的单片机领域中,有一些不同于通用 32 位 CPU 应用的要求。在工控领域,用户要求具有更快的中断速度,Cortex - M3 采用了 Tail - Chaining 中断技术,完全基于硬件进行中断处理,最多可减少 12 个时钟周期数,在实际应用中可减少 70%中断。

在关于编程模式方面,Cortex - M3 处理器采用 ARMv7 - M 架构,包括所有的 16 位 Thumb 指令集和基本的 32 位 Thumb - 2 指令集架构,不能执行 ARM 指令集。Thumb - 2 在 Thumb 指令集架构(ISA)上进行了大量的改进,与 Thumb 相比,具有更高的代码密度并提供 16/32 位指令的更高性能。

Cortex - M3 处理器支持 2 种工作模式:线程模式和处理模式。在复位时处理器进入"线程模式",异常返回时也会进入该模式,特权和用户(非特权)模式代码能够在"线程模式"下运行。

嵌入式微处理器

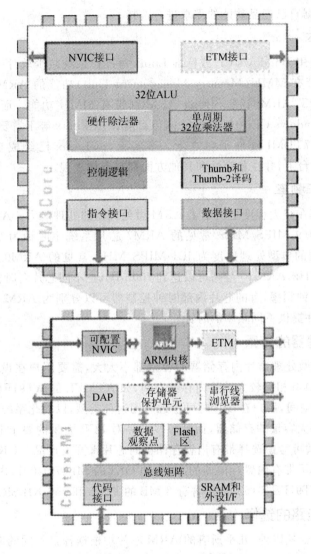

图 1-33 Cortex-M3 内核

1.7 基于 ARM 核的芯片选择

1.7.1 ARM 内核的选择

几乎所有著名半导体公司（如 Intel、TI、SAMSUNG、Freescale、NXP、意法半导体、ADI 公司、ATMEL、Intersil、Alcatel、Altera、Cirrus Logic 等）都提供基于 ARM 核、满足不同领域应

用的芯片,用户可根据自己产品功能的需求进行选择。

1. 内核的版本

用户如果希望使用 Windows CE 或标准 Linux 等操作系统减少软件开发时间,就需要选择 ARM720T 以上带有 MMU(Memory Management Unit)功能的 ARM 芯片,ARM720T、ARM920T、ARM922T、ARM946T、Strong ARM 都带有 MMU 功能。而 ARM7TDMI 则没有 MMU,不支持 Windows CE 和标准 Linux,但目前有 μCLinux 等不需要 MMU 支持的操作系统可运行于 ARM7TDMI 硬件平台之上。事实上,μCLinux 已经成功移植到多种不带 MMU 的微处理器平台上,并在稳定性和其他方面都有上佳表现。

2. 系统的工作频率

系统的工作频率在很大程度上决定了 ARM 微处理器的处理能力。ARM7 系列微处理器的典型处理速度为 0.9 MIPS/MHz,常见的 ARM7 芯片系统主时钟为 20MHz～133MHz,ARM9 系列微处理器的典型处理速度为 1.1 MIPS/MHz,常见的 ARM9 的系统主时钟频率为 100 MHz～233 MHz,ARM10 最高可以达到 700 MHz。不同芯片对时钟的处理不同,有的芯片只需要一个主时钟频率,有的芯片内部时钟控制器可以分别为 ARM 核和 USB、UART、DSP、音频等功能部件提供不同频率的时钟。

3. 芯片内存储器的容量

大多数 ARM 微处理器片内存储器的容量都不太大,需要用户在设计系统时外扩存储器,但也有部分芯片具有相对较大的片内存储空间,如 ATMEL 的 AT91F40162 就具有高达 2 MB 的片内程序存储空间,用户在设计时可考虑选用这种类型,以简化系统的设计。

如果系统不需要大容量的存储器,而且一些产品对 PCB 面积的要求非常严格,要求所设计的 PCB 面积很小就可考虑选择带有内置存储器的芯片来开发产品。OKI、ATMEL、NXP、Hynix 等厂家都推出了带有内置存储器的芯片,如 OKI 的 ML67Q4001,内部含有 256 KB 的 Flash;ATMEL 的 AT91FR40162,内部含有 2 MB 的 Flash 和 256 KB SRAM。

4. 片内外围电路的选择

除 ARM 微处理器核以外,几乎所有的 ARM 芯片均根据各自不同的应用领域,扩展了相关功能模块并集成在芯片之中,我们称之为片内外围电路,如 USB 接口、IIS 接口、LCD 控制器、键盘接口、RTC、ADC 和 DAC、DSP 协处理器等。设计者应分析系统的需求,尽可能采用片内外围电路完成所需的功能,这样既可简化系统的设计,同时提高系统的可靠性。

1.7.2 接口控制器的选择

1) MMU

MMU 指的是内存管理控制器。如果希望使用 WinCE 或 Linux 等操作系统来减少软件开发时间,就需要选择 ARM720T 以上带有 MMU 功能的 ARM 芯片,如 ARM720T、

ARM920T、ARM922T 和 ARM946T 都带有 MMU 功能。如果系统需要进行图像处理等对速度要求比较高的应用,就应尽量选择高版本的 ARM 内核芯片。

2) USB 接口

USB 有 1.1 版本,也有 2.0 版本,还有主 USB 和从 USB 之分;有内置 USB 模块的,也有自己在系统中外扩的。用户可根据产品的具体应用来进行适当选择。许多 ARM 芯片内置有 USB 控制器,有些芯片甚至同时集成有 USB Host 和 USB Slave 控制器。

3) GPIO 数量

在某些芯片供应商提供的说明书中,往往声明的是最大可能的 GPIO 数量,但有许多引脚是与地址线、数据线、串口线等复用的。这样在系统设计时,就需要计算实际可使用的 GPIU 数量。

4) 中断控制器

ARM 内核只提供快速中断(FIQ)和标准中断(IRQ)两个中断向量,但各个半导体厂家在设计芯片时加入了自己不同的中断控制器来支持串口中断、外部中断、时钟中断等硬件中断。外部中断控制是选择芯片必须考虑的重要因素,选择具有合适的外部中断控制芯片可在很大程度上减少任务调度的工作量,如 NXP 公司的 SAA7750,所有 GPIO 都可设置成 FIQ 或 IRQ,并且可选择上升沿、下降沿、高电平、低电平 4 种中断方式,这使得红外线遥控接收和键盘等任务都可作为背景程序运行。而 Cirrus Logic 公司的 EP7312 芯片只有 4 个外部中断源,并且每个中断源都只能是低电平或高电平中断,这样在用于接收红外线信号的场合时就必须用查询方式,这会浪费大量的 CPU 时间。

5) I^2S 音频接口

如果设计者想开发音频应用产品,则 I^2S(Integrate Interface of Sound)总线接口是必需的。

6) nWAIT 信号

外部总线速度控制信号。并不是每个 ARM 芯片都提供这个信号引脚,利用这个信号就可实现与符合 PCMCIA 标准的 WLAN 卡和 Bluetooth 卡的接口,而不需要外加高成本的 PCMCIA 专用控制芯片。另外,当需要扩展外部 DSP 协处理器时,该信号也是必需的。

7) RTC

很多 ARM 芯片都提供实时时钟 RTC(Real Time Clock)功能,以满足用户的实时时钟功能的需求,如 SAA7750 和 S3C2410 等 ARM 芯片的 RTC 直接提供了年、月、日、时、分、秒格式。

8) LCD 控制器

一些 ARM 芯片内置 LCD 控制器,可方便 LCD 的应用。

9) PWM 输出

用户可根据应用选择带有 PWM 输出的 ARM 芯片,用于电机控制或语音输出等场合。

10) ADC 和 DAC

有些 ARM 芯片内置 2～8 通道的 8～12 位通用 ADC,可用于电量检测、触摸屏和温度监测等。NXP 的 SAA7750 更是内置了一个 16 位立体声音频 ADC 和 DAC,并且带耳机驱动。

11) PS2

PS2 接口设备应用最多的是键盘和鼠标,需要时可选择具有 PS2 接口的 ARM 芯片。

12) CAN 总线

CAN 总线作为国际上应用最广泛的现场总线之一,普遍使用在工业控制领域,如现代公司的 HMS30C7202 就集成 2 路 CAN 总线接口。用户可根据应用需求,在需要时选择具有 CAN 总线接口的 ARM 芯片。

13) 扩展总线

大部分 ARM 芯片具有外部 SDRAM 和 SRAM 扩展接口。不同的 ARM 芯片可扩展的芯片数量即片选线数量不同,外部数据总线有 8 位、16 位或 32 位。

14) UART 和 IrDA

几乎所有 ARM 芯片都具有 1 个或 1 个以上的 UART 接口,可用于和 PC 机等设备通信。

15) 时钟计数器和看门狗计数器

一般 ARM 芯片都具有 1 个或多个时钟计数器和看门狗计数器。

16) 电源管理功能

ARM 芯片的耗电量与工作频率成正比。一般 ARM 芯片都有低功耗模式、睡眠模式和关闭模式。

17) DMA 控制器

有些 ARM 芯片内部集成有 DMA(Direct Memory Access),可与硬盘等外部设备高速进行数据交换,减少数据交换时对 CPU 资源的占用。

可选的内部功能部件还有:HDLC、SDLC、CD－ROM 译码器、Ethernet MAC 和 VGA 控制器。可选择的内置接口还有 I^2C、SPI、PCI 和 PCMCIA。用户可根据自己的需求灵活选择。

基于 ARM 芯片的主要封装有 QFP、TQFP、PQFP、LQFP、BGA 和 LBGA 等形式,其中,BGA 封装应用较多,但使用时需要专用的焊接设备,无法手工焊接。一般 BGA 封装的 ARM 芯片无法用双面板设计完成 PCB 布线,需要多层 PCB 板布线,这一点要特别注意。

1.7.3 多核的选择

随着电子应用产品的不断升级,在许多场合下对 CPU 提出了更高的要求。为了满足这种需求,许多大的半导体公司相继推出带有多内核的芯片。主要有 3 种,下面分别介绍。

(1) ARM+DSP

ARM 内核的优势在于控制方面,可是在某些应用中却需要大量的数值运算,这时往往需要在系统中增加一个 DSP 芯片。选择 ARM+DSP 双内核的芯片的好处是可明显地降低成本、提高系统的稳定性;由于是内部集成,还可降低功耗。通常加入的 DSP 核有 ARM 公司的 Piccolo DSP 核、TI 公司和 Freescale 公司的 DSP 核。

(2) ARM+FPGA

ARM+FPGA 内核的芯片主要是为了提高产品设计的灵活性。通过对芯片内部的 FPGA 编程,可以给产品加密,灵活配置所需的硬件,提高系统硬件的在线升级能力。

(3) 多 ARM 核

在许多复杂的应用系统中,单 CPU 无法实现所有功能。这时最好的办法就是采用多 ARM 内核的芯片,它可增强多任务的处理能力和多媒体处理能力。

例如,Portal Player 公司的 PP5002 片内部集成了 2 个 ARM7TDMI 内核,可应用于便携式 MP3 播放器的编码器或解码器。MinSpeed 公司就在其多款高速通信芯片中集成了 2~4 个 ARM7TDMI 内核。

1.7.4 国内常用 ARM 芯片

目前,可以提供 ARM 芯片的半导体公司有 Intel、TI、SAMSUNG、Freescale、NXP、意法半导体、亿恒半导体、科胜讯、ADI、安捷伦、高通公司、ATMEL、Intersil、Alcatel、Altera、Cirrus Logic、Linkup、Parthus、LSI Logic、Micronas、Silicon Wave、Virata、Portalplayer inc.、NetSilicon、Parthus 等。日本的许多著名半导体公司如东芝、三菱、爱普生、富士通、松下等半导体公司早期都大力投入自主开发 32 位 CPU,但现在都转向购买 ARM 公司的芯核进行新产品设计。由于它们购买 ARM 版权较晚,现在还没有可销售的 ARM 芯片,而 OKI、NEC、AKM、OAK、Sharp、Sanyo、Sony、Rohm 等日本半导体公司目前都已经开始生产 ARM 芯片。韩国的现代半导体公司也生产提供 ARM 芯片。另外,国外也有很多设备制造商采用 ARM 公司核设计自己的专用芯片,如美国的 IBM、3COM 和新加坡的创新科技等。我国台湾地区可以提供 ARM 芯片的公司有台积电、台联电、华邦电子等。其他已购买 ARM 核,正在设计自主版板权专用芯片的大陆公司有华为、中兴等。

1. 国内常用芯片

目前,几乎所有著名半导体公司都提供基于 ARM 核、满足不同领域应用的芯片,用户可根据自己产品功能的需求进行选择。在此仅对国内常用的 ARM 芯片供应商提供的产品进行简单介绍。

(1) ATMEL 公司的 ARM 系列芯片

ATMEL 公司推出的 ARM 芯片大部分都是基于 ARM7 的内核,主要分为 40、55、63 等几个系列,并且推出了相应的评估板。其中,40 系列的芯片通常都含有内部存储器;55 的芯片集成了内部的 A/D、D/A 模块,比较适合于类似数据采集系统的应用;63 系列芯片有对处理器的接口,可用于多处理器领域。

ATMEL 公司的 ARM 芯片定位非常明确,就是工业领域。它所推出的所有芯片都是工业级的芯片,非常适合于工业控制产品和工业设备。

(2) Hynix 现代公司的 ARM 系列芯片

Hynix 现代公司的 ARM 系列芯片的典型代表是 HMS30C7202。7202 是 ARM720T 的内核,是国内 ARM 芯片中集成功能模块较全的一款芯片。它们通常用于 POS 机、医疗设备或工业设备。Hynix 的芯片也是工业级的芯片。

(3) SAMSUNG 的 ARM 芯片

可以说,SAMSUNG 的 ARM 芯片是国内目前用得最多的 ARM 芯片,可能很多学习 ARM 的人都是从 SAMSUNG 芯片开始的。其应用领域很广,主要是民用产品,包括手持设备、网络应用、打印机产品等。其中,最常用的芯片是 S3C4510、S3C44B0X 和 S3C2410 这 3 款。

(4) Cirrus Logic 的 ARM 芯片

Cirrus Logc 的 ARM 芯片主要应用领域是手持计算、个人数字音频播放器和 Internet 电器设备,其中用得比较多的是 EP7312 和 EP9312。EP7312 是 ARM720T 的内核,EP9312 是 ARM920T 的内核,它们主要用于 MP3、音频处理类的产品。

(5) Triscend 的 ARM 芯片

Triscend 的 ARM 芯片最主要的特点是,它是 RAM+FPGA 的内核结构的现场可配置系统芯片,这使得 Triscend 的芯片应用非常灵活,产品加密也很方便。

2. S3C2410 芯片介绍

(1) 芯片简介

S3C2410 芯片是 SAMSUNG 公司的 RISC 微处理器。这个产品计划用于低成本、低功耗、高性能手持设备和一般应用的单片微处理器解决方案。为了降低系统成本,S3C2410 包含了如下部件:独立的 16 KB 指令和 16 KB 数据缓存,用于虚拟内存管理的 MMU 单元,LCD 控制器(STN & TFT),非线性(NAND)Flash 引导单元,系统管理器(包括片选逻辑和 SDRAM 控制器),3 通道的异步串行口(UART),4 个通道的 DMA,4 个通道的带脉宽调制器(PWM)的定时器,输入/输出端口,实时时钟单元(RTC),带有触摸屏接口的 8 通道 10 位 A/D 转换器,I^2C 总线接口,I^2S 总线接口,USB 的主机(Host)单元,USB 的设备(Device)接口,SD 卡和 MMC(Multi-Media Card)卡接口,2 通道 SPI 接口和锁相环(PLL)时钟发生器。

S3C2410X 微处理器是使用 ARM920T 核、采用 0.18 μm 工艺的 CMOS 标准宏单元和存储编译器开发的。它的低功耗精简和出色的全静态设计特别适用于对成本和功耗敏感的应用。

应用中,它采用了一种新的总线结构,即高级微控制器总线结构(AMBA)。S3C2410X 的杰出特性是它的 CPU 核,采用了由 ARM 公司设计的 16/32 位 ARM920T RISC 处理器。

ARM920T 实现了 MMU、AMBA 总线、独立的 16 KB 指令和 16 KB 数据哈佛结构的缓存,每个缓存均为 8 个字长度的流水线。S3C2410X 通过提供全面的、通用的片上外设,使系统的全部成本降到最低,并且不需要配置额外的部件。

(2) 内部结构

S3C2410 芯片内部结构如图 1-34 所示。该 ARM920T 处理器核是由 ARM9TDMI(含有 ICE 接口)、MMU、CP15、指令 Cache、数据 Cache 等组成,而 S3C2410 芯片又是由

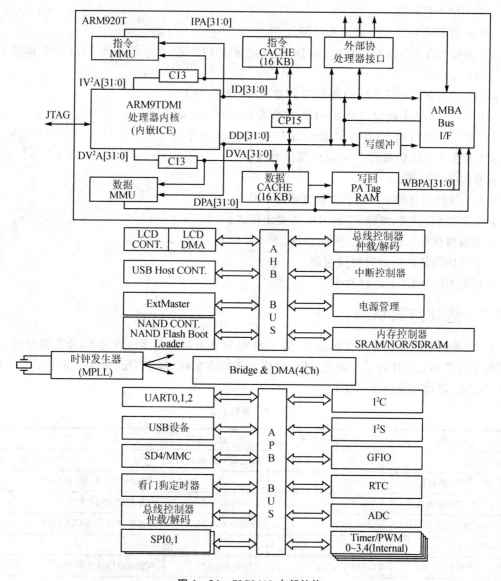

图 1-34 S3C2410 内部结构

ARM920T 核集成了 LCD 控制器、USB 主控器、USB 设备、UART、RTC、GPIO、电源管理器、看门狗、时钟电路等外围部件组成。它的特性如下：

- 1.8 V ARM920T 内核，1.8 V/2.5 V/3.3 V 存储系统，带有 3.3 V、16 KB 指令和 16 KB 数据缓存及 MMU 单元的外部接口的微处理器。
- 外部存储器控制(SDRAM 控制和芯片选择逻辑)。
- LCD 控制器(支持 4K 颜色的 STN 或 256K 色 TFT 的 LCD)，带有 1 个通道的 LCD 专用 DMA 控制器。
- 4 通道 DMA，具有外部请求引脚。
- 3 通道 UART(支持 IrDA1.0,16 字节发送 FIFO 及 16 字节接收 FIFO)/2 通道 SPI 接口。
- 1 个通道多主 I^2C 总线控制器/1 通道 I^2S 总线控制器。
- 1.0 版本 SD 主机接口及 2.11 版本兼容的 MMC 卡协议。
- 2 个主机接口的 USB 口/1 个设备 USB 口(1.1 版本)。
- 4 通道 PWM 定时器/1 通道内部计时器。
- 看门狗定时器。
- 117 位通用目的 I/O 口/24 通道外部中断源。
- 电源控制：正常、慢速、空闲及电源关闭模式。
- 带触摸屏接口的 8 通道 10 位 ADC。
- 带日历功能的实时时钟控制器。
- 具有 PLL 的片上时钟发生器。

1.7.5 选择方案举例

表 1-7 列举的最佳方案仅供参考，由于 SOC 集成电路的发展非常迅速，今天的最佳方案到明天就可以不是最佳的了。因此，任何时候在选择方案时，都应广泛搜寻一下主要的 ARM 芯片供应商，以找出最适合芯片。

表 1-7 选择方案

应 用	第一选择方案	第二选择方案	说 明
高档 PDA	S3C2410	Dragon ball MX1	
便携 CDMP3 播放器	SAA7750		USB 和 CD-ROM 解码器
FLASH MP3 播放器	SAA7750	PUC3030A	内置 USB 和 FLASH
WLAN 和 BT 应用产品	L7205、L7210	Dragon ball MX1	高速串口和 PCMCIA 接口
Voice Over IP	STLC1502		
数字式照相机	TMS320DSC24	TMS320DSC21	内置高速图像处理 DSP

续表 1-7

应用	第一选择方案	第二选择方案	说明
便携式语音 email 机	AT75C320	AT75C310	内置双 DSP,可以分别处理 MODEM 和语音
GSM 手机	VWS22100	AD20MSP430	专为 GSM 手机开发
ADSL Modem	S5N8946	MTK-20141	
电视机顶盒	GMS30C3201		VGA 控制器
3G 移动电话机	MSM6000	OMAP1510	
10G 光纤通信	MinSpeed 公司系列 ARM 芯片		多 ARM 核+多 DSP 核

习 题

1. 说明 ARM7TDMI 名称的具体含义。
2. 举例说明总线桥接器有何作用?
3. ARM 处理器有哪些应用领域?
4. 哈佛体系结构和冯·诺依曼体系结构有什么区别?
5. ARM 处理器中一般有哪几种总线,它们分别用来连接什么部件?
6. 描述 ARM9 处理器的内部寄存器,并分别说明 R13、R14、R15 寄存器的作用。
7. ARM9 支持的异常有哪些? 并说明其向量地址。
8. 大端存储模式和小端存储模式的含义是什么?
9. 描述 CPSR 寄存器及其各数据位的作用。
10. ARM 处理器中有哪几种工作状态,其区别是什么? 处理器如何标志不同的工作状态?

第 2 章 嵌入式开发环境

嵌入式系统的开发既包括硬件的开发又包括软件的开发,接口的开发既包括电路的设计又包括软件的设计。但是,目前普遍流行的做法是基于某种开发板做二次开发,从这个角度看,硬件开发所占的比重不到20%,而软件开发的比重占到了80%。本章介绍接口硬件开发的基本知识、基于开发板的二次开发、最小硬件系统模块、电源复位电路、时钟电路、JTAG接口等知识,并结合实例重点介绍本书接口软件开发所用的开发工具ADS平台,为后面章节的实验内容打下基础。

2.1 硬件设计基础

2.1.1 电路设计基本流程

电路的设计主要分3个步骤:设计电路原理图、生成网络表、设计印制电路板,如图2-1所示。

图 2-1 电路板设计基本步骤

进行硬件设计开发,首先要进行原理图设计,需要将一个个元器件按一定的逻辑关系连接起来。设计一个原理图的元件来源是"原理图库",除了元件库外还可以由用户自己增加建立新的元件,用户可以用这些元件来实现所要设计产品的逻辑功能。例如,利用Protel中的画线、总线等工具,将电路中具有电气意义的导线、符号和标识根据设计要求连接起来构成一个完整的原理图。

原理图设计完成后要进行网络表输出。网络表是电路原理设计和印制电路板设计中的一个桥梁,是设计工具软件自动布线的灵魂,可以从原理图中生成,也可以从印制电路板图中提取。常见的原理图输入工具都具有Verilog/VHDL网络表生成功能,这些网络表包含所有的元件及元件之间的网络连接关系。

原理图设计完成后就可进行印制电路板设计。进行印制电路板设计时,可以利用 Protel 提供的包括自动布线、各种设计规则的确定、叠层的设计、布线方式的设计、信号完整性设计等强大的布线功能完成复杂的印制电路板设计,达到系统的准确性、功能性、可靠性设计。

2.1.2 常用的电路设计工具

随着计算机在国内的逐渐普及,EDA(Electronic Design Automatic,电路设计自动化)软件在电路行业的应用也越来越广泛,以下是一些国内最为常用的 EDA 软件。

1. PROTEL

PROTEL 是 PORTEL 公司在 20 世纪 80 年代末推出的电路行业的 CAD 软件,它当之无愧地排在众多 EDA 软件的前面,是电路设计者的首选软件。它较早在国内使用,普及率也最高,有些高校的电路专业还专门开设了课程学习。几乎所有的电路公司都要用到它。早期的 PROTEL 主要作为印刷板自动布线工具使用,运行在 DOS 环境,对硬件的要求很低,在无硬盘 286 机的 1M 内存下就能运行。它的功能较少,只有电原理图绘制与印刷板设计功能,印刷板自动布线的布通率也低。现在的 PROTEL 已发展到 PROTEL2006,是个完整的全方位电路设计系统,包含了电原理图绘制、模拟电路与数字电路混合信号仿真、多层印刷电路板设计(包含印刷电路板自动布线)、可编程逻辑器件设计、图表生成、电路表格生成、支持宏操作等功能,并具有 Client/Server(客户/服务器)体系结构,同时还兼容一些其他设计软件的文件格式,如 ORCAD、PSPICE、EXCEL 等。使用多层印制线路板的自动布线,可实现高密度 PCB 的 100% 布通率。

2. ORCAD

ORCAD 是 ORCAD 公司于 20 世纪 80 年代末推出的 EDA 软件。它是世界上使用最广的 EDA 软件,每天都有上百万的电路工程师在使用它,相对于其他 EDA 软件而言,它的功能也是最强大的。由于 ORCAD 软件使用了软件狗防盗版,因此在国内它并不普及,知名度也比不上 PROTEL,只有少数的电路设计者使用它。早在工作于 DOS 环境的 ORCAD 4.0,它就集成了电原理图绘制、印制电路板设计、数字电路仿真、可编程逻辑器件设计等功能,而且它的界面友好且直观。它的元器件库也是所有 EDA 软件中最丰富的,在世界上它一直是 EAD 软件中的首选。

3. PSPICE

PSPICE 是较早出现的 EDA 软件之一,1985 年就由 MICROSIM 公司推出。在电路仿真方面,它的功能可以说是最为强大,在国内被普遍使用。现在使用较多的是 PSPICE 9.2,整个软件由原理图编辑、电路仿真、激励编辑、元器件库编辑、波形图等几个部分组成,使用时是一个整体,但各个部分各有各的窗口。PSPICE 发展至今,已被并入 ORCAD,成为 ORCAD—

PSPICE,但 PSPICE 仍然单独销售和使用。它可以进行各种各样的电路仿真、激励建立、温度与噪声分析、模拟控制、波形输出、数据输出,并在同一个窗口内同时显示模拟与数字的仿真结果。无论对哪种器件哪些电路进行仿真,包括 IGBT、脉宽调制电路、模/数转换、数/模转换等,都可以得到精确的仿真结果。对于库中没有的元器件模块,还可以自己编辑。

4. EWB

EWB(ELECTRONICS WORKBENCH EDA)软件是交互图像技术有限公司(INTERACTIVE IMAGE TECHNOLOGIES Ltd)在 20 世纪 90 年代初推出的 EDA 软件,但在国内开始使用却是近几年的事。现在普遍使用的是在 Windows 环境下工作的 EWB 10,它的仿真功能十分强大,几乎 100%地仿真出真实电路的结果,而且它在桌面上提供了万用表、示波器、信号发生器、扫频仪、逻辑分析仪、数字信号发生器、逻辑转换器等工具;它的器件库中则包含了许多大公司的晶体管元器件、集成电路和数字门电路芯片,器件库中没有的元器件,还可以由外部模块导入。在众多的电路仿真软件中,EWB 是最容易上手的,它的工作界面非常直观,原理图和各种工具都在同一个窗口内,未接触过它的人稍加学习就可以很熟练地使用该软件。对于电路设计工作者来说,它是个极好的 EDA 工具,许多电路无须动用烙铁就可得知它的结果,而且若想更换元器件或改变元器件参数,只须点鼠标即可,它也可以作为电学知识的辅助教学软件使用,利用它可以直接从屏幕上看到各种电路的输出波形。EWB 的兼容性也较好,其文件格式可以导出成能被 ORCAD 或 PROTEL 读取的格式。

2.1.3 接口的作用

1. 接口的基本概念

输入/输出设备是计算机系统的重要组成部分。程序、原始数据和各种来自现场采集到的资料和信息,要通过输入装置输入计算机;计算结果或各种控制信号要输出给各种输出装置,以便显示、打印和实现各种控制动作。因此,CPU 与外部设备交换信息也是计算机系统中十分重要和十分频繁的操作。

作为接口电路,通常必须为外部设备提供几个不同地址的寄存器,每个寄存器称为一个 I/O 端口。通常的 I/O 接口示意图如图 2-2 所示。I/O 接口内部通常由数据、状态、控制这 3 类寄存器组成,CPU 可分别对数据、状态、控制这 3 种端口(port)寻址,并与之交换信息。这 3 种端口被简称为数据口、状态口、控制口。

数据寄存器可分为输入缓冲寄存器和输出缓冲寄存器两种。在输入时,由输入缓冲寄存器保存外设发往 CPU 的数据;在输出时,由输出缓冲寄存器保存 CPU 发往外设的数据。有了输入/输出缓冲寄存器,就可以在高速工作的 CPU 与慢速工作的外设之间起协调与缓冲作用。状态寄存器主要用来保存外设现行的各种状态信息,从而让处理器了解数据传送过程中正在发生或最近已发生的状况。控制寄存器用来存放处理器发来的控制命令与其他信息,确

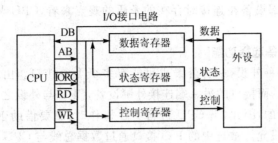

图 2-2 I/O 接口示意图

定接口电路的工作方式和功能。以上 3 种寄存器是 I/O 接口电路中的核心部分,在较复杂的 I/O 接口电路中还包括有数据总线和地址总线缓冲器、端口地址译码器、内部控制器、对外联络控制逻辑等部分。

2. 接口的必要性

早期的计算机系统并没有设置独立的接口部件,对外设的控制和管理均由 CPU 直接承担。这在当初外设种类少、操作功能简单的情况下是可行的。但随着微型计算机技术的发展,其应用越来越广泛,外设品种大量增多以及操作性能的提高,接口的设置就逐渐从需要变成了必要。其原因有以下几个方面:

首先,如果仍由 CPU 直接管理外设,则会使 CPU 完全陷入与外设打交道的沉重负担之中。因为 CPU 要控制外设,包括选定设备、启动设备、转换信息、装配与拆卸数据、修改外设地址、监测和判断信息是否结束等,这些操作都由主机按程序进行,而且每次交换一次信息就需要按上述过程循环一次,直到所交换的信息完成之后,主机才能做下一步的工作,大大降低了 CPU 的工作效率。

其次,由于外设品种繁多,且不同种类的外设提供的信息格式、电平高低和逻辑关系各不相同,这就要求主机对每一种外设要配置一套相应的控制和逻辑电路,使得主机对外设的控制电路非常复杂。例如,需要将串行设备提供的串行信息转换成并行信息才能送给 CPU。对模拟量信息,也必须经过转换电路变成数字信息。因此,在 CPU 与外部设备之间必须有起信息转换作用的接口。

另外,一般外设的速度通常比 CPU 的速度低得多,而某一时刻 CPU 只能与一个外设交换数据,所以需要解决 CPU 对于外设的选中问题及速度匹配问题,即设置起缓冲与联络作用的接口电路。

3. 接口的功能

各类外部设备和存储器,都是通过各自的接口电路连到微机系统总线上去的,因此用户可以根据自己的需要,选用不同类型的外设,设置相应的接口电路,把它们连到系统总线上,构成不同用途、不同规模的系统。

从解决 CPU 与外部设备在连接时存在的矛盾的观点来看，CPU 与外设之间的接口一般具有如下功能：

(1) 地址译码和设备选择功能

系统中一般带有多种外设，一种外设也可能有多个 I/O 接口。由于 CPU 和若干个 I/O 接口均挂在同一总线上，而接口的另一端连接外围设备，CPU 与外设之间的数据传送是经 I/O 接口通过数据总线进行的，因此，当 CPU 进行 I/O 操作时，就要借助于接口的地址译码以选定外设，保证每个时刻只允许被选中的 I/O 接口通过数据总线与 CPU 进行数据交换或通信；而非选中的 I/O 设备接口应呈高阻状态，与数据总线隔离。

(2) 信息的输入与输出功能

接口能够根据 CPU 发来的读/写控制信号决定当前进行的是输入操作还是输出操作，并且能据此从总线上接收 CPU 送来的数据和控制信息并传送给相应外设，或者将外设的数据或状态信息由接口送到总线上供 CPU 读入并处理。

(3) 信号转换功能

信号转换功能主要有两种，其一是在串行信息传送系统中，接口要把 CPU 输出的并行数据转换成串行格式输出，或者把外设输入的串行格式的数据转换成并行数据传输给 CPU；其二是把数字信号转换成模拟信号，或者把模拟信号转换成数字信号。

主机系统总线上传送的数据与外部设备使用的数据，在数据位数、格式等方面往往也存在很大差异。例如，主机系统总线上传送的是 8 位、16 位或 32 位并行数据，而外设采用的却是串行数据传送方式，这就要求接口完成"并→串"或者"串→并"的转换。若外设传送的是模拟量，则还需进行 A/D 或 D/A 转换。

另外，若外部设备是复杂的机电设备，其电气信号电平往往不是 TTL 电平或 CMOS 电平，这时还需用接口电路来完成信号的电平转换。为了防止干扰，常常使用光电耦合技术，使主机与外设在电气上隔离。

(4) 对外设的控制和监测功能

接口电路能够接收 CPU 送来的命令字或控制信号，实施对外部设备的控制与管理。外部设备的工作状况则以状态字或应答信号通过接口电路返回给 CPU，通过"握手联络"的过程来保证主机与外设输入/输出操作的同步。

(5) 中断或 DMA 管理功能

在一些实时性要求较高的微机应用系统中，为了满足实时性以及主机与外设并行工作的要求，需要采用中断传送的方式；而在一些高速的数据采集或传输系统中，为了提高数据的传送速率，有时还必须采用 DMA 传送方式，这就要求相应的接口电路有产生中断请求和 DMA 请求的能力以及中断和 DMA 管理的能力，如中断请求信号的发送与响应、中断源的屏蔽、中断优先级的管理等。

(6) 可编程功能

现在的接口电路芯片大多数都是可编程的,均有多种工作方式供用户选择,为了使某接口按用户的使用意图设置工作方式,可以在不改变硬件的情况下,只须修改程序就可以改变接口的工作方式,大大增加了接口的灵活性和可扩充性,使接口向智能化方向发展。

(7) 错误检测功能

在接口设计中,尤其是在数据通信接口电路的设计时常要考虑对错误的检测问题。目前,多数可编程接口芯片一般能检测两类错误,其一是传输错误,这类错误是由传输线路上的噪声干扰所致;其二是溢出错误,这类错误是由于传输速率和接收或发送速率不匹配造成的。

上述功能并非每种接口都要求具备的,对不同配置和不同用途的微机系统,其接口功能不同,接口电路的复杂程度也大不一样,但前 4 种功能是一般接口都应具备的。现在的接口芯片基本上都是可编程的,这样在不改动硬件的情况下,只修改相应的驱动程序就可以改变接口的工作方式,使一种接口电路能同多种类型外设连接,大大地增加了接口的灵活性和可扩充性。

2.1.4 接口设计

嵌入式系统是软件硬件结合紧密的系统,一般而言,嵌入式系统由嵌入式系统硬件平台、嵌入式系统软件组成。分析和设计接口的基本方法可概括为以下几个方面:

1. 分析接口两侧的情况

如何对一个已有的接口电路进行分析解剖、如何着手设计一个新的接口电路,其一般的做法是:首先在硬件上从分析接口两侧的情况入手,在此基础上考虑 CPU 总线与 I/O 设备之间信号的转换,合理选用 I/O 接口芯片进行硬件连接,然后,根据硬件连接情况进行接口驱动程序的分析与设计。

凡是接口都有两侧,一侧是 CPU 或微机,另一侧是外设。对 CPU 一侧,要搞清是什么类型的 CPU,以及它提供的数据线的宽度(8 位、16 位、32 位等)、地址线的宽度(16 位、20 位、24 位、32 位等)和控制线的逻辑定位(高电平有效、低电平有效、脉冲跳变)、时序关系有什么特点。其中,数据与地址线比较规整,不同的 CPU 变化不大,而控制线往往因 CPU 不同其定义与时序配合差别较大,故重点要放在控制线的分析上。外设一侧的情况较复杂,这是因为外设种类繁多,型号不一,所提供的信号线五花八门;其逻辑定义、时序关系、电平高低差异甚大。对这一侧的分析重点应放在搞清被连外设的工作原理与特点上,找出需要接口为它提供哪些信号才能正常工作,它能反馈给接口哪些状态信号报告工作过程,以达到与 CPU 交换数据的目的。外设的种类甚多,从高速度、大容量的磁盘存储器到指示灯和扬声器,不管其复杂程度如何,只要将它们的工作原理及各自原始的(本身所固有的)来去信号线的特性分析清楚,对接口电路的剖析或者设计也就不难了。

2. 进行信号转换

由上述可知,要把 CPU 与外设这两侧的信号线不加处理(改造)就直接连接是不行的。因此,经过对接口两侧信号的分析,找出两侧信号的差别之处,要设法进行信号转换与改造,使之协调。这可以从 CPU 一侧做起,将 CPU 的信号进行转换以达到外设的要求;也可以从外设这一侧做起,将外设的信号进行改造(逻辑处理)已达到 CPU 的要求。经过改造的信号线,在功能定义、逻辑关系和时序配合上,能同时满足两侧的要求,故可以协调工作。因此,在分析已有接口电路时,可以从两侧的原始信号出发查看它们,通过哪些元器件进行了改造与转换,最后送到什么地方去了,搞清来龙去脉。在设计接口电路时也是如此,只不过信号转换的元器件由设计者来定。

3. 合理选用外围接口芯片

由于现代微电子技术的成就和集成电路的发展,目前各种功能的接口电路都已做成集成芯片,由中规模或大规模继承接口芯片代替过去的数字电路。因此,在接口设计中,通常不需要繁杂的电路参数计算,而需要熟练掌握和深入了解各类芯片的功能、特点、工作原理、使用方法及编程技巧,以便根据设计要求和经济标准合理选择芯片,把它们与微处理器正确地连接起来,并编写相应的驱动程序。采用集成接口芯片不仅使接口体积小,功能完善,可靠性高,易于扩充,应用极其灵活、方便,而且推动了接口向智能化方向发展。所以,接口芯片在微机接口技术中,起着很重要的作用,应给以足够的重视。

4. 接口驱动程序分析

接口的硬件电路只提供了接口工作的条件,要使接口真正发挥作用就要配备相应的驱动程序。对于微机系统中的标准设备(如 CRT、KB、PRINTER、HD、COM 等),在 ROM - BIOS 中都有相应的功能块子程序供用户调用。但是对于接口设计者来说,常常碰到的是一些非标准设备,况且在微机控制应用中往往采用单板机或单片机,此时没有配置 BIOS,无功能子程序可供调用,所以需要自己动手编制接口驱动程序。为此,必须了解外设的工作原理和接口电路的硬件结构;否则,无法编程。接口驱动程序是模块化和结构化的,一般由初始化模块和功能模块等组成。

总之,分析接口问题的基本方法可归纳为:分析接口两侧的信号及其特点,找出两侧进行连接时存在的差异;针对要消除两侧的这些差异来确定接口应完成的任务;为了实现接口的任务,要考虑做哪些信号变换,选择什么样的元器件来进行这些变换,据此,进行接口电路功能模块化总体机构的设计,这样就完成了对接口硬件的分析。对接口问题,仅有硬件分析还不能真正了解,还必须对接口的软件编程进行分析,而软件编程是与硬件结构紧密相连的,硬件发生变化则接口的驱动程序也就随之改变。

2.2 基于开发板的二次开发

2.2.1 基于开发板的二次开发概述

所谓二次开发是利用现成的开发板进行开发,不同于通用计算机和工作站上的软件开发工程,一个嵌入式软件的开发过程具有很多特点和不确定性。其中,最重要的一点是软件跟硬件的紧密耦合特性。由于嵌入式系统的灵活性和多样性,这样就给软件设计人员带来了极大的困难。第一,在软件设计过程中过多地考虑硬件,给开发和调试都带来了很多不便;第二,如果所有的软件工作都需要在硬件平台就绪之后进行,自然就延长了整个的系统开发周期。这些都是应该从方法上加以改进和避免的问题。为了解决这个问题,通常的做法是基于某种开发板做二次开发,从这个角度看,硬件开发所占的比重不到 20%,而软件开发的比重占到了 80%。

嵌入式软件开发是一个交叉开发过程,我们可以在特定的 EDA 工具环境下面进行开发,使用开发板进行二次开发,这样缩短了开发周期,提高了产品的可靠性,降低了开发难度。目前,国内有很多这样的公司提供二次开发所需要的开发板。

我们把脱离于硬件的嵌入式软件开发阶段称之为"PC 软件"的开发。图 2-3 说明了一个嵌入式系统软件的开发模式。在"PC 软件"开发阶段,可以用软件仿真,即指令集模拟的方法来对用户程序进行验证。在 ARM 公司的开发工具中,ADS 内嵌的 ARMulator 和 RealView 开发工具中的 ISS 都提供了这项功能。在模拟环境下,用户可以设置 ARM 处理器的型号、时钟频率等,同时还可以配置存储器访问接口的时序参数。程序在模拟环境下运行,不但能够进行程序的运行流程和逻辑测试,还能够统计系统运行的时钟周期数、存储器访问周期数、处理器运行时的流水线状态(有效周期、等待周期、连续和非连续访问周期)等信息。这些宝贵的信息是在硬件调试阶段无法取得的,对于程序的性能评估非常有价值。为了更加完整和真实地模拟一个目标系统,ARMulator 和 ISS 还提供了一个开放的 API 编程环境。用户可以用标准 C 来描述各种各样的硬件模块,连同工具提供的内核模块一起,组成一个完整的"软"硬件环境。在这个环境下面开发的软件,可以更大程度地接近最终的目标。利用这种先进的 EDA 工具环境,极大地方便了程序开发人员进行嵌入式开发的工作。完成一个"PC 软件"的开发之后,只要进行正确的移植,一个真正的嵌入式软件就开发成功了。

随着嵌入式相关技术的迅速发展,嵌入式系统的功能越来越强大,应用接口更加丰富;根据实际应用的需要设计出特定的嵌入式最小系统和应用系统,是嵌入式系统设计的关键。

当前在嵌入式领域中,ARM 处理器广泛应用于各种嵌入式设备中。由于 ARM 嵌入式体系结构类似并且具有通用的外围电路,同时 ARM 内核的嵌入式最小系统的设计原则及方法基本相同,本节主要介绍 S3C2410 为核心的最小系统的设计。

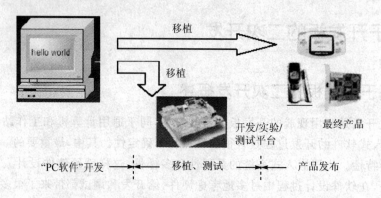

图 2-3 基于开发板的二次开发

2.2.2 嵌入式最小系统的硬件模块

1. 最小硬件模块

嵌入式最小系统即是在尽可能减少上层应用的情况下能够使系统运行的最小化模块配置。对于一个典型的嵌入式最小系统都是以处理器为核心的电路,以 S3C2410 芯片为例,其构成模块及其各部分功能如图 2-4 所示,其中,ARM 微处理器、Flash 和 SDRAM 模块是嵌入式最小系统的核心部分。

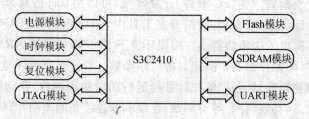

图 2-4 基于 S3C2410 的最小电路模块

电源模块:为系统正常工作提供电源。

时钟模块:通常经 ARM 内部锁相环进行相应的倍频,以提供系统各模块运行所需的时钟频率输入。

复位模块:实现对系统的复位。

JTAG 模块:实现对程序代码的下载和调试。

Flash 存储模块:存放启动代码、操作系统和用户应用程序代码。

SDRAM 模块:为系统运行提供动态存储空间,是系统代码运行的主要区域。

UART 模块:实现对调试信息的终端显示。

2. 存储器接口

ARM 处理器与存储器(Flash 和 SDRAM)的接口技术是嵌入式最小系统硬件设计的关键。根据需要选择合理的接口方式,可以有效地提升嵌入式系统的整体性能。嵌入式系统中常用的存储器有 Nor Flash、Nand Flash 和 SDRAM。

(1) ARM 处理器与 Nor Flash 接口技术

Nor Flash 带有 SRAM 接口,有足够的地址引脚,可以很容易地对存储器内部的存储单元进行直接寻址。在实际的系统中,可以根据需要选择 ARM 处理器与 Nor Flash 的连接方式。图 2-5 给出了嵌入式最小系统在包含两块 Nor Flash 的情况下,ARM 处理器与 Nor Flash 两种不同的连接方式。

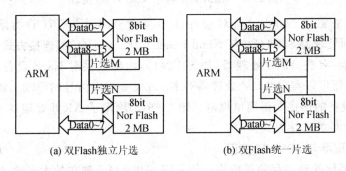

图 2-5 Nor Flash 接口方式

双 Flash 独立片选:该方式是把两个 Nor Flash 芯片各自作为一个独立的单元进行处理。根据不同的应用需要,可以在一块 Flash 中存放启动代码,而在另一块 Flash 中建立文件系统,存放应用代码。该方式操作方便,易于管理。

双 Flash 统一片选:该方式是把两个 Nor Flash 芯片合为一个单元进行处理,ARM 处理器将它们作为一个并行的处理单元来访问,如将两个 8 bit 的 Nor Flash 芯片 ST39VF1601 用作一个 16 bit 单元来进行处理。对于 $N(N>2)$ 块 Flash 的连接方式可以此作为参考。

(2) ARM 处理器与 Nand Flash 接口

Nand Flash 接口信号比较少,地址、数据和命令总线复用。Nand Flash 的接口本质上是一个 I/O 接口,系统对 Nand Flash 进行数据访问的时候,需要先向 Nand Flash 发出相关命令和参数,然后再进行相应的数据操作。ARM 处理器与 Nand Flash 的连接主要有 3 种方式,如图 2-6 所示。

运用 GPIO 引脚方式去控制 Nand Flash 的各个信号,在速度要求相对较低的时候,能够较充分地发挥 Nand 设备的性能。它在满足 Nand 设备时域需求方面将有很大的便利,使得 ARM 处理器可以很容易地控制 Nand 设备。该方式需要处理器提供充足的 GPIO。

运用逻辑运算方式进行连接:在该方式下,处理器的读和写使能信号通过与片选信号 CS

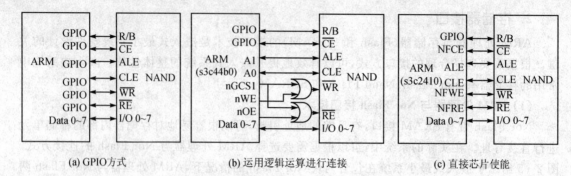

(a) GPIO方式　　(b) 运用逻辑运算进行连接　　(c) 直接芯片使能

图 2-6　ARM 处理器与 Nand Flash 接口

进行逻辑运算后去驱动 Nand 设备对应的读和写信号。图 2-6(b)为 SAMSUNG 公司 ARM7TDMI 系列处理器 S3C44B0 与 Nand Flash K9F2808U0C 的连接方式。

直接芯片使能：有些 ARM 处理器(如 S3C2410)内部提供对 Nand 设备的相应控制寄存器，通过控制寄存器可以实现 ARM 处理器对 Nand 设备相应信号的驱动。该方式使得 ARM 处理器与 Nand 设备的连接变得简单规范。图 2-6(c)给出了 ARM 处理器 S3C2410 与 Nand Flash K9F2808U0C 的连接方式。

(3) ARM 处理器与 SDRAM 接口

嵌入式最小系统的动态存储器模块一般采用 SDRAM。现在的大多数 ARM 处理器内部都集成有 SDRAM 控制器，通过它可以很容易地访问 SDRAM 内部的每一个字节。在实际开发中可以根据需要选用一片或多片 SDRAM。图 2-7 给出了两种常用的接口方式。

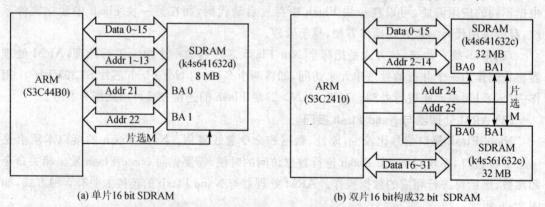

(a) 单片16 bit SDRAM　　(b) 双片16 bit构成32 bit SDRAM

图 2-7　ARM 处理器与 SDRAM 接口

单片 SDRAM：图 2-7(a)为 ARM 处理器 S3C44B0 与一个 16 bit 的 SDRAM K4S641632d 的连接方式。在对尺寸有严格限制且对动态存储器容量要求不高的嵌入式系统中常采用此种连接方式。

双片 16 bit SDRAM 结合使用：在双片 16 bit SDRAM 合成一个 32 bit SDRAM 使用时，ARM 处理器的地址线 A2 接 SDRAM 的地址线 A0，其余地址依次递增。这是因为在 SDRAM 中字节是存储容量的唯一单位，而此时 SDRAM 为 32 bit 位宽。

SDRAM 的 BA 地址线是其内部 Bank 的地址线，代表了 SDRAM 内存的最高位。在图 2-7(b) 的 SDRAM 总大小是 64 MB，需要 A25~A0 引脚来寻址，所以 BA1~BA0 连接到了 A25~A24 引脚上。还需注意的是，SDRAM 内存行地址和列地址是复用的，所以地址线的数目一般少于 26 条。

2.2.3 嵌入式系统的启动架构

启动架构是嵌入式系统的关键技术，掌握启动架构对于了解嵌入式系统的运行原理有着重要的意义。嵌入式系统在启动时，引导代码、操作系统的运行和应用程序的加载主要有两种架构，一种是直接从 Nor Flash 启动的架构，另一种是从 Nand Flash 启动的架构。

需要注意的是，在嵌入式系统启动引导的过程中会有多种情况出现，如 VxWorks 的启动代码 BootRom 就有压缩和非压缩、驻留和非驻留方式之分，而操作系统本身也多以压缩映象方式存储，所以启动代码在执行和加载过程中需要根据不同的情况，作出相应的处理。

1. 从 Nor Flash 启动

Nor Flash 具有芯片内执行（XIP, eXecute In Place）的特点，在嵌入式系统中常作为存放启动代码的首选。从 Nor Flash 启动的架构又可细分为只使用 Nor Flash 的启动架构、Nor Flash 与 Nand Flash 配合使用的启动架构。图 2-8 给出了这两种启动架构的原理框图。

单独使用 Nor Flash：在该架构中，引导代码、操作系统和应用代码共存于同一块 Nor Flash 中。系统上电后，引导代码首先在 Nor Flash 中执行，然后把操作系统和应用代码加载到速度更高的 SDRAM 中运行。另一种可行的架构是在 Nor Flash 中执行引导代码和操作系统，而只将应用代码加载到 SDRAM 中执行。该架构充分利用了 Nor Flash 芯片内执行的特点，可有效提升系统性能；不足在于随着操作系统和应用代码容量的增加，需要更大容量昂贵的 Nor Flash 来支撑。

Nor Flash 和 Nand Flash 配合使用：Nor Flash 的单独使用对于代码量较大的应用程序会增加产品的成本投入，一种的改进的方式是采用 Nor Flash 和 Nand Flash 配合使用的架构。在该架构中附加了一块 Nand Flash，Nor Flash(2 MB 或 4 MB)中存放启动代码和操作系统（操作系统可以根据代码量的大小选择存放于 Nor Flash 或 Nand Flash)，而 Nand Flash 中存放应用代码，根据存放的应用代码量的大小可以对 Nand Flash 容量做出相应的改变。系统上电后，引导代码直接在 Nor Flash 中执行，把 Nand Flash 中的操作系统和应用代码加载到速度更高的 SDRAM 中执行。也可以在 Nor Flash 中执行引导代码和操作系统，而只将 Nand Flash 中的应用代码加载到 SDRAM 中执行。该架构是当前嵌入式系统中运用最广泛的启动架构之一。

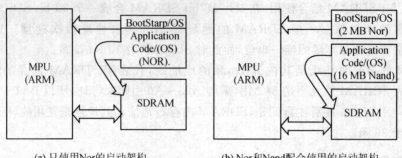

(a) 只使用Nor的启动架构　　　　(b) Nor和Nand配合使用的启动架构

图 2-8　启动架构

2. 从 Nand Flash 启动

有些处理器(如 SAMSUNG 公司的 ARM920T 系列处理器 S3C2410)支持从 Nand Flash 启动的模式,它的工作原理是将 Nand Flash 中存储的前 4 KB 代码装入一个称为 Steppingstone(BootSRAM)的地址中,然后开始执行该段引导代码,从而完成对操作系统和应用程序的加载。该方式需要处理器内部有 Nand 控制器,同时还要提供一定大小额外的 SRAM 空间,有一定的使用局限性,在实际开发中较少使用。

2.3　电源和复位接口

2.3.1　电源接口概述

所有嵌入式系统设计都必须包含电源,可以选择 AC 电源插座或电池供电。下面对这两种方式及电源的稳压进行介绍。

1. AC 电源

如果嵌入式系统对便携性没有太高的要求,那么使用来自插座的电源是最佳的供电方式。但因为交流电电压很高,不能直接用于嵌入式系统,还需要转化为电压低得多的直流电。可以使用实验室直流电、标准 PC 电源或交流电适配器。其中,交流电适配器对于大多数应用来说可能是最好的选择。交流电适配器的外形就是一个小的黑盒子,它可以对嵌入式系统进行供电。这种解决办法价格便宜,使用方便且可靠性较高,从电子设备商那里可以购买到交流电适配器;它通常提供+5～+12 V DC 不等的输出电压,提供的电流可以高达 500 mA,具体的电压和电流取决于系统的需要,从中挑选满足电压和电流要求的交流电适配器即可。

2. 电　池

电池使用方便,容易携带,但需要选择合适的电压和足够的电流。只有电池选择恰当、系统设计合理,才能保证嵌入式系统的正常工作。选择电池时,不仅要考虑其平均电流量,还要考虑到其峰值电流。因为一个嵌入式系统平时可能只需要 20 mA 的恒定电流,但它在峰值负载时需要 100 mA 的电流。对于使用 Flash Memory 的嵌入式系统更是如此,因为 Flash Memory 在写操作过程中需要较高的电流。这种系统的电池不仅要能够在负载恒定时给系统供电,也必须能够在峰值负载时给系统供电。

3. 稳压器

稳压器是一个把输入的 DC 电压(通常为一个输入电压的范围)转换为固定输出 DC 电压的半导体设备,主要用来为系统提供恒定的电压。DC/DC 转换器有 3 种类型:

- 线性稳压器,产生较输入电压低的电压。
- 开关稳压器,能升高电压、降低电压或翻转输入电压。
- 充电泵,可以升压、降压或翻转输入电压,但电流驱动能力有限。

线性稳压器体积小,价格便宜,噪声小且使用方便,其输入输出使用退耦电容来过滤;电容除了有助于平稳电压以外,还有利于去除电源中的瞬间短时脉冲波形干扰。电源的这种瞬间变弱很少发生,但一旦发生就会严重影响到系统的运行。许多嵌入式微处理器包含电压不足检电器,一旦电源输入给处理器的电压过低,检电器就会重启处理器。

开关稳压器由于输出端开关功率管(MOSFET,Metal-Oxide Semiconductor Field Effect Transistor)是一种高输入阻抗,以低开关速度及低功耗的半导体器件而得名。在变换输入电压为输出电压时,开关稳压器的功耗更低,效率更高;其缺点为需要较多的外部器件,如电感和二极管等,因而占用的空间较大。开关稳压器比线性稳压器要贵,而且产生的噪声也大,但它可以升压、降压或翻转电压,功能比线性稳压器强大。

与开关稳压器相似,充电泵能够升压、降压或翻转输入电压;不同之处在于它不需要外部电感。但由于其电流供应能力有限,因此很少使用。

2.3.2 低功耗设计和电源管理

对于绝大多数的便携式设备而言,低功耗和节能设计都是最重要的设计指标。例如,笔记本电脑依靠电池供电时,就会进入低功耗工作模式;PDA 停止使用一段时间后显示屏将变暗,设备甚至进入睡眠状态。便携式设备的低功耗设计是通过电源管理技术实现的。

1. 降低功耗的设计技术

电路的设计与元件的选取是同时或交叉进行的。在功能要求相同的情况下,不同的人可以设计出不同的电路,虽然功能可以相同,但电路功耗却往往相距甚大。电路设计和元件选取考虑的因素很多,下面对其中需要注意的地方进行介绍:

(1) 采用低功耗器件

几乎所有的 TTL 工艺的逻辑电路、单片机、存储器以及外围电路都有相应 CMOS 工艺的低功耗器件,采用这些器件是降低系统功耗最直接的方法。

(2) 采用高集成度专用器件

例如,用单片机设计一个电子体温计,就没有必要采用 80C51 单片机,而应该采用 Epson、Holtek 等生产的专用于测量体温的单片机,其内部集成了测量体温所需要的 ADC、振荡器、电压基准、LED 显示驱动等部件,电路只需几个电阻电容元件。整个电路可在 $1.2\sim1.5$ V 电压下工作,功耗极低,而且可靠性、体积等都比用分离器设计更好。DC/DC 变换器在市场上有各种各样的模块供选择,而且效率高、功耗低、体积小、可靠性高,完全没必要采用分离电路搭接。

(3) 动态调整处理器的时钟频率和电压

在系统指标允许的情况下,尽量使用低频率器件有助于降低系统功耗。处理器根据当前的工作负载运行在不同的性能等级上。例如,一个 MPEG 视频播放器需要的处理器性能比 MP3 音频播放器高一个数量级。因此,当播放 MP3 时,处理器可以运行在较低频率上而仍然能保证播放的高质量。当时钟频率降低时,可以同时降低处理器的供电电压,以达到节能的目的。

动态电压调整技术(DVS)就利用了 CMOS 工艺处理器的峰值频率与供电电压成正比这一特点。减少供电电压并同时降低处理器的时钟速度,功耗将呈二次方的速度下降,代价是增加了运行时间。

(4) 利用节电工作方式

许多器件都有低功耗的节电方式,如微处理器的闲置、掉电工作方式,存储器的维持工作、ADC 和 DAC 的节能工作方式等,因此设计时应充分利用其"节电"方式为达到节电的效果。

另外,合理处理器件的空余引脚也是非常重要的。大多数数字电路的输出端在输出低电平时,其功耗远大于输出高电平时的功耗,设计时应注意控制低电平的输出时间,闲置时使其处于高电平输出状态。因此,多余的"非门"、"与非门"的输入端应接地电平,多余的"与门"、"或门"的输入端应接高电平。对 ROM 或 RAM 及其他有片选信号的器件,不要将片选引脚直接接地,避免器件长期接通,而应与读/写信号结合,只对其进行读或写操作时才选通器件。

(5) 实行电源管理

目前,大部分的传感器、接口器件、显示器件等本身还没有低功耗工作模式,而有些便携式仪器又不可避免地要使用它们,这些器件往往成了电路中的"耗电大户"。这种情况下,可对电路进行模块设计,工作时对大功耗模块实施间断供电,即设置电源形状电路,并通过软件或定时电路控制开关,使大功耗模块电路仅在需要工作的短时间内加电,其余时间则处于断电状态。

一般系统中常含有数字处理系统、模拟处理系统及其他系统通信的各种数字通信接口、模拟通信接口、人机交换接口、与传感器以及执行机构连接的模拟接口等。这些单元常用的电源种类如表 2-1 所列。

表 2-1 常用电源及用途

电源种类	主要用途
+5 V	数字处理系统主电源
-5 V	运放、ADC、DAC、LCD 偏压电路
+3.3 V、+2.0 V、+1.8 V	低电压逻辑、CPU、DSP、FPGA 等内核电路
+12 V、+15 V、-12 V、-15 V	传感器、模拟处理系统、运放、ADC、DAC、通信接口
+5 V	传感器、通信接口、光盘耦合器
+24 V	4~20 mA 模拟接口、温湿度控制器、一些执行机构、蓄电池

2. 电源管理技术

在嵌入式系统中常用的电源管理技术可以从如下几个方面考虑:

(1) 系统上电行为

微处理器及其片上外设一般均以最高时钟速率上电启动。但是,有些资源的供电启动还尚不需要,或者根本就不会在应用过程中用到。例如,MP3 播放器就很少使用其 USB 端口与 PC 进行通信。在启动时,系统必须为应用提供一种调节系统的机制,从而关闭不必要的电源消耗器件或使之处于空闲状态。

(2) 空闲模式

CMOS 电路中的有效功耗只有在电路进行时钟计时的情况下才发生。通过关闭不需要的时钟,可以消除不必要的有效功耗。在等待外部事件时,大多数微处理器都融入了暂时终止 CPU 有效功耗的机制。CPU 时钟的闲置通常由停止或闲置指令触发,其在应用或操作系统空闲时进行调用。一些 DSP 进行多个时钟域分区,可以使这些域分别处于空闲状态。以中止未使用模块中的有效功耗。例如,TI 的 TMS320C5510DSP 中可以有选择地使 6 个时钟域闲置,其中,包括 CPU、Cache、DMA、外设时钟、时钟生成器及外部存储器接口。

除了支持闲置 DSP 及其片上外设之外,嵌入式系统还必须提供用于闲置外部周边设备的机制。例如,一些编码器具备可以激活的内置低功率模式。我们面临的一个挑战是类似看门狗定时器这样的外设。通常情况下,看门狗定时器应根据预定义的时间间隔提供服务,以避免其激活。这样,减缓或中止处理的电源管理技术就可能无意中导致应用故障。因此,该嵌入式系统应当使应用在睡眠模式期间禁用此类外设。

(3) 断 电

尽管空闲模式消除了有效功率,但静态功耗即便在电路不进行切换的情况下也会出现,这主要是由于逆向偏压泄漏(Reverse-Bias Leakage)造成的。如果系统包括的某个模块不必随时供电,那么就可以让系统仅在需要时才为子系统上电,从而减少功耗。到目前为止,嵌入式系统开发商对最小化静态功耗投入的工作极少,因为 CMOS 电路的静态功耗非常低。但是,新型、具有更高性能的晶体管使电流泄漏显著增加,这就要求用户对可降低静态功耗及更复杂的睡眠模式给予新的关注。

(4) 电压与频率缩放(Frequency Scaling)

有效功耗与切换频率成线性比例,但与电源电压平方成正比。经较低的频率运行应用与在全时钟频率上运行该应用并转入闲置相比,并不能节约多少功率。但是,如果频率与平台上可用的更低操作电压兼容,那么就可以通过降低电压来大大节约功耗,这正是因为存在上述平方关系的缘故。

2.3.3 电源接口电路

ARM CPU 通常需要两种或两种以上的电源,其中,一种电源是核电压(V_{CORE});另一种是 I/O 电压(V_{DD})。以 S3C2410 为例,它的 V_{DD} 为 3.3 V,核电压为 1.8 V。系统的输入电压大多数时候并不是 3.3 V,所以需要实现电源变换。由于效率和电源稳定性要求,现在通常采用 DC-DC 实现高电压到 3.3 V 的转换。现在市场上输出 3.3 V 的 DC-DC 芯片较多,MAXIM、LINEAR、MICROCHIP 等公司都有很多信号的芯片可供选择。

图 2-9 是 S3C2410 中使用的电源电路,其电压为 5 V,经 LM1085-3.3 V 和 AS1117-1.8 V 分别得到 3.3 V 和 1.8 V 的工作电压。开发板上的芯片多数使用了 3.3 V 电压,而 1.8 V 是供给 S3C2410 内核使用的。5 V 电压供给音频功放芯片、LCD、电机、硬盘、CAN 总线等电路使用。

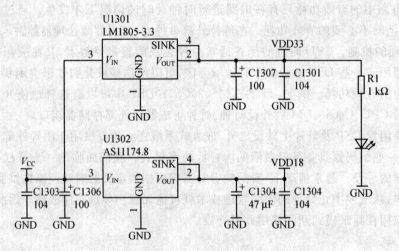

图 2-9 电源电路

2.3.4 RST 电路

在 CPU 系统中,复位电路主要完成系统的上电复位和系统在运行时用户的按键复位功能。复位电路可由简单的 RC 电路构成,也可使用其他的相对较复杂,但功能更完善的电路,如专用复位芯片。

图 2-10 是较简单的 RC 复位电路,经使用证明,其复位逻辑是可靠的。该复位电路的工作原理如下:在系统上电时,通过电阻 R1 向电容 E1 充电,当 E1 两端的电压未达到高电平的门限电压时,RST 端输出为低电平,系统处于复位状态;当 E1 两端的电压达到高电平的门限电压时,RST 端输出为高电平,系统进入正常工作状态。

当用户按下按钮 Sm 时,E1 两端的电荷被泄放掉,RST 端输出为低电平,系统进入复位状态,再重复以上的充电过程,系统进入正常工作状态。

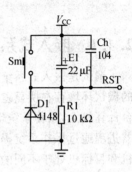

图 2-10 RC 复位电路

图 2-11 为 IMP811T 复位电路,实现对电源电压的监控和手动复位操作。IMP811T 的复位电平可以使 CPU JTAG(nTRST)和板级系统(nRESET)全部复位;来自仿真器的 ICE_nSRST 信号只能使板级复位;来自仿真器的 ICE_nTRST 信号可以使 JTAG(nTRST)复位,通过跳线选择是否使板级 nRESET 复位。nRESET 反相后得到 $\overline{\text{RESET}}$ 信号。

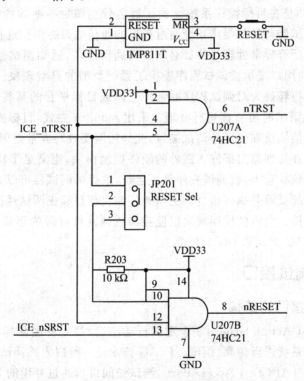

图 2-11 IMP811T 复位电路

2.4 调试接口

2.4.1 嵌入式系统的调试方法

调试是嵌入式系统开发过程中必不可少的重要环节,通用计算机应用系统与嵌入式系统的调试环境存在明显差异。在通常的桌面操作系统中,调试器与被调试的程序常常位于同一台计算机上,操作系统也相同,如在 Windows 平台上利用 Visual C++语言等开发应用,调试器进程通过操作系统提供的调用接口来控制被调试的进程。而在嵌入式操作系统中,开发主机和目标机处于不同的机器中,程序在开发主机上进行开发(编辑、交叉编译、连接定位等),然后下载到目标机(嵌入式系统中)进行运行和调试,即远程调试。也可以说,调试器程序运行于桌面系统,而被调试的程序运行于嵌入式操作系统之上。这就引出了如下问题:位于不同操作系统之上的调试器与被调用程序之间如何通信,被调试程序倘若出现异常现象如何告知调试器,调试器如何控制以及访问被调试程序等。目前,有两种常用的调试方法可以解决上述问题,monitor 方式和片上调试方式。

monitor 方式指的是在目标操作系统与调试器内分别添加一些功能模块,两者相互通信来实现调用功能。调试器与目标操作系统通过指定的通信端口并依据远程调试协议来实现通信。目标操作系统的所有异常处理最终都必须转向通信模块,通知调试器此时的异常号调试器,再依据该异常号向用户显示被调试程序发生了哪一类型的异常现象。调试器控制及访问被调试程序的请求都将转换为对调试程序的地址空间或目标平台的某些寄存器的访问,目标操作系统接收到此类请求时可直接进行处理。采用 monitor 方式,目标操作系统必须提供支持远程调试协议的通信模块和多任务调试接口,此外还需要改写异常处理的有关部分。

片上调试方式是在处理器内部嵌入额外的硬件控制模块,当满足了特定的触发条件时进入某些特殊状态。在该状态下,被调试程序停止运行,主机的调试器可以通过处理器外部特设的通信接口来访问系统资源并执行指令。主机通信端口与目标板调试通信接口通过一块简单的信号转换电路板连接。内嵌的控制模块以监控器或纯硬件资源的形式存在,包括一些提供给用户的接口,如 JTAG 方式和 BDM 方式。

2.4.2 JTAG 调试接口

1. JTAG 调试接口的结构

JTAG(Joint Test Action Group,联合测试行动小组)是一种国际标准测试协议,主要用于芯片内部测试及对系统进行仿真、调试。JTAG 技术是一种嵌入式调试技术,在芯片内部封装了专门的测试电路 TAP(Test Access Port,测试访问口),通过专用的 JTAG 测试工具对内部节点进行测试。目前,大多数比较复杂的器件都支持 JTAG 协议,如 ARM、DSP、FPGA 器件等。标准的 JTAG 接口是 4 线:TMS、TCK、TDI、TDO,分别为测试模块选择、测试时钟、测试数据输入和测试数据输出。具有 JTAG 接口的芯片内部结构如图 2-12 所示。

　　JTAG 测试允许多个器件通过 JTAG 接口串联在一起形成一个 JTAG 链,能实现对各个器件分别测试。JTAG 接口还常用于实现 ISP(In-System Programmable,在线系统编程)功能,如对 Flash 器件进行编程等。通过 JTAG 接口可对芯片内部的所有部件进行访问,因而是开发调试嵌入式系统的一种简洁高效的手段。

　　在硬件结构上,JTAG 接口包括两部分:JTAG 端口和控制器。与 JTAG 接口兼容的器件可以是微处理器(MPU)、微控制器(MCU)、PLD、CPL、FPGA、ASIC 或其他符合 IEEE1149.1 规范的芯片。IEEE1149.1 标准中规定对应于数字集成电路芯片的每个引脚都设有一个移位寄存单元,称为边界扫描单元 BSC。在 JTAG 调试当中,边界扫描(Boundary-Scan)是一个很重要的概念。边界扫描技术的基本思想是在靠近芯片的输入/输出引脚上增加一个移位寄存器单元,因为这些移位寄存器单元都分布在芯片的边界上(周围),所以称为边界扫描寄存器单元(Boundary-Scan Register Cell)。当芯片处于调试状态的时候,这些边界扫描寄存器可以将芯片和外围的输入输出隔离开来。通过这些边界扫描寄存器单元,可以实现对芯片输入输出信号的观察和控制。对于芯片的输入引脚,可以通过与之相连的边界扫描寄存器单元把信号(数据)加载到该引脚中去;对于芯片的输出引脚,也可以通过与之相连的边界扫描寄存器捕获(CAPTURE)该引脚上的输出信号。在正常的运行状态下,这些边界扫描寄存器对芯片来说是透明的,所以正常的运行不会受到任何影响。这样,边界扫描寄存器提供了一个便捷的方式用以观测和控制所需要调试的芯片。另外,芯片输入输出引脚上的边界扫描(移位)寄存器单元可以相互连接起来,在芯片的周围形成一个边界扫描链(Boundary-Scan Chain)。一般的芯片都会提供几条独立的边界扫描链,用来实现完整的测试功能。边界扫描链可以串行输入和输出,通过相应的时钟信号和控制信号就可以方便地观察和控制处在调试状态下的芯片。利用边界扫描链可以实现对芯片的输入输出进行观察和控制。

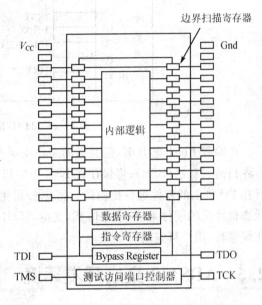

图 2-12　边界扫描

2. JTAG 调试接口应用

　　通过 JTAG 接口可以进行电路板及芯片的测试,也可以实现对目标电路板上的程序存储器编程。这里仅仅讨论使用 JTAG 接口对板上 Flash 存储器的编程。一般可以利用专用的

PC 机内插卡式硬件控制器或独立的编程器访问 JTAG 器件,也可以直接由 PC 机的并行接口模拟 JTAG 时序,硬件控制器或编程器通过专用电缆连接到目标电路板上,被编程的 Flash 存储器芯片的地址线、数据线和控制信号线接到 JTAG 兼容芯片的相应引脚上。这种编程方法不要求 Flash 器件具有 JTAG 接口,只要与其相连接的微处理器芯片具有 JTAG 接口即可。利用微处理器的 JTAG 接口 Flash 编程连接如图 2-13 所示。

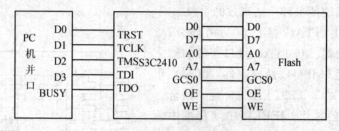

图 2-13　JTAG 接口 Flash 编程连接

在编程 Flash 芯片时,需要做的工作主要有:PC 机发送指令或数据到 JTAG 兼容芯片的边界扫描寄存器(BSR);将保存在 BSR 中的指令或数据通过 JTAG 存储器。这个过程是由运行在 PC 机上的软件进行控制的。博创公司生产的 UP-ICE200 仿真器,是专门针对 JTAG 状态机优化的硬件系统,全速仿真,支持 ADS1.2 的 JTAG 仿真调试,支持所有 Flash 芯片的在线编程,用户可定制。

2.5　ADS1.2 集成开发环境

2.5.1　Code Warrior IDE

　　ARM ADS 全称为 ARM Developer Suite,是 ARM 公司推出的新一代 ARM 集成开发工具。目前,普遍使用的版本是 1.2,取代了早期的 ADS1.1 和 ADS1.0。它除了可以安装在 Windows NT4、Windows 2000、Windows 98 和 Windows 95 操作系统下,还支持 Windows XP 和 Windows Me 操作系统。目前,德国 Keil 公司也推出了 RealView MDK 开发工具,是针对 ARM 公司最新推出的各种嵌入式处理器的软件开发工具。RealView MDK 集成了业内最领先的技术,融合了中国多数软件开发工程师所需的特点和功能,支持 ARM7、ARM9 和最新的 Cortex-M3 核处理器,自动配置启动代码,集成 Flash 烧写模块,强大的 Simulation 设备模拟,性能分析等功能。作为入门的初学者,本教材中使用的开发调试工具是 ADS1.2。ADS 由命令行开发工具、ARM 时实库、GUI 开发环境(Code Warrior 和 AXD)、实用程序和支持软件组成,如表 2-2 所列。有了这些部件,用户就可以为 ARM 系列的 RISC 处理器编写和调试自己的应用程序了。

表2-2　ADS开发工具的组成

名　称	描　述	使用方式
代码生成器	ARM汇编，ARM的C、C++汇编器，Thumb的C、C++编译器，ARM链接器	由Code Warrior IDE调用
集成开发环境	Code Warrior IDE	工程管理、编译链接
调试器	AXD、ADW/ADU、armsd	仿真调试
指令模拟器	ARMulator	由AXD调用
ARM开发包	一些底层的例程，实用程序（如fromELF）	一些实用程序由Code Warrior IDE调用
ARM应用库	C、C++函数库等	用户程序使用

CodeWarrior for ARM是一套完整的集成开发工具，充分发挥了ARM RISC的优势，使产品开发人员能够很好地应用尖端的片上系统技术。该工具是专为基于ARM RISC的处理器而设计的，可加速并简化嵌入式开发过程中的每一个环节，使得开发人员只需通过一个集成软件开发环境就能研制出ARM产品。在整个开发周期中，开发人员无须离开CodeWarrior开发环境，因此节省了在操作工具上花的时间，使得开发人员有更多的精力投入到代码编写上来，Code Warrior IDE主窗口如图2-14所示。

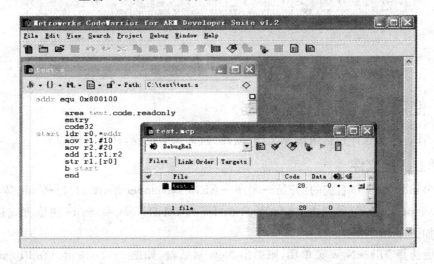

图2-14　Code Warrior IDE主窗口

ADS的CodeWarrior集成开发环境（IDE）为管理和开发项目提供了简单多样化的图形用户界面。ARM的配置面板为用户提供了在CodeWarrior IDE集成环境下配置各种ARM开发工具的能力。用户可以使用ADS开发C、C++或ARM汇编语言程序。

2.5.2 AXD 调试器

AXD 调试器为 ARM 扩展调试器(即 ARM eXtended Debugger),包括 ADW/ADU 的所有特性,支持硬件仿真和软件仿真(ARMulator)。AXD 能够装载映像文件到目标内存,具有单步、全速和断点等调试功能,可以观察变量、寄存器和内存的数据等。AXD 调试器主窗口如图 2-15 所示。

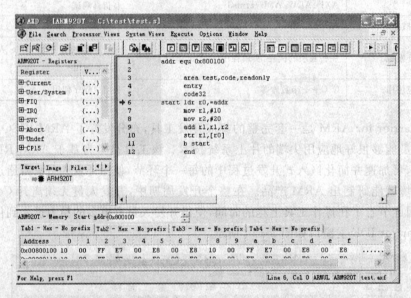

图 2-15 AXD 调试器界面

2.5.3 使用 ADS 开发软件过程

使用 ADS 开发软件包括编辑源文件、编译、调试 3 个过程,具体步骤如下:

1. 建立工程文件

选择 Windows 操作系统的"开始→程序→ARM Developer Suite v1.2→Code Warrior for ARM Developer Suite",或双击 Code Warrior for ARM Developer Suite 快捷方式启动 ADS 1.2 IDE,如图 2-16 所示。

启动后选择 File→New 菜单项,则弹出 New 对话框,如图 2-17 所示。在 Project 选项卡中选择 ARM 可执行映像(ARM Executable Image)、Thumb 可执行映像(Thumb Executable Image)或 Thumb 和 ARM 交织映像(Thumb ARM Interworking Image),然后在 Location 列表框选择工程存放路径,并在 Project name 文本框输入工程名称,单击"确定"按钮即可建立相应工程,工程文件名后缀为.mcp(下文有时也把工程称为项目)。

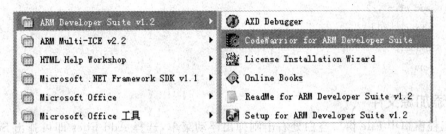

图 2-16 启动 ADS 1.2 IDE

2. 编辑源文件

建立一个文本文件,如图 2-18 所示,以便输入用户程序。单击 New Text File 图标按钮,然后在新建的文件中编写程序,单击 Save 图标按钮将文件存盘(或选择 File→Save 菜单项),输入文件全名,如 Test.s。注意,请将文件保存到相应工程的目录下,以便于管理和查找。当然,也可以通过在 New 对话框中选择 File 选项卡,然后建立源文件,或使用其他文本编辑器建立或编辑源文件。

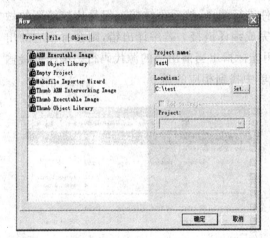

图 2-17 建立项目

图 2-18 建立文件

test.s 源文件如下:

```
addr equ 0x80000100
      area test,code,readonly
      entry
      code32
start ldr r0, = addr
      mov r1,#10
      mov r2,#20
```

```
add r1,r1,r2
str r1,[r0]
b start
end
```

3. 添加源文件

在工程窗口中 File 窗口空白处右击则弹出浮动菜单,选择 Add Files 即可弹出 Select file to add 对话框,选择相应的源文件(可按着 Ctrl 键一次选择多个文件),然后单击"打开"按钮即可,如图 2-19 所示。

另外,用户也可以通过选择 Project→Add Files 菜单项来添加源文件,或使用 New 对话框选择 File 选项卡在建立源文件时选择加入工程(即选择 Add to Project 命令项)。

4. 编译源文件

在编译链接之前还需要通过 Debug Settings 对话框对项目的运行环境进行一些设置。为了简化过程,这里采用默认设置。

编译时,可以通过 Project→compile 对源文件进行编译,然后再链接。但是比较简便的做法是直接单击工程窗口的 Make 图标按钮,即可完成编译链接。若编译出错,则会有相应的出错提示;双击出错提示行信息,则编辑窗口会使用光标指出当前出错的源代码行。编译链接输出窗口如图 2-20 所示,同样,可以在 Project 菜单中找到相应的命令。

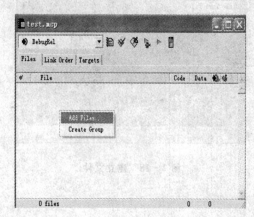

图 2-19 添加源文件

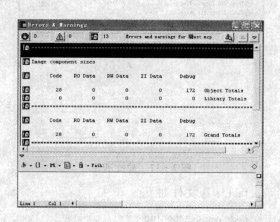

图 2-20 工程的编译和链接

当工程编译链接通过后,在"工程名\工程名_Data\当前的生成目标"目录下就会生成一个扩展名为.axf 的可执行映象文件。比如工程 Test,当前的生成目标 Debug,编译链接通过后,则在"…\Test\Test_Data\Debug"目录下生成 Test.axf 文件。通过这个文件就可以进一步使用 AXD 对汇编程序进行仿真调试了。

5. 调试

当工程编译链接通过后,在工程窗口中单击 Debug 图表按钮,即可启动 AXD 进行调试(也可以通过"开始"菜单启动 AXD)。

选择 Options→Configure Target 菜单项,则弹出 Choose Target 对话框,如图 2-21 所示。在没有添加其他仿真驱动程序前,Target 选项卡中只有两项,分别为 ADP(JTAG 硬件仿真)和 ARMUL(软件仿真)。

选择仿真驱动后,选择 File→Load Image 菜单项加载 ELF 格式的可执行文件,即 *.axf 文件。文件加载以后就出现了 AXD 调试界面,如图 2-22 所示。在这个界面下就可以可视化地对程序进行仿真调试,如可以单步执行、观察寄存器值的变化、内存值的变化等。

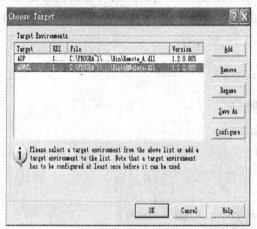

图 2-21 仿真驱动选择

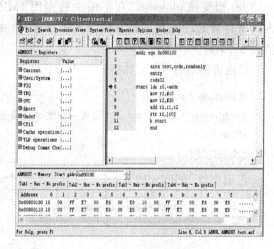

图 2-22 加载 ELF 文件

2.5.4 汇编语言和 C 语言交互编程

在应用系统的程序设计中,若所有的编程任务均用汇编语言来完成,则其工作量是可想而知的,同时,不利于系统升级或应用软件移植。事实上,ARM 体系结构支持 C/C++以及与汇编语言的混合编程。在一个完整的程序设计中,除了初始化部分用汇编语言完成以外,其主要的编程任务一般都用 C/C++完成。在实际的编程应用中,使用较多的方式是:程序的初始化部分用汇编语言完成,然后用 C/C++完成主要的编程任务;程序在执行时首先完成初始化过程,然后大部分编程任务由 C/C++完成。这里主要介绍汇编语言和 C 语言交互编程。

1. 汇编程序访问 C 程序变量

汇编语言程序可通过地址间接访问在 C 语言程序中声明的全局变量。通过使用 IMPORT 关键词引入全局变量,并利用 LDR 和 STR 指令根据全局变量的地址来访问它们。对于不同类型的变量,需要采用不同选项的 LDR 和 STR 指令,具体如表 2-3 所列。

此外,对于长度小于 8 字节的结构型变量,可以通过一条 LDM/STM 指令来读/写整个变量;对于结构型变量的数据成员,可以使用相应的 LDR/STR 指令来访问,但这时必须知道该数据成员相对于结构型变量开始地址的偏移量。

表 2-3 访问 C 程序变量的对应汇编指令

C 变量类型	访问的汇编指令
unsigned char	LDRB/STRB
unsigned short	LDRH/STRH
unsigned int	LDR/STR
char	LDRSB/STRSB
short	LDRSH/STRSH

【例 2-1】 在汇编程序中访问 C 程序全局变量。C 语言程序代码文件 str.c 里面定义了一个 int 型变量 globvar。在汇编中首先用 IMPORT 伪操作声明该变量;再将其内存地址读入到寄存器 R1 中;然后将其值读入寄存器 R0 中并进行修改;修改后再将寄存器 R0 的值赋予变量 globvar。

C 语言源程序 str.c 如下:

```
#include<stdio.h>
int globvar = 3;        /*定义一个整型全局变量*/
int main()
{ return(0);}
```

汇编文件 hello.s 如下:

```
        AREA EX2_1,CODE,READONLY
        EXPORT ARMCODE         ;用 EXPORT 为操作声明该变量
                               ;可以被其他文件引用
        IMPORT globvar         ;用 IMPORT 声明该变量是其他
                               ;文件中定义的,在本文件中引用
        ENTRY
ARMCODE LDR R1, = globvar      ;将其地址读入 R1
        LDR R0,[R1]            ;将其值读入 R0
        ADD R0,R0,#2           ;修改 R0 的值
        STR R0,[R1]            ;将 R0 的值赋予变量,修改变量的值
        MOV PC,LR
        END
```

2. 汇编程序调用 C 程序

为了保证程序调用时参数的正确传递,汇编语言程序的设计要遵守 ATPCS。在 C 语言程序中,不需要任何关键字来声明将被汇编语言调用的 C 语言程序,但是在汇编语言程序调用该 C 语言程序之前,需要在汇编语言程序中使用 IMPORT 伪操作来声明该 C 语言程序。

在汇编语言程序中通过 BL 指令来调用子程序。

【例 2-2】 C 语言程序 C_add 中的函数 g( )实现 5 个整数相加的功能,汇编程序 ARM_add 中则要调用这段代码完成 5 个整数加法的功能。首先必须在汇编程序中设置好 5 个参数的值,本例中有 5 个参数,分别使用寄存器 R0 存放第 1 个参数,R1 存放第 2 个参数,R2 存放第 3 个参数,R3 存放第 4 个参数,第 5 个参数利用数据栈传送。由于利用数据栈传递参数,在程序调用结束后要调整数据栈的指针。

C 语言源程序(C_add.c):

```
#include<stdio.h>
int g(int a,int b,int c,int d,int e)      /*C程序实现5个整数求和*/
{
return a+b+c+d+e;
}
```

汇编语言源程序(ARM_add.s):

```
AREA ARM_add,CODE,READONLY
EXPORT ARM_add             ;使用 EXPORT 伪操作声明可被外部程序引用
IMPORT g                   ;使用 IMPORT 伪操作声明 C 程序 g( )
ENTRY
STR LR,[SP,#-4]!           ;保存返回地址
MOV R0,#1                  ;设置参数1
MOV R1,#2                  ;设置参数2
MOV R2,#3                  ;设置参数3
MOV R3,#4                  ;设置参数4
MOV R4,#5                  ;参数5通过数据栈传递
STR R4,[SP,#-4]!
BL g                       ;调用 C 程序 g( ),其结果从 R0 返回
ADD SP,SP,#4               ;调整数据栈指针,准备返回
LDR PC,[SP],#4             ;返回
END
```

3. C 程序调用汇编程序

汇编程序的设计要遵守 ATPCS,保证程序调用时参数的正确传递。在汇编程序中使用 EXPORT 伪操作声明本程序,使得本程序可以被别的程序调用。在 C 语言程序中使用 EXPORT 关键词声明该汇编程序。

【例 2-3】 C 语言程序调用汇编程序的例子。其中,汇编程序 strcopy 实现字符串的复制功能,C 程序调用 strcopy 完成字符串复制工作。

strtest.c 源程序:

```c
#include <stdio.h>
extern void strcopy(char * d,const char * s);   /*使用关键词 EXTERN 声明 strcopy*/
int main()
{
 const char * srcstr = "First string - source";
 char dststr[] = "Second string - destination";
 printf("Before copying:\n");/* dststr is an array since we're going to change it */
 printf(" '%s\n '%s\n",srcstr,dststr);
 strcopy(dststr,srcstr);      //将源串和目标串的地址传递给 strcopy
 printf("After copying:\n");
 printf(" '%s\n '%s\n",srcstr,dststr);
 return 0;
}
```

scopy.s 源程序：

```
        AREA    SCopy,CODE,READONLY
        EXPORT  strcopy              ;使用 EXPORT 伪操作声明本汇编程序
strcopy
        ;r0 指向目标地址,r1 指向源地址
        LDRB    r2,[r1],#1           ;从源地址加载字节数据并修改地址指针
        STRB    r2,[r0],#1           ;存储字节到目标地址并修改地址指针;
        CMP     r2,#0                ;遇到 0 则结束
        BNE     strcopy              ;否则继续复制
        MOV     pc,lr                ;程序返回
        END
```

习 题

1. 简述电路板设计基本流程。
2. 为什么要设置接口电路,接口电路有什么作用？
3. 嵌入式最小系统硬件的组成模块有哪些,各有什么作用？
4. 什么是 JTAG？它有哪些特点？
5. 使用 ADS 软件进行系统开发的步骤是什么？
6. 映像文件的入口有什么要求？
7. AXD 中有几种调试方法,各种方法有什么区别？

第 3 章

嵌入式系统的存储器

存储器是嵌入式系统中的重要组成部件,嵌入式系统中普遍使用 Flash ROM 和 RAM,前者主要用来存放断电后的信息(如系统程序、持久性数据等),后者为程序执行的场所。本章结合半导体存储器件的发展过程分别介绍 ROM、EPROM、Flash ROM 等器件的原理和基本结构,重点介绍国内用得比较多的两种 Nand Flash 芯片和 Nor Flash 芯片。最后,对常用的外部存储器如硬盘、光盘、U 盘等进行介绍。

3.1 存储系统概述

3.1.1 存储器的分类

存储器(Memory)是计算机的重要组成部件,用来存放由二进制数表示的程序和数据;有了它,计算机才能"记住"信息,并按程序的规定自动运行。

存储器是具有记忆功能的部件,是由大量的记忆单元(或称基本存储电路)组成的;而记忆单元是用一种具有两种稳定状态的物理器件来表示二进制数的 0 和 1,这种物理器件可以是磁芯、半导体器件等。位(bit)是二进制数最小的单位,一个记忆单元能存储二进制数的一位。

由于半导体存储器具有存取速度快、集成度高、体积小、功耗低、应用方便等优点,它已广泛地采用组成微型计算机的内存储器,其种类很多。

1. 按制造工艺分类

可以分为双极型和金属氧化物半导体型两类。

(1) 双极型

双极(Bipolar)型由 TTL(Transistor - Transistor Logic)晶体管逻辑电路构成。该类存储器件的工作速度快,与 CPU 处在同一量级,但集成度低、功耗高、价格偏高,在微机系统中常用作高速缓存器(Cache)。

(2) 金属氧化物半导体型

金属氧化物半导体(Metal - Oxide - Semiconductor)型简称 MOS 型。该类型有多种制作工艺,如 NMOS、HMOS、CMOS、CHMOS 等。可用来制作多种半导体存储器件,如静态

RAM、动态 RAM、EPROM 等。该类存储器的集成度高、功耗低、价格便宜,但速度较双极型器件慢。微机的内存主要由 MOS 型半导体构成。

2. 按存取方式分类

按照存取方式不同,半导体存储器可以分为易失性存储器 RAM(Ramdom Access Memory)和非易失性存储器 ROM(Read Only Memory)两大类。

(1) 易失性存储器 RAM

RAM 也称读/写存储器,即 CPU 在运行过程中能随时进行数据的读出和写入。RAM 中存放的信息在关闭电源时会全部丢失,所以 RAM 是易失性存储器,只能用来存放暂时性的输入/输出数据、中间运算结果和用户程序,也常用来与外存交换信息或用作堆栈。通常人们所说的微机内存容量就是指 RAM 存储器的容量。

按照 RAM 存储器存储信息电路原理的不同,RAM 可分为静态 RAM 和动态 RAM 两种。

静态 RAM(Static RAM)简称 SRAM,其特点是基本存储电路一般由 MOS 晶体管触发器组成,每个触发器可存放一位二进制的 0 或 1。只要不断电,所存信息就不会丢失。因此,SRAM 工作速度快、稳定可靠,不需要外加刷新电路,使用方便;但它的基本存储电路所需的晶体管多(最多的需要 6 个),因而集成度不易做得很高,功耗也较大。一般 SRAM 常用作微型系统的高速缓冲存储器(Cache)。

动态 RAM(Dynamic RAM)简称 DRAM,DRAM 的基本存储电路是以 MOS 晶体管的栅极和衬底间的电容来存储二进制信息的。由于电容总会存在泄漏现象,时间长了 DRAM 内存储的信息会自动消失。为维持 DRAM 所存信息不变,需要定时对 DRAM 进行刷新(Refresh),即对电容补充电荷。因此,集成度可以做得很高,成本低、功耗少,但它需外加刷新电路。DRAM 的工作速度比 SRAM 慢得多,一般微型机系统中的内存储器多采用 DRAM。

(2) 非易失性存储器 ROM

ROM 是非易失性存储器,断电后 ROM 中存储的信息仍保留不变。所以,微型系统中常用 ROM 存放固定的程序和数据,如监控程序、操作系统中的 BIOS(基本输入/输出系统)、BASIC 解释程序或用户需要固化的程序。

按照构成 ROM 的集成电路内部结构的不同,ROM 可分为以下几种:

掩膜 ROM——利用掩膜工艺制造,由存储器生产厂家根据用户要求进行编程,一经制作完成就不能更改其内容。因此,只适合于存储成熟的固定程序和数据,大批量生产时成本较低。

PROM——可编程 ROM(即 Programable ROM)。该存储器在出厂时器件中没有任何信息,是空白存储器,由用户根据需要利用特殊的方法写入程序和数据。但只能写入一次,写入后不能更改。它类似于掩膜 ROM,适合于小批量生产。

EPROM——可擦除可编程 ROM(即 Erasable PROM),如 Intel2732(4K×8)、2764(8K

×8)。该存储器允许用户按照规定的方法和设备进行多次编程,如果编程之后需要修改,可用紫外线灯制作的抹除器照射约 20 min 即可使存储器全部复原,用户可以再次写入新的内容。这对于工程研制和开发特别方便,应用得比较广泛。

EEPROM(E^2PROM)——电可擦除可编程 ROM(Electrically Erasable PROM)。E^2PROM 的特点是能以字节为单位进行擦除和改写,而不像 EPROM 那样整体地擦除;也不需要把芯片从用户系统中取下来用编程器编程,在用户系统中即可进行改写。随着技术的发展,E^2PROM 的擦写速度不断加快,容量也不断扩大,将可作为非易失性的 RAM 使用。

按在计算机系统中的作用不同,存储器又可分为主存储器、辅助存储器、远程二级存储器。综上所述,存储器的分类如图 3-1 所示。

其中,Flash Memory 又可分为 Nor Flash、NAND Flash,前者主要用来存放代码,后者主要用来存放数据。

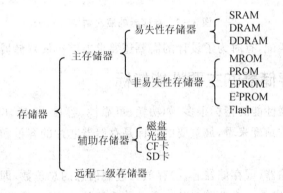

图 3-1 存储器分类

3.1.2 存储系统的层次结构

随着 CPU 速度的不断提高和软件规模的不断扩大,人们当然希望存储器能同时满足速度快、容量大、价格低的要求。但实际上这一点很难办到,解决这一问题的较好方法是设计一个快慢搭配、具有层次结构的存储系统。图 3-2 显示了新型微机系统中的存储器组织。它呈金字塔形结构,越往上存储器件的速度越快,CPU 的访问频度越高;同时,每位存储容量的价格也越高,系统的拥有量也越小。图中可以看到,CPU 中的寄存器位于该塔的顶端,它有最快的存取速度,但数量极为有限;向下依次是 CPU 内的 Cache(高速缓冲存储器)、片外 Cache、主存储器、外部辅助存储器和远程二级存储器;位于塔底的存储设备,容量最大,每位存储容量的价格最低,但速度可能也是较慢或最慢的。

嵌入式系统属于专用的系统,受体积、功耗和成本等各方面因素的影响,因此,它的存储器与通用系统的存储器有所不同。嵌入式存储器一般采用存储密度较大的存储芯片,存储容量

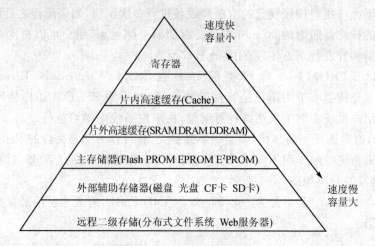

图 3-2 存储器的层次结构

与应用的软件大小相匹配,有时为了设计的需要还要求能够扩展存储器系统。

3.1.3 半导体存储器的主要性能指标

衡量半导体存储器性能的指标很多,如功耗、可靠性、容量、价格、电源种类、存取速度等,但从功能和接口电路的角度来看,最重要的指标是存储器芯片的容量和存取速度。

(1) 存储容量

存储容量是指存储器(或存储器芯片)存放二进制信息的总位数,即

$$存储容量=存储单元数×每个单元的位数(或数据线位数)$$

存储容量常以字节或字为单位,微型机中均以字节 B(Byte)为单位,如存储容量为 64 KB、512 KB、1 MB 等。外存中为了表示更大的容量,用 MB、GB、TB 为单位,其中 1 KB=2^{10} B,1 MB=1 024 KB=2^{20} B,1 GB=1 024 MB=2^{30} B,1 TB=1 024 GB=2^{40} B。由于一个字节定义为 8 位二进制信息,所以,计算机中一个字的长度通常是 8 的倍数。存储容量这一概念反映了存储空间的大小。

(2) 存取时间

存取时间是反映存储器工作速度的一个重要指标。它是指从 CPU 给出有效的存储器地址启动一次存储器读/写操作到该操作完成所经历的时间,称为存取时间。具体来说,对一次读操作的存取时间就是读出时间,即从地址有效到数据输出有效之间的时间,通常在 10~10^2 ns 之间。而对一次写操作,存取时间就是写入时间。

(3) 存取周期

指连续启动两次独立的存储器读/写操作所需的最小间隔时间。对于读操作,就是读周期时间;对于写操作,就是写周期时间。通常,存取周期应大于存取时间,因为存储器在读出数据

之后还要用一定的时间来完成内部操作,这一时间称为恢复时间。读出时间加上恢复时间才是读周期。由此可见,存取时间和存取周期是两个不同的概念。

(4) 可靠性

可靠性指存储器对环境温度与电磁场等变化的抗干扰能力。

(5) 其他指标

其他技术指标还有功耗、体积、重量、价格等,其中,功耗含维持功耗和操作功耗。

3.1.4 嵌入式系统存储设备

典型的嵌入式存储器系统是由 ROM、RAM、Flash 等组成。图 3-3 是嵌入式系统的存储器空间分配示意图。

一般情况下,基于 ARM 的嵌入式系统中用到的各种存储器芯片和存放的数据如下:

DRAM 芯片:动态随机访问存储器是设备中最常用的 RAM。和其他 RAM 相比,它每兆字节的价格最低。不过 DRAM 需要动态地刷新,因此在使用 DRAM 前要先设置好 DRAM 控制器。

SRAM 芯片:静态随机访问存储器比传统的 DRAM 要快,但它需要更大的硅片面积。SRAM 是静态的,所以不需要刷新,其存取时间比 DRAM 要短得多。但是价格高,因此通常用于容量小、速度快的情况,如高速存储器和 Cache。

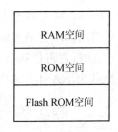

图 3-3 嵌入式系统存储空间分配

SDRAM 芯片:同步动态随机访问存储器是众多的 DRAM 中的一种,能够工作在比普通存储器更高的时钟频率下。因为 SDRAM 使用时钟,所以它和处理器总线是同步的。数据从存储器中被流水化地取出,最后突发(Burst)地传输到总线,因而传输效率高。

ROM 芯片:因为它里面的数据是在生产时就固定的,不可再次编程来改变,故而 ROM 常应用于不需要更新和修改内容的大宗产品,也有许多设备使用 ROM 来存放启动代码。

Flash 芯片:既可以读又可以写,但是它的速度较慢,因此不适合存放动态数据。它主要用于存放断电后需要长期保存的数据,对 Flash 的擦除和改写是完全由软件实现的,不需要任何额外硬件电路,这样降低了制造成本。Flash 芯片已经成为当前最流行的只读存储器,可用于满足对存储器的大容量需求或用于构建辅助存储器。

3.2 随机存储器 RAM

3.2.1 概 述

随机存储器 RAM 可以随机读和写,常见 RAM 的种类有 SRAM(Static RAM,静态随机存储器)、DRAM(Dynamic RAM,动态随机存储器)、SDRAM(Synchronous DRAM,同步动态随机存储器)、DDRAM(Double Data Rate SDRAM,双倍速率随机存储器)。

SRAM 采用了与制作 CPU 相同的半导体工艺,因此比 DRAM 存取速度快,但制造成本高。二者主要的区别是存储于其中的数据的寿命。SRAM 中的数据只要不断电就会永久保持其中,不需要刷新。而 DRAM 中的数据只有极短的寿命,通常不超过 0.25 s,即使在连续供电的情况下也是如此,因此使用 DRAM 时需要配合 DRAM 控制器不断地刷新以维持其中的数据。但是 DRAM 工作时耗电比 SRAM 少,而且存储密度要大于 SRAM,容量越大 DRAM 的综合成本就越低。

SDRAM 是一种改善了结构的增强型 DRAM,使用 SDRAM 不但能提高系统性能,还能简化设计、提供高速的数据传输,因此经常用作嵌入式系统中的内存。

DDRAM 是基于 SDRAM 的一种新技术,是 SDRAM 的下一代产品,在本质上和 SRAM 完全相同。两者最大的区别在于 DDRAM 采用的新内存模块的时钟频率与普通 SRAM 的速度一样时,它可以通过在同一时钟周期的上升沿和下降沿中都传送数据,使得 DDRAM 内存比普通 SDRAM 的带宽提升了一倍,也就是说,在同样的时间内传送的数据量增加了一倍。

3.2.2 静态随机存储器 SRAM

1. SRAM 的基本存储电路

静态存储电路是由两个增强型的 NMOS 反相器交叉耦合而成的触发器,如图 3-4 所示。其中,T1、T2 为工作管,T3、T4 为负载管,T5、T6 为控制管,T7、T8 也为控制管,它们为同一列线上的存储单元共用。这个电路具有两个不同的稳定状态:若 T1 截止,则 A="1"(高电平),它使 T2 饱和导通,于是 B="0"(低电平),而 B="0"又保证了 T1 截止。所以,这种状态是稳定的。同样,T1 导通,T2 截止的状态也是相互保证而稳定的。因此,可以用这两种不同状态分别表示"1"或"0"。

该基本存储电路的工作过程如下:

① 当该存储电路选中时,X 地址译码线为高电平,门控管 T5、T6 导通,Y 地址译码线也为高电平,门控管 T7、T8 导通,触发器与 I/O 线(位线)接通,即 A 点与 I/O 线接通,B 点与 $\overline{I/O}$ 接通。

② 写入时,写入数据信号从 I/O 线和 $\overline{I/O}$ 线进入。若要写入"1",则使 I/O 线为 1(高电平),$\overline{I/O}$ 为 0(即低电平),它们通过 T5、T6、T7、T8 管与 A、B 点相连,即 A=1、B=0,从而使 T1 截止,T2 导通。而当写入信号和地址译码信号消失后,该状态仍能保持。若要写入"0",则使 I/O 线为 0,$\overline{I/O}$ 为高,这时 T1 导通,T2 截止,只要不断电,这个状态也会一直保持下去,除非重新写入一个新的数据。

③ 对写入内容进行读出时,需要先通过地址译码使字选择线为高电平,于是 T5、T6、T7、

T8导通,A点的状态被送到I/O线上,B点的状态被送到$\overline{I/O}$线上,这样,就读取了原来存储器的信息。读出以后,原来存储器内容不变,所以,这种读出是一种非破坏性读出。

由于SRAM的基本存储电路中所含晶体管较多,故集成度较低。而且由T1、T2管组成的双稳态触发器总有一个管子处于导通状态,所以会持续地消耗电能,从而使SRAM的功耗较大,这是SRAM的两个缺点。静态RAM的主要优点是工作稳定,不需要外加刷新电路,从而简化了外电路设计。

2. SRAM的接口

将上述基本单元电路按矩阵的形式集成在芯片中便构成了SRAM芯片,这样的SRAM没有刷新周期,集成度低,成本高,但是具有较高的速率,常常用于高速缓冲存储器。SRAM芯片的结构示意图如图3-5所示,SRAM通常有如下4种引脚:

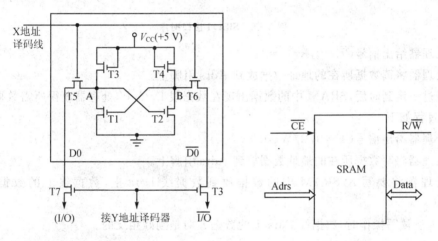

图3-4　6管静态存储单元　　　　　图3-5　SRAM接口

① $\overline{CE}$引脚:称为片选信号,上面加一横线表示工作在低电平,即$\overline{CE}$上为0,即低电平时,芯片使能。否则,当CE上的信号为1,即高电平时,SRAM的Data引脚呈高阻状态。

② $R/\overline{W}$引脚:表示读/写控制,该引脚上的信号为1时,则表示CPU可以从SRAM中读出数据;该引脚上的信号为0时,则表示CPU可以将数据写入SRAM。有些芯片的读/写信号是分开的,分别用RD和RW两个引脚来控制。

③ Adrs引脚:表示一组地址线,用于给出读或写的地址,一般是一种输入信号。

④ Data引脚:表示数据传输的一组双向信号线,读操作时,该组引脚上的信号是输出方向;写操作时,该组引脚上的信号是输入方向。

此外,对于同步SRAM,还有一个时钟输入引脚。

3. SRAM的时序

SRAM的操作主要有两种:读操作和写操作,其时序如图3-6所示,读操作过程如下:

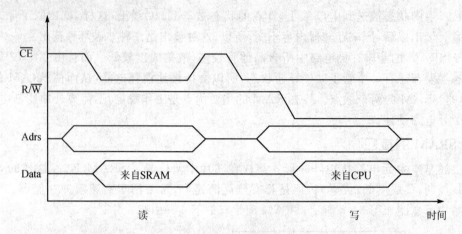

图 3-6　SRAM 接口时序

① 处理器给出信号 $\overline{CE}=0$，$R/\overline{W}=1$。
② 处理器将读数据所在的地址数据放到 Adrs 引脚上。
③ 经过一定延时后，SRAM 中的数据出现在数据线 Data 上，处理器获得所需数据。

写的过程如下：
① 处理器给出信号 $\overline{CE}=0$，$R/\overline{W}=0$。
② 处理器将写数据所在的地址数据放到 Adrs 引脚上。
③ 处理器将要写入 SRAM 中的数据放到数据线 Data 上，数据线上的数据被写入 SRAM。

注意上述读写操作时，数据线 Data 上的数据方向是刚好相反的。

4. SRAM 和 CPU 的连接

由于单片存储器的容量总是有限的，因此必须使用容量扩展的方法将若干个芯片连在一起才能组成足够容量的存储器，常用的扩展方法有位扩展、字扩展、字位扩展。此外，存储器与 CPU 连接时还考虑 CPU 总线的负载能力、CPU 时序与存储器芯片存取速度的配合问题、存储器的地址分配和片选问题。通常，CPU 通过地址总线、数据总线及控制总线实现与存储器的连接，其连接的逻辑结构如图 3-7 所示。

(1) 芯片地址线的连接

存储芯片容量不同，其地址线也不同，而 CPU 的地址线数往往比存储芯片的地址线数要多，通常存储芯片的地址线与 CPU 的低位地址总线相连。寻址时，这部分地址的译码是在存储芯片内部完成的，称为片内译码。设某存储器有 N 条地址线，该芯片被选中时，其地址线得到 N 位地址信号，经芯片内部进行 $N \rightarrow 2^N$ 的译码，译码后的地址范围是：$000\cdots000$（N 位全为 0）~$111\cdots111$（N 位全为 1）。

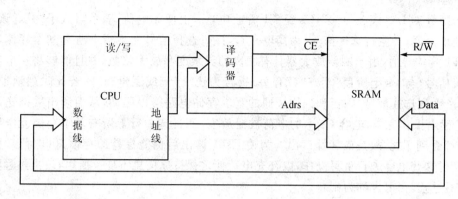

图 3-7 SRAM 和 CPU 连接

CPU 地址线的高位或作存储芯片扩充时用,或作其他用法,如作片选信号等。通过地址译码实现片选的方法有 3 种:线选法、全译码法和部分译码法。

(2) 数据信号的连接

同样,CPU 的数据线数与存储芯片的数据线数也不一定相等。此时,必须对存储芯片扩位,使其数据位数与 CPU 的数据线数相等。

(3) 控制信号的连接

CPU 与存储器连接的控制信号主要有读/写控制等,这些信号一般和 CPU 上的读/写控制端直接相连。

3.2.3 动态随机存储器 DRAM

1. 基本存储电路

在 6 管静态存储电路中,信息是暂存在 T1 和 T2 的栅极,负载管 T3、T4 是为了给 T1、T2 补充电荷而设置的。由于 MOS 管的栅极电阻很高,故泄漏电流很小,在一定的时间内这些信息电荷可以维持。为了提高集成度,可取消负载管 T3、T4 形成 4 管动态存储电路。为进一步提高集成度,又出现了 3 管和单管动态存储电路。

图 3-8 为单管动态 RAM 的基本存储电路,由 MOS 晶体管和一个电容 Cs 组成。

其工作过程如下:写入时,行、列选择线信号为"1"。行选管 T1 导通,该存储单元被选中,若写入"1",则经数据 I/O 线送来的写入信号为高电平,经刷新放大器和 T2 管(列选管)向 Cs 充电,Cs 上有电荷,表示写入了"1";若

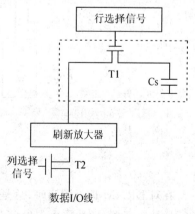

图 3-8 动态 RAM 基本电路

写入"0",则数据 I/O 线上为"0",Cs 经 T1 管放电,Cs 上便无电荷,表示写入了"0"。读出时,先对行地址译码,产生行选择信号(为高电平)。该行选择信号使本行上所有基本存储单元电路中的 T1 管均导通,由于刷新放大器具有很高的灵敏度和放大倍数,并且能够将从电容上读取的电流信号(与 Cs 上所存"0"或"1"有关)折合为逻辑"0"或逻辑"1"。若此时列地址(较高位地址)产生列选择信号,则行和列均选通的基本存储电路得以驱动,从而读出数据送入数据 I/O 线。读出操作完毕,电容 Cs 上的电荷被泄放完,而且选中行上所有基本存储元电路中的电容 Cs 都受到干扰,故是破坏性读出。为使 Cs 上读出后仍能保持原存信息(电荷),则刷新放大器又对这些电容进行重写操作,以补充电荷使之保持原信息不变。所以,读出过程实际上是读、回写过程,回写也称为刷新。

这种单管动态存储元电路的优点是结构简单、集成度较高且功耗小。缺点是列线对地间的寄生电容大,噪声干扰也大。因此,要求 Cs 值做得比较大,刷新放大器应有较高的灵敏度和放大倍数。

2. 基本结构

(1) 内部逻辑结构

动态 RAM 与静态 RAM 一样,都是由许多基本存储元电路按行、列排列组成二维存储矩阵。DRAM 存储体的二维矩阵结构也使得 DRAM 的地址线总是分成行地址线和列地址线两部分,芯片内部设置有行、列地址锁存器,其内部逻辑结构如图 3-9 所示。

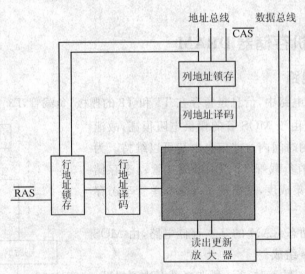

图 3-9 动态 RAM 内部结构

在对 DRAM 进行访问时,总是先由行地址选通信号 RAS(CPU 产生)把行地址打入内置的行地址锁存器,随后再由列地址选通信号 CAS 把列地址打入内置的列地址锁存器,再由读/

写控制信号控制数据读出/写入。所以访问 DRAM 时,访问地址需要分两次打入,这也是 DRAM 芯片的特点之一。行、列地址线的分时工作,可以使 DRAM 芯片的对外地址线引脚大大减少,仅需与行地址线相同即可。

(2) 外部接口

DRAM 的接口更加复杂,因为 DRAM 被设计成所需的引脚最少。基本 DRAM 接口如图 3-10 所示。除了 SRAM 中的信号以外,DRAM 还有行地址选择(RAS)和列地址选择(CAS)。需要这些地址线是因为地址线只提供地址的一半。即当 RAS=0 时,地址的行部分(地址的高位部分)置于地址线;当 CAS=0 时,地址的列部分(地址的低位部分)置于地址线。DRAM 通常有以下引脚:

① $\overline{CE}$ 引脚:称为片选信号,低电平时,芯片使能。否则,当 $\overline{CE}$ 上的信号为 1,即高电平时,SRAM 的 Data 引脚呈高阻状态。

② R/$\overline{W}$ 引脚:表示读/写控制,该引脚上的信号为 1 时,表示 CPU 可以从 SRAM 中读出数据;该引脚上的信号为 0 时,则表示 CPU 可以将数据写入 DRAM。有些芯片的读/写信号是分开的,分别用 RD 和 RW 两个引脚来控制。

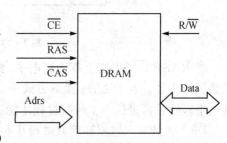

图 3-10 动态 RAM 接口

③ $\overline{RAS}$ 引脚:表示行地址选通信号,通常接 DRAM 芯片的地址高位部分。

④ $\overline{CAS}$ 引脚:表示列地址选通信号,通常接 DRAM 芯片的地址低位部分。

⑤ Adrs 引脚:表示一组地址线,用于给出读或写的地址,一般是一种输入信号。

⑥ Data 引脚:表示数据传输的一组双向信号线,读操作时,该组引脚上的信号是输出方向;写操作时,该组引脚上的信号是输入方向。

3. DRAM 的时序

DRAM 的操作主要有两种:读操作和写操作,其读操作过程如图 3-11 所示。

① 处理器给出信号 $\overline{CE}$=0,R/$\overline{W}$=1,表示读数据。

② 处理器通过地址总线 Adrs 将行地址传送到 DRAM 的地址引脚。

③ $\overline{RAS}$ 引脚激活,即 $\overline{RAS}$=0,这样,行地址就传送到行地址锁存器中。

④ 行地址译码器根据接收到的数据选择相应的行。

⑤ 处理器通过地址总线 Adrs 将列地址传送到 DRAM 的地址引脚。

⑥ $\overline{CAS}$ 引脚激活,即 $\overline{CAS}$=0,这样,列地址就传送到列地址锁存器中。

⑦ 列地址译码器根据接收到的数据选择相应的列。

⑧ $\overline{CAS}$ 同样还具有 OE 功能,此时,数据引脚上的数据可以向外输出数据。

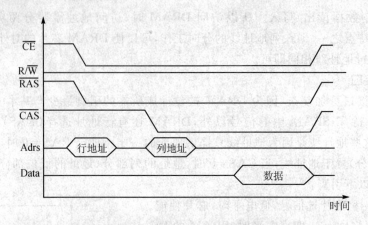

图 3-11　动态 RAM 接口时序

⑨ $\overline{RAS}$ 和 $\overline{CAS}$ 引脚上都为高电平，表示这个周期的数据操作结束，可以进入下一个周期的数据操作了。在 DRAM 读取方式中，当一个读取周期结束后，$\overline{RAS}$ 和 $\overline{CAS}$ 都必须失效（为高电平），然后再进行一个回写过程才能进入到下一次读取周期。

DRAM 的写入过程和读取过程基本一致，这里不再详述了。

4. DRAM 的新技术

由于 DRAM 的刷新操作和 CPU 的访问可能冲突，因此在刷新期间 DRAM 控制器向 CPU 发出 DRAM 忙（通常是 Ready 信号无效）信号，CPU 插入等待周期，这样，降低了系统的性能。为了提高系统的数据吞吐能力，人们采用了多种技术提高 DRAM 的系统性能。

(1) 页模式

计算机访问存储器是具有局部性的，因此，早期为提高 DRAM 性能开发的一种方法就是页模式。页模式访问一次仅提供一个行地址而提供许多列地址。当 $\overline{CAS}$ 被检测到列地址到来时，$\overline{RAS}=0$。页模式一般支持读、写。

(2) EDO

页模式的一个改进版本是 EDO（扩展的数据输出）。EDO 的读/写时序与页模式类似，它们都允许一个行地址后有多个列地址。在 EDO 方式中，数据保持有效直到 CAS 的下降沿，而不是页模式中的上升沿。

(3) 同步 DRAM

改进 DRAM 性能的另一个方式是引入时钟，这样内部电路可以工作得更快。

3.2.4　同步动态随机存储器 SDRAM

SDRAM 是英文 SynchronousDRAM 的缩写，译成中文就是同步动态存储器。SDRAM 是在现有的标准动态存储器中加入同步控制逻辑，利用一个单一的系统时钟同步所有的地址数据和控制信号。使用 SDRAM 不但能提高系统性能,还能简化设计、提供高速的数据传输。在功能上,它类似常规的 DRAM 且也需时钟进行刷新。可以说,SDRAM 是一种改善了结构的增强型 DRAM。

3.2.5 双倍速率随机存储器 DDRAM

随着嵌入式系统处理器主频的提高,SDRAM 的速度也逐渐成了限制系统性能的瓶颈。SDRAM 通常只能工作在 133 MHz 主频,而现在许多 32 位处理器的主频已经到了 200 MHz 以上。因此,采用新一代内存是嵌入式系统必然的趋势,DDRAM 就是在这种需求下出现的。DDRAM 是 Double Data Rate Synchronous Dynamic Random Access Memory(双数据率同步动态随机存储器)的简称(以下简称 DDR),是 SDRAM 的更新换代产品,采用 2.5 V 工作电压,允许在时钟脉冲的上升沿和下降沿传输数据,这样不需要提高时钟的频率就能加倍提高 SDRAM 的速度,并具有比 SDRAM 多一倍的传输速率和内存带宽。例如,DDR 266 与 PC 133 SDRAM 相比,工作频率同样是 133 MHz,但内存带宽达到了 2.12 Gbps,比 PC 133 SDRAM 高一倍。目前,主流的芯片组都支持 DDRAM,是目前最常用的内存类型。

3.2.6 存储器接口

1. 存储器控制器的功能

在基于 ARM 核的嵌入式应用系统中可能包含多种类型的存储器件,如 Flash、ROM、SRAM 和 SDRAM 等;而且不同类型的存储器件要求不同的速度、数据宽度等。为了对这些不同速度、类型、总线宽度的存储器进行管理,存储器管理控制器是必不可少的。在基于 S3C2410 的嵌入式系统开发中,也是通过存储控制器为片外存储器访问提供必要的控制信号管理片外存储部件的,存储控制器用来产生控制 SDRAM 的各种时序,完成 SDRAM 的读、写、刷新,同时控制存储缓冲器的读、写操作。

S3C2410 芯片存储控制器有如下特点:
- 大/小端模式选择,可通过软件设置。
- 支持寻址 1 GB,分成 8 个存储块,每块 128 MB。8 个存储块中,6 个用于 SRAM 或 ROM,另 2 个用于 SDRAM、SRAM、ROM。8 个存储器中 7 个存储块有固定起始地址,1 个存储块起始地址可变。
- 支持异步定时,可用 nWAIT 信号来扩展外部存储器的读/写周期。
- 在 SDRAM 中支持自主刷新和省电模式。

2. 存储器空间划分

S3C2410 存储空间如图 3-12 所示,其中,SROM 表示 ROM 或 SRAM 型内存,SFR 表示特殊功能寄存器。ARM 可以配置为从外部 SDRAM 启动的外启动方式,或者从片上 ROM

启动的内启动方式。

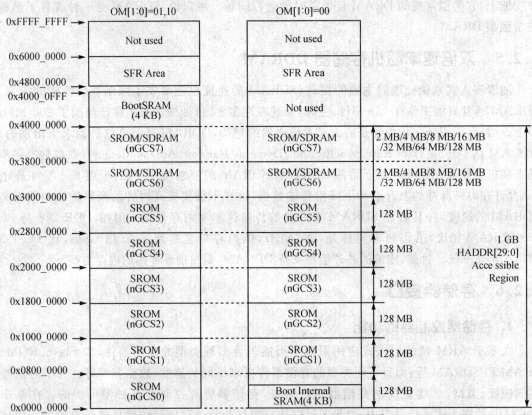

图 3-12　S3C2410 存储空间

0 号存储块可外接 SRAM 类型的存储器或者具有 SRAM 接口特性的 SROM 存储器(如 NorFlash),其数据总线的宽度可以设定为 16 位或 32 位中的一种。当 0 号存储块作为 ROM 区完成引导装入工作时(从 0x00000000 启动),0 号存储块应在第一次访问 ROM 前根据 OM1、OM0 在复位时的组合逻辑来确定。具体来说,OM1：OM0 为 00 时,表示从 NAND Flash 启动;其他组合表示不用 NAND Flash 启动,01 时数据宽度为 16 位,10 时表示数据宽度为 32 位,11 时表示测试模式。

1～5 号存储块也可以外接 SRAM 类型的存储器或者具有 SRAM 接口特性的 ROM 存储器,其数据总线宽度应设定为 8 位、16 位、32 位。6 号和 7 号存储块可以外接 SDRAM 类型的存储器,它们的块容量可改变,而且起始地址也可以改变。不过二者的存储块容量应该相同。

3. 存储器控制器的特殊寄存器

(1) 总线宽度和等待控制寄存器

总线宽度和等待控制寄存器(BWSCON)主要用于设定各存储块的数据宽度,以及是否使能 nWAIT。其地址为 0x48000000,复位时的初始值为 0x00000000。

(2) 存储块控制器(BANKCON0~BANKCON7)

每个存储块对应一个控制寄存器,BANKCON0~BANKCON5 分别对应 0 号存储块~5 号存储块,其地址分别是 0x48000004、0x48000008、0x4800000c、0x48000010、0x48000014、0x48000018。复位后的初始状态为 0x0700,BANKCON6~BANKCON7 分别对应 6 号存储块~7 号存储块,其地址分别是 0x4800001c、0x48000020,复位后的初始状态为 0x18008。

(3) 刷新控制寄存器

SDRAM 类型的存储器需要使用刷新控制寄存器(REFRESH),它的设置决定了 DRAM/SDRAM 刷新是否允许、刷新模式、RAS 预充电时间、RAS 和 CAS 最短时间、CAS 保持时间以及刷新计数值。其地址为 0x48000024,复位后的初始状态为 0xac0000。

(4) 存储块大小控制寄存器(BANKSIZE)

它的设置主要是决定 Bank6/7 的存储区大小。其地址为 0x48000028,复位后的初始状态为 0x02。

4. 接口电路

SDRAM 类型很多,其中,HY57V561620 系列是一种 4M×16bit×4bank 的 SDRAM。HY57V561620 芯片和 S3C2410 芯片的连接电路如图 3-13 所示。

该存储块由 2 片 HY57V561620 芯片通过位扩展的方式与 S3C2410 芯片相连,一片与 S3C2410 的低 16 位数据线相连,另一片与 S3C2410 的高 16 位数据线相连;地址引脚(A0~A12)及片选信号引脚(nCS)相互连接在一起,并与 S3C2410 芯片的相关引脚相连。其他引脚,如 nWE、nRAS、nCAS,也分别与 S3C2410 芯片对应的引脚相连。

3.2.7 存储器接口编程

结合图 3-13 的电路,下面给出了存储器的两个编程实例,包括存储器控制器的配置和存储器的读/写。通过这两个简单的例子,可使读者对存储器的应用编程有一定的了解。

1. 存储控制寄存器配置

配置 13 个存储控制寄存器的代码如下所示:

```
ldr     R0, = SMRDATA
ldmia   R0,{R1 - R13}
ldr     R0, = 0x48000000          ;BWSCON Address
stmia   R0,{R1 - R13}
```

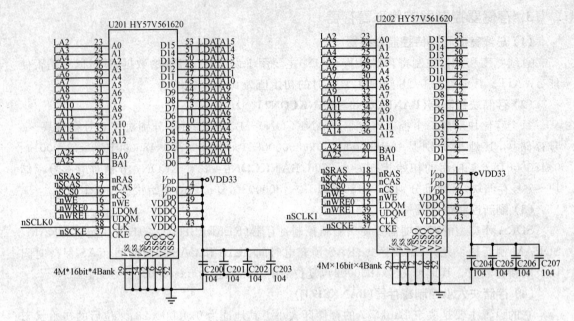

图 3-13 SDRAM 接口电路

```
SMRDATA:
        .long   0x22111110      ;BWSCON
        .long   0x00000700      ;GCS0
        .long   0x00000700      ;GCS1
        .long   0x00000700      ;GCS2
        .long   0x00000700      ;GCS3
        .long   0x00000700      ;GCS4
        .long   0x00000700      ;GCS5
        .long   0x00018005      ;GCS6,SDRAM(Trcd = 3,
                                ;Tacc = 1,SCAN = 9bits)
        .long   0x00018005      ;GCS7,SDRAM
        .long   0x008E0459      ;Refresh(REFEN = 1,TREFMD = 0,Trp = 2,
                                ;Tsrc = 7)
        .long   0x000000B2      ;Bank Size,128 MB/128MB
        .long   0x0000030       ;MRSR 6(CL = 3)
        .long   0x0000030       ;MRSR 7(CL = 3)
```

观察上面寄存器介绍中的寄存器地址可发现，13 个寄存器分布在从 0x48000000 开始的连续地址空间。所以，上面的程序先将各个寄存器需要配置的值从起始地址为 SMRDATA 的区域取出来，然后利用指令"stmia R0,{R1－ R13}"实现将配置好的寄存器的值依次写入到相应的寄存器中,这就完成了寄存器 13 个控制寄存器的配置。

2. 存储器的读/写

存储器的读/写代码可用汇编语言来编写,也可用 C 语言来编写,如下所示:

(1) 汇编语言实现的读/写代码

```
/ * * * * * * * * * * * * * * * * * * * * * * * * * * * * * * * * * * * * * * * * * * * * * * *
*    名称:cRWramtest
*    功能:使用汇编语言读/写已初始化的 RAM 区,即向一个存储器地址写一个字、半字、字节或者从一
         个存储器地址处读取一个字、半字、字节,分别用相应的 LDR 和 STR 指令
* * * * * * * * * * * * * * * * * * * * * * * * * * * * * * * * * * * * * * * * * * * * * * * * /
s Rwramtest:
    LDR     R2, = 0x0C010000
    LDR     R3, = 0x55AA55AA
    STR     R3,[R2]          /* 将一个字 0x55AA55AA 写入地址 0x0C010000 处 */
    LDR     R3,[R2]          /* 从地址 0x0C010000 处读取一个字 */
    LDR     R2, = 0x0C010000
    LDRH    R3,[R2]          /* 从地址 0x0C010000 处读取一个半字 */
    STRH    R3,[R2],#2       /* 地址加 2 后,半字 */
    LDR     R2, = 0x0C010000
    LDRB    R3,[R2]          /* 从地址 0x0C010000 处读取一个字节 */
    STRB    R3,[R2],#1       /* 地址加 1 后,向该地址写入一个字节 */
```

(2) C 语言实现的读/写代码

```
/ * * * * * * * * * * * * * * * * * * * * * * * * * * * * * * * * * * * * * * * * * * * * * * *
*    名称:cRWramtest
*    功能:使用高级语言 C 读/写 RAM 区,即向已定义的指针变量赋值或将指针变量值赋给其他变量。
         这需要提前定义指针变量并赋值,并且也要定义相应的普通变量
* * * * * * * * * * * * * * * * * * * * * * * * * * * * * * * * * * * * * * * * * * * * * * * * /
# define Rwram    ( *(unsigned long *)0x0C010200 )
void    cRWramtest(void)
{
unsigned  long   * ptr = 0x0C010200;      ;/* 定义一个长指针并赋初值 */
unsigned  short  * ptrh = 0x0C010200;     ;/* 定义一个短指针并赋初值 */
unsigned  char   * ptrb = 0x0C010200;     ;/* 定义一个字符指针并赋初值 */
unsigned  char   tmpb;                     /* 定义一个字符变量 */
unsigned  short  tmph;                     /* 定义一个短整型变量 */
unsigned  long   tmpw;                     /* 定义一个长整型变量 */
* ptr = 0xAA55AA55;
tmpw = * ptr;                              /* 字长读 */
* ptr = tmpw + 1;                          /* 字长写 */
```

```
tmph = * ptrh ;                              /*半字*/
* ptrh = tmph+1 ;                            /*半字*/
tmpb = * ptrb ;                              /*字节*/
* ptrb = tmpb+1 ;                            /*字节*/
}
```

3.3 只读存储器 ROM

ROM 主要由地址译码器、存储矩阵、控制逻辑和输出电路 4 部分组成(如图 3-14 所示);与 RAM 不同之处是 ROM 在断电后信息不丢失。ROM 可分为掩膜 ROM、可编程 ROM、EPROM、E²PROM、Flash 等。

3.3.1 掩膜 ROM

掩膜 ROM 是指生产厂家根据用户需要在 ROM 的制作阶段,通过掩膜工序将信息写到芯片里,适合于批量生产和使用。例如,国家标准的一、二级汉字字模(汉字字形信息)就可以做到一个掩膜的 ROM 芯片中,这类 ROM 可由二极管、双极型晶体管和 MOS 电路组成,其工作原理是类似的。

图 3-15 为二极管构成的 4×4 位的存储矩阵,地址译码采用单译码方式,将所选定的某字线置成低电平,从而选择读取的字。位于矩阵交叉点并与位线和被选字线相连的二极管导通,使该位线上输出电位为低电平,结果输出为"0"。如果矩阵交叉点上没有二极管(或二极管断路),就没有电流经二极管流过偏流电阻 R,该位线上将输出为"1"。

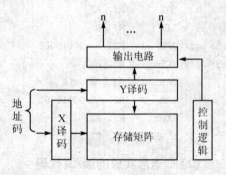

图 3-14 ROM 的基本结构

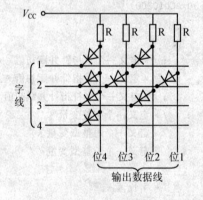

字	位			
	4	3	2	1
1	0	1	0	1
2	0	0	1	0
3	0	1	0	1
4	0	1	1	1

图 3-15 二极管矩阵结构

3.3.2 可编程 ROM

可编程 ROM(PROM)是一种允许用户编程一次的 ROM,其存储单元通常用二极管或三极管实现。图 3-16 是存储单元的双极型三极管的发射极串接了一个可熔金属丝,因此这种 PROM 也称为熔丝式 PROM。

出厂时,所有存储单元的熔丝都是完好的。编程时,通过字线选中某个晶体管。若准备写入 1,则向位线送高电平,此时管子截止,熔丝将被保留;若准备写入 0,则向位线送低电平,此时管子导通,控制电流使熔丝烧断。

图 3-16 EPROM 原理图

所有的存储单元出厂时均存放信息 1,一旦写入 0 即将熔丝烧断,不可能再恢复,故只能进行一次编程。

3.3.3 可擦除可编程 ROM

在实际工作中,一个新设计的程序往往需要经历调试、修改过程,如果将这个程序写在 ROM 和 PROM 中,就很不方便了。可擦除可编程 ROM(EPROM)是一种可以多次进行擦除和重写的 ROM。

在 EPROM 中,信息的存储是通过电荷分布来决定的,所以编程过程就是一个电荷聚集过程。编程结束后,尽管撤除了电源,但由于绝缘层的包围,聚集的电荷无法泄漏,因此电荷分布维持不变。

EPROM 具有可修改性,在它的正面有一个石英玻璃窗口,当用紫外线光源通过窗口对它照射 15~20 min(视具体型号而异)后,其内部电荷分布破坏,聚集在各基本存储电路中的电荷形成光电流泄走,电路恢复为初始状态,片内所有位变为全 1,从而擦除了写入的信息。经擦除后的 EPROM 芯片可在 EPROM 编程器上写入新的内容,即重新编程。

需要注意的是,EPROM 经编程后正常使用时,应在其照射窗口贴上不透光的胶纸作为保护层,以避免存储电路中的电荷在阳光或正常水平荧光灯照射下的缓慢泄露。

1. 基本存储电路和工作原理

EPROM 的基本存储电路如图 3-17(a)所示,关键部件是 FAMOS 场效应管。FAMOS (Floationg grid Avalanche injection MOS)的意思是浮置栅雪崩注入型 MOS。图 3-17(b)是 FAMOS 管(简称浮置栅场效应管)的结构。

FAMOS 是在 N 型的基底上做出 2 个高浓度的 P 型区,从中引出场效应管的源极 S 和漏极 D;其栅极 G 则由多晶硅构成,悬浮在 SiO_2 绝缘层中,故称为浮置栅。出厂时所有 FAMOS 管的栅极上没有电子电荷,源、漏两极间无导电沟道形成,管子不导通,此时它存放信息 1;如果设法向浮置栅注入电子电荷,则会在源、漏两极间感应出 P 沟道使管子导通,此时它存放信息 0。由于浮置栅悬浮在绝缘层中,所以一旦带电,电子很难泄漏,使信息得以长期保存。

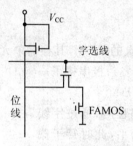 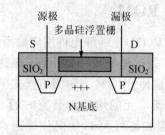

(a) EPROM的基本存储结构　　(b) 浮置栅雪崩注入型场效应管结构

图 3-17　可编程 ROM

2. 编程和擦除过程

EPROM 的编程过程实际上就是对某些单元写入 0 的过程,也就是向有关的 FAMOS 管的浮置栅注入电子的过程。采用的办法是:在管子的漏极加一个高电压,使漏区附近的 PN 结雪崩击穿,在短时间内形成一个大电流,一部分热电子获得能量后穿过绝缘层注入浮置栅。由于该过程的时间被严格控制(几十毫秒),所以不会损坏管子。

擦除的原理与编程相反,通过向浮管置栅上的电子注入能量使得它们逃逸。擦除时,一般采用波长 2357A 的 15 W 紫外灯管对准芯片窗口,在近距离内连续照射 15~20 min,即可将芯片内的信息全部擦除。

3. 典型的 EPROM 芯片

常用的典型 EPROM 芯片有:2716(2K×8)、2732(4K×8)、2764(8K×8)、27128(16K×8)、27256(32K×8)、27512(64K×8)等。这些芯片多采用 NMOS 工艺,但如果采用 CMOS 工艺,其功耗要比前者小得多,这样的芯片常在其名称中加有一个 C,如 27C64。

3.3.4　电可擦除可编程 ROM

电可擦除可编程 ROM(E^2PROM)是一种在线(即不用拔下来)可编程只读存储器,能像 RAM 那样随机地进行改写,又能像 ROM 那样在掉电的情况下使保存的信息不丢失,即 E^2PROM 兼有 RAM 和 ROM 的双重功能特点。

一个 E^2PROM 管子的结构示意图如图 3-18 所示。它的工作原理与 EPROM 类似,当浮空栅上没有电荷时,管子的漏极和源极之间不导电,若设法使浮空栅带上电荷,则管子导通。在 E^2PROM 中,使浮空栅带上电荷和消去电荷的方法与 EPROM 中是不同的。在 E^2PROM 中漏极上面增加了一个隧道二极管,它在第二栅与漏极之间的电压 V_G 的作用下,可以使电荷通过它流向浮空栅(即起编程作用);若 V_G 的极性相反,则也可以使电荷从浮空栅流向漏极(起擦除作用)。而编程与擦除所用的电流是极小的,可用极普通的电源供给 V_G。

E^2PROM 的另一个优点是擦除可以按字节分别进行(不像 EPROM 擦除时把整个片子的

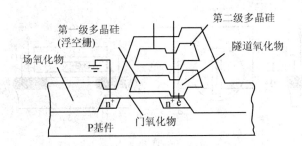

图 3-18　EEPROM 结构示意图

内容全变为"1"）。字节的编程和擦除都只需要 10 ms。

3.3.5　Flash 存储器

　　Intel 于 1988 年首先开发出 Nor Flash 技术，彻底改变了原先由 EPROM 和 E^2PROM 一统天下的局面。紧接着，1989 年东芝公司发表了 Nand Flash 技术（后将该技术无偿转让给 SAMSUNG），强调降低每比特的成本\更高的性能，并且像磁盘一样可以通过接口轻松升级。

　　目前，Flash 存储器件普遍用于手机、数码相机、PDA、U 盘等嵌入式产品中，甚至很多家用电器中的单片机中也集成了 Flash。在嵌入式系统中，Flash 存储器件占有非常重要的地位。它的功能类似于 PC 机中的硬盘，它们都是用来存储数据和程序的，而且掉电后继续保持数据不丢失。与硬盘存储设备相比，它没有机械结构，没有机械噪声，不怕碰撞。与其他存储设备相比，耗电量很小，读/写速度非常快。

　　Flash 存储器件同时拥有了 RAM 和 ROM 的优点，与 E^2PROM 相比，具有读/写速度快；而与 SRAM 相比，具有非易失、以及价廉等优势。Flash 存储器以其低成本，高可靠性的读/写，非易失性，可擦写性和操作简便而成为一系列程序代码（应用软件）和数据（用户文件）存储的理想媒体，从而受到到嵌入式系统开发者的欢迎。Flash 存储器的应用范围极广，了解和掌握 Flash 的相关操作和管理技术就极为重要。

1. Flash 原理

　　Nor 型 Flash 利用热电子效应，Nand 型利用了量子的隧道效应。下面以 Nand 型 Flash MEMORY 存储器为例说明其原理，如图 3-19 所示，在选择栅加上较高的编程电压，源极和漏极接地，使电子穿越势垒到达浮栅并聚集在浮栅上存储信息。擦除时仍利用隧道效应，不过把电压反过来，从而消除浮栅上的电子，达到清除信息的结果。利用隧道效应，编程速度比较慢，数据保存效果稍差，但是很省电。

　　一组场效应管为一个基本存储单元（通常为 8 位、16 位等）。一组场效应管串行连接在一起，一组场效应管只有一根位线，属于串行方式，随机访问速度比较慢；但是存储密度很高，可以在很小的芯片上做到很大的容量。

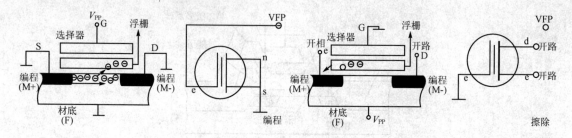

图 3-19 Nand 型 Flash MEMORY 存储原理示意图

Nand Flash 读/写操作是以页为单位的,擦除是以块为单位的,因此编程和擦除的速度都非常快;数据线和地址线共用,采用串行方式,随机读取速度慢,不能按字节随机编程,体积小,价格低。芯片内存在失效块,需要查错和校验功能。

Flash 芯片是由内部成千上万个存储单元组成的,每个单元存储一个位。图 3-19 中 Flash 器件的每个存储单元都由两个晶体管构成,一个 Control Gate,和地址线相连;另一个称为 Floating Gate,和数据相连。这两个晶体管被一个薄薄的绝缘氧化层隔离,如果氧化层内没有电子,则加载到 Control Gate 的电压无法传递到 Floating Gate 上,因此存储单元的漏极和源极处于开路状态,漏极为高电平。当氧化层内存在电子时,Control Gate 和 Floating Gate 可以通过电子导通,Control Gate 上的电压可传递到 Floating Gate 上,导致漏极和源极的导通,使漏极电压被拉低。因此,简单地说,每个 Flash 存储单元里存放的是 0 还是 1 就看它的氧化绝缘层里是否存在电子了。由于氧化层的绝缘性非常好,除非存储单元被擦除,否则存在里面的电子会被有效地禁锢,这样可以保证每次读出同样的数据,即使断电也不受影响。

对 Flash 的操作可以分成 3 种:擦除操作,写操作(编程)和读操作。Flash 进行擦除操作时,一般在控制门上加载一个 $-9\,V$ 左右的电压,而在源极上加载 $+6\,V$ 左右的电压,此时在大电场作用下,原来禁锢在氧化绝缘层内的电子通过隧道效应从源极跑掉,绝缘层中就不存在电子了。从这个过程,我们也不难理解为什么 Flash 被擦除后所有的数据单元读出的数据全是 1 了。既然 Flash 被擦除后所有单元存放的是 1,那么 Flash 的写操作也就仅仅是把存储内容需要是 0 的存储单元中的氧化层中"塞"入电子就行了。这一般通过在栅极上加载约 $+12\,V$ 的电压,再把漏极加载 $7\,V$ 左右电压,源极接地,这时候在电场地作用下,通过隧道效应将电子"存入"绝缘层中。

由于技术的发展,现在 Flash 的擦除和编程操作已经不再需要更高的电压了,而一个存储也不在简单地只是存储 1 个比特了,现在的多电平技术可以在一个存储单元存放 2 个或更多的比特,让 Flash 的集成度更高。

2. Flash 分类与比较

目前,市场上的 Flash 从结构上大体可以分为 AND、Nand、Nor 和 DiNOR 等几种。其中 NOR 和 DiNOR 的特点为相对电压低、随机读取快、功耗低、稳定性高,而 Nand 和 AND 的特点为容量大、回写速度快、芯片面积小。现在，Nor 和 Nand Flash 的应用最为广泛，在 CompactFlash、Secure Digital、PC Cards、MMC 存储卡以及 USB 闪盘存储器市场都占用较大的份额。

Nor 的特点是芯片内执行（XIP，eXecute In Place），这样应用程序可以直接在闪存内运行，不必再把代码读到系统 RAM 中。NOR 的传输效率很高，在 1～4 MB 的小容量时具有很高的成本效益，但是很低的写入速度和擦除速度大大影响了它的性能。价格相对 Nand 来说，单位成本也高得多。

Nand 结构能提供极高的单元密度，可以达到高存储密度，并且写入和擦除的速度也很快，这也是为何所有 U 盘都使用 Nand 闪存作为存储介质的原因。应用 Nand 的困难在于闪存和需要特殊的系统接口，二者的区别如下：

(1) 性能比较

闪存是非易失性内存，可以对称为"块"的内存单元块进行擦写和再编程。任何闪存器件的写入操作只能在空或已擦除的单元内进行，所以大多数情况下，在进行写入操作之前必须先执行擦除。Nand 器件执行擦除操作是十分简单的，而 Nor 则要求在进行擦除前先要将目标块内所有的位都写为 0。由于擦除 Nor 器件时是以 64～128 KB 的块进行的，执行一个写入/擦除操作的时间为 5 s；与此相反，擦除 Nand 器件是以 8～32 KB 的块进行的，执行相同的操作最多只需要 4 ms，执行擦除时块尺寸的不同进一步拉大了 Nor 和 Nand 之间的性能差距。

(2) 接口比较

Nor 闪存带有 SRAM 接口，有足够的地址引脚来寻址，可以很容易地存取其内部的每一个字节。Nand 闪存使用复杂的 I/O 口来串行地存取资料，各个产品或厂商的方法可能各不相同。8 个引脚用来传送控制、地址和资料信息。Nand 读和写操作采用 512 字节的块，这一点有点像硬盘管理此类操作，很自然地，基于 Nand 的闪存就可以取代硬盘或其他块设备。

(3) 容量和成本

Nand 闪存的单元尺寸几乎是 Nor 闪存的一半，由于生产过程更为简单，Nand 结构可以在给定的模具尺寸内提供更高的容量，也就相应地降低了价格。Nor 闪存容量占 1～16 MB 闪存市场的大部分，而 Nand 闪存只是用在 8 MB 以上的产品当中，因此，Nor 主要应用在代码存储介质中，Nand 适合于数据存储，Nand 在 CompactFlash、Secure Digital、PC Cards 和 MMC 存储卡市场上所占份额最大。

(4) 可靠性和耐用性比较

采用闪存介质时一个需要重点考虑的问题是可靠性。从寿命（耐用性）方面比较，Nand 闪存中每个块的最大擦写次数是一百万次，而 Nor 的擦写次数只有十万次。Nand 内存除了具有 10∶1 的块擦除周期优势外，典型的 Nand 块尺寸要比 NOR 器件小 8 倍，每个 Nand 内存块在给定的时间内的删除次数要少一些。

从位交换的角度来看，所有闪存器件都受位交换现象的困扰。在某些情况下（很少见，

Nand 发生的次数要比 Nor 多),一个比特位会发生反转或被报告反转了。一位的变化可能不很明显,但是如果发生在一个关键文件上,这个小小的故障可能导致系统停机。如果只是报告有问题,则多读几次就可能解决了。当然,如果这个位真的改变了,就必须采用错误探测/错误纠正(EDC/ECC)算法。位反转的问题更多见于 Nand 闪存,Nand 的供货商建议使用 Nand 闪存的同时使用 EDC/ECC 算法。这个问题对于用 Nand 存储多媒体信息时倒不是致命的。当然,如果用本地存储设备来存储操作系统、配置文件或其他敏感信息,就必须使用 EDC/ECC 系统以确保可靠性。

从坏块处理方面比较,Nand 器件中的坏块是随机分布的。以前也曾有过消除坏块的努力,但发现成品率太低,代价太高,根本不划算。Nand 器件需要对介质进行初始化扫描以发现坏块,并将坏块标记为不可用。在已制成的器件中,如果通过可靠的方法不能进行这项处理,则将导致高故障率。

(5) 易用性比较

可以非常直接地使用基于 Nor 的闪存,可以像其他内存那样连接,并可以在上面直接运行代码。由于需要 I/O 接口,Nand 要复杂得多。各种 Nand 器件的存取方法因厂家而异。在使用 Nand 器件时,必须先写入驱动程序,才能继续执行其他操作。向 Nand 器件写入信息需要相当的技巧,因为设计师绝不能向坏块写入,这就意味着在 Nand 器件上自始至终都必须进行虚拟映像。

(6) 软件支持比较

当讨论软件支持的时候,应该区别基本的读/写/擦操作和高一级的用于磁盘仿真和闪存管理算法的软件,包括性能优化。在 Nor 器件上运行代码不需要任何的软件支持,在 Nand 器件上进行同样操作时,通常需要驱动程序,也就是内存技术驱动程序(MTD);Nand 和 Nor 器件在进行写入和擦除操作时都需要 MTD。

(7) 市场取向比较

根据前面所介绍的 Nand Flash 和 Nor Flash 的特点,它们两者也拥有相应不同的应用领域。一般来说,Nor Flash 用于对数据可靠性要求比较高的代码存储、通信产品、网络处理等领域;而 Nand Flash 则用于对存储容量要求较高的 MP3、存储卡、U 盘等领域。正是因为这样,Nor Flash 也称为 Code Flash;而 Nand Flash 也称为 Data Flash。

3. 嵌入式系统中 Flash 芯片的作用

在嵌入式设备中,有两种程序运行方式:一种是将程序加载到 SDRAM 中运行,另一种是程序直接在其所在的 ROM/Flash 存储器中运行。一种比较常用的运行程序的方法是将该 Flash 存储器作为一个硬盘使用,当程序需要运行时,首先将其加载到 SDRAM 存储器中,在 SDRAM 中运行。相对 ROM 而言,SDRAM 访问速度比较快,数据总线较宽,程序在 SDRAM 中运行速度比在 Flash 中的运行速度要快。

ARM 中的存储模块示意图如图 3-20 所示,其中各功能模块的含义如下:

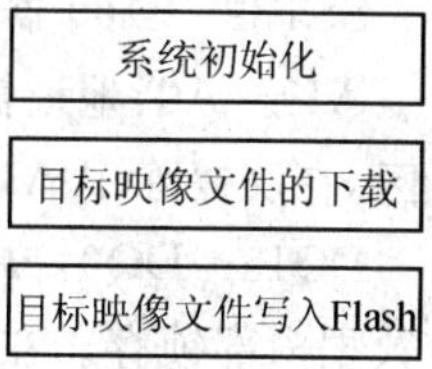

系统初始化:进行系统的最小初始化,包括初始化系统时钟、系统的中断向量表、SDRAM 及一些其他的重要 I/O 端口。

映像文件下载:通过一定的方式得到新的目标程序的映像文件,将该文件保存到系统的 SDRAM 中。要完成这部分工作,ARM 嵌入式设备需要与外部的主机建立某种通道,大部分系统都是使用串行口,也可以使用以太网口或者并行口进行通信。

Flash 写入:根据不同的 Flash 存储器选择合适的操作命令,将新的目标程序的映像文件写入到目标系统的 Flash 存储器中,实现 Flash 存储器操作的功能模块。

图 3-20 存储模块

3.4 Nor Flash 芯片介绍

3.4.1 SST39VF160

1. SST39VF160 芯片结构

Silicon Storage Technology 公司的 SST39VF160 是一个 1M×16 比特的 COMS 多功能 Flash 器件,单电压的读和写操作,电压范围 3.0～3.6 V,提供 48 脚 TSOP 和 48 脚 TFBGA 两种封装形式。其外观和内部功能功能框图如图 3-21 所示。

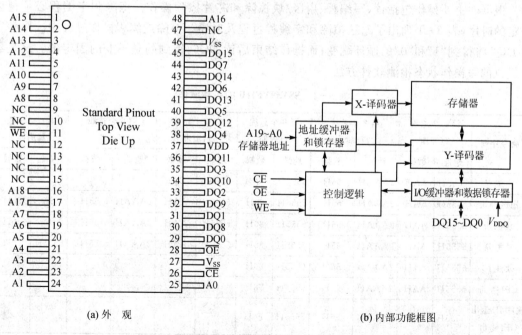

(a) 外观　　　　　　　　　　　　　(b) 内部功能框图

图 3-21　SST39VF160 芯片结构

SST39VF160 器件的主要引脚功能描述如下：

A19～A0：地址输入提供存储器地址。在扇区擦除中 A19～A11 地址线用来选择哪一个扇区，在块擦除中 A19～A15 地址线用来选择擦除哪一个块。

DQ15～DQ0：数据输入/输出。在读周期输出数据，在写周期接收写入的数据。在写周期中数据内部锁存。在 $\overline{OE}$ 或 $\overline{CE}$ 为高电平时数据为高阻。

$\overline{CE}$：片选使能低，电平有效的片选线。

$\overline{OE}$：输出使能，低电平有效的数据输出使能线。

$\overline{WE}$：写使能控制写操作。

V_{DD}：电源，为 SST39VF160 提供 2.7～3.6 V 电源。

2. 命令指令的定义

SST39VF160 的存储器操作是由命令来启动。该器件主要操作包括读、写编程、扇区/块擦除和芯片擦除操作。SST39VF160 存储器的读/写时序与一般存储器的读/写时序相同。SST39VF160 通过特定的指令代码可以完成字节、扇区或整体芯片的写入和擦除操作。Sax 用于扇区擦除，使用 A19～A11 地址线；Bax 用于块擦除，使用 A19-A15 地址线。WA=编程字地址。

3.4.2 SST39VF160 的操作命令

该器件主要操作包括读、写编程、扇区/块擦除和芯片擦除操作。擦除和字编程必须遵循一定的时序，表 3-1 列出了扇区擦除和字编程过程及时序。擦除或编程操作过程中读取触发位 DQ6 将得到"1"和"0"的循环跳变；而操作结束后读 DQ6，得到的是不变的固定值。这是器件提供的写操作状态检测软件方法

表 3-1 SST39VF160 的各种操作

命令序列	第1个总线写周期		第2个总线写周期		第3个总线写周期		第4个总线写周期		第5个总线写周期		第6个总线写周期	
	地址	数据	地址	数据	地址	数据	地址	数据	地址	数据	地址	数据
字编程	5555H	AAH	2AAAH	55H	5555H	A0H	WA	Data				
扇区擦除	5555H	AAH	2AAAH	55H	5555H	80H	5555H	AAH	2AAAH	55H	SA	30H
块擦除	5555H	AAH	2AAAH	55H	5555H	80H	5555H	AAH	2AAAH	55H	BA	50H
片擦除	5555H	AAH	2AAAH	55H	5555H	80H	5555H	AAH	2AAAH	55H	5555H	10H
软件 ID	5555H	AAH	2AAAH	55H	5555H	90H						
CPI 查询	5555H	AAH	2AAAH	55H	5555H	98H						
软件 ID 退出 CFI 退出	5555H	AAH	2AAAH	55H	5555H	F0H						

1. 读操作

SST39VF160 的读操作是由 $\overline{CE}$ 和 $\overline{OE}$ 信号线控制的。当两者都为低时,处理器就可以从 SST39VF160 的输出口读取数据。$\overline{CE}$ 是 SST39VF160 的片选线,当 $\overline{CE}$ 为高,芯片未被选中。$\overline{OE}$ 是输出使能信号线。当 $\overline{CE}$ 或 $\overline{OE}$ 中某一个为高时,SST39VF160 的数据线为高阻态。读操作的时序如图 3-22 所示。

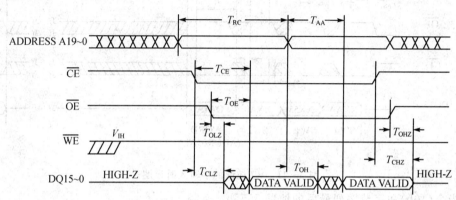

图 3-22 读操作时序图

2. 字编程操作

SST39VF160 的写操作主要是以一个字接一个字的方式进行写入的。在写入之前,扇区中如果有数据(0),则必须首先进行充分擦除。写操作分 3 步进行:第 1 步,送出"软件数据保护"的 3 字节;第 2 步,送出地址和数据,在字编程操作中地址在 $\overline{CE}$ 或 $\overline{WE}$ 的下降沿锁存,数据在 $\overline{CE}$ 或 $\overline{WE}$ 的上升沿锁存;第 3 步,内部写入处理阶段,这个阶段在第 4 个 $\overline{WE}$ 或 $\overline{CE}$ 的上升沿时初始化。初始化后,内部写入处理就将在 20 μs 时间内完成。在内部写入阶段,任何指令都将忽略。SST39VF160 的字写入时序图及字写入操作流程图如图 3-23 所示。

3. 扇区/块/整片擦除操作

扇区或块擦除操作允许 SST39VF160 以一个扇区接一个扇区,或一个块接一个块地进行擦除。扇区是统一的 2K×16 比特大小。块是统一的 32K×16 比特大小。扇区操作通过执行 6 字节的指令序列来进行,这个指令序列中包括扇区擦除(30h)和扇区地址(SA)。块操作也通过 6 字节的指令序列来进行,这个指令序列中包括块擦除指令(50h)和块地址(BA)。扇区或块的地址在 $\overline{WE}$ 的第 6 个下降处锁存,指令字节(30h 或 50h)在 $\overline{WE}$ 的第 6 个上升沿处锁存。之后,开始内部操作。可采用 Data♯ Polling bit 或 Toggle bit 的方法来判定内部擦除是否结束。除此之外,在内部擦除阶段,其他的指令都将被忽略。

SST39VF160 还提供一个整片擦除的功能,允许使用者一次性快速擦除整个存储器(存储阵列每个单位都为 1)。整片同样通过执行 6 字节的指令序列来进行,6 字节指令序列中包括

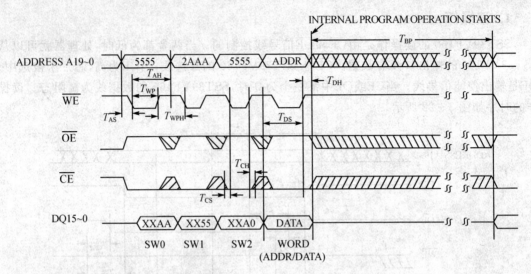

图 3-23　$\overline{WE}$ 控制的字写入时序图

片擦除指令(10h)和字节序列最后的地址 5555h。

① 块擦除时序如图 3-24 所示，该器件支持 $\overline{CE}$ 信号控制的块擦除操作，BAX 为块地址。

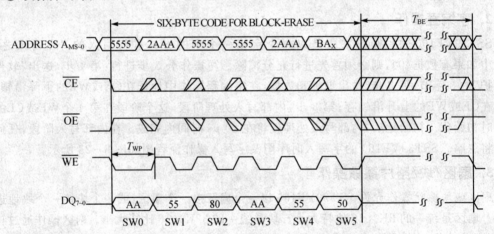

图 3-24　块擦除时序图

② 扇区擦除时序如图 3-25 所示，该芯片支持 $\overline{CE}$ 信号控制的扇区擦除操作，SAX 为扇区地址。

③ 整片擦除时序如图 3-26 所示，该芯片支持 $\overline{CE}$ 信号控制的整片擦除操作。

4. 内部操作状态检测

SST39VF160 提供两种软件方式来检测内部操作是否完成。软件检测方式涉及两个状态

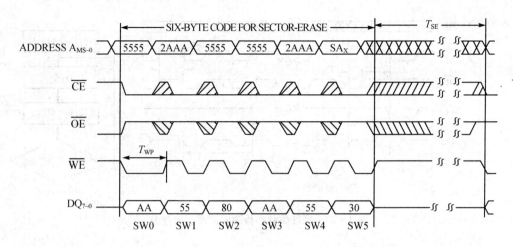

图 3-25 扇区擦除时序图

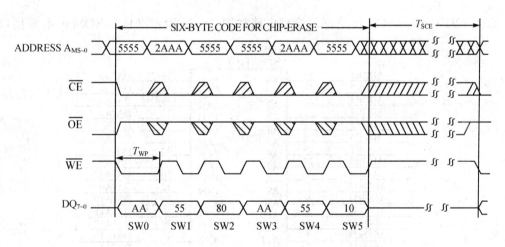

图 3-26 整片擦除时序图

位：Data♯ Polling big(DQ7)和 Toggle bit(DQ6)。在 $\overline{WE}$ 的上升沿,写入结束功能被使能。这里只介绍 Toggle bit 方式。

  在内部写入或擦除的过程中,任何对 DQ6 连接的读操作都会产生一个不断翻转的 0 和 1。当内部写入或擦除完成时,DQ6 位停止翻转。在内部写操作时,翻转位在第 4 个 $\overline{WE}$ 或 $\overline{CE}$ 的上升沿处有效。在探测操作中,翻转位在第 6 个 $\overline{WE}$ 或 $\overline{CE}$ 的上升沿处有效。其操作流程图及时序图如图 3-27 所示。通过不连续地对 DQ6 读操作,判断其是否相同,如果相同,则说明操作已完成;否则,为未完成。

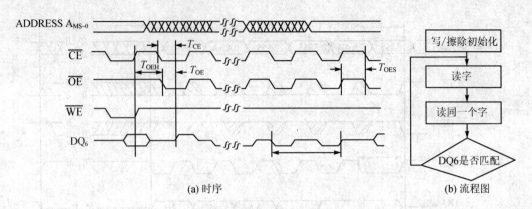

(a) 时序

(b) 流程图

图 3-27 翻转位状态检测时序图及流程图

3.4.3 Nor Flash 接口电路

SST39VF160 与 S3C2410 之间的接口电路如图 3-28 所示，Flash ROM 的数据接口为

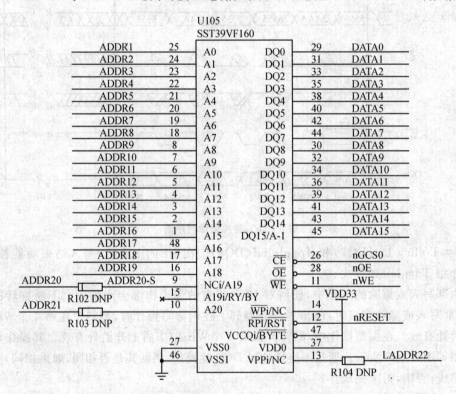

图 3-28 SST39VF160 与 S3C2410 之间的接口电路图

DQ15～0,因此数据宽度是16位的。又注意到处理器的ADDR20～1对应着Flash ROM的A19～0,偏移了1位,这是由于S3C2410是按照字节编址的,而Flash ROM是以16位为一个存储单元,因此,处理器的地址"左移"1位,采用ADDR1与Flash ROM的A0相连。由于Flash ROM映射在处理器的Bank0区域内,因此,它的片选线与处理器的nGCS0相连。

3.4.4 Nor Flash 接口编程

当S3C2410复位时,它立即从0x00000000地址处开始取指令执行。因此,系统启动代码应该放置在地址0x00000000处,并把定位在地址0x00000000处的存储器称为BOOT ROM。在ARM系统中,通常都采用能够快速读取并方便重新写入的Flash ROM作为BOOT ROM。CPU对Flash ROM的接口不做任何软件上的设置,在系统第一次上电时,CPU就可对Flash ROM进行读取了。但是使CPU正常地对Flash ROM进行操作,需要注意两个硬件上的设置:大/小端和Bank0总线宽度。S3C2410作为以ARM为内核的处理器,有一个输入引脚ENDIAN;处理器通过它的输入逻辑电平来确定数据类型是小端还是大端:0为小端,1为大端。逻辑电平在复位期间由该引脚的上拉或下拉电阻确定。

BOOT ROM在地址上位于ARM处理器的Bank0区,可能具有多种数据总线宽度,这个宽度是可以通过硬件设定的,即通过OM1～0引脚上的逻辑电平进行设定,如表3-2所列。

DW0值与Bank0总线宽度的对应关系如表3-3所列。如果在系统中采用SST39VF160作为BOOT ROM,由于它的1M×16比特,因此应将Bank0的数据总线宽度设定为01。

表3-2 数据总线宽度定

OM1～0	数据总线宽度
00	8 位(Byte)
01	16 位(Half-Word)
10	32 位(Word)
11	测试模式

表3-3 Bank0 总线宽度

DW0	Bank0 总线宽度
00	8 位
01	16 位
10	32 位

在S3C2410的"总线宽度和等待状态寄存器"BWSCON中,第1、2位组成了DW0区。该区的值对应着Bank0的总线宽度。DW0区是只读的,它的值直接取自OM1～0引脚的电平状态,不可通过向BWSCON寄存器的写入来修改这个值。下面结合深圳旋极公司ARM2410实验箱,给出了Nor Flash操作的参考程序。

Sst39vf160.c 如下:

```
#define SST_START_ADDR          0x00000
#define SST_CHIP_HWORD_SIZE     0x100000    /* 1M Hwords */
#define SST_SECTOR_HWORD_SIZE   0x800       /* 2k HWords */
#define SST_ADDR_UNLOCK1        0x5555
```

```c
#define SST_ADDR_UNLOCK2        0x2aaa
#define SST_DATA_UNLOCK1        0xaaaa
#define SST_DATA_UNLOCK2        0x5555
#define SST_SETUP_WRITE         0xa0a0
#define SST_SETUP_ERASE         0x8080
#define SST_CHIP_ERASE          0x1010
#define SST_SECTOR_ERASE        0x3030
```
/**/

函数名称：	sstOpOverDetect()	
函数功能：	采用 poll 方式检测 flash 擦写是否完成	
入口参数：	ptr	数据写入地址/擦除扇区首址
	trueData	要写入的值
	timeCounter	超时计数
返回值：	OK	操作成功
	ERROR	操作失败
备　注：	在预定时间内如果 d7,d6 仍不是 truedata,则返回 ERROR	

/**/
```c
STATUS sstOpOverDetect(UINT16 *ptr, UINT16 trueData,ULONG timeCounter)
{
    ULONG timeTmp = timeCounter;
    volatile UINT16 *pFlash = ptr;
    UINT16 buf1,buf2,curTrueData;
    curTrueData = trueData & 0x8080;              /* 先检测 d7 位 */
    while((*pFlash & 0x8080) != curTrueData)
    {
        if(timeTmp-- == 0) break;
    }
    timeTmp = timeCounter;
    buf1 = *pFlash & 0x4040;                      /* (为保险)再检测 d6 位 */
    while(1)
    {
        buf2 = *pFlash & 0x4040;
        if(buf1 == buf2)
            break;
        else
            buf1 = buf2;
        if(timeTmp-- == 0)
        {
            return ERROR;
```

            }
        }
        return OK;
}
/***/
函数名称：   sstWrite()
函数功能：   读取缓冲区数据根据给定的长度写入指定地址
入口参数：   flashAddr   数据目标地址(flash)
              buffer   数据源地址
              length   要写入的字节数
返回值：   NULL   写失败
              flashPtr   flash的下一个地址
备 注：   由于sst39vf160只能按半字(16bit)操作，所以如果要多次调用这个函数来写入一个
             文件，则应每次读取偶数个字节，以保证连续性
/***/
UINT16 * sstWrite(UINT16 * flashAddr,UINT8 * buffer,ULONG length)
{
    ULONG i,cLength;
    volatile UINT16 * flashPtr;
    volatile UINT16 * gBuffer;
    flashPtr = flashAddr;
    cLength = (length + 1)/2;   /*计算半字长度*/
    gBuffer = (UINT16 *)buffer;
    while (cLength > 0)
    {
        *((volatile UINT16 *)SST_START_ADDR + SST_ADDR_UNLOCK1) = SST_DATA_UNLOCK1;/*解锁*/
        *((volatile UINT16 *)SST_START_ADDR + SST_ADDR_UNLOCK2) = SST_DATA_UNLOCK2;
        *((volatile UINT16 *)SST_START_ADDR + SST_ADDR_UNLOCK1) = SST_SETUP_WRITE;
        *flashPtr = *gBuffer;   /*写入数据*/
        if(sstOpOverDetect((UINT16 *)flashPtr,*gBuffer,0x1000000))/*检测写入是否成功*/
        {//printf("warning:write flash may failed at:0x%x.\n",(int)flashPtr);
        }
          cLength--;
          flashPtr++;
          gBuffer++;
    }
    flashPtr = flashAddr;
    gBuffer = (UINT16 *)buffer;
    cLength = length/2;

```
        for(i=0;i<cLength;i++)                    /*写入的数据全部校验一次*/
        {
        if(*flashPtr++!=*gBuffer++)
        {
        //printf("Error:write failed in SST39vf160 at 0x%x on verification.\n",(int)flashPtr);
        return NULL;
        }
        }
        if(length%2)
        {
        if((*flashPtr++ & 0x00ff)!=(*gBuffer++ & 0x00ff))  /*奇数长度的最后一个字节*/
          {
        //printf("Error:write failed in SST39vf160 at 0x%x on verification.\n",(int)flashPtr);
           return NULL;
          }
        }
        return (UINT16 *)flashPtr;
}



/*****************************************************************/
函数名称:       sstChipErase()
函数功能:       擦除整个flash芯片
入口参数:       无
返 回 值:       OK            擦除完全正确
                ERROR         有单元不能正确擦除
备   注:
/*****************************************************************/
STATUS sstChipErase(void)
{
    int i;
    volatile UINT16 *flashPtr = NULL;
    *((volatile UINT16 *)SST_START_ADDR + SST_ADDR_UNLOCK1) = SST_DATA_UNLOCK1;
                                        /*连续解锁*/
    *((volatile UINT16 *)SST_START_ADDR + SST_ADDR_UNLOCK2) = SST_DATA_UNLOCK2;
    *((volatile UINT16 *)SST_START_ADDR + SST_ADDR_UNLOCK1) = SST_SETUP_ERASE;
    *((volatile UINT16 *)SST_START_ADDR + SST_ADDR_UNLOCK1) = SST_DATA_UNLOCK1;
    *((volatile UINT16 *)SST_START_ADDR + SST_ADDR_UNLOCK2) = SST_DATA_UNLOCK2;
    *((volatile UINT16 *)SST_START_ADDR + SST_ADDR_UNLOCK1) = SST_CHIP_ERASE;
                                        /*写入擦除命令*/
```

```c
    flashPtr = (volatile UINT16 *)SST_START_ADDR;
    if(sstOpOverDetect((UINT16 *)flashPtr,0xffff,0x3000000)! = OK)
    {//printf("warning:Chip Erase time out! \n"); }
    flashPtr = (volatile UINT16 *)SST_START_ADDR;
    for(i = 0;i<SST_CHIP_HWORD_SIZE;i + + ,flashPtr + + )    /*校验是否全为 0xffff*/
    {
        if(*flashPtr ! = 0xffff)
        {
            //printf("Debug:Erase failed at 0x%x in SST39VF160 on verification.\n",(int)flashPtr);
            return ERROR;
        }
    }
    return OK;
}


/****************************************************************
函数名称：      sstSectorErase()
函数功能：      擦除指定的 flash 扇区
入口参数：      扇区地址
返 回 值：      OK              擦除完全正确
                ERROR           有单元不能正确擦除
备    注：
****************************************************************/
STATUS sstSectorErase(UINT16 * pSector)
{
    int i;
    volatile UINT16 * flashPtr = pSector;
    *((volatile UINT16 *)SST_START_ADDR + SST_ADDR_UNLOCK1) = SST_DATA_UNLOCK1;
            //连续解锁
    *((volatile UINT16 *)SST_START_ADDR + SST_ADDR_UNLOCK2) = SST_DATA_UNLOCK2;
    *((volatile UINT16 *)SST_START_ADDR + SST_ADDR_UNLOCK1) = SST_SETUP_ERASE;
    *((volatile UINT16 *)SST_START_ADDR + SST_ADDR_UNLOCK1) = SST_DATA_UNLOCK1;
    *((volatile UINT16 *)SST_START_ADDR + SST_ADDR_UNLOCK2) = SST_DATA_UNLOCK2;
    *(volatile UINT16 *)flashPtr = SST_SECTOR_ERASE;               //写入擦除命令
    if(sstOpOverDetect((UINT16 *)flashPtr,0xffff,0x20000) ! = OK)
    {
        //printf("warning:Chip Erase time out! \n");
    }
    for(i = 0;i<SST_SECTOR_HWORD_SIZE;i + + ,flashPtr + + )      /*校验是否全为 0xffff*/
```

```
            {
                if( * flashPtr ! = 0xffff)
                {
                    //printf("Debug:Erase failed at 0x%x in SST39VF160 on verification.\n",(int)flashPtr);
                    return ERROR;
                }
            }
            return OK;
        }
        void flash_Entry()
        {
            int i = 0;
            unsigned short * start = (unsigned short * )0x10000;
            unsigned short * dataaddress = (unsigned short * )0x31000000;
            for(i = 0;i<0x3fffff;i + +);//    FLASH_Program(&m_Flash,    start,dataaddress,0x8000);
            sstWrite(start,(UINT8 * )dataaddress,0x39000);
        }
```

3.5 Nand Flash 存储器

3.5.1 K9F1208UOB 概述

1. K9F1208UOB 芯片结构

如图 3-29 所示，Nand Flash 接口信号线比较少，和 Nor Flash 相比，其数据线宽度只有 8bit，没有地址总线，另外多了 CLE 和 ALE 这个信号来区分总线上的数据类别。

主要引脚功能如下：

$I/O_0 \sim I/O_7$：数据输入/输出，用来输入指令、地址和数据，并在读周期时输出数据。当芯片未选中或输出禁止时，I/O 口呈高阻态。

CLE：命令锁存使能，用来控制打开、关闭指令送入指令寄存器的通路。当 CLE 为高时，I/O 口在 WE 信号的上升沿将指令锁入指令寄存器。

ALE：地址锁存使能，用来控制打开、关闭地址送入指令寄存器的通路。当 ALE 为高时，I/O 口在 WE 信号的上升沿将地址锁入地址寄存器。

$\overline{CE}$：芯片使能，低电平有效。

$\overline{RE}$：读使能，当它为低电平时，内部数据将输出至 I/O 端口。输出数据在 $\overline{RE}$ 下降沿后一段时间内有效，同时，内部列地址计数器将加 1。

嵌入式系统的存储器 3

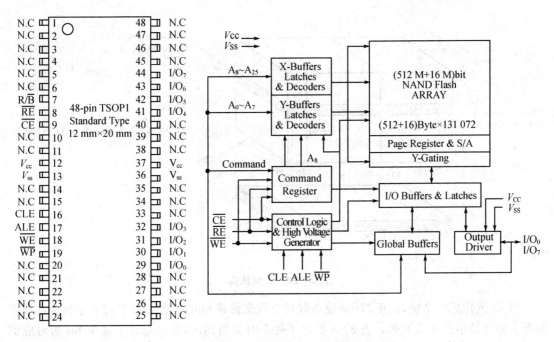

图 3-29 K9F1208UOB 芯片结构

$\overline{WE}$：写使能，写入指令地址和数据都会在 $\overline{WE}$ 的上升沿被锁存。当芯片处于忙状态时，$\overline{WE}$ 信号即使变高也将被忽略。

WP：写保护，在电源波动情况下，对器件不可预料的写入或擦除的保护。当 WP 脚为低电平时，内部高电压发生器复位。

R/B：读/忙输出，说明了器件目前的操作。当它为低电平时，表明某个写入、擦除或任意读操作正在进行；当这个操作完成时，R/B 才会重新回到高电平状态。

Nand Flash 的接口实际上就是一个 I/O 接口，系统对 Nand Flash 设备数据访问的时候，需要先向 Nand Flash 设备发出相关命令和参数，然后再读出需要的数据。K9F1208UOB 芯片内部逻辑结构如图 3-29 所示，Nand 设备内部有地址寄存器，用来锁存数据总线上传来的地址；而数据寄存器则用来存储读出或写入的数据。

2. Nand Flash 的地址结构

Nand 设备的存储容量是以页和块为单位。如图 3-30 所示，读和写都以页为单位进行操作，擦除是基于块进行操作的。每个页包含 528 字节，其中，512 字节用于存放数据，16 字节用于存放其他信息，这些信息包括块好坏的标记、块的逻辑地址、页内数据的 ECC 效验和等。系统每次读出一个页后会计算其效验和，并和存储在页内的冗余的 16 字节内容的校验和做比较，判断读出的数据是否正确。

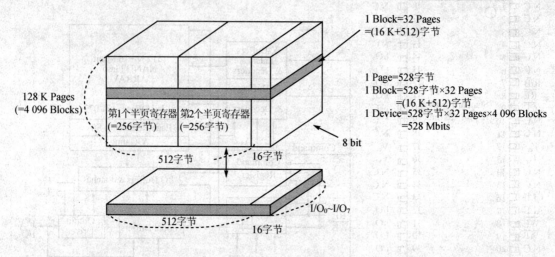

图 3-30 块页结构

每 32 页构成一个块,由于 Nand 设备数据总线宽带是 8bit,因此必须经过 4 个时钟周期才能把全部地址信息接收下来。表 3-4 给出了每个时钟周期内,地址总线上每个 bit 所对应的地址。可以这么说,第一时钟周期给出的是目标地址在一个页内的偏移量,而后面 3 个时钟周期给出的是页地址。由于页内有 512 字节,需要 9bit 地址寻址,第一个时钟周期只给出了低 8bit,最高位 A8 是由不同的读命令来区分的。读命令为 00 时,表示读数据的起始地址是寄存器的前半部分,此时 A8 为 0;读命令为 01 时,表示读数据的起始地址是寄存器的前半部分,此时 A8 为 1,这个 9 比特就决定了数据的页内偏移量。接下来 A9~A25 表示页地址,共有 128K(2^{17})个页,由于有 4 096(2^{12})个块,所以 A14~A25 表示块地址。因此,页地址向右移 5 位便得到块地址。

表 3-4 地址与时序关系

	I/O 0	I/O 1	I/O 2	I/O 3	I/O 4	I/O 5	I/O 6	I/O 7
1st Cycle	A0	A1	A2	A3	A4	A5	A6	A7
2st Cycle	A9	A10	A11	A12	A13	A14	A15	A16
3st Cycle	A17	A18	A19	A20	A21	A22	A23	A24
4st Cycle	A25	*L	*L	*L	*L	*L	*L	*L

注:*L 表示必须设为低电平。

3.5.2 K9F1208UOB 的操作命令

由芯片的 CLE 和 ALE 信号实现 I/O 口上的指令和地址的复用。指令、地址和数据都通过 I/O 口写入器件中。有一些指令只需要一个总线周期完成,例如,复位指令、读指令和状态读指令等;另外一些指令,如页写入和块擦除,则需要 2 个周期,其中一个周期用来启动,而另一个周期用来执行。表 3-5 列出了芯片具备的指令。

表 3-5 Nand 操作命令

功 能	第一个周期	第二个周期	第三个周期
读方式 1	00h/01h		
读方式 2	50h		
读芯片 ID 号	90h		
复位	FFh		
页写入	80h	10h	
多层写入	80h	11h	
回拷贝	00h	8Ah	10h
多层回拷贝	03h	8Ah	11h
块擦除	60h	D0h	
器件擦除	60h	D0h	
读当前状态	70h	D0h	
读器件当前状态	71h		

其中,回拷贝命令用于将一页复制到同一层(plane)内的另一页,它省略了读出数据源,新数据重新载入 Flash,这使得效率大为提高。多层回拷贝类似,可以同时启动对多达 4 个连续 planc 内的拷贝操作。下面详细介绍复位、页读写、块擦除命令。

1. 复 位

器件提供一个复位(Reset)指令,通过向指令寄存器写入 FFh 来完成对器件的复位。当器件处于任意读模式、写入或擦除模式的忙状态时,发出复位指令可以使器件中止当前的操作,正在被修改的存储器宏单元的内容不再有效,指令寄存器被清零并等待下一条指令的到来。Reset 命令发出后,R/B 信号立刻进入低电平,表示 Nand 设备正忙,持续 t_{RST};当信号重新变为高电平后表示设备已经完成 Reset 命令。Reset 命令执行的时间长短和设备当前的状态有关,最长可达 500 μs(如果 Reset 命令是在设备正在进行擦除时发出的),最短只需几 μs。复位的时序如图 3-31 所示。

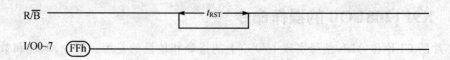

图 3-31 复位时序图

2. 页读操作

在初始上电时,器件进入默认的"读方式1模式"。在这一模式下,页读操作通过将 00h 指令写入指令寄存器,接着写入 3 个地址(1 个列地址,2 个行地址)来启动。一旦页读指令被器件锁存,下面的页读操作就不需要再重复写入指令了。

写入指令和地址后,处理器可以通过对信号线 R/$\overline{B}$ 的分析来判断该操作是否完成。如果信号为低电平,表示器件正忙;为高电平,说明器件内部操作完成,要读取的数据送入了数据寄存器。外部控制器可以在连续脉冲信号的控制下,从 I/O 口依次读出数据。

连续页读操作中,输出的数据是从指定的列地址开始,直到该页的最后一个列地址的数据为止。页读的时序如图 3-32 所示。

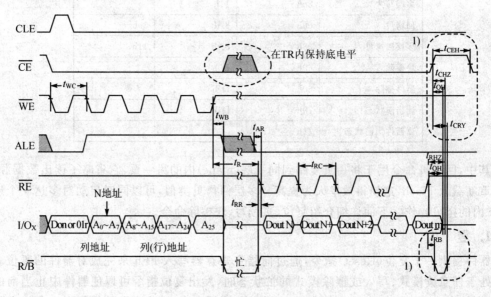

图 3-32 读时序图

3. 页写入操作

芯片的写入操作以页为单位。在写入前必须先擦除,否则写入会出错。页写入周期总共包括 3 个步骤:写入串行数据输入指令(80h),然后写入 3 个字节的地址信息,最后串行写入数据。串行写入数据最多为 528 字节,它们首先写入器件的页寄存器,接着器件进入一个内部写入过程,将数据从页寄存器写入存储宏单元。串行数据写入完成后,需要写入确认指令 10h,这条指令将初始化器件的内部写入操作。如果单独写入 10h 而没有前面的步骤,则 10h 不起作用。10h 写入之后,芯片的内部写控制器自动执行内部写入和校验中必要的算法和时序,然后控制器就可以做其他的事了。内部写入操作开始后,器件自动进入"读状态寄存器"模式。在这一模式下,当$\overline{RE}$和$\overline{CE}$为低电平时,系统就可以读取状态寄存器。系统可以通过检测 R/$\overline{B}$的输出或读状态寄存器的状态位(I/O_6)来判断内部写入是否结束。在器件进行内部写入操作时,只有读状态寄存器指令和复位指令会被响应。当页写入操作完成,应该检测写状态位(I/O_0)的电平。

内部写校验只对没有成功地写入为 0 的情况进行检测。指令寄存器始终保持着读状态寄存器模式,直到其他有效的指令写入指令寄存器为止,页写入的时序如图 3-33 所示。

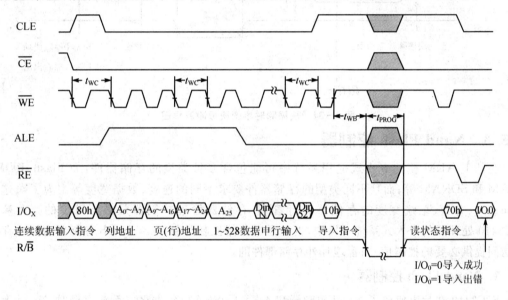

图 3-33 页写入时序

4. 块擦除

擦除操作是以块为单位进行的。擦除的启动指令为 60h,随后块地址的输入通过两个时钟周期完成。这时只有地址位 A14~A24 是有效的,A9~A13 则被忽略。块地址载入之后是擦除确认指令 D0h,它用来初始化内部擦除操作。擦除确认命令用来防止外部干扰产生擦除操作的意外情况。器件检测到擦除确认命令后,在$\overline{WE}$的上升沿启动内部写控制器开始执行擦除和擦除校验。内部擦除操作完成后,应该检测一下写状态位(I/O_0),从而了解擦除操作是否有错误发生。块擦除的时序如图 3-34 所示。

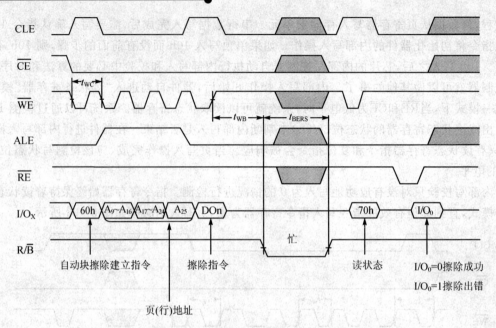

图 3-34 块擦除时序图块擦除流程图

3.5.3 Nand Flash 控制器

在基于 ARM 核的嵌入式应用系统中可能包含多种类型的存储器件，如 Flash、ROM、SRAM 和 SDRAM 等；而且不同类型的存储器件要求不同的速度、数据宽度等。为了对这些不同速度、类型、总线宽度的存储器进行管理，存储器管理控制器是必不可少的。在基于 S3C2410 处理器的嵌入式系统开发中，也是通过存储控制器和 Nand Flash 控制器为片外存储器访问提供必要的控制信号、管理片外存储部件的。

1. Nand Flash 控制器

S3C2410 在片上集成了 Nand 控制器和 4 KB 的 SRAM 缓冲区。系统启动时，Nand 上的前 4 KB 的数据会被加载到这个缓存区里面，被 ARM 执行。为了方便操作，ARM 芯片中一般将 Nand Flash 的指令与控制寄存器映射到自己的地址空间中，比如三星的 S3C2410 将指令寄存器映射到 0x0E000004（记为 rNFCOMD），这样对 Nand Flash 的操作就变成了对地址 0xE000004 的操作。控制器的结构如图 3-35 所示。

2. Nand Flash 控制器的工作机制

Nand Flash 控制器的工作机制如图 3-36 所示，自动导入模式步骤如下：

① 完成复位。

② 如果自动导入模式使能，Nand Flash 存储器的前面 4 KB 自动复制到 Steppingstone 内部缓冲器中。

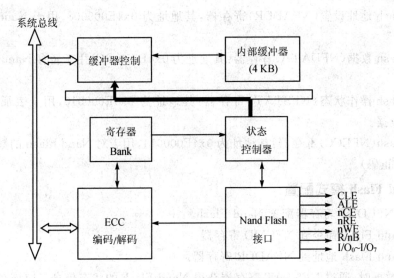

图 3-35 Nand Flash 控制器结构图

③ Steppingstone 被映射到 nGCSO。
④ CPU 在 Steppingstone 的 4 KB 内部缓冲器中开始执行引导代码。

注意：在自动导入模式下，不进行 ECC 检测。因此，Nand Flash 的前 4 KB 应确保不能有位错误。

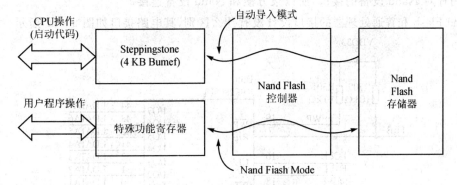

图 3-36 Nand Flash 控制器的工作机制

3. 存储器控制器的特殊寄存器

Nand Flash 控制器主要有如下寄存器：

Nand Flash 配置（NFCONF）寄存器：其地址为 0x4E000000，用于 Nand Flash 配置。

Nand Flash 命令设置（NFCMD）寄存器：其地址为 0x4E000004，用于 Nand Flash 命令设置。

Nand Flash 地址设置(NFADDR)寄存器：其地址为 0x4E000008，用于 Nand Flash 地址设置。

Nand Flash 数据(NFDATA)寄存器：其地址为 0x4E00000C，用于暂存 Nand Flash 的读/写数据。

Nand Flash 操作状态(NFSTAT)寄存器：其地址为 0x4E000010，用于表征 Nand Flash 的操作状态数据。

Nand Flash(NFECC)寄存器：其地址为 0x4E000014，用于对 Nand Flash 的数据进行校验(ECC 错误校正码)。

4. Nand Flash 模式配置

① 通过 NFCONF 寄存器配置 Nand Flash。
② 写 Nand Flash 命令到 NFCMD 寄存器。
③ 写 Nand Flash 地址到 NFADDR 寄存器。
④ 在读数据时，通过 NFSTAT 寄存器获得 Nand Flash 的状态信息。应该在读操作前或写入之后检查 R/nB 信号(准备好/忙信号)。

3.5.4 Nand Flash 接口电路

本小节以 S3C2410 为例说明 Nand Flash 和 CPU 的连接以及接口编程。S3C2410 处理器拥有专门针对 Nand 设备的接口，所以很方便和 Nand 设备连接。

Nand Flash 和普通处理器的接口设计没有什么区别，其电路接口如图 3-37 所示。I/O$_0$~

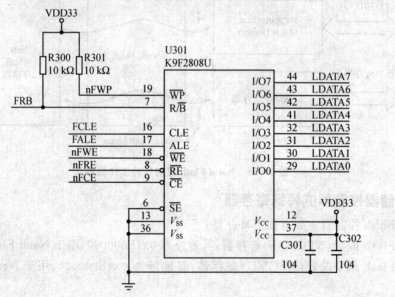

图 3-37 Nand Flash 和 CPU 的连接

I/O$_7$ 与 S3C2410 芯片的低 8 位数据线相连,利用这 8 位数据线来传送用于控制 K9F2808 芯片的命令、地址和数据。其他控制信号的引脚也分别与 S3C2410 芯片对应的引脚相连。

3.5.5 Nand Flash 接口编程

Nand Flash 底层软件主要实现和硬件相关的一些函数功能,主要有检测芯片的 ID、块删除、块读取、块写等操作,此外,还要实现芯片的坏块检测和屏蔽、芯片的初始化、复位等功能。和硬件相关的宏操作定义如下:

```
//***************Flash 基本操作的宏定义********************//
#define NF_CMD(cmd)      {rNFCMD  =  cmd;}       /*写入命令*/
#define NF_ADDR(addr)    {rNFADDR =  addr;}      /*写入地址*/
#define NF_nFCE_L()      {rNFCONF &= ~(1<<11);}  /*激活 NAND Memory 芯片*/
#define NF_nFCE_H()      {rNFCONF |= (1<<11);}   /*屏蔽 NAND Memory 芯片*/
#define NF_RSTECC()      {rNFCONF |= (1<<12);}   /*初始化硬件 ECC 模块*/
#define NF_RDDATA()      (rNFDATA)               /*读 FLASH 数据*/
#define NF_WRDATA(data)  {rNFDATA = data;}       /*写 FLASH 数据*/
#define NF_WAITRB()      {while(!(rNFSTAT & (1<<0)));}  /*等待命令执行完毕*/
/***************NAND Flash 操作常见命令集*********************/
```

命令	命令值	描述
NAND_CMD_READ0	0	读操作
NAND_CMD_READ1	1	读操作
NAND_CMD_PAGEPROG	0x10	页编程操作
NAND_CMD_READOOB	0x50	读写 OOB
NAND_CMD_ERASE1	0x60	读写操作
NAND_CMD_STATUS	0x70	读取状态
NAND_CMD_STATUS_MULTI	0x71	读取状态
NAND_CMD_SEQIN	0x80	写操作
NAND_CMD_READID	0x90	读 Flash ID 号
NAND_CMD_ERASE2	0xD0	擦写操作
NAND_CMD_RESET	0xFF	复位操作

/***/

关于 Nand Flash 的编程参考光盘中实验二给出的源代码,下面结合图 3-37 给出了关于 Nand Flash 操作的几个主要参考函数。

1. 初始化函数

K9F1208U0M NAND Flash 初始化主要实现对 Nand Flash 的基本配置,参考函数如下:

```
void NF_Init(void)
{
```

```
rNFCONF = (1<<15)|(1<<12)|(1<<11)|(0<<8)|(3<<4)|(0<<0);/*配置FLASH控制器*/
//(1<<15)|(1<<12)|(1<<11)|(TACLS<<8)|(TWRPH0<<4)|(TWRPH1<<0);
    NF_Reset();                                          /*重新启动芯片*/
}
```

其中，rNFCONF 为 Nand Flash 配置（NFCONF）寄存器，其地址为 0x4E000000。该寄存器的[15]位用来使能或禁止 Flash 控制器，该位为 0 则表示禁止，1 表示使能，这里该位设为 1。[14∶13]为保留位，不用设置。[12]位用来确定是否初始化 ECC 编码/解码，0 表示不初始化，1 表示初始化。S3C2410A 仅支持 512 字节的 ECC 检验，所以要设置每 512 字节 ECC 初始化。[11]位用来设置 Nand Flash Memory 芯片的使能信号，设置为 0 表示低电平使能，1 表示高电平不使能，在自启动后这位设为 1。[10∶8]位 TACLS 用来设置 Nand 芯片的 CLE 和 ALE 的保持值，该 3 位可以设置 0～7，其保持时间可以按公式 Duration＝HCLK×(TACLS＋1)计算，这里使用默认值 0，表示其时间保持一个 HCLK 周期，如图 3－38 所示。[7]位保留。[6∶4]位用来设置 Nand 芯片 TWRPH0 的保持值，该 3 位可以设置 0～7，其持续时间按公式 Duration＝HCLK×(TWRPH0＋1)计算，这里设置为 3。[3]位保留。[2∶0]位用来设置 Nand 芯片的 TWRPH1，该 3 位可以设置 0～7，其保持时间按公式 Duration＝HCLK×(TWRPH1＋1)计算，这里设置为 0。

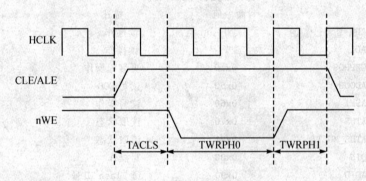

图 3－38 Nand Flash 时序图

2. 块擦除函数

K9F1208U0M Nand Flash 块擦除操作主要实现对 Nand Flash 擦除，其流程如图 3－39 所示。参考函数如下：

```
static int NF_EraseBlock(unsigned int block)
{
    unsigned int blockPage;
    int i;
    blockPage = (block<<5);           /*计算该块相应的页地址*/
    NF_nFCE_L();                      /*激活 NAND Memory 芯片*/
```

```
NF_CMD(0x60);                           /* 写入消除命令第一周期 */
NF_ADDR((blockPage) & 0xFF);            /* 写入 A9~A15 地址 */
NF_ADDR((blockPage>>8) & 0xFF);         /* 写入 A17~A24 地址 */
NF_ADDR((blockPage>>16) & 0xFF);        /* 写入 A25 地址 */
NF_CMD(0xD0);                           /* 写入消除命令第二周期 */
for(i = 0;i<10;i + +);                  /* 等待一段时间 */
NF_WAITRB();                            /* 等待命令执行完毕 */
NF_CMD(0x70);                           /* 读状态寄存器命令 */
if(NF_RDDATA() & 0x1)                   /* 如果消除命令执行不成功 */
{ NF_nFCE_H();                          /* 屏蔽 NAND Memory 芯片 */
  return 0;                             /* 返回 0 */
}
else
{ NF_nFCE_H();                          /* 屏蔽 NAND Memory 芯片 */
  return 1;                             /* 返回 1 */
}
}
```

3. 页读取函数

K9F1208U0M NAND Flash 页读取操作主要实现对 Nand Flash 读取数据,其流程如图 3-40 所示。参考函数如下:

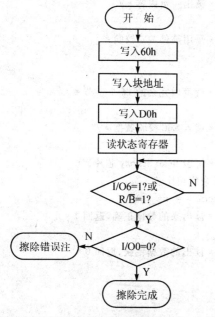

注:如果擦除操作产生了错误,屏蔽该错误块,并且另一个块来代替它。

图 3-39 块擦除操作流程

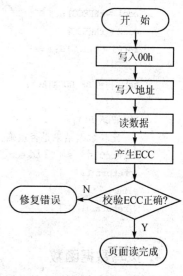

图 3-40 页读流程

```c
static int NF_ReadPage(unsigned int block,unsigned int page,unsigned char * buffer)
{
    int i;
    unsigned int blockPage;
    unsigned char ecc0,ecc1,ecc2;
    unsigned char * bufPt;
    unsigned char se[16];
    bufPt = buffer;                         /*数据缓冲区*/
    page = page&0x1f;                       /*地址计算*/
    blockPage = (block<<5) + page;
    NF_RSTECC();                            /*初始化硬件ECC模块*/
    NF_nFCE_L();                            /*激活NAND Memory芯片*/
    NF_CMD(0x00);                           /*写入读命令*/
    NF_ADDR(0);                             /*写入相应的地址 列地址 A0~A7*/
    NF_ADDR(blockPage&0xff);                /*页和行地址 A9~A25*/
    NF_ADDR((blockPage>>8)&0xff);           /*块和页号 A17~A24 地址*/
    NF_ADDR((blockPage>>16)&0xff);          /*写入 A25 地址*/
    for(i=0;i<10;i++);                      /*等待一段时间*/
    NF_WAITRB();                            /*等待命令执行完毕*/
    for(i=0;i<512;i++)     /*注意,每个buffer,有 512 个字节,因为每个Page就512B*/
    {
        *bufPt++ = NF_RDDATA();             /*读出一页内容*/
    }
    ecc0 = rNFECC0;                         /*采用硬件ECC校验*/
    ecc1 = rNFECC1;
    ecc2 = rNFECC2;
    for(i=0;i<16;i++)                       /*读页内冗余的 16 个字节*/
    {
        se[i] = NF_RDDATA();                /*读入 ECC 校验数据*/
    }
    NF_nFCE_H();                            /*屏蔽NAND Memory芯片*/
    /* 比较数据结果是否正确,ECC 校验值与冗余值相比较*/
    if(ecc0 == se[0] && ecc1 == se[1] && ecc2 == se[2])
    { return 1; }                           /*读出来的数据正确,返回1*/
    else
    { return 0; }                           /*读出的数据错误,返回0*/
}
```

4. 页写数据函数

K9F1208U0M Nand Flash 块写操作主要实现对 Nand Flash 数据的写入,其流程如

图 3-41 所示。参考程序如下：

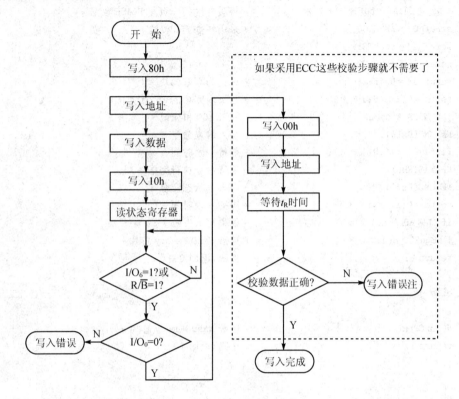

注：如果在写入操作中产生了错误，屏蔽含有错误页的块，并把目标数据复制到其他块中。

图 3-41 页写入流程图

```
static int NF_WritePage(unsigned int block,unsigned int page,unsigned char * buffer)
{   int i;
    unsigned int blockPage;
    unsigned char * bufPt;
    bufPt = buffer;                         /*数据缓冲区*/
    blockPage = (block<<5) + page;          /*地址换算*/
    NF_RSTECC();                            /*初始化硬件 ECC 模块*/
    NF_nFCE_L();                            /*激活 NAND Memory 芯片*/
    NF_CMD(0x0);                            /*设置读方式*/
    NF_CMD(0x80);                           /*连续数据输入命令*/
    NF_ADDR(0);                             /*列地址 0 列*/
    NF_ADDR(blockPage&0xff);                /*页行地址 A9～16*/
    NF_ADDR((blockPage>>8)&0xff);           /*A17～24*/
    NF_ADDR((blockPage>>16)&0xff);          /*A25*/
```

```
for(i = 0;i<512;i + +)              /*注意,每个 buffer,有 512 个字节,因为每个 Page 就 512B*/
{NF_WRDATA(*bufPt + +);};           /*将缓冲区的一页写 FLASH 数据*/
seBuf[0] = rNFECC0;                 /*采用硬件 ECC 校验*/
seBuf[1] = rNFECC1;
seBuf[2] = rNFECC2;
seBuf[5] = 0xff;                    /*标记为写好的块*/
for(i = 0;i<16;i + +)                /*写页内冗余的 16 个字节*/
{NF_WRDATA(seBuf[i]);}              /*写入 ECC 和标记*/
NF_CMD(0x10);                       /*写入编程命令*/
for(i = 0;i<10;i + +);              /*等待一段时间*/
NF_WAITRB();                        /*等待命令执行完毕*/
NF_CMD(0x70);                       /*写入读状态命令*/
for(i = 0;i<3;i + +);               /*等待一段时间*/
if (NF_RDDATA() & 0x1)              /*如果写入失败*/
{ NF_nFCE_H();                      /*屏蔽 NAND Memory 芯片*/
return 0;                           /*失败,返回 0*/
}
else
{
NF_nFCE_H();                        /*屏蔽 NAND Memory 芯片*/
return 1;                           /*正确,返回 1*/
}
}
```

以上对 Nand Flash 的基本功能函数:块删除、块读取、块写、芯片的初始化进行了分析,编写这类程序的要点是看懂芯片接口的时序图,理解芯片控制寄存器中每个比特的作用,这些都是编写驱动程序的基本功能。参考以上程序,读者可以实现芯片的坏块检测、屏蔽、复位等功能。

3.6 外部存储器

外存储器也称辅助存储器,简称外存或辅存。外存主要指那些容量比主存大、读取速度较慢、通常用来存放需要永久保存的或相对来说暂时不用的各种程序和数据的存储器。嵌入式中常见的外部存储器主要有硬盘、光盘、CF 卡、SD 卡等。

3.6.1 硬 盘

1. 硬盘存储器的基本结构与分类

硬盘存储器具有存储容量大、使用寿命长、存取速度较快的特点。硬盘存储器的硬件包括硬盘控制器(适配器)、硬盘驱动器以及连接电缆。硬盘控制器(HDC,Hard Disk Controller)对硬盘进行管理,并在主机和硬盘之间传送数据。硬盘控制器以适配卡的形式插在主板上或直接集成在主板上,然后通过电缆与硬盘驱动器相连。硬盘驱动器(HDD,Hard Disk Drive)中有盘头、磁头、主轴电机(盘片旋转驱动机构)、磁头定位机构、读/写电路和控制逻辑等。

硬盘的接口方式可以说是硬盘另一个重要的技术指标,这点从 SCSI 硬盘和 IDE 硬盘的巨大差价就能体现出来,接口方式直接决定硬盘的性能。在早期,硬盘接口技术发展比较慢,随着计算机技术的不断发展和人们对硬盘容量、存取速度要求的不断提高,硬盘接口技术不断更新换代。当今硬盘接口综合起来可以分成如下几种:IDE(即 ATA)、SCSI、Fiber Channel(光纤)、IEEE 1394(即火线)与 USB。

2. IDE/ATA

IDE 是最常见的硬盘接口,价格相对便宜,在 PC 中得到非常广泛的应用。IDE 即 Integrated Drive Electronics,本意是指把控制器与盘体集成在一起的硬盘驱动器。我们常说的 IDE 接口也叫 ATA(Advanced Technology Attachment)接口,只需一根电缆将它们与主板或接口卡连起来就可以了,如图 3-42 所示。IDE 接口由一个 40 针引脚双列插头连接到系统总线上,其电缆是一条 40 芯的扁平线。IDE 接口的电器特性为信号与 TTL 兼容。

(a) 硬盘结构

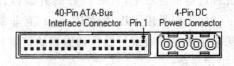
(b) IDE 接口图

图 3-42 硬盘内部结构与 IDE 接口图

ATA 接口可以细分成 ATA-1(IDE)、ATA-2(EIDE Enhanced IDE/Fast ATA)、ATA-3(fastATA-2)、Ultra ATA、Ultra ATA/33、Ultra ATA/66、Ultra ATA/100、及 Serial ATA 等版本。

Srial ATA(即串行 ATA)是英特尔公司在 2000 年 IDF(Intel Developer Forum,英特尔开发者论坛)上发布的将于下一代外设产品中采用的接口类型。就如其名所示,它以连续串行的方式传送数据,在同一时间点内只有 1 位数据传输,此做法能减小接口的针脚数目,用 4 个针就完成了所有的工作(1 针发出、2 针接收、3 针供电、4 针地线)。这样做能降低电力消耗,减小发热量。ATA 接口的优点是价格低廉、兼容性非常好。ATA 接口的缺点是速度慢、只能内置使用、对接口电缆的长度有严格的限制。

3. SCSI 接口

SCSI(Small Computer System Interface)是一种与 ATA 完全不同的接口,不是专门为硬盘设计的,而是一种总线型的系统接口。每个 SCSI 总线上可以连接包括 SCSI 控制卡在内的 8 个 SCSI 设备,但由于一个厂商生产的 SCSI 设备很难与其他厂商生产的 SCSI 控制卡共同工作,加上 SCSI 的生产成本比较高,因此没有像 ATA 接口那样迅速得到普及。SCSI 接口的优势在于它支持多种设备,传输速率比 ATA 高,独立的总线使得 SCSI 设备的 CPU 占用率很低,所以 SCSI 更多地用于服务器等高端应用场合。SCSI 标准是 ANSIX3T9,用于外部设备总线和命令集。SCSI 总线有 50 个引脚。SCSI 硬盘驱动器使用+5 V 和+12 V 直流电源供电。SCSI 接口的信号与 TTL 信号兼容。

目前,SCSI 的几种延伸规格:SCSI-1、SCSI-2、Fast SCSI、Wide SCSI、Ultra SCSI、Ultra Wide SCSI、Ultra2 SCSI、WIDE Ultra2 SCSI、Ultra 160/m SCSI、Ultra320 SCSI。

SCSI 接口的优点是:适应面广,在一块 SCSI 控制卡上就可以同时挂接 15 个设备;高性能(有很多任务、宽带宽及少 CPU 占用率等特点);具有外置和内置两种。SCSI 接口的缺点是:价格昂贵、安装复杂。

4. 光纤通道

光纤通道技术具有数据传输率高、数据传输距离远以及可简化大型存储系统设计的优点。目前,光纤通道支持 200 Mbps 的数据传输速率,可以在一个环路上容纳多达 127 个驱动器,局域电缆可在 25 m 范围内运行,远程电缆可在 10 km 范围内运行。

光纤通道的优点是:具有很好的升级性;可以采用非常长的光纤电缆(带有 Fiber Optic Cabling 时,光纤长度可以超过 10 km);有非常宽的带宽(现在一般的光纤都具有 1.06 Gbps,而如果采用多光纤通道可以达到更宽的带宽);具有很强的通用性。光纤通道的缺点是:价格昂贵;组建复杂。

3.6.2 光盘存储器

相对于利用磁头变化和磁化电流进行读/写的磁盘而言,用光学方式读/写信息的圆盘称为光盘,以光盘为存储介质的存储器称为光盘存储器。

1. 光盘存储器的类型

CD-ROM 光盘:所谓 CD-ROM(Compact Disc Read Only Memory),即只读型光盘,又称固定型光盘,由生产厂家预先写入数据和程序,使用时用户只能读出,不能修改或写入新内容。

CD-R 光盘:CD-R 光盘采用 WORM(Write One Read Many)标准。光盘可由用户写入信息,写入后可以多次读出;但只能写入一次,信息写入后将不能再修改,所以称为只写一次型光盘。

CD-RW光盘:这种光盘是可以写入、擦除、重写的可逆性记录系统。这种光盘类似于磁盘,可重复读/写。

DVD-ROM光盘:DVD代表通用数字化多功能光盘(Digital Versatile Disc),简称高容量CD。事实上,任何DVD-ROM光驱都是CD-ROM光驱,即这类光驱既能读取CD光盘,也能读取DVD光盘。DVD除了密度较高以外,其他技术与CD-ROM完全相同。

2. 光盘存储器的组成及工作原理

光盘存储器由光盘控制器和光盘驱动器及接口组成。光盘控制器主要包括数据输入缓冲器、记录格式器、编码器、读出格式器、数据输出缓冲器等部分。光盘驱动器主要包括主轴电机驱动机构、定位机构、光头装置及电路等。其中,光头装置部分最复杂,是驱动器的关键部分。

光盘片是指整个盘片,包括光盘的基片和记录介质。基片一般采用碳酸酯晶片制成,是一种耐热的有机玻璃。无论是只读的CD-ROM光盘、DVD-ROM光盘还是一次可写的CD-R、可反复擦写的CD-RW光盘,表面上看都是一张120 mm直径的盘片,中心有一个用来固定的15 mm直径的小圆孔,圆孔中心半径13.5 mm范围内和盘片外沿1 mm内是空白区,真正存放数据的便是中间一段宽度为38 mm的环形区域。它们的不同之处主要是这些光盘的记录层(用于记录数据)的化学成分存在差异。

CD-ROM光盘是采用母盘灌制的方法大批量生产的,首先用事先编制好的程序控制激光刻片机,对一张玻璃基板进行蚀刻,将要存储的数据内容在玻璃基板上形成一个个数据凹痕,这个制作完成的玻璃基板就是大量压制CD-ROM光盘的模具。模具制造完成之后用聚碳酸酯溶液倒入模具中,冷却后便变成具有同玻璃基板相应凹槽的基片,在其表面喷有一层厚度约为50 nm的铝质反光涂料,通常将它称为反射层,其作用就是将读取数据的激光反射给接收装置;此外还必须覆盖一层起保护作用的透明基片,这样盘片的制作就完成了。

CD-ROM光盘上有一条从内向外的由凹痕和平坦表面相互交替而组成的连续的螺旋形路径。也就是说,数据和程序都是以刻痕的形式保存在盘片上的。当一束激光照射在盘面上,靠盘面上有无凹痕的不同反射率来读出程序和数据。一片CD-ROM盘上,存储容量可达到600 MB,相当于500张1.2 MB的软盘。但是,因为程序和数据文件是按内螺旋线的规律顺序存放在盘上的,不能像磁盘驱动器那样读取文件的每个扇区,所以读取速度较慢。

当光盘读取这些盘片时,激光头射出的激光束在穿过表面的透明基片直接聚集在盘片射层上,反射回来的激光会被光感应器检测到。每当激光通过凹痕时光强会发生变化,代表读取到数据"1";而激光通过平坦表面时的光强不发生变化,则代表读取到数据"0"。光驱的信号接收系统则负责把这种光强的变化转换成相应的电信传送到系统总线,从而实现数据的读取。

3.6.3 Flash卡

SAMSUNG、TOSHIBA和Fujistu这3家公司支持采用Nand技术的Nand Flash。这种结构的闪速存储器适合于纯数据存储和文件存储,主要作为Compact Flash卡、SmartMedia

卡、PCMCIA ATA 卡、固态盘的存储介质,并成为 Flash 磁盘技术的核心,下面介绍几种常见的存储卡。

1. CF 卡

COMPACTFLASH 是一种小型移动存储设备,如图 3-43 所示。这种标准是在 1994 年由 SCANDISK 公司提出的。CF 卡兼容 PCMCIA-ATA 标准、TRUEIDE 标准、ATA/ATA-PI-4 标准;其体积为 43 mm(1.7")×36 mm(1.4")×3.3 mm(0.13"),有 50 条引脚;主要用于数码相机、MP3 播放器、PDA 等便携式产品。

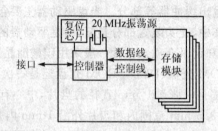

图 3-43 CF 卡功能框图

CF 卡的内部结构与 ATA Flash 卡类似,也是由控制芯片和存储模块组成。智能化的控制芯片提供一个连接到计算机的高电平接口,这个接口运行计算机发布命令对存储卡以块为单位进行读/写操作。块的大小为 16K,有 ECC 校验。控制芯片管理着接口协议、数据存储、通过 ECC 校验修复数据、错误诊断、电源管理和时钟控制,一旦 CF 卡通过计算机的设置,它将以一个标准的 ATA 硬盘驱动器出现,你可以像对其他硬盘一样对它进行操作。

CF 卡需要专用的读/写设备,但是因为它兼容 PCMCIA-ATA 标准,所以可以通过一个转接卡当作 PCMCIA 设备来使用。

2. SM 卡

SMART MEDIA CARD 简称 SM 卡,是基于 Nand 型 Flash 芯片的存储卡,如图 3-44 所示。它的最大特点是体积小(45.0 mm×37.0 mm×0.76 mm)、重量轻(2 g),主要用于数码相机、PDA、电子音乐设备、数码录音机、打印机、扫描仪以及便携式终端设备等。

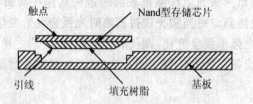

图 3-44 SM 卡

从结构上讲,SM 卡实在是简单不过了,卡的内部没有任何控制电路,仅仅是一个 Flash 存储器芯片而已;芯片封装到一个塑料卡片中,引脚与卡片表面的铜箔相连。SM 卡采用 Nand 型的 Flash 芯片,因而与其他存储卡相比具有较低的价格;但因为它只用了一个存储芯片,所以受到了很大的限制,不容易做到大容量。SM 卡可以采用专用的读/写器进行读/写,也可以通过一个转接卡当作 PC 卡来读写。主要特点:Nand 结构适合于文件存储;高速的读/写操作;价格低廉。

3. MultiMedia 卡

图 3-45 是由美国 SANDISK 公司和德国西门子公司共同开发的一种通用的、低价位的、可用于数据存储和数据交换的多功能存储卡。作为一种低价位、小体积、大容量的存储卡,它的应用范围很广,可用于数码相机、数码摄像机、PDA、数码录音机、MP3、移动电话等设备。

图 3-45 MMC 卡结构图

MMC 卡的数据通信是基于一种可工作在低电压范围下的串行总线,有 7 条引线。它支持 MMC 总线和 SPI 总线。

特点:由于工作电压低,耗电量很小;体积小,与一张邮票差不多;可对数据实行密码保护,内置写保护功能。

4. MEMORY STICK

MEMORY STICK(记忆棒)是 SONY 公司推出的一种小体积的存储卡,如图 3-46 所示,可用于各种消费类电子设备,如数码摄像机、便携式音频播放设备、掌上电脑、移动电话等。对于音乐等一些受保护的内容具备数字版权保护功能。

SONY 的 MEMORY STICK 具有写保护开关,采用 10 引脚的串行连接方式,具有很高的可靠性。通过一个 PC 卡适配器,它也可作为一个 PC 卡在各种 PC 卡读/写设备上使用。MEMORY STICK 内部包括控制器和存储模块,控制芯片负责控制各种不同类型的 Flash 存储芯片,并负责并行数据和串行数据之间的相互转换。另外,MEMORY STICK 采用了一种专用的串行接口,发送数据时附加了一位效验码,最高工作频率为 20 MHz。

5. Secure Digital Memory

SD 卡是由 Panasonic、Toshiba 及美国 SanDisk 公司于 1999 年 8 月共同开发研制的一种基于 Nand 技术的 Flash 存储卡,如图 3-46 所示。它的体积非常小,仅有一张邮票大小,但是容量却很大。SD 卡的另一个特点是具有非常好的数据安全性和版权保护功能。

图 3-46 记忆棒和 SD 卡

习 题

1. 嵌入式系统中常用到哪些存储器,各有何作用?
2. ROM 和 RAM 的主要区别是什么?
3. SRAM 和 Nor Flash 的接口电路相对简单,举例说明它们的地址分配方法。
4. 说明 Nand Flash 的寻址方式。
5. Nand Flash 的特点有哪些?举例说明它的接口电路如何设计。
6. Nor Flash 与 Nand Flash 有何区别。
7. S3C2410 的存储空间是如何分配的?各块地址空间的范围是什么?SDRAM 存储器应该连接到哪个存储块?
8. 以 S3C2410 处理器为核心设计嵌入式系统时,启动程序代码的存储空间可以采用哪几类存储器?如何设计它们的接口电路?

第 4 章

基本输入/输出接口

基于 IP 核的 SOPC 设计中,往往集成了常用的基本输入/输出接口和控制器。本章结合国内常用的 ARM 芯片 S3C2410,介绍常用的输入/输出接口,如 GPIO、键盘与鼠标接口、数/模转换、触摸屏、显示器接口、音频接口等;结合电路介绍如何对基本的输入/输出接口进行软件编程,这对于学习驱动程序的编写具有重要的意义。

4.1 输入/输出接口概述

4.1.1 GPIO 的结构与原理

GPIO,英文全称为 General-Purpose I/O ports,也就是通用 I/O 口。在嵌入式系统中常常有数量众多、但是结构却比较简单的外部设备/电路,对这些设备/电路有的需要 CPU 为之提供控制手段,有的则需要被 CPU 用作输入信号。而且,许多这样的设备/电路只要求一位,即只要有开/关两种状态就够了,比如灯亮与灭。对这些设备/电路的控制,使用传统的串行口或并行口都不合适。所以,在微控制器芯片上一般都会提供一个通用可编程 I/O 接口,即 GPIO。接口至少有两个寄存器,即通用 I/O 控制寄存器与通用 I/O 数据寄存器。图 4-1 表示了双向 GPIO 端口的简化功能逻辑图。为简化图形,仅画出 GPIO 的第 0 位。图中画出两个寄存器:数据寄存器 PORT 和数据方向寄存器 DDR。数据方向寄存器 DDR(Data Direction Register)设置端口的方向,若该寄存器的输出为 1,则端口为输出;若该寄存器的输出为 0,则端口为输入。DDR 状态能够用写入该 DDR 的方向加以改变。DDR 在微控制器地址空间中是一个映射单元。数据寄存器的各位都直接引到芯片外部,而对这种寄存器中每一位的作用,即每一位的信号流通方向,则可以通过控制寄存器中对应位独立地加以设置。这样,有无 GPIO 接口也就成为微控制器区别于微处理器的一个特征。

在实际的 MCU 中,GPIO 是有多种形式的。比如有的数据寄存器可以按照位寻址,有些却不能按照位寻址,这在编程时就要区分了。比如传统的 8051 系列,就区分成可位寻址和不可位寻址两种寄存器。另外,为了使用的方便,很多 MCU 把"粘和逻辑"等集成到芯片内部,增强了系统的稳定性,比如 GPIO 接口除去两个标准寄存器必须具备外,还提供上拉寄存

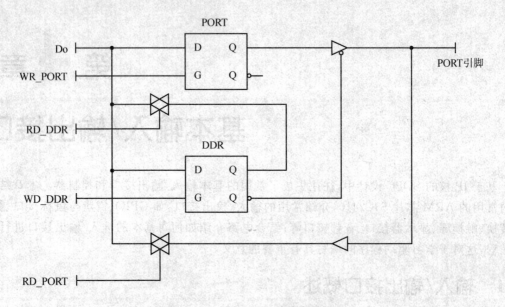

图 4-1 双向 GPIO 功能逻辑图

器,可以设置 I/O 的输出模式是高阻还是带上拉的电平输出,或者不带上拉的电平输出。这在电路设计中,外围电路就可以简化不少。

另外需要注意的是,对于不同的计算机体系结构,设备可能是端口映射,也可能是内存映射的。如果系统结构支持独立的 I/O 地址空间并且是端口映射,就必须使用汇编语言完成实际对设备的控制,因为 C 语言并没有提供真正的"端口"的概念。如果是内存映射,那就方便多了。举个例子,比如向寄存器 A(地址假定为 0x48000000)写入数据 0x01,那么就可以这样设置了。

```
#define A (*(volatile unsigned long *)0x48000000)
...
A = 0x01;
...
```

这实际上就是内存映射机制的方便性了。其中,volatile 关键字是嵌入式系统开发的一个重要特点。volatile 关键字是一种类型修饰符,用它声明的类型变量表示可以被某些编译器未知的因素更改,比如操作系统、硬件或者其他线程等。遇到这个关键字声明的变量,编译器对访问该变量的代码就不再进行优化,从而可以提供对特殊地址的稳定访问。一个定义为 volatile 的变量意味着这变量可能会被意想不到地改变,这样编译器就不会去假设这个变量的值了。精确地说就是,优化器在用到这个变量时必须每次都小心地重新读取这个变量的值,而不是使用保存在寄存器里的备份。下面是使用 volatile 变量的几种情况:

① 并行设备的硬件寄存器(如状态寄存器)。
② 一个中断服务子程序中会访问到的非自动变量(Non-automatic variables)。
③ 多线程应用中被几个任务共享的变量。

上述表达式拆开来分析,首先,(volatile unsigned long *)0x48000000 的意思是把 0x48000000 强制转换成 volatile unsigned long 类型的指针,暂记为 p,那么就是 #define A *p,即 A 为 P 指针指向位置的内容了。这里就是通过内存寻址访问到寄存器 A,可以读/写操作。

4.1.2 S3C2410 中的 GPIO

1. S3C2410 的 GPIO

S3C2410 芯片共有 117 个多功能输入/输出引脚,分属于 8 个 I/O 端口,端口功能可以编程设置。8 个 I/O 端口如下:

端口 A (GPA):23 个输出引脚

端口 B (GPB):11 个输入/输出引脚

端口 C (GPC):16 个输入/输出引脚

端口 D (GPD):16 个输入/输出引脚

端口 E (GPE):16 个输入/输出引脚

端口 F (GPF):8 个输入/输出引脚

端口 G (GPG):16 个输入/输出引脚

端口 H (GPH):11 个输入/输出引脚

上述 8 个 I/O 端口可以根据系统配置和设计的不同需求通过编程进行配置。若选定某个 I/O 端口的功能,设计者应在主程序运行之前编程设置对应的控制寄存器,从而选定所需 I/O 端口的功能。如果某个 I/O 引脚不用于特定功能,那么该引脚就可以设置为普通的输入/输出引脚。

2. 端口控制器的描述

端口控制器包括(GPACON-GPHCON)寄存器,在 S3C2410 中,大部分引脚都是复用的。因此,在具体使用 I/O 引脚时,应该通过编程设置端口控制器,以决定使用每个 I/O 引脚的哪种功能。另外,对于 I/O 端口的状态(如输入还是输出、数据线是否挂起),设计者也需要通过编程设置控制寄存器来确定。当这些端口只是设置为简单的输入/输出接口时,常用的寄存器有:

GPnCON:决定了端口的功能,如读、写。

GPnDAT:端口的数据寄存器,用来存放相应端口的数据。如果端口配置为输出端口,那么端口引脚的数据就会写到该寄存器相应的位。如果端口配置为输入端口,那么端口引脚的数据就会读到该寄存器相应的位。

GpnUP:上拉设置寄存器,它是可读/写的,用来确定端口 I/O 引脚是否内部接上拉电阻。芯片的引脚加上拉电阻来提高输出电平,从而提高芯片输入信号的噪声容限增强抗干扰能力。当寄存器中的某位设为 0 时,则相应引脚上拉电阻使能;为 1,则不使能。

此外,这些 I/O 还可以用来作为 USB、中断、外部时钟等控制信号,这种情况下还要用到下面这些寄存器:

MISCCR:多控制寄存器。该寄存器有多个功能,可以用来对 USB 主机和 USB 设备进行控制。

DCLKCON:DCLK 控制寄存器。该寄存器是可读/写的,主要用于对外部时钟 DCLK0、DCLK1 进行控制;通过该寄存器可以定义 DCLKn 信号的频率和占空比。

EXTINTn:外部中断控制寄存器。该类寄存器共有 3 个,用于对 24 个外部中断请求信号的有效方式进行选择。

EINTELTn:外部中断过滤寄存器。这类寄存器共有 4 个,这些寄存器主要用来对外部中断请求信号滤波器的时钟、宽度进行设置。

EINTMASK:外部中断屏蔽寄存器,用来对外部中断进行屏蔽,相应位为 1 表示屏蔽,为 0 表示不屏蔽。

EINTPEND:外部中断悬挂寄存器,用来作为外部中断未决位。

GSTATUSn:通用状态寄存器,共有 5 个,用来存放芯片的一些信息,如芯片 ID、电池状态等。

3. 端口的使用

这么多的 I/O 口,其实很多是复合功能的,既可以作为普通的 I/O 口使用,也可以作为特殊外设接口。在程序设计时,要对整体的资源有所规划,初始化时就应该把所有资源安排合理,这样才会避免出现问题。现在的 8 个端口的寄存器是相似的。除了两个通用寄存器 GPxCON、GPxDAT 外,还提供了 GPxUP 用于确定是否使用内部上拉电阻(其中 x 为 A-H,需要注意的是没有 GPAUP)。应用的主要步骤如下:

① 设置 GPIO 控制寄存器 GPxCON。

② 设置 GPIO 上拉寄存器 GPxUP。

初始化完成后就可以通过对 GPxDAT 的操作来实现相应的应用了,其中,PORT A 与 PORT B-H 在功能选择方面有所不同,GPACON 的每一位对应一根引脚(共 23pin 有效)。当某位设为 0 时,相应引脚为输出引脚,此时往 GPADAT 中写 0/1,可以让引脚输出低电平/高电平;当某位设为 1,则相应引脚为地址线或者用于地址控制,此时 GPADAT 就没有用了。一般而言,GPACON 通常全设为 1,以便访问外部存储器件。PORT B-H 在寄存器操作方面完全相同。GPxCON 中每两位控制一根引脚:00 表示输入,01 表示输出,10 表示特殊功能,11 保留。GPxDAT 用于读/写引脚:当引脚设为输入时,读此寄存器可知相应引脚状态是高或低;当引脚设为输出时,写此寄存器相应位可以使相应引脚输出低电平或高电平。GPxUP:

某位设为0,相应引脚无内部上拉;为1,相应引脚使用内部上拉。关于特殊功能,那就得结合特殊外设来进行设置了。

【例4-1】 使用端口E、端口F作为普通I/O接口,其中,端口E的GPE3位输出控制一个LED指示灯、GPE4位输出控制一个蜂鸣器,如图4-2所示;端口F用作一个并行数据的输入,即作为一个普通的并行输入口。根据电路图用C语言实现其功能。

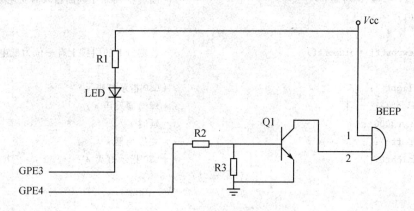

图4-2 LED和蜂鸣器控制电路

① S3C2410.h中关于GPIO的定义如下:

```
...
#define rGPECON    (*(volatile unsigned *)0x56000040)/*端口E控制器寄存器*/
#define rGPEDAT    (*(volatile unsigned *)0x56000044)/*端口E数据寄存器*/
#define rGPEUP     (*(volatile unsigned *)0x56000048)/*端口E上拉控制寄存器*/
#define rGPFCON    (*(volatile unsigned *)0x56000050)/*端口F控制器寄存器*/
#define rGPFDAT    (*(volatile unsigned *)0x56000054)/*端口F数据寄存器*/
#define rGPFUP     (*(volatile unsigned *)0x56000058)/*端口F上拉控制寄存器*/
...
```

② 程序代码如下:

```
#include"S3C2410.h"
/*端口E的GPE4用作蜂鸣器输出控制端,宏定义蜂鸣器的开、关,高电平为鸣叫*/
#define beepon()  {rGPEDAT = rGPEDAT|0x0010;}
#define beepoff() {rGPEDAT = rGPEDAT&0xffef;}
/*端口E的GPE3用作LED输出控制端,宏定义LED的亮、灭,低电平为亮*/
#define ledlight() {rGPEDAT = rGPEDAT&0xfff7;}
#define ledclear() {rGPEDAT = rGPEDAT|0x0008;}
Void Main(void)
{
```

```
        INT16U temp;                              /*定义变量用来判断并口输入是否有变化*/
        INT8U oldportf = 0xff,newportf;
        rGPECON = ((rGPECON|0x00000140)&0xfffffd7f);  /*初始化端口 E,使 GPE4、GPE3 为输出*/
        beepoff();                                /*关蜂鸣器*/
        rGPFCON = rGPFCON&0x0000;                 /*初始化端口 F,使所有位均为输入*/
        Newportf = rGPFDAT;                       /*读端口 F,用于判断输入的变化*/
        While(1)
        {
            if(newportf! = oldportf)              /*若端口 F 的引脚上有一位为低电平*/
            {
                Ledlight();                       /*LED 指示灯亮*/
                Beepon();                         /*蜂鸣器发声*/
                Delay(3000);                      /*延时*/
                Beepoff();                        /*关蜂鸣器*/
                Ledclear();                       /*LED 指示灯灭*/
            }
        }
```

4.2 键盘和鼠标接口

4.2.1 键盘接口

键盘是微机系统中最常用的外部设备,数据、内存地址、命令及指令地址等都可以通过键盘输入到系统中。

1. 键盘的工作原理

最简单的键盘如图 4-3(a)所示,其中,每个键对应 I/O 端口的一位。没有键闭合时,各位均处于高电平;当有一个键按下时,就使对应位接地而成为低电平,而其他位仍为高电平。这样,CPU 只要检测到某一位为 0,便可判别出对应键已按下。

但是,用图 4-3(a)的结构设计键盘有一个很大的缺点:这就是当键盘上的键较多时,引线太多,占用的 I/O 端口也太多。所以,这种简单结构只用在只有几个键的小键盘中。

通常使用的键盘是矩阵结构的。对于 8×8=64 个键的键盘,采用矩阵方式只要用 16 条引线和 2 个 8 位端口便完成键盘的连接。以 3×3=9 个键为例,如图 4-3(b)所示,这个矩阵分为 3 行 3 列,如果键 5 按下,则第 1 行和第 2 列线接通而形成通路。如果第 1 行线接低电平,则键 5 的闭合会使第 2 列线也输出低电平。矩阵式键盘工作时,就是按行线和列线的电平来识别闭合键的。

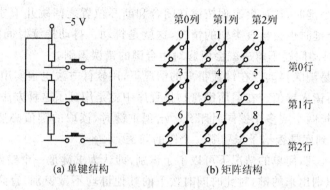

(a) 单键结构　　　　(b) 矩阵结构

图 4-3　键盘原理

为了识别键盘上的闭合键,通常可以采用两种方式:行扫描法和行反转法。

(1) 行扫描法

图4-3(b)是一个3行3列组成的键盘。行扫描法识别按键的原理如下:先使第0行接低电平,其余行为高电平,然后看第0行是否有键闭合。这是通过检查列线电位来实现的,即在第0行接低电平时,看是否有哪条列线变成低电平。如果有某列线变为低电平,则表示第0行和此列线相交位置上的键被按下;如果没有任何一条列线为低电平,则说明第0行没有任何键按下。此后,再将第1行接低电平,检测是否有变为低电平的列线。如此重复地扫描,直到最后一行。在扫描过程中,当发现某一行有键闭合时,也就是列线输入中有一位为0时便退出扫描,通过组合行线和列线即可识别此刻按下的是哪一键。

(2) 行反转法

行反转法也是识别键盘的常用方法,原理是:将行线接一个数据端口,先让它工作在输出方式;将列线也接到一个数据端口,先让它工作在输入方式。程序使CPU通过输出端口往各行线上送低电平,然后读入列线值。如果此时有某键按下,则必定会使某列线值为0。接着,程序再对两个端口进行方式设置,使接行线的端口改为输入方式,接列线的端口改为输出方式。并且,将刚才读得的列值从列线所接端口输出再读取行线的输入值,那么闭合键所在的行线值必定为0。这样,当一个键被按下时,必定可以读得一对唯一的行值和列值。

为了查找键代码,键盘程序设计时可将各个键对应的行、列值放在一个表中,程序通过查表来确定哪一个键被按下,进而在另一个表中找到这个键的代码。如果遇到多个键同时闭合的情况,则输入的行值或者列值中一定有一个以上的0,而由程序预先建立的键值表中不会有此值,因而可以判为重键而重新查找。所以,用这种方法可以方便地解决重键问题。

2. 抖动和重键问题

当键盘设计时,除了对键码的识别外,还有两个问题需要解决:抖动和重键。

当用手按下一个键时,往往会出现按键在闭合和断开位置之间跳几下才稳定到闭合状态的情况;在释放一个键时也会出现类似的情况,这就是抖动。抖动持续时间随操作员而异,一般不大于 10 ms。抖动问题不解决就会引起对闭合键的错误识别。

利用硬件很容易消除抖动。在键数很多的情况下,用软件方法也很实用,即通过延时来等待抖动消失,然后再读入键值。在前面键盘扫描程序中就是用到了这种方法。

所谓重键就是指两个或多个键同时闭合。出现重键时,读取的键值必然出现有一个以上的 0,于是就产生了到底是否给予识别哪一个键的问题。

对重键问题的处理,简单的情况下可以不予识别,即认为重键是一个错误的按键。通常情况,则是只承认先识别出来的键,对此时同时按下的其他键均不做识别,直到所有键都释放以后才读入下一个键,称为连锁法。另外还有一种巡回法,它的基本思想是:等被识别的键释放以后,就可以对其他闭合键做识别,而不必等待全部键释放。显然,巡回法比较适合于快速键入操作。

嵌入式系统的外围键盘扩展电路有多种实现方法。一般选用专用的芯片来识别键盘,键盘的芯片一般通过中断方式处理按键事件,这样做的优点是节约嵌入式系统的开销,缺点是增加了成本。

4.2.2 键盘接口编程

1. 接口电路

如图 4-4 所示的键盘接口电路采用 4 个 I/O 口,实现 2×2 个按键。GPH4 接第 0 行,GPH5 接第 1 行,GPH6 接第 0 列,GPH7 接第 1 列。

先使第 0 行接低电平,其余行为高电平,然后看第 0 行是否有键闭合。这是通过检查列线电位来实现的,即在第 0 行接低电平时,看是否有哪条列线变成低电平。如果检测到 GPH6 为低电平,则表示 S1 键按下;如果检测到 GPH7 为低电平,则表示 S2 键按下;如果没有任何一条列线为低电平,则说明第 0 行没有任何键按下。此后,再将第 1 行接低电平,检测是否有变为低电平的列线。如果检测到 GPH6 为低电平,则表示 S3 键按下;如果检测到 GPH7 为低电平,则表示 S4 键按下;如果没有任何一条列线为低电平,则说明第 1 行没有任何键按下。如此重复地扫描,通过组合行线和列线即可识别此刻按下的是哪个键。

2. 键盘的识别

键盘的识别主要靠软件来实现的,需要编写键盘扫描程序。在启动键盘扫描程序以前首先要对 CPU 进行初始化(主要是对所使用的 I/O 端口进行初始化)。假设已经有键按下,并引发了键盘扫描程序,其流程如图 4-5 所示。

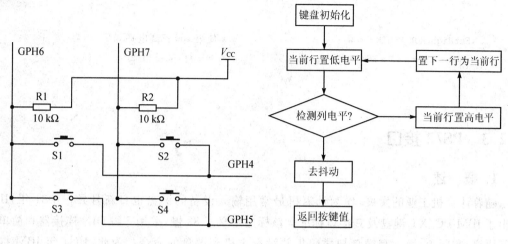

图 4-4 键盘接口电路　　　　图 4-5 键盘扫描程序流程图

3. 键盘接口编程

这里仅列出了键盘初始化和键盘扫描的函数,详细的代码请参考光盘中相关实验的源代码。

(1) 键盘初始化

```
void InitKey(void)                              /*输入引脚初始化*/
{
rGPHCON &= ~((3<<14)|(3<<12)|(3<<10)|(3<<8));   /*把 GPH7～GPH4 引脚设为输入 I/O 口*/
rGPHCON |= ((1<<10)|(1<<8));                    /*把 GPH5～GPH4 引脚设为输出 I/O 口*/
rGPHUP |= ((1<<7)|(1<<6)|(1<<5)|(1<<4));        /*把 GPH7～GPH4 引脚设禁止上拉*/
rGPHDAT |= ((1<<5)|(1<<4));                     /*GPH5～GPH4 引脚为高电平*/
}
```

(2) 键盘扫描程序

```
unsigned char Scan(void)
{   row = 0;line = 0;                           /*每次扫描都从 0 行 0 列开始*/
    while(1)
    {SetLow(ROW_BEGIN + row);                   /*使第 row 行低电平*/
        for(line = 0;line<LINE_NUM;line + + )   /*检测是否有变为低电平的列线*/
        {if(! CheckPin(LINE_BEGIN + line))      /*如果检测到引脚的电平为低*/
            {Jitter();                          /*去除抖动*/
            if(! CheckPin(LINE_BEGIN + line))   /*如果等待一定的延时后,还处于低电平*/
                {return key[row][line];}        /*返回按下的键值*/
```

```
            }
        }
        SetHigh(ROW_BEGIN + row);          /* 使第 row 行高电平 */
        row = (row + 1) % ROW_NUM;         /* 下一行,准备扫描 */
    }
}
```

4.2.3 PS/2 接口

1. 概述

随着计算机工业的发展,作为计算机最常用输入设备的键盘也日新月异。1981 年,IBM 推出了 IBM PC/XT 键盘及其接口标准。该标准定义了 83 键,采用 5 脚 DIN 连接器和简单的串行协议,实际上,第一套键盘扫描码集并没有主机到键盘的命令。为此,1984 年 IBM 推出了 IBM AT 键盘接口标准,该标准定义了 84~101 键。到了 1987 年,IBM 又推出了 PS/2 键盘接口标准。该标准仍旧定义了 84~101 键,但是采用 6 脚 mini-DIN 连接器,该连接器在封装上更小巧,采用双向串行通信协议并且提供有可选择的第三套键盘扫描码集,同时支持 17 个主机到键盘的命令。现在市面上的键盘都和 PS/2 及 AT 键盘兼容,只是功能不同而已。目前,键盘的接口类型有:PC/XT 键盘(83 键)、AT 键盘接口、PS/2 键盘标准、USB 接口键盘。常见的 PS/2 键盘接口如图 4-6 所示。

一般,具有 5 脚连接器的键盘称之为 AT 键盘,而具有 6 脚 mini-DIN 连接器的键盘则称之为 PS/2 键盘。其实,这两种连接器都只有 4 个脚有意义,分别是 Clock(时钟脚)、Data 数据脚、+5 V(电源脚)和 Ground(电源地)。在 PS/2 键盘与 PC 机的物理连接上只要保证这 4 根线一一对应就可以了。PS/2 键盘靠 PC 的 PS/2 端口提供 +5 V 电源。

2. PS/2 键盘

PS/2 键盘靠 PC 机的 PS/2 端口提供 +5 V 电源,另外,两个脚 Clock 和 DATA 都是集电极开路的。它们平时保持高电平,即空闲时总是高电平有输出时才拉到低电平,之后自动上浮到高电平。

PS/2 通信协议是一种双向同步串行通信协议。通信的两端通过 Clock(时钟脚)同步,并通过 DATA(数据脚)交换数据。任何一方如果想抑制另外一方通信,只需要把 Clock(时钟脚)拉到低电平。如果是 PC 机和 PS/2 键盘间的通信,则 PC 机必须作主机,也就是说,PC 机可以抑制 PS/2 键盘发送数据,而 PS/2 键盘则不会抑制 PC 机发送数据。一般两设备间传输数据的最大时钟频率是 33 kHz,大多数 PS/2 设备工作在 10~20 kHz。推荐值在 15 kHz 左右,也就是说,Clock(时钟脚)高、低电平的持续时间都为 40 μs。每一数据帧包含 11~12 个位,具体含义如表 4-1 所列。

公的(Male)	母的(Female)	5-pin DIN (AT/XT):	5 脚 DIN(AT/XT):
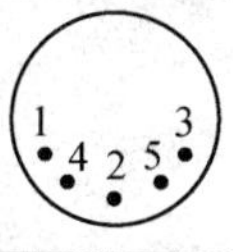	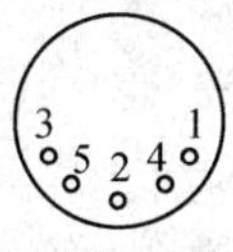	1—Clock	1—时钟
		2—Data	2—数据
		3—Not Implemented	3—未实现，保留
		4—Ground	4—电源地
插头(Plug)	插座(Socket)	5—+5 V	5—电源+5 V
公的(Male)	母的(Female)	6-pin Mini-DIN (PS/2):	6 脚 Mini-DIN(PS/2):
		1—Data	1—数据
		2—Not Implemented	2—未实现，保留
		3—Ground	3—电源地
		4—+5 V	4—电源+5 V
插头(Plug)	插座(Socket)	5—Clock	5—时钟
		6—Not Implemented	6—未实现，保留

图 4-6 PS/2 键盘接口

表 4-1 PS/2 协议的数据帧

数据位	说　明
1 个起始位	总是逻辑 0
8 个数据位	(LSB)低位在前
1 个奇偶校验位	奇校验
1 个停止位	总是逻辑 1
1 个应答位	仅用在主机对设备的通信中

键盘到主机的通信的时序如图 4-7 所示。

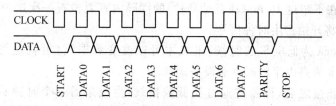

图 4-7 键盘到主机的通信时序

① 检测时钟线电平，确认它处于高电平，若不是，表示主机抑制通信；此时缓冲数据，直到主机释放时钟。

② 检测数据线是否为高，如果为高则继续执行，如果为低则放弃发送（此时 PC 机再向 PS/2 设备发送数据，所以 PS/2 设备要转移到接收程序处接收数据）。

③ 输出起始位(0)到数据线上。这里要注意的是,在送出每一位后都要检测时钟线,以确保 PC 机没有抑制 PS/2 设备,如果有则终止发送。

④ 输出 8 个数据位到数据线上。

⑤ 输出校验位。

⑥ 输出停止位 1。

从时钟脉冲的上升沿到数据跳变的时间必须至少 5 μs,从数据跳变到时钟脉冲的下降沿必须至少 5 μs 且不超过 25 μs。当时钟为高时,数据线改变状态;当时钟为低时,(数据线上的)数据是有效的。主机可在任何时间禁止通信,只需要将时钟线下拉位低电平超过 100 μs 即可。

如果在第 11 个脉冲时禁止传输,则设备必须终止当前的传输,准备重新传输当前的数据 chunk(块)时主机释放时钟。键盘码的通码为 16 位,当传输到第 2 个字节时中断,则重新发送这两个字节。若新产生的数据需要传输,则它必须将数据缓冲直到主机释放时钟,但是键盘的缓冲区只有 16 位,因此超过 16 位击键的存在将被忽略。主机到键盘的通信的时序如图 4-8 所示。

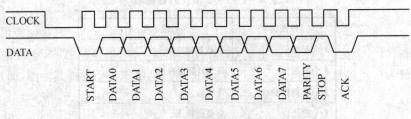

图 4-8 主机到键盘的通信时序

① 拉低 Clock 至少 100 μs 来禁止通信。

② 拉低数据线,请求"Request-to-send",然后释放时钟。

③ 设备应该在不超过 10 ms(注意是毫秒)的间隔内就要检查一次这个状态,当设备检测到这个状态时,它将开始产生时钟信号。

④ 只有当 Clock 为低电平的时候,主机才可以改变数据线(也就是将数据写入到数据线)。数据在 Clock 为高电平的时候被设备读取。

⑤ 在收到停止位之后,设备将通过拉低数据线,生成最后一个时钟脉冲来应答收到的字节。

在第 11 个脉冲之前(回应位),主机可以随时终止传输,只要拉低时钟持续 100 μs 即可。

在第 11 个时钟脉冲之后,如果主机并没有释放数据线,设备将继续产生时钟脉冲直到数据线被释放(然后设备将产生一个错误);当时钟为低时,数据线改变状态;当时钟为高时,(数据线上的)数据是有效的;数据线为低时,被键盘读取。

3. PS/2 鼠标

鼠标的英文原名是 Mouse,鼠标的使用是为了使计算机的操作更加简便,以代替键盘那些繁琐的指令。

鼠标按其工作原理的不同,可以分为机械鼠标和光电鼠标。机械鼠标主要由滚球、辊柱和光栅信号传感器组成。当拖动鼠标时带动滚球转动,滚球又带动辊柱转动,装在辊柱端部的光栅信号传感器产生的光电脉冲信号反映出鼠标器在垂直和水平方向的位移变化,再通过程序的处理和转换来控制屏幕上光标箭头的移动。光电鼠标器是通过检测鼠标器的位移,将位移信号转换为电脉冲信号,再通过程序的处理和转换来控制屏幕上的光标箭头的移动。光电鼠标用光电传感器代替了滚球。这类传感器需要特制的、带有条纹或点状图案的垫板配合使用。鼠标按接口类型可分为串行鼠标、PS/2 鼠标、USB 鼠标。

串口就是串行接口,即 COM 接口,是一种 9 针或 25 针的 D 型接口。将鼠标接到电脑主机串口上就能使用。其优点是适用范围和机型最多,缺点是串口通信的数据传输率太低,中高档鼠标不能发挥其高性能优势,而且不支持热插拔。在最新的 BTX 主板规范中已经取消了串口,随着 BTX 规范的普及,串口鼠标也必将逐渐被淘汰。

PS/2 接口是目前最常见的鼠标接口,最初是 IBM 公司的专利,俗称"小口"。这是一种鼠标和键盘的专用接口,是一种 6 针的圆型接口。但鼠标只使用其中的 4 针传输数据和供电,其余 2 个为空脚。PS/2 接口的传输速率比 COM 接口稍快一些,而且是 ATX 主板的标准接口,是目前应用最为广泛的鼠标接口之一,但仍然不能使高档鼠标完全发挥其性能,而且不支持热插拔。

4.3 A/D 转换器

4.3.1 A/D 转换器概述

当计算机用于数据采集和过程控制的时候,采集对象往往是连续变化的物理量(如温度、压力、声波等),但计算机处理的是离散的数字量,因此需要对连续变化的物理量(模拟量)进行采样、保持,再把模拟量转换为数字量交给计算机处理、保存等。计算机的数字量有时需要转换为模拟量输出去控制某些执行元件,模/数转换器(ADC)与数/模转换器(DAC)用于连接计算机与模拟电路。

一个包含 A/D 和 D/A 转换器的计算机闭环自动控制系统如图 4-9 所示。首先由传感器把实时现场的各种物理参数(如温度、流量、压力、PH 值、位移等)测量出并转为相应的电信号,经过放大、滤波处理,再通过多路开关的切换和采样保持电路送到 A/D 转换器,由 A/D 转换器将模拟信号转换为数字信号,之后被微机采集,微机按照一定的算法计算输出控制量并输出。输出数据经 D/A 转换器将数字信号转换为模拟信号去控制执行机构。

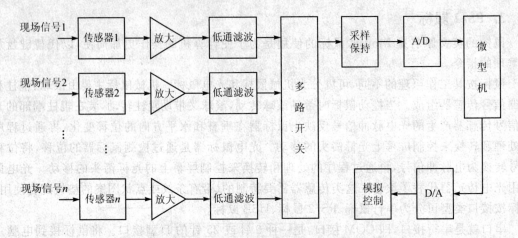

图 4-9 典型的微型机自动控制系统

图中各部件的作用如下:

① 传感器:亦称换能器,是把现场各种物理信号按一定规律转换成与其对应的电信号。它是实现测量和控制的首要环节,是测控系统的关键部件。

② 放大器:经传感器转换后的电量如电流、电压的信号很小,很难进行模/数转换,因此,必须有放大环节。放大器即把传感器输出的电信号放大到 A/D 转换所需要的量程范围。

③ 低通滤波器:低通滤波器的作用是选出有用的频率信号,抑制无用的杂散高频干扰,提高信噪比。

④ 多路开关:在计算机控制系统中,若测量的模拟信号有几路或几十路,考虑到控制系统的成本,可采用多路开关对被测信号进行切换,使各种信号共用一个 A/D 转换器。多路切换的方法有两种:一种是外加多路模拟开关,如多路输入、一路输出的多路开关有 AD7501、AD7503、CD4097、CD4052 等。另一种是选用内部带多路转换开关的 A/D 转换器,如 ADC0809 等。

⑤ 采样保持电路:从启动信号转换到转换结束的数字量输出,经过一定的时间,而模拟量转换期间,要求模拟信号保持不变,所以必须用采样保持器。该电路具有两个功能:采样跟踪输入信号;保持暂停跟踪输入信号,保持已采集的输入信号,确保在 A/D 转换期间保持输入信号不变。

⑥ A/D 转换器:把采样保持电路锁存的模拟信号转换成数字信号,等待 CPU 用输入指令读到计算机内。

4.3.2 A/D 转换的原理

实现 A/D 转换的方法很多,常用的方法有计数法、双积分法和逐次逼近法。

1. 计数式 A/D 转换法

计数式 A/D 转换的原理如图 4-10 所示。由计数器对固定频率信号 CLK 进行计数,计数输出值送入 D/A 转换器,D/A 转换器的输出模拟量 V_O 与输入模拟量 V_I 在比较器中进行比较;随着计数的进行,V_O 不断增加,当 $V_O>V_I$ 时,计数器停止计数,此时的计数值即是模拟量 V_I 对应的数字量。其中,V_I 输入电压,V_O 是 D/A 转换器的输出电压,C 控制计数端,当 C=1 时,计数器开始计数;C=0 时,则停止计数。D7~D0 是数字量输出。

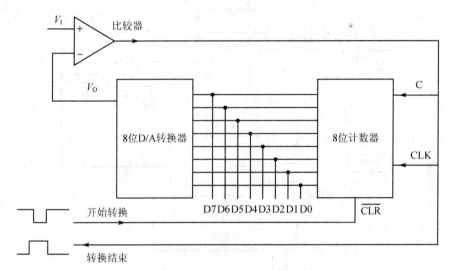

图 4-10 计数式 A/D 转换原理图

具体工作过程如下:

① 首先启动开始转换信号 S。当 S 由高变低时,计数器清 0,D/A 转换器输出 $V_O=0$,比较器输出 1,即 C=1,计数器允许计数。

② 当 S 由低变高时,计数器开始计数,随着计数的进行,电压不断增加。致使输出电压不断上升。在 $V_O<V_I$ 时,比较器的输出总是保持高电平。

③ 当 $V_O>V_I$,比较器输出 0。一方面 C=0,计数停止;另一方面,比较器的输出也作为转换结束信号 EOC,用来通知计算机,已完成一次 A/D 转换。此时,计数器的值作为转换结果的数字量。

计数式 A/D 转换的特点是简单,但速度比较慢,特别是模拟电压较高时,转换速度更慢。当 C=1 时,每输入一个时钟脉冲计数器加 1。对一个 8 位 A/D 转换器,若输入模拟量为最大值,计数器从 0 开始计数到 255 时,才转换完毕,相当于需要 255 个计数脉冲周期。对于一个 12 位 A/D 转换器而言,最长的转换周期达 4 095 个计数脉冲周期。当 V_I 大于 D/A 转换器的最大输出时,转换永远不结束,因此,应采取措施限制 V_I 的大小。

2. 双积分式 A/D 转换法

双积分式 A/D 转换的基本原理是对输入模拟电压和参考电压进行两次积分,变换成与输入电压均值成正比的时间间隔;在这个时间内对固定频率时钟信号 CLK 计数,则计数结果即为转换后的数字量。双积分式 A/D 转换的电路原理如图 4-11 所示。电路中的主要部件包括积分器、比较器、计数器和标准电压源。

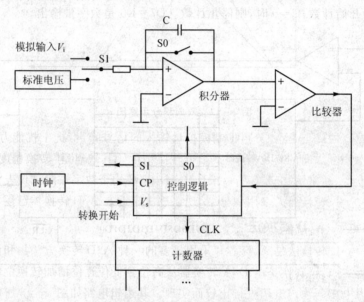

图 4-11 双积分式 A/D 转换原理图

具体工作过程如下:

① 转换前,控制逻辑输出 S0=1,使积分电容 C 完全放电。

② 当转换开始信号 V_s 由低变高时,转换开始,S0 断开,允许积分电容 C 充电。控制逻辑使 S1=1,模拟输入 V_i 对电容 C 充电,比较器输出高电平。(第一次积分。)

③ 经 T1 时间后,控制逻辑使 S1=0,电容 C 对标准电压 V_r 放电,同时启动计数器开始计数,比较器输出高电平。(第二次反向积分。)

④ 当电容放电使放大器输出 0 时,比较器输出低电平,转换结束,计数停止。

电路对输入待测的模拟电压 V_i 进行固定时间的积分,然后换至标准电压进行固定斜率的反向积分,如图 4-12 所示。

反向积分进行到一定时间便返回起始值。从图 4-12 中可看出,对标准电压进行反向积分的时间 T 正比于输入模拟电压,输入模拟电压越大,反向积分回到起始值的时间越长。因此,只要用标准的高频时钟脉冲测定反向积分花费的时间,就可以得到相应的输入模拟电压的数字量,即实现了 A/D 转换。

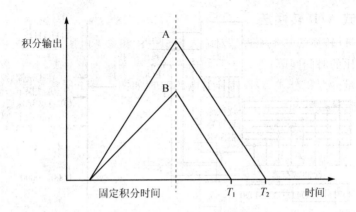

图 4-12 双向积分示意图

双积分式 A/D 的优点是:积分可抑制模拟量输入的信号噪声,抗干扰能力强。R、C 参数的缓慢变化(两次积分之间的变化较小)不影响转换精度。其缺点是:转换精度依赖于积分时间,因此转换速度低,通常每秒转换频率小于 10 Hz,主要用于数字式测试仪表、温度测量等方面。初期的单片 A/D 转换器大多用积分型,现在逐次逼近式 A/D 转换器已逐步成为主流。

3. 逐次逼近式 A/D 转换法

逐次逼近式 A/D 转换法是 A/D 芯片采用最多的一种 A/D 转换方法。和计数式 A/D 转换一样,逐次逼近式 A/D 转换是由 D/A 转换器从高位到低位逐位增加转换位数,产生不同的输出电压,把输入电压与输出电压进行比较而实现。其逻辑电路如图 4-13 所示。

与计数式 A/D 转换类似,只是数字量由逐次逼近寄存器 SAR 产生。SAR 使用对分搜索法产生数字量,以 8 位数字量为例,SAR 首先产生 8 位数字量的一半,即 10000000B,试探模拟量 V_i 的大小,若 $V_o > V_i$,清除最高位;若 $V_o < V_i$,保留最高位。在最高位确定后,SAR 又以对分搜索法确定次高位,即以低 7 位的一半 y1000000B(y 为已确定位)试探模拟量 V_i 的大小。在 bit6 确定后,SAR 以对分搜索法确定 bit5 位,即以低 6 位的一半 yy100000B(y 为已确定位)试探模拟量的大小。重复这一过程,直到最低位 bit0 被确定,转换结束。

具体工作过程如下:

① 首先发出启动信号信号 S。当 S 由高变低时,逐次逼近寄存器 SAR 清 0,DAC 输出 $V_o = 0$,比较器输出 1。当 S 变为高电平时,控制电路使 SAR 开始工作。

② SAR 首先产生 8 位数字量的一半,即 10000000B,试探模拟量的 V_i 大小,若 $V_o > V_i$,控制电路清除最高位;若 $V_o < V_i$,清除最高位。

③ 在最高位确定后,SAR 又以对分搜索法确定次高位,即以低 7 位的一半 y1000000B(y 为已确定位)试探模拟量 V_i 的大小。在 bit6 确定后,SAR 以对分搜索法确定 bit5 位,即以低 6 位的一半 yy100000B(y 为已确定位)试探模拟量 V_i 的大小。重复这一过程,直到最低位

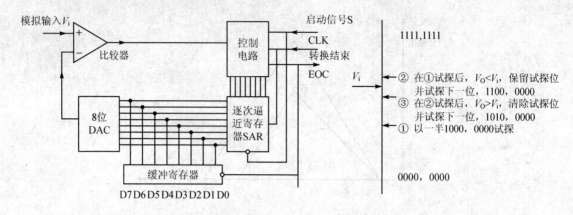

图 4-13 逐次逼近式 A/D 转换原理图

bit0 被确定。

④ 在最低位 bit0 确定后,转换结束,控制电路发出转换结束信号 EOC。该信号的下降沿把 SAR 的输出锁存在缓冲寄存器里,从而得到数字量输出。从转换过程可以看出启动信号为负脉冲有效。转换结束信号为低电平。

转换结束后,控制电路送出一个低电平信号作为结束信号,同时将逐次逼近寄存器中的数字量送入缓冲寄存器,予以输出数字量。

从上面的过程可以分析出,用逐次逼近法时,首先使最高位置1,这相当于取出输入允许电压的1/2与输入电压比较,如果搜索值在最大允许电压的1/2范围内,那么最高位置0,否则最高位置1。之后,次高位置1,相当于在1/2的范围中再作对分搜索。如果搜索值超过最大允许电压的1/2范围,那么最高位为1,次高位也为1,这相当于在另外的一个1/2范围中再作对分搜索。因此逐次逼近法的计数实质就是对分搜索法。

逐次逼近式 A/D 转换法的特点是速度快、转换精度较高;对 2^N 位 A/D 转换只需 N 个时钟脉冲即可完成;一般可用于测量几十到几百微秒的过渡过程的变化,是计算机 A/D 转换接口中应用最普遍的转换方法。

4. A/D 转换的重要指标

(1) 分辨率

分辨率(Resolution)反映 A/D 转换器对输入微小变化响应的能力,通常用数字输出最小有效位(LSB)所对应的模拟输入的电平值表示。n 位 A/D 能反映 $1/2^n$ 满量程的模拟输入电平。由于分辨率直接与转换器的位数有关,所以一般也可简单地用数字量的位数来表示分辨率,即 n 位二进制数,最低位所具有的权值就是它的分辨率。

值得注意的是,分辨率与精度是两个不同的概念,不要把两者混淆。即使分辨率很高,也可能由于温度漂移、线性度等原因,而使其精度不够高。

(2) 精　度

精度(Accuracy)有绝对精度(Absolute Accuracy)和相对精度(Relative Accuracy)两种表示方法。

绝对精度：在一个转换器中，对应于一个数字量的实际模拟输入电压和理想的模拟输入电压之差并非是一个常数。把它们之间的差的最大值，定义为绝对精度。通常以数字量的最小有效位(LSB)的分数值来表示绝对精度，如±1 LSB 等。绝对精度包括量化精度和其他所有精度。

相对精度：相对精度是指整个转换范围内，任一数字量所对应的模拟输入量的实际值与理论值之差，用模拟电压满量程的百分比表示。

例如，满量程为 10 V，10 位 A/D 芯片，若其绝对精度为±1/2 LSB，则其最小有效位的量化单位为 9.77 mV，其绝对精度为 4.88 mV，其相对精度为 0.048%。

(3) 转换时间

转换时间(Conversion Time)是指完成一次 A/D 转换所需的时间，即由发出启动转换命令信号到转换结束信号开始有效的时间间隔。转换时间的倒数称为转换速率。例如，AD570 的转换时间为 25 ms，其转换速率为 40 kHz。

(4) 量　程

量程是指所能转换的模拟输入电压范围，分单极性、双极性两种类型。例如，单极性的量程为 0～+5 V，0～+10 V，0～+20 V；双极性的量程为 −5～+5 V，−10～+10 V。

4.3.3　D/A 转换的方法

1. D/A 转换的基本原理

D/A 转换器的基本功能是将数字量转换成与此相对应的模拟量。数/模转换器（即 DAC）是数字系统和模拟系统的接口，将输入的二进制代码转换为相应的模拟电压输出。数/模转换有多种方法，如权电流法、权电阻法、T 型 R-2R 网络法等。对于 D/A 转换的原理，不妨从基本的数字表达式来切入。通常一个模拟量可以用加权的二进制数字来表示，其中，加权系数为"1"或"0"。而在物理实现上，这"1"或"0"正是门控信号，至于加权的物理意义，可以是"权电阻"或"权电流"等，于是有了相应的权电阻方式或电流方式（又称 T 型电阻方式）。对于 A/D 转换原理而言，有两种基本方式，即直接方式和间接方式。直接方式的测量机理类似于"天平"，在天平的一端"放"待测的模拟量，另一端则"放"有 D/A 转换器所产生的已知模拟量；间接方式的原理是将待测的模拟量转换成计算机容易测量的物理量，如时间、频率等。

2. 权电阻解码网络

D/A 转换器是一个简单的权电阻解码网络 D/A 转换器，如图 4-14 所示，它由 4 个基本单元构成，即

① 电阻网络：包括 2R、4R、8R、…、2^nR（共 n 个电阻），分别用来产生权重电流 I_0、I_1、…、I_n。

② 开关：共有 S_0、S_1、S_2、…、S_n 共 n 个开关，根据数值"1"或"0"分别接通或切断各个权重电流 I_0、I_1、I_2、…、I_n。

③ 参考电压：参考电压 U_{REF}、是模拟量基准值。

④ 运算放大器：运算放大器将每一位权重电流 I_0、I_1、…、I_n 叠加起来，并将总电流转换成电压 V_0。运算放大器的增益和阻抗很高，可以认为它的反相输入端 A 点的电压 V_A 近似地等同于同相输入端电压 V_0。

【例 4-2】 位权电阻网络 D/A 转换电路如图 4-14 所示。它由求和运算放大器、基准电压 U_{REF}、权电阻网络和电子模拟开关 S0～S3 这 4 部分组成。在位权电阻网络 D/A 转换中，当电子开关 S_0～S_3 都接 1 端时，流入求和运算放大器反相输入端 A 的总电流为多少？输出电压是多少？

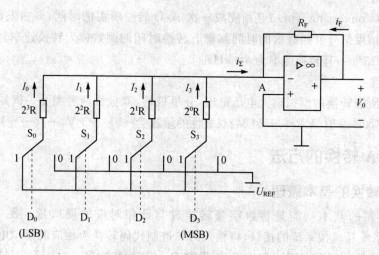

图 4-14 权电阻解码原理图

$$i_\Sigma = I_3 + I_2 + I_1 + I_0$$
$$= \frac{U_{REF}}{2^0 R}D_3 + \frac{U_{REF}}{2^1 R}D_2 + \frac{U_{REF}}{2^2 R}D_1 + \frac{U_{REF}}{2^3 R}D_0$$
$$= \frac{U_{REF}}{2^3 R}(2^3 D_3 + 2^2 D_2 + 2^1 D_1 + 2^0 D_0)$$
$$= \frac{U_{REF}}{2^3 R}\sum_{i=0}^{3}D_i 2^i \quad D_i \in (0,1)$$

$$u_O = -i_\Sigma \cdot R_F = -R_F \frac{U_{REF}}{2^{n-1}R} \sum_{i=0}^{n-1} D_i 2^i$$

图中，I_0 是最高位(MSB)权重电流，I_n 是最低位(LSB)权重电流，它们分别对应于 n 个数输入数字信号中的最高位和最低位数值。

权电阻 D/A 转换器的优点是：电路简单，转换速度比较快。权电阻 D/A 转换器的缺点是：各个电阻的阻值相差很大，而且随着输入二进制代码位数的增多，电阻的差值也随之增加，难以保证电阻阻值精度的要求，这既不利于电路的集成化，又给电路的转换精度带来严重的影响。这种电阻网络 D/A 转换器原理简单，但是实现比较困难，精度难于控制，比如 R 与 2^nR，若取 $n=10$，则有 1 024 倍的阻值差异。在同一个芯片中，精度不易保证，因此这里一般只作原理上的介绍。

3. D/A 转换的重要指标

(1) 分辨率

分辨率(Resolution)表明 DAC 对模拟量的分辨能力，是最低有效位(LSB)所对应的模拟量，确定了能由 D/A 产生的最小模拟量的变化。通常用二进制数的位数表示 DAC 的分辨率，如分辨率为 8 位的 D/A 能给出满量程电压的 1/28 的分辨能力，显然 DAC 的位数越多，则分辨率越高。

(2) 线性误差

D/A 的实际转换值偏离理想转换特性的最大偏差与满量程之间的百分比称为线性误差(Linearity Error)。

(3) 建立时间

建立时间(Setting Time)是 D/A 的一个重要性能参数，定义为：在数字输入端发生满量程码的变化以后，D/A 的模拟输出稳定到最终值±1/2 LSB 时所需要的时间。

(4) 温度灵敏度

它是指数字输入不变的情况下，模拟输出信号随温度的变化。一般 D/A 转换器的温度灵敏度为±50 PPM/℃(PPM 为百万分之一)。

(5) 输出电平

不同型号的 D/A 转换器的输出电平相差较大，一般为 5~10 V，有的高压输出型的输出电平高达 24~30 V。

4.3.4　A/D 转换电路

按结构划分，ADC 和 DAC 可分为 3 大类。

第一类是单片集成的，是 ADC 和 DAC 产品的主流。这一类产品的特点是：通用性强，已形成系列化，可靠性高，成本也较低，但单片式 ADC 和 DAC 器件频带宽度有限制，影响转换速度和精度，能达到 16 位精度的水平也就不错了。

第二类是混合集成式的,可以根据转换精度和速度的要求,在集成芯片外的陶瓷基片上制造与之匹配的电阻网络,使得混合式集成芯片在转换精度和速度上大大优于单片式芯片。

第三类是模块结构式的,这一类转换器实际上是一个功能完整的最小数字系统。

这里主要结合 S3C2410 芯片介绍集成式模/数转换器。

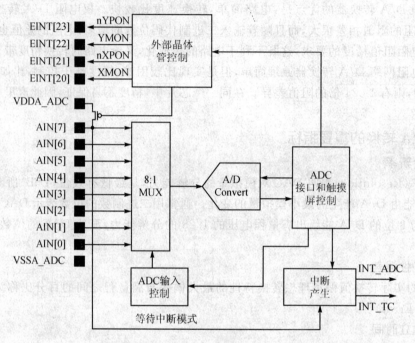

图 4-15　S3C2410 中的模/数转换器

在 S3C2410 芯片中具有 8 通道模拟输入的 10 位 CMOS 模/数转换器(ADC),如图 4-15 所示。它将输入的模拟信号转换为 10 位的二进制数字代码。在 2.5 MHz 的 A/D 转换器时钟下,最大转化速率可达到 500 kbps。A/D 转换器支持片上采样和保持功能,并支持掉电模式。

与 AD 相关的寄存器主要有以下两个:

ADCCON:A/D 转换控制器,用来设置 A/D 转换器工作方式,其地址为 0x58000000。ADCCON 寄存器的第 15 位是转换结束标志位,为 1 时表示转换结束。第 14 位表示 A/D 转换预定标器使能位,1 表示该预定标器开启。第 13~6 位表示预定标器的数值,需要注意的是如果这里的值是 N,则除数因式是 N+1。第 5~3 位表示模拟输入通道选择位。第 2 位表示待用模式选择位。第 1 位是读使 A/D 转换开始位,第 0 位值为 1 则 A/D 转换开始(如果第 1 位置为 1,则这位是无效)。

ADCDAT0:ADC 转换数据寄存器,用来存放模拟信号转换成数据信号的值,其地址为 0x58000000C。

一个 A/D 转换的参考电路如图 4-16 所示,共有 3 路模拟信号接入转换器,这 3 路信号分别通过可调分压电位器接到 3.3 V 电源上。3 路模拟信号分别接入转换器的 AIN[0]、AIN[1]、AIN[2]引脚上。通过调节电位器则可改变输入模拟信号的大小。

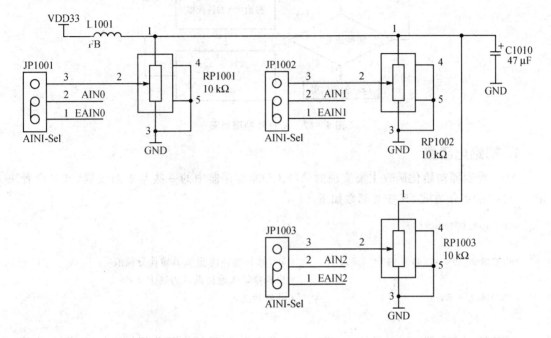

图 4-16 A/D 转换电路

4.3.5 A/D 转换接口编程

A/D 转换的数据可以通过中断或查询的方式来访问,如果是用中断方式,则全部的转换时间(从 A/D 转换的开始到数据读出)要更长。如果是查询方式,则要检测 ADCCON[15](转换结束标志位)来确定从 ADCDAT 寄存器读取的数据是否是最新的转换数据。

A/D 转换开始的另一种方式是将 ADCCON[1]置为 1,这时只要有读转换数据的信号 A/D 转换就会同步开始。在图 4-16 电路中,我们用这种方式实现对 A/D 转换的编程,其流程图如图 4-17 所示。

关于 ADC 的一些寄存器定义如下:

```
#define rADCCON    (*(volatile unsigned *)0x58000000) /* ADC control */
#define rADCDAT0   (*(volatile unsigned *)0x5800000c) /* ADC conversion data 0 */
#define rADCDAT1   (*(volatile unsigned *)0x58000010) /* ADC conversion data 1 */
```

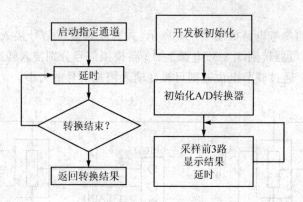

图 4-17 A/D 转换流程图

1. 初始化函数

ADC 控制器初始化函数主要实现对 ADCCON 寄存器中的一些基本的设置,这些设置决定了 ADC 的工作方式,其参考函数如下:

```
void init_ADdevice()
{
rADCCON = (1<<14) | (49<<6);    /*ADC 转换时钟使能_A/D 转换分频值*/
                                /*模拟量输入通道默认为通道 0*/
rADCCON + = 1;                  /*开始转换*/
}
```

ADC 控制寄存器中[14]位 PRSCEN 用来设置为 A/D 转换预分频使能与否,将它设置为 1 表示使能 A/D。ADC 控制寄存器中[13:6]位 PRSCVL 用来设置 A/D 转换的预分频的值,其范围为 1~255,这里设置为 49。那么该值影响到 A/D 转换的频率,A/D 转换频率与设置系统的 PCLK 有关,本系统使用的 PCLK=50.7 MHz,因此,A/D 转换的频率为 50 MHz/(49+1)=1 MHz。ADC 控制寄存器中[5:3]位 SEL_MUX 用来设置模拟信号的通道选择,这里将 49 左移 6 位后致使这几位为 000,因此默认的输入为通道 0。ADC 控制寄存器中[0]位 ENABLE_START 用来启动 A/D 转换,为 1 时 A/D 转换开始启动,并且启动后该位被清 0。

2. A/D 转换函数

ADC 转换函数主要实现对选择的某一个通路进行 A/D 转换并将转换后的值返回,其参考函数如下:

```
/*获取 A/D 采集值*/
int GetADresult(int channel)
{
```

```
/* ADC 转换时钟使能_A/D 转换分频值_设置模拟量输入通道_使能由读操作开始 */
rADCCON = (1<<14) | (49<<6) | (channel<<3) | (1<<1);
while(!(rADCCON & (0x1<<15)));        /* 等待转换结束 */
return (rADCDAT0 & 0x3FF);            /* 取出采样值,值的范围 0~0x3FF 并返回采样值 */
}
```

3. 测试函数

主函数主要实现目标板的初始化,设置对 3 路信号的选择,并将转换后的数据通过串口向超级终端输出结果。ADC 控制器初始化函数主要实现对 ADCCON 寄存器中的一些基本的设置,其参考函数如下:

```
void Example(void)
{
int i = 0;
int value = 0;
init_ADdevice();                      /* 初始化 ADC */
Uart_SendByten(0,'B');                /* 发送B作为开始标记 */
while(1)
{
for(i = 0;i<=2;i++)                   /* 采集 3 个 Channel 的 A/D 值 */
{
 value = GetADresult(i);              /* 获取 AD 采样值 */
 Uart_SendInt(0,value);               /* 从串口发送采样值 */
 Uart_SendByten(0,' ');               /* 3 个 Channel 之间的空格 */
}
Uart_SendByten(0,'\r');               /* 发送一个换行 */
Delay();                              /* 延时 */
}
}
```

这里只列出了基本函数,关于 A/D 转换的源代码和实验结果请参考光盘中的相关实验和视频。

4.4 触摸屏接口

4.4.1 触摸屏的工作原理

触摸屏是目前较为成熟的一种触摸式输入设备,相对于其他输入设备,它更为直观、方便,可以说是一种"面向对象"的人—机交互设备。用户只需在显示屏上对一个个"对象"进行操作即可控制计算机的运行,计算机的输入和输出有机地结合在一起。

1. 触摸屏的分类

常用的触摸屏有红外式、电阻式、电容式及声波式等几种。

(1) 红外线触摸屏

红外线触摸屏是以红外线检测技术为基础的。在屏幕的水平方向与垂直方向分别安装有若干组红外发射管和接收管,组成红外检测光栅。当没有手指或其他遮挡物时,所有的红外接收管都能接收到相对的红外发射管发射的红外线,这是无触摸时的状态。如果有手指或其他物体进入检测区,就会遮挡住若干条红外光栅,对应的红外接收管就接收不到红外信号或接收到的红外信号衰竭很大,该红外接收管输出的信号就会发生变化,根据这种变化即可检测出触摸点的坐标值和触摸屏的触摸状态。

红外式触摸屏是利用红外线来检测的,所以它对触摸的物体没有特殊的要求,只要是能遮挡住红外线的物体,如手指、钢笔等,而且触摸物不一定非要接触到显示屏,只要进入红外检测区域即可。同时,触摸体和触摸屏的检测部件不直接接触,触摸屏不易损坏,寿命较长,成本也较低。但是红外线触摸屏由于依靠感应红外线运作,外界光线变化会影响其准确度,且它不防水也不防污秽,甚至非常微小的外来物体也会导致误差,影响性能。

(2) 电阻式触摸屏

电阻式触摸屏是压力感应式的,在屏幕表面(多为强化玻璃)敷有两层 OTI 透明金属氧化物导电层。外面一层作为导电体,第二层则经过精密网络附上横竖两个方向的 $5\sim0$ V 电压场,两层 OTI 间以细小的透明隔离点隔开。平时这些隔离点的电阻近似相同,当手指接触屏幕时,两层 OTI 导电层出现一个接触点,该点电阻发生变化,控制器同时检测电流和电压,便可以计算出触摸的位置。

电阻式触摸屏的 OTI 涂层比较薄且容易脆断,涂得太厚又会降低透光且形成内反射降低清晰度。OTI 外虽多加一层薄塑料保护层,但依然容易被尖锐物体破坏,而且由于经常被触动,表层 OTI 使用一定时间后会出现细小裂纹,甚至变形,所以触摸屏的寿命并不长久。但电阻式触摸屏不受尘埃、水、污秽的影响。

(3) 电容式触摸屏

电容式触摸屏在外观上和电阻式触摸屏很相似,在玻璃屏幕上镀一层透明的薄膜层,再往导体层外加上一块保护玻璃,双玻璃设计能彻底保护导体层和感应器。此外,在附加的触摸屏4边均镀上狭长的电极,在导电体内形成一个低电压交流电场,平时这个电场是沿薄膜表面均匀分布的。当用户触摸屏幕时,由于人体电场,手指与导体层间会形成一个耦合电容,4边电极发出的电流会流向触点,而电流的强弱与手指和电极间的距离成正比,控制器便会计算电流的比例和强弱,准确算出触摸点的位置。

电容触摸屏的玻璃设计不但能保护导体层和感应器,还能有效地防止外在环境因素对触摸屏造成的影响;并且电容式触摸屏感应度极高,能准确感应轻微和快速的触碰。此外,电容式触摸屏可完全粘合于显示器内,不容易破坏和摔烂。

(4) 声表面波式触摸屏

这种触摸屏是利用检测声表面波来工作的。声表面波是一种集中在物体表面传播的弹性波。在显示屏的死角分别安装竖直或水平向超声波发射转能器和接收转能器,4 边亦刻有反射条纹。工作时,发出如参照波形般的超声波信号由显示屏四周沿着玻璃表面传播,另一端的接收器收到均匀的信号。当手指或其他物体触及屏幕时会吸收一部分能量,接触点的声波就会衰减,接收器收到的信号发生变化,控制器依据减弱的信号计算出触摸点的位置。

表面声波的感应速度很快,但是表面声波屏的感应敏锐度并不理想,控制器只会对那些高声波能量及较长时间的触碰才会做出反应,无法感应轻微而快速的触碰。再者,屏幕表面或接触屏幕的手指如粘有污秽,也会影响其性能,甚至令系统停止运作。触摸屏的几种类型的比较如表 4-2 所列。

表 4-2 触摸屏的几种类型的比较

类别特性	红外线式触摸屏	电阻式触摸屏	表面声波触摸屏	电容式触摸屏
清晰度	一般	较好	很好	较差
透光率	100%	75%	92%	85%
分辨率	40×32	4 096×4 096	4 096×4 096	1 024×1 024
响应速度	50~300 ms	10 ms	10 ms	15~24 ms
防刮擦	好	一般	非常好	一般
漂移	无	无	无	有
防尘	不能挡住透光部	不怕	不怕	不怕
寿命	红外管寿命	大于 3 500 万次	大于 5 000 万次	大于 2 000 万次
价格	低	中	高	中

2. 触摸屏的工作原理

不管什么样的触摸屏都需要收集以下信息:触摸物进入触摸屏的坐标、触摸物在触摸屏上移动的新坐标、触摸物离开触摸屏的坐标、是否有东西触摸等,但是不同的触摸屏实现的手段不一样。最常见的是电阻式触摸屏,因此这里只介绍电阻式触摸屏。电阻触摸屏是一个多层的复合膜,由一层玻璃或有机玻璃作为基层,表面涂有一层透明的导电层,上面再盖有一层塑料层;它的内表面也涂有一层透明的导电层,在两层导电层之间有许多细小的透明隔离点把它们隔开绝缘,如图 4-18 所示。

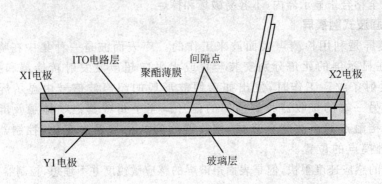

图 4-18 触摸屏结构

如图 4-19 所示,当手指或笔触摸屏幕时,平常相互绝缘的两层导电层就在触摸点位置有了一个接触。其中一面导电层(顶层)接通 X 轴方向的 5 V 均匀电压场(如图 4-19 所示),使得检测层(底层)的电压由零变为非零,控制器侦测到这个接通后,进行 A/D 转换,并将得到的电压值与 5 V 相比即可得触摸点的 X 轴坐标为(原点在靠近接地点的那端):

$$V_i/V = R_2/(R_1+R_2) = X_i/L_x$$

所以有

$$X_i = L_x \times V_i/V (即分压原理)$$

同理得出 Y 轴的坐标,这就是所有电阻触摸屏共同的基本原理。

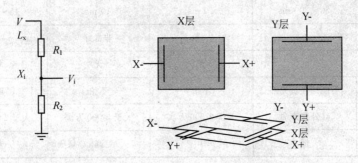

图 4-19 触摸屏基本原理

4.4.2　S3C2410 触摸屏控制器

1. S3C2410 触摸屏控制器

S3C2410A 具有 8 通道模拟输入的 10 位 CMOS 模/数转换器(ADC),它能将输入的模拟信号转换为10位的二进制数字代码。在2.5 MHz的A/D转换器时钟下,最大转化速率可达到500 kbps。A/D转换器支持片上采样和保持功能,并支持掉电模式。

触摸屏接口电路一般由触摸屏、4个外部晶体管和一个外部电压源组成,如图4-20所示。触摸屏接口的控制和选择信号(nYPON、YMON、nXPON和XMON)连接切换X坐标和Y坐标转换的外部晶体管。模拟输入引脚(AIN[7]、AIN[5])则连接到触摸屏引脚。触摸屏控制接口包括一个外部晶体管控制逻辑和具有中断产生逻辑的ADC接口逻辑。

A/D转换器是一个循环类型的。上拉电阻接在VDDA-ADC和AIN[7]之间。因此,触摸屏的X+脚应该接到S3C2410A的AIN[7],Y+脚则接到S3C2410A的AIN[5]。在这个例子中,AIN[7]连接触摸屏的X+引脚,而AIN[5]连接触摸屏的Y+引脚的。要控制触摸屏的引脚(X+,X-,Y+,Y-),就要应用4个外部晶体管,并采用控制信号nYPON、YMON、nXPON和XMON来控制晶体管的打开与关闭。推荐如下的操作步骤:

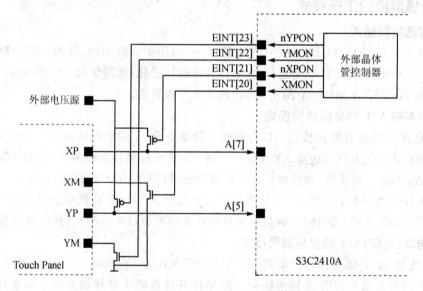

图4-20 S3C2410触摸屏控制器

① 采用外部晶体管连接触摸屏到S3C2410A的接口电路。

② 选择分离的X/Y轴坐标转换模式或者自动(连续的)X/Y轴坐标转换模式来获取触摸点的X/Y坐标。

③ 设置触摸屏接口为等待中断模式。

④ 如果中断(INT_TC)发生,那么立即激活相应的A/D转换(分离的X/Y轴坐标转换或者自动(连续的)X/Y轴坐标转换)。

⑤ 在得到触摸点的X/Y轴坐标值后,返回到等待中断模式(第③步)。

2. 触摸屏专用寄存器

ADC 和触摸屏接口主要用到如下专用寄存器：

ADCCON：ADC 控制寄存器，用来设置 ADC 控制器的 A/D 转换结束标志、预分频使能、预分频器的数值、模拟输入的通道选择等工作方式，其地址为 0x58000000。

ADCTSC：ADC 触摸屏控制寄存器，用来设置触摸屏接口的控制和选择信号 nYPON、YMON、nXPON 和 XMON 的输出方式等，其地址为 0x58000004。

ADCDLY：ADC 起始延迟寄存器，用来设置 ADC 启动或间隔延时，其地址为 0x58000008。

ADCDAT0：ADC 转换数据寄存器，用来存放 ADC 转换的数据，其地址为 0x5800000C。

ADCDAT1：ADC 转换数据寄存器，用来存放 ADC 转换的数据，其地址为 0x580000010。

3. 触摸屏接口工作模式

(1) 普通转换模式

普通转换模式（AUTO_PST = 0，XY_PST = 0）用作一般 ADC 转换。这个模式可以通过设置 ADCCON 和 ADCTSC 来进行对 A/D 转换的初始化；而后读取 ADCDAT0（ADC 数据寄存器 0）的 XPDATA 域（普通 ADC 转换）的值来完成转换。

(2) 分离的 X/Y 轴坐标转换模式

分离的 X/Y 轴坐标转换模式可以分为两个转换步骤：X 轴坐标转换和 Y 轴坐标转换。X 轴坐标转换（AUTO_PST=0 且 XY_PST=1）将 X 轴坐标转换数值写入到 ADCDAT0 寄存器的 XPDATA 域。转换后，触摸屏接口将产生中断源（INT_ADC）到中断控制器。

Y 轴坐标转换（AUTO_PST=0 且 XY_PST=2）将 X 轴坐标转换数值写入到 ADCDAT1 寄存器的 YPDATA 域。转换后，触摸屏接口将产生中断源（INT_ADC）到中断控制器。

(3) 自动(连续) X/Y 轴坐标转换模式

自动(连续) X/Y 轴坐标转换模式（AUTO_PST=1 且 XY_PST= 0）以下面的步骤工作：触摸屏控制器将自动地切换 X 轴坐标和 Y 轴坐标并读取两个坐标轴方向上的坐标。触摸屏控制器自动将测量得到的 X 轴数据写入到 ADCDAT0 寄存器的 XPDATA 域，然后将测量到的 Y 轴数据到 ADCDAT1 的 YPDATA 域。自动(连续)转换之后，触摸屏控制器产生中断源（INT_ADC）到中断控制器。

(4) 等待中断模式

当触摸屏控制器处于等待中断模式下时，它实际上是在等待触摸笔的点击。在触摸笔点击到触摸屏上时，控制器产生中断信号（INC_TC）。中断产生后，就可以通过设置适当的转换模式（分离的 X/Y 轴坐标转换模式或自动 X/Y 轴坐标转换模式）来读取 X 和 Y 的位置。

(5) 静态模式

当 ADCCON 寄存器的 STDBM 位设为 1 时，静态（Standby）模式激活。在该模式下，A/

D 转换操作停止,ADCDAT0 寄存器的 XPDATA 域和 ADCDAT1 寄存器的 YPDATA(正常 ADC)域保持着先前转换所得的值。一个参考的触摸屏电路如图 4-21 所示。

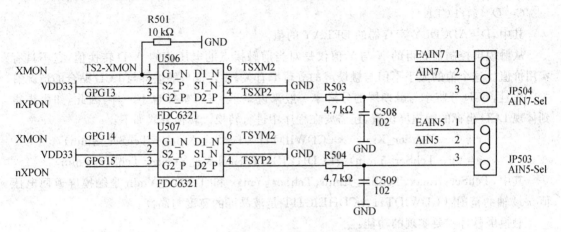

图 4-21 触摸屏电路

4.4.3 S3C2410 触摸屏接口编程

触摸屏坐标获取流程如图 4-22 所示,可以通过中断或查询的方法来读取触摸屏坐标。在中断的方式下,由于中断服务程序的返回时间和数据操作时间的增加,从 A/D 转换开始到读取已转换的数据总的转换时间会延长。在查询的方式下,通过检测 ADCCON[15]结束转换标记位,如果置位则可以开始读取 ADCDAT 的转换数据,总的转换时间相对较短。

A/D 转换能够通过不同的方法来激活:将 ADCCON[1] A/D 转换的 ENABLE_START 位设置为 1,这样任何一个读取的操作,都会立即启动 A/D 转换。

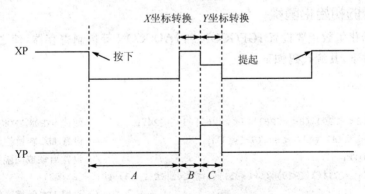

图 4-22 触摸屏坐标获取流程

图中的 A、B、C 的值可以通过如下公式计算:

$A = D \times (1/X-\text{Tal Clock})$ 或 $A = D \times (1/\text{Extenal Clock})$

$B = D \times (1/\text{PCLK})$

$C = D \times (1/\text{PCLK})$

其中，$D = \text{ADCDLY}$ 寄存器的 DELAY 的值。

从触摸屏控制器获得的 X 与 Y 值仅是对当前触摸点的电压值的 A/D 转换值，它不具有实用价值。这个值的大小不但与触摸屏的分辨率有关，而且也与触摸屏与 LCD 贴合的情况有关。而且，LCD 分辨率与触摸屏的分辨率一般来说是不一样，坐标也不一样，因此，如果想得到体现 LCD 坐标的触摸屏位置，还需要在程序中进行转换。转换公式如下：

$$x = (x - \text{TchScr\_Xmin}) \times \text{LCDWIDTH}/(\text{TchScr\_Xmax} - \text{TchScr\_Xmin})$$

$$y = (y - \text{TchScr\_Ymin}) \times \text{LCDHEIGHT}/(\text{TchScr\_Ymax} - \text{TchScr\_Ymin})$$

其中，TchScr_Xmax、TchScr_Xmin、TchScr_Ymax 和 TchScr_Ymin 是触摸屏返回电压值 x、y 轴的范围，LCDWIDTH、LCDHEIGHT 是液晶屏的宽度与高度。

触摸屏软件主要实现的功能：

1. S3C2410.h 中的有关寄存器的定义

```
#define rGPGCON      (*(volatile unsigned *)0x56000060)   /*端口G控制器*/
#define rGPGDAT      (*(volatile unsigned *)0x56000064)   /*端口G数据寄存器*/
#define rGPGUP       (*(volatile unsigned *)0x56000068)   /*端口G上拉控制器*/
#define rADCCON      (*(volatile unsigned *)0x58000000)   /*ADC控制器*/
#define rADCTSC      (*(volatile unsigned *)0x58000004)   /*ADC触摸屏控制器*/
#define rADCDLY      (*(volatile unsigned *)0x58000008)   /*ADC启动或间隔延时*/
#define rADCDAT0     (*(volatile unsigned *)0x5800000c)   /*ADC data 0 转换*/
#define rADCDAT1     (*(volatile unsigned *)0x58000010)   /*ADC data 1 转换*/
```

2. 触摸屏的初始化函数

触摸屏初始化函数主要设置 rGPGCON 和 rADCCON 等控制寄存器，使之处于触摸屏工作所需要的条件下，其源代码如下：

```
void TchScr_init()
{
    rGPGCON |= (3<<30)|(3<<28)|(3<<26)|(3<<24);        /*使能nYPON,YMON,nXPON,XMON*/
    rADCCON = (1<<14)|(49<<6)|(7<<3);                   /*设置ADC转换控制器*/
    rADCDLY = 0xFF;                                     /*设置启动或间隔延时寄存器*/
    rADCTSC = (1<<7)|(1<<6)|(0<<5)|(1<<4)|(0<<3)|(0<<2)|(3);
                                                        /*设置ADC触摸屏控制器*/
}
```

控制寄存器 rGPGCON 用来设置 GPIO G 的功能,其中,[31:30]位用来设置 GPG15 端口,这里设置为 11(二进制)表示将 GPG15 用作触摸屏的输入端 nYPON;同理[29:28]位用来设置 GPG14 端口,这里设置为 11 表示将 GPG14 用作触摸屏的输入端 YMON;[27:26]位用来设置 GPG13 端口,这里设置为 11 表示将 GPG13 用作触摸屏的输入端 nYPON;[25:24]位用来设置 GPG12 端口,这里设置为 11 表示将 GPG12 用作触摸屏的输入端 XMON。rADCDLY 为启动或间隔延时寄存器,这里设置为默认值 0xFF。rADCTSC 为 ADC 触摸屏控制器,其中,[7]位 YM_SEN 用来设置选择 YMON 的输出值,这里设置为 1。同理,[6]位 YP_SEN 用来设置选择 nYPON 的输出值,这里设置为 1;[5]位 XM_SEN 用来设置选择 XMON 的输出值,这里设置为 0;[4]位 XP_SEN 用来设置选择 XPON 的输出值,这里设置为 1;[3]位为 PULL_UP 表示上拉使能位,这里设置为 0 表示 XP 上拉使能;[2]位为 AUTO_PST 位,这里设置为 0 表示使用普通 ADC 转换模式;[1:0]位 XY_PST 设置为 11(二进制)表示手工测量 X 轴坐标和 Y 坐标的模式为等待中断模式。

3. 获取坐标点函数

获取坐标点函数主要实现获取某通道的模拟量并把它们转化成数字信号,其源代码如下:

```
void TchScr_GetScrXY(int * x,int * y)
{
    int tmp;
    tmp = rADCTSC;                          /* 把触摸屏控制寄存器值保存起来 */
    rADCTSC |= (1<<3) | (1<<2) | (0);
                                            /* 模拟量输入通道 7,停止上拉 */
                                            /* X/Y 位置连续转换模式_无操作模式 */
    rADCCON |= 1;                           /* 开始转换 */
    while(! (rSUBSRCPND & (1<<10)));        /* 等待转换完毕 */
                                            /* rSUBSRCPND 为中断请求状态寄存器 */
    * x = rADCDAT0 & 0x3FF;
    * y = rADCDAT1 & 0x3FF;                 /* 取出 X 和 Y 的坐标值,值的范围 0~0x3FF */
    rADCTSC = tmp;                          /* 恢复原来的触摸屏控制寄存器值 */
    rSUBSRCPND |= (1<<9);
    rSUBSRCPND |= (1<<10);                  /* 清除中断标记 */
}
```

4. 检测是否按下的函数

```
int CheckDown(void)
{
    if(! (rADCDAT0 & (1<<15)))              /* rADCDAT0 寄存器的第 15 位标记是否按下 */
                                            /* 1 表示按下,0 表示抬起 */
```

```
    return 1;
  else
    return 0;
}
```

实际上,(rADCDAT0&(1<<15))表示按下,而(rADCDAT0&(1<<15))表示抬起,那么利用时间关系,我们可以从这里得到是单击还是双击之类的操作。

5. 测试函数

```
void Example(void)
{
  int x = 0x0, y = 0x0;
  TchScr_init();                    /*触摸屏初始化*/
  while(1)
   {
    if(CheckDown())                 /*如果按下*/
     {
      TchScr_GetScrXY(&x,&y);       /*获取 X 和 Y 坐标*/
      Uart_SendByten(0,'X');        /*从串口发送 X 和 Y 的值*/
      Uart_SendInt(0,x);
      Uart_SendByten(0,'Y');
      Uart_SendInt(0,y);
      Uart_SendByten(0,'\n');
      Delay();                      /*适当的延时*/
     }
   }
}
```

这里仅列出了触摸屏的几个基本函数,详细的源代码和实验结果请参考光盘中的相关实验和视频。

4.5 显示器接口

显示器是计算机部件中最重要的输出设备,作用是把主机输出的电信号经过一系列处理转换成光信号,并最终将文字、图形显示出来。显示器相比于其他输出设备,最大的特点是能够迅速显示计算机的信息,使使用者能够及时了解计算机的工作情况。

显示器依据制造材料不同,可以分为阴极射线显示器(CRT)、发光二极管显示器(LED)、液晶显示器(LCD)等。

4.5.1 CRT 显示器

CRT 显示是 20 世纪 40 年代发展起来的显示技术,具有直观、反应速度快、无机械噪声、使用方便灵活和价格便宜等优点,因而成为计算机系统中最常用的显示终端。CRT 显示器主要由 3 部分组成:阴极射线管、视频放大电路、同步扫描电路。

1. CRT 工作原理

阴极射线管(CRT,Cathode Ray Tube)显示器是利用高速电子束的不断扫描来实现字符或图形的显示。

图 4-23 是阴极射线管的结构图,图中标出了各部分的名称,它们全部封闭在一个玻璃壳中,顶端呈漏斗形。

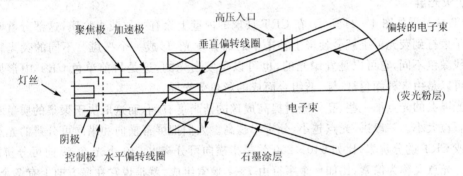

图 4-23 阴极射线管结构图

(1) 电子枪

CRT 显示器利用电子枪发射电子束轰击荧光屏显示字符和图形。对于黑白显示器来说,内部仅有一个电子枪;对于彩色显示器,有红(R)、绿(G)、蓝(B)3 个电子枪。为讨论简便,下面以单色显示器为例说明其工作原理。

电子枪由阴极、控制极、加速极、第一阳极、聚集极和第二阳极等组成。阴极加热后,其表面发射出自由电子。在加速电极上加一个正电压,如 550 V,保证电子向加速极方向运动。在阴极和加速极之间有一个栅网状的电极,叫控制极,加上一个负的电压,可以限制电子通过。当控制极加上一个变化的电压时,通过该极的电子数量就会随信号发生变化,电压差大,通过的电子数少;电压差小,通过的电子数多;这 3 个极合在一起形成了一个电子数量受信号控制且具有一定速度的电子束。图 4-23 中加速极与第一阳极、聚集极与第二阳极组成了两个电子透镜,前一个起到预聚集作用,后者起到主聚集作用。电子经聚集和阳极加速,形成高速且极细的一个电子束打到荧光屏上,激发出亮点。

(2) 偏转系统

偏转系统的作用是使经过聚集的电子束,能够在 X(水平)方向和 Y(垂直)方向发生偏移,使电子束打到荧光屏上指定位置。只有在偏转系统的作用下,才能在屏幕上显示出有信息意义的图案。

使电子束发生偏转的方法有两种,一种是静电偏转,即在电子束通过的路径上设置水平和垂直偏转板,分别在它们上面加上偏转电压,使电子束在静电场作用下,发生偏移。另一种是磁偏转,这个线圈上包括了水平和垂直两组偏转线圈,它们的绕线方向不同,线圈套在 CRT 管颈的根部。当在偏转线圈中施加电流时,就会在磁场中产生受力偏转的情况。

水平偏转线圈产生上下方向的磁场,使电子束发生左右(X 方向)偏转;垂直偏转线圈产生左右方向的磁场,使电子束发生上下(Y 方向)偏转。而偏转的大小与线圈中的电流大小有关。只要为水平和垂直偏转线圈设计适当的电路、提供合适的电流,就可以让强度受到控制的光点打到屏幕指定的位置上形成需要的图案。

(3) 荧光屏

CRT 显示器如图 4-24 所示,在 CRT 玻璃的内壁上涂有一层荧光物质,这部分就叫荧光屏。电子束打到荧光屏上就会使屏上被击中的部分发光,形成一个亮斑。不同的荧光物质发出的光线颜色不同,它可以是发绿光的,也可以是发白光的,这是目前单色 CRT 中常见的颜色。还可以是由 3 种颜色红、绿、蓝组合而成的彩色荧光屏。

荧光屏上的光点细一些、亮一些对提高成像的清晰度有利,而这取决于聚集的质量和荧光物质的颗粒大小。一般讲,光点越小,分辨率越高。人们把屏幕横向和纵向可分辨的光点数作为荧屏或 CRT 的分辨率,比如 640×200 就是指横向可分辨出 640 个光点,纵向可分辨出 200 个光点。光点又称为像素,比如一个字符由 7×7 像素组成,就是说它在横方向上有 7 个光点,从上到下共有 7 行,即一个字符由 49 个光点组成。

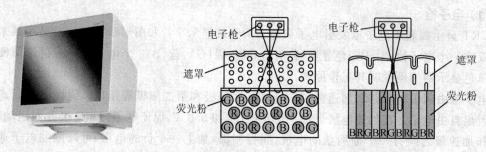

图 4-24 CRT 显示器

工作时,阴极射线管根据显示信息发射出电子束,在电场的作用下,电子束射向荧光屏,屏幕上相应位置的荧光粉被激励出光点,光点的亮度决定于电子束的强度。电子束有规律地从左到右、从上到下移动便形成一帧完整的画面。

彩色显像管屏幕上的每一个像素点都由红、绿、蓝 3 种涂料组合而成,由 3 束电子束分别激活这 3 种颜色的磷光涂料,以不同强度的电子束调节 3 种颜色的明暗程度就可得到所需的颜色,这非常类似于绘画时的调色过程。倘若电子束瞄准得不够精确,就可能打到邻近的磷光涂层,这样就产生不正确的颜色或轻微的重像,因此必须对电子束进行更加精确的控制。

最经典的解决方法就是在显像管内侧,磷光涂料表面的前方加装荫罩(Shadow Mask)。这个荫罩只是一层凿有许多小洞的金属薄板(一般是使用一种热膨胀率很低的钢板),只有正确瞄准的电子束才能穿过每个磷光涂层光点相对应的屏蔽孔,荫罩会拦下任何散乱的电子束以避免打到错误的磷光涂层,这就是荫罩式显像管。

相对的,有些公司开发荫栅式显像管,它不像以往把磷光材料分布为点状,而是以垂直线的方式进行涂布,并在磷光涂料的前方加上相当细的金属线用以取代荫罩,金属线用来阻止绝散射的电子束,原理和荫罩相同,这就是所谓的荫栅式显像管。

2. CRT 显示标准

视频显示标准反映了各种视频显示图形卡的性能,或显示工作方式、屏幕显示规格、分辨率及显示色彩的种类。从 IBM 公司最早推出的视频显示标准 MDA 开始,陆续形成了一系列新的标准 CGA、EGA、VGA 和 TVGA 等,反映了显示技术的不断发展和人们对显示效果的要求不断提高。显然,在同样尺寸的显示器上,字符显示的行列数愈多,图形显示的分辨率愈高,可显示的色彩种类愈多,即表明相应的视频显示接口——图形显示卡的性能愈好。常用的显示标准如下:

(1) MDA 标准

MDA(Monochrome Display Adapter)是单色显示适配器,是 IBM 规定的 PC 视频显示的第一个标准。该适配器仅支持字符显示,且是黑白(或绿色、琥珀色,随显示器而异)方式显示。

MDA 显示标准为显示方式 7,字符显示规格 80 列×25 行,字符框 9×14 点阵,而字符点阵 7×9 点阵,故分辨率为 720×350。MDA 配置 4 KB 显示缓冲存储器,绝对地址始于 B0000H,正好存放一帧字符显示信息。

(2) CGA 标准

CGA(Color Graphics Adapter)是彩色图形适配器,与 MDA 相比,增加了彩色显示和图形显示两大功能。CGA 字符显示标准是方式 0~3,采用的字符框为 8×8 点阵,字符点阵 7×7。图形显示标准是方式 4~6,最大分辨率为 640×200。

CGA 配置 16 KB 显示缓存,绝对地址始于 B8000H,40 列×25 行方式存放 8 帧显示字符,80 列×25 行方式时可放 4 帧显示字符,图形方式时能存放 1 帧图形信息。

(3) EGA 标准

EGA(Enhanced Graphics Adapter)是增强图形适配器。它除了兼容 MDA(方式 7)和 CGA(方式 0~6)外,还支持增加的图形显示标准方式 13~16。

EGA 与 MDA、CGA 兼容的各种方式中,可使用的显示缓存仍为 4 KB 和 16 KB,其绝对地址分布也相同。但扩展的 4 种图形显示方式使用 4 个 16 KB 或 4 个 64 KB 的显示缓存,它们共同的起始地址为 A0000H。

(4) VGA 标准

VGA(Video Graphics Array)是视频图形阵列,兼容了 EGA 的所有显示标准,还扩展了新的图形显示标准方式 17~19。与 EGA 类似,VGA 需要 4 个 64 KB 的显示缓存才能支持所有的显示方式,它们都位于起地址 A0000H 的区域中。

(5) TVGA 标准

TVGA 是 Super VGA 产品,由 Trident 公司推出,兼容了 VGA 全部显示标准,并扩展了若干字符显示和图形显示的新标准,具有更高的分辨率和更多的色彩选择。

3. CRT 接口

CRT 显示器通常有 15 针 D-Sub 和 DVI 接口两种,如图 4-25 所示。15 针 D-Sub 输入接口,也叫 VGA 接口。CRT 彩显因为设计制造上的原因,只能接收模拟信号输入,最基本的包含 R\G\B\H\V(分别为红、绿、蓝、行、场)5 个分量,不管以何种类型的接口接入,其信号中至少包含以上这 5 个分量。大多数 PC 机显卡最普遍的接口为 D-15,即 D 形 3 排 15 针插口,其中有一些是无用的,连接使用的信号线上也是空缺的。除了这 5 个必不可少的分量外,最重要的是在 1996 年以后的彩显中还增加了 DDC 数据分量,用于读取显示器 EPROM 中记载的有关彩显品牌、型号、生产日期、序列号、指标参数等信息内容,以实现 WINDOWS 所要求的 PnP(即插即用)功能。

图 4-25 CRT 接口

DVI(Digital Visual Interface,数字视频接口)是近年来随着数字化显示设备的发展而发展起来的一种显示接口。普通的模拟 RGB 接口在显示过程中,首先要在计算机的显卡中经过数字/模拟转换,将数字信号转换为模拟信号传输到显示设备中,而在数字化显示设备中,又要经模拟/数字转换将模拟信号转换成数字信号然后显示。在经过 2 次转换后,不可避免地造成了一些信息的丢失,对图像质量也有一定影响。而 DVI 接口中,计算机直接以数字信号的方式将显示信息传送到显示设备中,避免了 2 次转换过程,因此从理论上讲,采用 DVI 接口的显示设备的图像质量要更好。另外,DVI 接口实现了真正的即插即用和热插拔,免除了在连接过程中需关闭计算机和显示设备的麻烦。现在大多数液晶显示器都采用该接口。

4.5.2 LED 显示器

LED(Light Emitting Diode,发光二极管)是一种通过控制半导体发光二极管的显示方式,是用来显示文字、图形、图像、动画、行情、视频、录像信号等各种信息的显示屏幕。自从 1968 年第一批发光二极管开始进入市场,至今已有四十多年,随着新材料的开发和工艺的改进,发光二极管趋于高亮度化、全色化,在氮化镓基底的蓝色发光二极管出现后,更是扩展了其应用领域,包括大屏幕彩色显示、照明灯具、激光器、多媒体显像、LCD 背景光源、探测器、交通信号灯、仪器仪表、光纤通信、卫星通信、海洋光通信、图形识别等,但目前还主要是用于照明和显示。LED 显示器有多种形式,常用的是 7 段 LED 显示器和点阵 LED 显示器。

1. 7 段 LED 显示器

7 段 LED 显示器由 7 条发光线组成,按"日"字形排列,每一段都是一个发光二极管,如图 4-26(a)所示,这 7 段发光管可称为 a、b、c、d、e、f、g,有的还附带一个小数点 h。简单起见,我们只讨论 7 段显示器。通过 7 个发光组的不同组合,可以显示 0~9 和 A~F 共 16 个字母数字,从而可以实现十或十六进制的显示。数字量对段的一种对应关系如图 4-26(a)所示。

LED 可以分为共阳极和共阴极两种结构,如图 4-26(b)所示,将所有的阳极接在一起,称为共阳极,数码输入端低电平有效,当某一段得到低电平时便发光。将所有的阴极接在一起称为共阴极,数码显示端高电平有效,当某段处于高电平时便发光。由于每个发光二极管通常需要 2 mA~20 mA 的驱动电流才能发光,电流越大,二极管越亮,因此,7 段 LED 显示器必须用一个 7 段的驱动器才能正常工作,共阴极一般比共阳极亮,所以,多数场合用共阴极。如图 4-26(c)所示,采用共阴极数码管,阴极接地;如果采用共阳极数码管,则阳极接地。驱动电路一般由三极管构成,也可以用小规模集成电路。

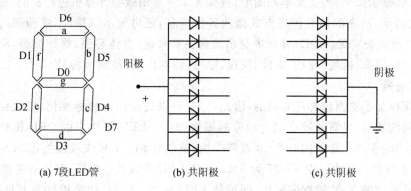

图 4-26 LED 数码管与并行口的连接

7 段 LED 显示器的优点:亮度高,工作电压低,功耗小,微型化,易与集成电路匹配,驱动简单,寿命长,耐冲击,性能稳定。

2. 点阵 LED 显示器

7 段 LED 显示接口设计简单,使用方便,但是如果其中某一段坏了,容易造成误识别。采用点阵式显示可以避免这样的误识别。点阵式显示器采用 20 个发光二极管组成一个阵列,通过内部译码,将输入的 4 位二进制数转换成一个代码,使矩阵中某些二极管导通发光,从而实现对 1 位十六进制数字的显示。

点阵式 LED 内部有锁存器,这就为多位显示带来很大的益处。前面讲到用 7 段 LED 进行多位显示时需对各位显示进行循环扫描进行刷新;而点阵式 LED,由于有内部锁存器,一个显示码送来后,在下一个显示代码送来前,二极管的驱动信号是恒定的,所以不需要进行刷新,这为显示软件的编写带来很大的方便。图 4-27 是一个典型的点阵式显示器。

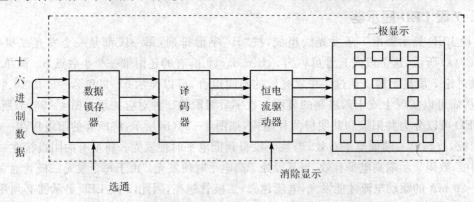

图 4-27 点阵式显示器结构

点阵 LED 显示器分为图文显示屏和视频显示屏,均由 LED 矩阵块组成。图文显示屏可与计算机同步显示汉字、英文文本和图形;视频显示屏采用微型计算机进行控制,图文、图像并茂,以实时、同步、清晰的信息传播方式播放各种信息,还可显示二维、三维动画、录像、电视、VCD 节目以及现场实况。LED 显示屏显示画面色彩鲜艳,立体感强,静如油画,动如电影,广泛应用于车站、码头、机场、商场、医院、宾馆、银行、证券市场、建筑市场、拍卖行、工业企业管理和其他公共场所。

点阵 LED 显示器原理都是相同的,因此,完全可以设计出一种标准化、模块化的 LED 显示屏,对不同的需要,只需要随意组合相应的模块即可。LED 模块中的 LED 排列成矩阵,预制成标准大小的模块。常用的有 8×8 点阵模块(单色有 64×1 只或双基色有 64×2 只发光二极管),8 字 7 段数码模块。图 4-27 为 8×8 点阵 LED 外观及引脚图,其等效电路如图 4-28 所示,只要其对应的 X、Y 轴顺向偏压,即可使 LED 发亮。例如,如果想使左上角 LED 点亮,则使 $Y_0=1, X_0=0$ 即可。应用时限流电阻可以放在 X 轴或 Y 轴。

3. 驱动芯片

LED 驱动芯片可分为通用芯片和专用芯片两种。所谓的通用芯片是指,芯片本身并非专门为 LED 而设计,而是一些具有 LED 显示屏部分逻辑功能的逻辑芯片(如串-并移位寄存器)。通用芯片一般用于 LED 显示屏的低档产品,如户内的单色屏、双色屏等。最常用的通用芯片是 74HC595。74HC595 具有 8 位锁存、串-并移位寄存器和三态输出。每路最大可输出

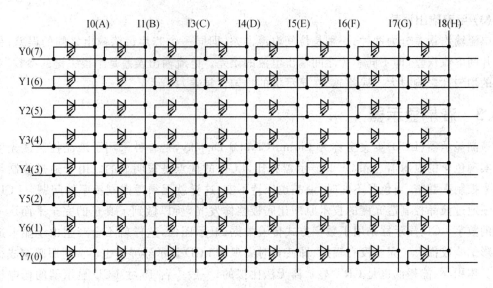

图 4-28 8×8 点阵 LED 等效电路

35 mA 的电流(非恒流)。一般的 IC 厂家都可生产此类芯片。显示屏行业中常用 NXP、ST 等厂家的产品。而专用芯片是指按照 LED 发光特性而设计专门用于 LED 显示屏的驱动芯片。LED 是电流特性器件,即在饱和导通的前提下,其亮度随着电流的变化而变化,而不是靠调节其两端的电压而变化。因此,专用芯片一个最大的特点就是提供恒流源。恒流源可以保证 LED 的稳定驱动,消除 LED 的闪烁现象,是 LED 显示屏显示高品质画面的前提。有些专用芯片还针对不同行业的要求增加了一些特殊的功能,如亮度调节、错误检测等。专用芯片具有输出电流大、恒流等特点,比较适用于电流大、画质要求高的场合,如户外全彩屏、室内全彩屏等。

专用芯片的关键性能参数有最大输出电流、恒流源输出路数、电流输出误差(bit-bit、chip-chip)和数据移位时钟等。

(1) 最大输出电流

目前,主流恒流源芯片的最大输出电流多定义为单路最大输出电流,一般在 90 mA 左右。恒流是专用芯片的最根本特性,也是得到高画质的基础。而每个通道同时输出恒定电流的最大值(即最大恒定输出电流)对显示屏更有意义,因为在白平衡状态下,要求每一路都同时输出恒流电流。一般最大恒流输出电流小于允许最大输出电流。

(2) 恒流源输出路数

恒流源输出路数主要有 8(8 位源)和 16(16 位源)两种规格,现在 16 位源基本上占主流,如 TLC5921、TB62706/TB62726、MBl5026/MBl5016 等。16 位源芯片主要优势在于减少了芯片尺寸,便于 LED 驱动板(PCB)布线,特别是对于点间距较小的 PCB 更是有利。

(3) 电流输出误差

电流输出误差分为两种,一种是位间电流误差,即同一个芯片每路输出之间的误差;另一种是片间电流误差,即不同芯片之间输出电流的误差。电流输出误差是个很关键的参数,对显示屏的均匀性影响很大。误差越大,显示屏的均匀性越差。

4.5.3 液晶显示器

液晶显示器(LCD)英文全称为 Liquid Crystal Display,是一种采用了液晶控制透光度技术来实现色彩的显示器。和 CRT 显示器相比,LCD 的优点是很明显的。由于通过控制是否透光来控制亮和暗,当色彩不变时,液晶也保持不变,这样就无须考虑刷新率的问题。LCD 显示器还通过液晶控制透光度的技术原理让底板整体发光,所以做到了真正的完全平面。一些高档的数字 LCD 显示器采用了数字方式传输数据、显示图像,这样就不会产生由于显卡造成的色彩偏差或损失。完全没有辐射,即使长时间观看 LCD 显示器屏幕也不会对眼睛造成很大伤害。体积小、能耗低也是 CRT 显示器无法比拟的,一般一台 15 寸 LCD 显示器的耗电量也就相当于 17 寸纯平 CRT 显示器的 1/3。

1. LCD 的分类

就使用范围,LCD 可分为笔记本电脑(Notebook)LCD 以及桌面电脑(Desktop)LCD。

按照物理结构,LCD 可分为无源矩阵和有源矩阵显示器,前者常用的有双扫描无源阵列显示器(DSTN‐LCD),后者常用的有薄膜晶体管有源阵列显示器(TFT‐LCD)。

DSTN(Dual Scan Tortuosity Nomograph)双扫描扭曲相列,是液晶的一种。由这种液晶所制成的液晶显示器对比度和亮度较差、可视角度小、色彩欠丰富,但是结构简单价格低廉,因此仍然存在市场。

TFT(Thin Film Transistor)薄膜晶体管,是指液晶显示器上的每一液晶像素点都由集成在其后的薄膜晶体管来驱动。相比 DSTN‐LCD,TFT‐LCD 屏幕反应速度快、对比度和亮度高、可视角度大、色彩丰富;后者克服了前者固有的许多弱点,是当前 Desktop LCD 和 Notebook LCD 的主流显示设备。

LCD 显示器从透光模式来分,可分为反射式、透射式、半透射式,如图 4‐29 所示。反射式 LCD 是指底偏光片是反光型的 LCD,只有 LCD 正面的光才能照射到 LCD 上面,一般适用于使用环境有光源的场所。透射式 LCD 是指底偏光片是透射型 LCD,一般适用于环境没有光源、靠外加底光源的工作场所。半透射式是指底偏光片是半透射型的 LCD。正面光可透过 LCD,底面光亦可透过 LCD;一般适用于外部光线不强的工作环境。

2. LCD 基本原理

液晶得名于其物理特性:它的分子晶体以液态存在而非固态。这些晶体分子的液体特性使得它具有 3 种非常有用的特点:第一个特性是如果让电流通过液晶层,则这些分子将以电流

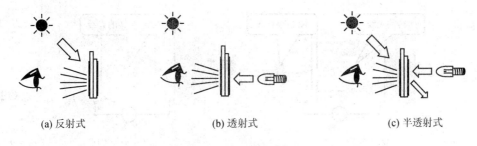

图 4-29 透光模式

的流向方向进行排列；如果没有电流，它们将会彼此平行排列。第二个特性是如果提供了带有细小沟槽的外层，将液晶倒入后，液晶分子会顺着槽排列，并且内层与外层以同样的方式进行排列。液晶的第三个特性是很神奇的：液晶层能使光线发生扭转。液晶层表现的有些类似偏光器，这就意味着它能够过滤除了那些从特殊方向射入之外的所有光线。此外，如果液晶层发生了扭转，光线将随之扭转，以不同的方向从另外一个面中射出。

液晶的这些特点使得它可以用来当作一种开关——既可以阻碍光线，也可以允许光线通过。液晶单元的底层是由细小的脊构成的，这些脊的作用是让分子呈平行排列。上表面也是如此，在这两侧之间的分子平行排列，不过当上下两个表面之间呈一定的角度时，液晶随着两个不同方向的表面进行排列就会发生扭曲，结果便是这个扭曲的螺旋层使通过的光线也发生扭曲。如果电流通过液晶，则所有的分子将按照电流的方向进行排列，这样就会消除光线的扭转。如果将一个偏振滤光器放置在液晶层的上表面，则扭转的光线通过（如图 4-30(a)所示），而没有发生扭转的光线（如图 4-30(b)所示）将被阻碍。因此，可以通过电流的通断改变LCD 中的液晶排列，使光线在加电时射出，而不加电时被阻断。也有某些设计为了省电的需要，有电流时光线不能通过，没有电流时光线通过。LCD 显示器的基本原理就是通过给不同的液晶单元供电控制其光线的通过与否，从而达到显示的目的。因此，LCD 的驱动控制归于对每个液晶单元的通断电的控制，每个液晶单元都对应着一个电极，对其通电便可使光线通过（也有刚好相反的，即不通电时光线通过，通电时光线不通过）。

3. LCD 的主要概念

像素：一个像素就是 LCD 上的一个点，是显示屏上所能控制的最小单位。

分辨率：最大分辨率是指显示卡能在显示器上描绘点数的最大数量，通常以"横向点数×纵向点数"表示，如 640×480，这是图形工作者最注重的性能。在嵌入式系统中横向和纵向点数通常用到的数目为 320、240、480、640 等几种组合。

色深：是指在某一分辨率下，每一个像素点可以由多少种色彩来描述，它的单位是 bit。具体地说，8 位的色深是将所有颜色分成 256(2^8)中的一种来描述。当然，把所有颜色简单地分为 256 种实在是太少了，因此，人们就定义了一个"增强色"的概念来描述色深；它是指 16 位色，即通常所说的"64K 色"及 16 位以上的色深。在此基础上，还定义了每一个像素在显存中

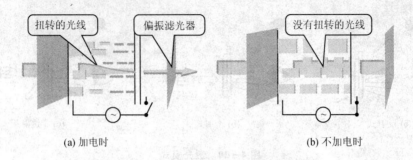

(a) 加电时　　　　　　　　　(b) 不加电时

图 4-30　LCD 原理图

所占用的位数,色深和分辨率之积决定了显存的大小。

刷新频率:是指图像在屏幕上更新的速度,即屏幕上的图像每秒钟出现的次数;它的单位是赫兹(Hz)。一般人眼不容易察觉 75 Hz 以上刷新频率带来的闪烁感(这一般是指 CTR 类型显示器,对于 LCD,其频率一般要降低),因此最好能将显示卡刷新频率调到 75 Hz 以上。要注意的是,并不是所有的显示卡都能够在最大分辨率下达到 75 Hz 以上的刷新频率(这个性能取决于显示卡上 RAM DAC 的速度),而且显示器也可能因为带宽不够而不能完美地达到要求。一些低端显示卡在高分辨率下只能设置为 60 Hz。显示芯片决定了分辨率与色深大小,但如果显示的内存不够,也达不到芯片所能提供的最大性能。在嵌入式系统中,一般将显示一次屏幕上的数据称作一帧,所以说刷新频率也叫帧显示频率。

显存:是用于存放数据的,只不过它存放的是需要显示的数据。在嵌入式系统中,显存一般是占用片外的 SDRAM,然后通过某种方式(一般采用 DMA 方式)将需要显示的数据传输到 LCD 缓存上用于显示。

【例 4-3】　如果要在 1 024×768 分辨率下达到 16 位色深,显存必须最少为多大?

分析:显存与分辨率、色深的关系是:显存=分辨率×色深,因此需要 1 024×768×16 位=12 582 912 位的信息。由于 1 B(字节)=8 bit(位),计算机中的 1 KB(千字节)=1 024 B,1 MB(兆字节)=1 024 KB,所以显存至少 12 582 912 B÷8÷1 024÷1 024=1.5 MB。

4. LCD 驱动接口

液晶显示的驱动方式有许多种,常用于液晶显示器件上的驱动方法有静态驱动和动态驱动两种。

LCD 驱动接口如图 4-31 所示,LCD 控制器同 LCD 驱动器是有着本质区别的。简单来说,LCD 控制器在嵌入式系统中的功能如同显卡在计算机中所起到的作用。LCD 控制器负责把显存中的 LCD 图形数据传输到 LCD 驱动器(LCD driver)上,并产生必须的 LCD 控制信号,从而控制和完成图形的显示、翻转、叠加、缩放等一系列复杂的图形显示功能。LCD 驱动器则只负责把 CPU 发送的图像数据在 LCD 显示出来,不会对图像做任何的处理。

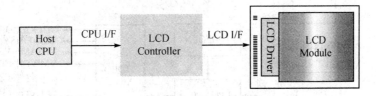

图 4-31 LCD 驱动接口

4.6 LCD 控制器接口与编程

4.6.1 LCD 控制器概述

LCD 器件种类繁多,驱动方式也各不相同,但是无论哪种类型的器件,还是使用什么不同的驱动方法,都是要以调整施加到像素上的电压、相位、频率、有效值、时序、占空比等一系列参数、特性来建立起一定的驱动条件实现显示的。在 S3C2410 处理器中带有 LCD 驱动控制器,正是通过对 LCD 控制器的编程来控制以上的参数,从而实现 LCD 的显示。LCD 控制器有两大作用:其一,顾名思义,控制器是为 LCD 显示时提供时序信号和显示数据,有了它,液晶显示系统才能称为完善;其二,液晶显示控制器是一种专业 IC 芯片,专用于处理器与液晶显示系统的接口。控制器直接接收处理器的操作,并可以脱机独立控制液晶显示驱动系统,从而解除了处理器在显示器上的繁忙工作。处理器通过对 LCD 控制器的操作,从而完成对 LCD 显示器件的操作。本节以 S3C2410 中内置的 LCD 控制器为例来说明 LCD 控制器接口电路与编程。

S3C2410 中具有内置的 LCD 控制器,具有将显示缓存(在系统存储器中)中的 LCD 图像数据传输到外部 LCD 驱动电路的逻辑功能,如图 4-32 所示。S3C2410 中内置的 LCD 控制器可支持灰度 LCD 和彩色 LCD。在灰度 LCD 上,使用基于时间的抖动算法(time - based dithering algorithm)和 FRC(Frame Rate Control)方法,可以支持单色、4 级灰度和 16 级灰度模式的灰度 LCD。在彩色 LCD 上,可以支持 256 级彩色,使用 STN LCD 可以支持 4 096 级彩色。对于不同尺寸的 LCD,具有不同数量的垂直和水平像素、数据接口的数据宽度、接口时间及刷新率,而 LCD 控制器可以通过编程控制相应的寄存器值,以适应不同的 LCD 显示板。S2C2410 处理器的 LCD 控制器的主要功能是传送视频数据和产生必要的控制信号,视频数据构成在 LCD 上显示的图像映像;控制信号则用来控制前面介绍的各种参数,从而可以正确显示。

S3C2410 芯片提供的接口信号线包括 24 根数据线和 9 根控制信号线,主要使用的信号有如下几种:

VCLK/LCD_HCLK:像素时钟信号(STN/TFT)/SEC TFT 信号 。
VLINE/HSYNC/CPV:行同步脉冲信号(STN)/水平同步信号(TFT)/SEC TFT 信号。

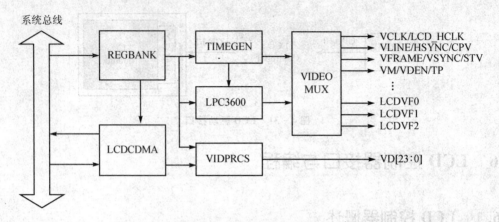

图 4-32 LCD 控制器结构

VFRAME/VSYNC/STV：帧同步信号(STN)/垂直同步信号(TFT)/SEC TFT 信号。
VM/VDEN/TP：LCD 驱动交流偏置信号(STN)/数据使能信号(TFT)/SEC TFT 信号。
LEND/STH：行结束信号(TFT)/SEC TFT 信号。
LCD_PWREN：LCD 面板电源使能控制信号。
LCDVF0：SEC TFT OE 信号。
LCDVF1：SEC TFT REV 信号。
LCDVF2：SEC TFT REVB 信号。
VD[23：0]：LCD 像素数据输出端口(STN/TFT/SEC TFT)。

4.6.2 控制流程

1. TFT 控制器操作

由图 4-32 可见，S3C2410 中的 LCD 控制器由 REGBANK、LCDCDMA、VIDPRCS、TIMEGEN 和 LPC3600 组成。其中，REGBANK 有 17 个可编程寄存器组和 256×16 的调色板存储器，可用来设定 LCD 控制器；LCDCDMA 是一个专用 DMA，可自动从帧存储器传输视频数据到 LCD 控制器，通过这个特殊的 DMA，视频数据可不经过 CPU 处理就在屏幕上显示；VIDPRCS 可接收从 LCDCDMA 来的视频数据并将其修改到合适数据格式，然后经 VD[23：0]送到 LCD 驱动器，如 4/8 单扫描或 4 双扫描显示模式；TIMEGEN 则由可编程逻辑组成，可支持不同 LCD 驱动器接口时序和不同的速率，用于产生 VFRAME、VLINE、VCLK、VM 等信号。

通常的数据流如下：FIFO 存储器通常位于 LCDCDMA。当 FIFO 为空或部分为空时，LCDCDMA 要求从基于突发传输模式的帧存储器中取出数据并存入要显示的图像数据，而这帧存储器是 LCD 控制器在 RAM 中开辟的一片缓冲区。当这个传输请求被存储控制器中的总线仲裁器接收后,系统存储器就给内部 FIFO 成功传输 4 个字。FIFO 的总大小是 28 个字,其中,低位 FIFOL 是 12 个字,高位 FIFOH 是 16 个字。S3C2410 有两个 FIFO,可支持双扫描显示模式,但在单扫描模式下只使用一个 FIFO(FIFOH)。

S3C2410 可支持 STN-LCD 和 TFT-LCD,这里只介绍其对 TFT-LCD 的控制。TIMEGEN 可产生 LCD 驱动器的控制信号(如 VSYNC、HSYNC、VCLK、VDEN 和 LEND 等),这些控制信号与 REGBANK 寄存器组中的 LCDCON1/2/3/4/5 寄存器的配置关系相当密切。基于 LCD 控制寄存器中的这些可编程配置,TIMEGEN 便可产生可编程控制信号来支持不同类型的 LCD 驱动器。而 VSYNC 和 HSYNC 脉冲的产生则依赖于 LCD-CON2/3 寄存器的 HOZVAL 域和 LINEVAL 域的配置。HOZVAL 和 LINEVAL 的值由 LCD 屏的尺寸决定。

$$HOZVAL = 水平显示尺寸 - 1$$
$$LINEVAL = 垂直显示尺寸 - 1$$

VCLK 信号的频率取决于 LCDCON1 寄存器中的 CLKVAL 域。VCLK(单位是 Hz)和 CLKVAL 的关系如下(其中 CLKVAL 的最小值是 0):

$$VCLK = HCLK/[(CLKVAL+1) \times 2]$$

一般情况下,帧频率就是 VSYNC 信号的频率,与 LCDCON1 和 LCDCON2/3/4 寄存器的 VSYNC、VB2PD、VFPD、LINEVAL、HSYNC、HBPD、HFPD、HOZVAL 和 CLKVAL 都有关系。大多数 LCD 驱动器都需要与显示器相匹配的帧频率。

2. LCD 控制器的寄存器

S3C2410 的 LCD 控制寄存器主要有 LCDCON1 寄存器、LCDCON2 寄存器、LCDCON3 寄存器、LCDCON4 寄存器和 LCDCON5 寄存器。

LCD 控制器 1~5:用来设置 LCD 的各项参数,地址为 0x4D000000~0x4D000010。

LCDSADDR1:帧缓冲起始地址寄存器 1,地址为 0x4D000014,用来指示系统存储器中的视频缓冲区地址。

LCDSADDR2:帧缓冲起始地址寄存器 2,地址为 0x4D000018,用来设置计数器或结束地址。

LCDSADDR3:帧缓冲起始地址寄存器 3,地址为 0x4D00001C,用来设置实际屏幕的偏移量大小和实际屏幕的页宽度。

REDLUT:红色表寄存器,用来定义 16 中可能的红色色度,地址为 0x4D000020。

GREENLUT:绿色表寄存器,用来定义 16 中可能的绿色色度,地址为 0x4D000024。

BLUELUT:蓝色表寄存器,用来定义 16 中可能的蓝色色度,地址为 0x4D000028。

DITHMODE:抖动模式寄存器,是 STN-LCD 显示控制器的抖动模式控制器,地址为 0x4D00004C。

TPAL:临时调色板寄存器,地址为 0x4D000050。

LCDINTPND：LCD 中断未决寄存器，地址为 0x4D000054。

LCDSRCPND：LCD 源未决寄存器，地址为 0x4D000058。

LCDINTMSK：LCD 中断屏蔽寄存器，地址为 0x4D00005C。

LPCSEL：LPC3600 控制寄存器，用来控制 LPC3600 的模式，地址为 0x4D00060。

3. LCD 接口电路

LCD 接口电路如图 4-33 所示。从 CPU 的 LCD 控制器出来的信号包括 24 根数据线和若干根控制线。对于 256 色 LCD，只需要其中低 8 位数据线即可。这些信号线是经过 74HC245 隔离后接到 LCD 模块，接 256 色屏时也由 74HC245 芯片完成电平转换。8 位 LCD 模块除了需要控制信号和数据信号外，还需要一个 22 V 左右的工作电压和上千伏的背光电压。前者由 MAX629 升压后得到，后者由一个逆变器模块提供。另外，LCD 信号线驱动芯片 74HC245 的电源是可选的，2410S 可以安装 5# 的伪彩屏和 8# 的真彩屏。当使用 5 V 电平的 256 色彩屏时，该芯片的电源使用 5 V；当使用 3.3 V 的 16 位真彩屏时，选择 3.3 V。

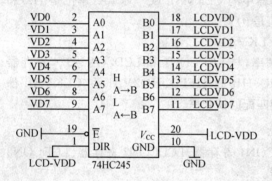

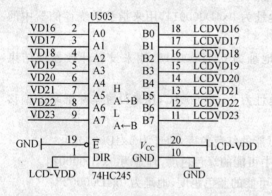

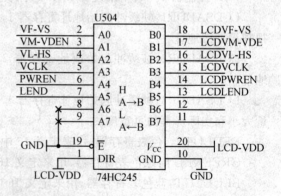

图 4-33　LCD 接口电路

4.6.3 LCD 接口编程

LCD 接口主要实现了 LCD 控制器初始化函数、刷新函数,关于 LCD 控制器中的一些宏定义如下:

1. 宏定义及屏幕数据缓冲区

```
#define LCDWIDTH              640                           /*LCD 的宽度*/
#define LCDHEIGHT             480                           /*LCD 的高度*/
unsigned short * pLCDBuffer = (unsigned short *)0x32000000; /*屏幕数据缓冲区*/
```

2. LCD 控制器初始化函数

LCD 控制器初始化函数主要设置 LCDCON1 寄存器等控制寄存器、和 LCD 相关的 GPIO 控制器、输出缓冲等,其源代码如下:

```
void LCD_Init()
{
    unsigned int i;
    unsigned int LCDBASEU,LCDBASEL,LCDBANK;
                                                /*端口 C*/
    rGPCCON = 0xAAAAAAAA;                       /*设置所有引脚应用于 LCD*/
    rGPCUP   = 0xFFFFFFFF;                      /*禁止所有引脚上拉*/
                                                /*端口 D*/
    rGPDCON = 0xAAAAAAAA;                       /*设置所有引脚应用于 LCD*/
    rGPDUP   = 0xFFFFFFFF;                      /*禁止所有引脚上拉*/
    rLCDCON1 = (0xC<<1)|(0x3<<5)|(1<<8);        /*设置 LCDCON1 控制器*/
    rLCDCON2 = (0x20<<24)|(479<<14)|(0x9<<6)|0x1; /*设置 LCDCON2 控制器*/

    rLCDCON3 = (47<<19)|(639<<8)|15;            /*设置 LCDCON3 控制器*/
    rLCDCON4 = 95|(13<<8);                      /*设置 LCDCON4 控制器*/
    rLCDCON5 = (1<<11)|(1<<9)|(1<<8)|(1<<3)|1;  /*设置 LCDCON5 控制器*/
    LCDBANK  = 0x32000000 >> 22;                /*设置帧缓冲区*/
    LCDBASEU = 0x0;
    LCDBASEL = LCDBASEU + (480)*640;
    rLCDSADDR1 = (LCDBANK<<21) | LCDBASEU;      /*TFT 帧缓冲区开始地址 1*/
    rLCDSADDR2 = LCDBASEL;                      /*TFT 帧缓冲区开始地址 2*/
    rLCDSADDR3 = (640)|(0<<11);                 /*TFT 帧缓冲区开始地址 3*/
                                                /*屏蔽 LCD 帧同步中断*/
                                                /*屏蔽 LCD 的 FIFO 中断*/
    rLCDINTMSK = (1<<1) | 1;                    /*rLCDINTMSK 为中断屏蔽寄存器*/
```

```
                rLPCSEL  =  0;                              /*不使用 LPC3600*/
                                                            /*LPC3600 控制寄存器*/
                                                            /*不使用临时调色板*/
                rTPAL = (0<<24);                            /*临时调色板寄存器*/
                                                            /*对屏幕数据缓冲区初始化,清 0*/
                for(i=0;i<LCDWIDTH*LCDHEIGHT;i++)
                {
                 *(pLCDbuffer+i)=0x0;          /*pLCDBuffer 也就是 0x32000000,也就是 TFT 缓冲区*/
                }

                rLCDCON1 += 1;                              /*使能视频输出*/
                /*在此以后,只要更改 pLCDBuffer 指向的缓冲区数值时,就会显示出来*/
                }
```

本函数中首先对 GPIO 的端口 C、端口 D 进行了初始化设置,端口 C、D 共有 16 位用作 LCD 的数据线和控制线,其中,rGPCCON 为端口 C 的控制寄存器,其[31:30]用来设置 GPC15 引脚的功能,这里设置为 10(二进制)表示该引脚用作 LCD 控制中的 VD[7]。以此类推,故而该寄存器的值设置为 0xAAAAAA。rGPCUP 用来设置 GPC15~0 的上拉功能,因为是用作 LCD 数据线和控制线,上拉全部禁用,所以这里设为 0xFFFFFFFF。rGPDCON 为端口 D 的控制寄存器,其设置类似。关于各控制寄存器的详细设置请大家登录 www.samsung.com 查看。

接下来设置 LCD 控制器的 5 个控制寄存器。rLCDCON1 控制寄存器中的[4:1]为 BPPMODE 用来设置显示器的模式,这里使用的是 16bpp 的 TFT,故其值设为 1100(二进制);rLcdcon1 的[6:5]位为 PNRMODE,用来设置显示模式,这里使用的是 TFT 类的 LCD 控制,故其值设为 11(二进制),rLcdcon1 的[17:8]位为 CLKVAL,用来决定 VCLK 与 CLKVAL 的速率,其中,速率计算方法如下:

$$VCLK=HCLK/[(CLKVAL+1)\times 2]$$

rLcdcon2 的[31:24]位为 VBPD,用来设置 TFT 的帧可视范围前肩,rLcdcon2 的[23:14]位为 LINEVAL,用来设置垂直显示的尺寸(要减 1);rLcdcon2 的[13:6]位为 VFPD,用来设置帧可视范围后肩;rLcdcon2 的[5:0]位为 VSPW,用来设置场同步脉冲宽度,这里设置为 1。

rLCDCON3 的[25:19]位为 HBPD,用来设置 TFT 的行可视范围前肩;rLCDCON3 的[18:8]位为 HOZVAL,用来设置水平显示的尺寸(要减 1);rLCDCON3 的[7:0]位为 HFPD(TFT),用来设置帧可视范围后肩。

rLCDCON4 控制寄存器的[15:8]位为 MVAL,在 rLCDCON1 控制寄存器中的[7]位 MMODE 设置为 1 时,由 MVAL 确定 VM 信号的速率。rLCDCON4 控制寄存器的[7:0]位为 HSPW/WLH 位，在 TFT-LCD 中用来确定 HSYNC 水平同步脉冲宽度。

rLCDCON5 控制寄存器的[11]位为 FRM565，用来确定 TFT-LCD 的 16bpp 输出视频数据格式，设置为 1 表示使用 5∶6∶5 格式；[10]位为 INVVCLK，用来设置 VCLK 信号的有效边沿，设置为 1 表示视频数据在 VCLK 信号的上升沿读取；[9]位为 INVVLINE，用来设置 VLINE/HSYNC 脉冲的极性，设置为 1 表示反向；[8]位为 INVVFRAME，用来设置 VFRAME/VSYNC 脉冲的极性，设置为 0 表示正常；[5]位为 INVPWREN，用来设置 LCD_PWREN 信号的极性，设置为 1 表示反向；[0]位为 HWSWP 位，用来设置半字交换使能，设置为 1 表示使能。

第三步，设置帧缓冲区，将 LCD 帧同步中断，FIFO 中断全部关闭，不使用 LPC3600 控制寄存器，不使用调色板。

最后，将 TFT 缓冲区清 0，并使能视频输出，从而完成了 LCD 控制器的初始化功能，LCD 驱动代码视具体型号的 LCD 而不同，但基本流程差不多。

3. 测试函数

```
/*变换 RGB*/
unsigned short Transform(unsigned int RGB)
{
    unsigned char *pbuf = (unsigned char *)&RGB;
    return ((pbuf[0]&0xF8)<<11)|((pbuf[1]&0xFC)<<6)|(pbuf[2]&0xF8);
}
void Example(void)                          /*测试函数*/
{
    int j = 0,i = 0,k = 0;
    unsigned int color;
    LCD_Init();                             /*LCD 控制器初始化*/
    for (i = 0;i<8;i++)                     /*设计 8 条彩条*/
    {
        switch (i)
        {
            case 0:color = 0x00000000;      /*RGB 均为 0 黑色*/
                break;
            case 1:color = 0x000000F8;      /*R  红色*/
                break;
            case 2:color = 0x0000F0F8;      /*R and G 橙色*/
                break;
            case 3:color = 0x0000FCF8;      /*R and G 黄*/
```

```
                break;
        case 4:color = 0x0000FC00;              /*G    绿色*/
                break;
        case 5:color = 0x00F8FC00;              /*G  B   青色*/
                break;
        case 6:color = 0x00F80000;              /*B    蓝色*/
                break;
        case 7:color = 0x00F800F8;              /*R  and  B   紫色*/
                break;
    }
    for(j = 0;j<LCDHEIGHT/8;j++)                /*把相应的RGB数据填充到LCD的缓冲区里面*/
    {
        for(k = 0;k<LCDWIDTH;k++)
            *(pLCDBuffer + (i*LCDWIDTH*LCDHEIGHT/8) + (j*LCDWIDTH) + k) = Transform(color);
    }
}

while(1)                                        /*结束*/
    ;
}
```

这里仅列出了LCD控制器的基本函数,详细代码请参考光盘中的相关实验和视频。

4.7 音频接口

4.7.1 I²S总线概述

1. I²S总线

目前,越来越多的消费电子产品(如CD手机、MP3、MD、VCD、DVD数字电视等)引入了数字音频系统。这些电子产品中数字化的声音信号由一系列的超大规模集成电路处理,常用的数字声音处理需要的集成电路包括A/D和D/A转换器、数字信号处理器(DSP)、数字滤波器和数字音频输入输出口等。

数字音频系统需要多种集成电路,所以为这些电路提供一个标准的通信协议非常重要。IIS(I²S)总线是NXP提出的音频协议,全称是数字音频集成电路通信总线(Inter-IC Sound Bus),是一种串行的数字音频总线协议。

S3C2410中I²S总线接口模块如图4-34所示,其中,BRFC是总线接口、内部寄存器及状态机的功能模块。总线接口逻辑和FIFO存取均由状态机控制。IPSR是两个5位的预分频器,其中,一个预分频器用于I^2S总线接口的控制器时钟的产生,另一个用于外部编解码时钟的产生。64位的FIFO存储区(TxFIFO和RxFIFO)用于音频数据传输缓存,须发送的音频数据写入TxFIFO中,而接收到的音频数据缓存在RxFIFO中。SCLKG是控制I^2S数据传输的时钟信号产生器,数据传输的速率由该时钟信号确定。CHNC模块是信道发生器及其状态机,SCLK信号和LRCK信号由其产生,并由信道状态机控制。SFTR是16位的并/串转换和串/并转换寄存器,在发送时完成并行数据转换为串行数据输出,在接收时完成串行数据转换为并行数据输入。

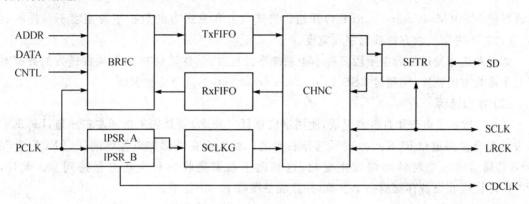

图4-34 I^2S总线接口模块

控制器的时钟频率信号PCLK是通过抽样频率选取的。因为PCLK由I^2S的预分频器系数决定,所以需要适当地确定预分频系数值和PCLK的类型(256或$384f_s$)。序列号的时钟频率类型($16/32/48f_s$)是根据每个声道的序列信号和PCLK来选择的。

I^2S数据传输有查询方式和DMA方式,在查询方式下,I^2S总线接口的控制寄存器中由FIFO准备好标志位,该位用于数据的传送和接收。当FIFO准备好要传输的数据且传送FIFO不为空时,则FIFO准备好标志位设为1。如果传送FIFO为空,则FIFO准备好标志位设为0。当接收FIFO不满时,接收FIFO准备好标志位设为1,表示FIFO可以接收数据。否则,该位设为0,表示FIFO满。在DMA方式下,写入FIFO或读取FIFO都是通过DMA控制器完成。

2. 音频序列接口格式

I^2S总线有4种信号,包括串行音频数据输入IISDI、串行音频数据输出IISDO、左右信道选择LRCK、串行时钟SCLK,其输出时序如图4-35所示。

(1) 串行数据传输

串行数据的传输(SD)由时钟信号同步控制,且串行数据线上每次传输一个字节的数据。当音频数据被数字化成二进制流后,传输时先将数据分成字节,每个字节的数据传输从左边的

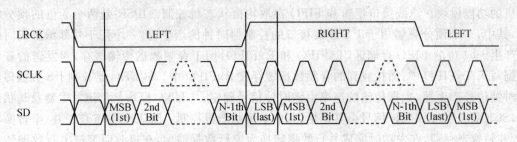

图 4-35 I²S 输出时序

二进制位 MSB(Most Significant Bit)开始。当接收方和发送方的数据字段宽度不一样的时候，发送方不考虑接收方的数据字段宽度。

如果发送方发送的数据字段宽度小于系统字段宽度，就在低位补 0；如果发送方的数据宽度大于接收方的宽度，则超过 LSB(Least Significant Bit)的部分会被截断。

(2) 字段选择

音频一般由左声道和右声道组成，使用字段选择(LRCK)就是用来选择左右声道，LRCK＝1，表示选择左声道；LRCK＝0，表示选择右声道。如果不在外部加以控制的话，LRCK 会在 MSB 传输前的一个时钟周期发生变化，这有助于数据接收方和发送方保持同步。此外，LRCK 能让接收设备存储前一个字节，并且准备接收下一个字节。

(3) 时钟信号

I²S 总线中，任何一个能够产生时钟信号(SCLK)的集成电路都可以成为主设备，从设备从外部时钟的输入得到时钟信号。I²S 的规范中制定了一系列关于时钟信号频率和延时的限制，读者可以参考其他书籍。

3. I²S 控制寄存器

I²S 总线接口的专用寄存器可以通过编程设定，这些寄存器包括下列寄存器：

IISCON：I²S 控制寄存器，用来设定 I²S 总线的工作方式，其地址为 0x55000000，复位后的初始值为 0x100。

IISMOD：I²S 模式寄存器，用来设定 I²S 的主从模式等参数，其地址为 0x55000004，复位后的初始值为 0x00。

IISPSR：I²S 总线的分频系数寄存器，用来设定预分频器系数的值，其地址为 0x55000008，复位后的初始值为 0x000。

IISFCON：I²S 总线 FIFO 的控制寄存器，用来设定 FIFO 的传输模式，其地址为 0x5500000C，复位后的初始值为 0x0000。

IISFIFO：I²S 总线 FIFO 的寄存器，用于 I²S 发送/接收数据的访问，其地址为 0x55000010，复位后的初始值为 0x0000。I²S 总线接口中包含 2 个 64 字节的 FIFO 缓冲器，用于发送和接收模式。每个 FIFO 缓冲器中的单元是 16 位的,因此共有 32 个单元。IISFIFO 寄存器是可读可写的。

4.7.2 基于 I^2S 接口的硬件设计

为了适应市场对音频设备的需求,ARM 芯片厂商开始在 SOC 芯片中集成 I^2S 接口模块,如三星的 S3C44B0X、S3C2410 等 ARM 芯片,内置的 I^2S 总线接口能够和其他厂商提供的多媒体编码解码芯片配合使用。ARM 芯片中内置的 I^2S 接口能够读取 I^2S 总线上面的数据,同时,也为 FIFO 数据提供 DMA 的传输模式,这样能够同时传输和接收数据。

S3C2410 芯片中有两条串行数据线,一条是输入信号数据线,一条是输出信号数据线,可以同时发送和接收模式。三星的 I^2S 接口有 3 种工作模式:

(1) 正常传输模式

正常模式下,使用 IISCON 寄存器对 FIFO 进行控制。如果传输 FIFO 缓存为空,IISCON 的第 7 位设置成"0",表示不能继续传输数据,需要 CPU 对缓存进行处理。如果传输 FIFO 缓存非空,IISCON 的第 7 位设置成"1",表示可以继续传输数据。同样,数据接收时,如果 FIFO 满,标识位是"0",此时需要 CPU 对 FIFO 进行处理;如果 FIFO 没有满,那么标识位是"1",这个时候可以继续接收数据。

(2) DMA 模式

通过设置 IISFCON 寄存器可以使 I^2S 接口工作在这种模式下。在这种模式下,FIFO 寄存器组的控制权掌握在 DMA 控制器上,当 FIFO 满时,由 DMA 控制器对 FIFO 中的数据进行处理。DMA 模式的选择由 IISCON 寄存器的第 4 和第 5 位控制。

(3) 传输/接收模式

在这种模式下,I^2S 数据线可以同时接收和发送音频数据。图 4-36 是 S3C2410 芯片和 NXP 的 UDA1341TS 芯片的引脚连接示意图。

从图中可以看出,ARM 芯片中 I^2S 总线的时钟信号 SCK 连接在 UDA1341TS 的 BCK 引脚上,字段选择连接在 WS 引脚上。UDA1341 提供了两个音频通道,分别用于输入和输出,对应的引脚连接为:I^2S 总线的音频输出 I2SSDO 对应于 UDA1341 的音频输入;I^2S 总线的音频输入 I2SSDI 对应于 UDA1341 的音频输出。

UDA1341TS 的 I^2S 引脚分别连接到三星 ARM 芯片对应的 I^2S 引脚上;音频输入输出(V_{IN}、V_{OUT})分别和麦克风扬声器连接;UDA1231TS 中的 L3 接口相当于一个 Mixer 控制接口,可以用来控制输入/输出音频信号的音量大小、低音等。L3 接口的引脚 L3MODE、L3DATA 和 L3CLOCK 分别连接到 S3C2410 的 GPB2、GPB3、GPB4 这 3 个通用数据输出引脚上面。

UDA1341TS 的音频输入有 4 个声道,可以用作高质量音频录入。使用麦克风作为输入的时候,只使用其中的两个声道。至此,使用 ARM 芯片和 UDA1341TS 构建了一个功能完善的音频硬件系统。

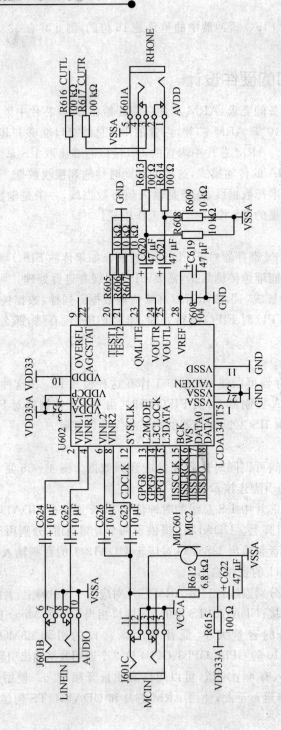

图 4-36 S3C2410和UDA1341TS连接示意图

4.7.3　基于 I²S 接口的软件设计

4.7.2 小节中已经介绍了基于 I²S 音频系统的构建以及对应芯片的引脚接法,其中,UDA1341TS 和三星的 ARM 处理器(S3C2410、S3C44B0X 等)之间通过 I²S 总线进行数据交换。在 ARM 处理器端,使用 DMA 模式接收数据。三星的 ARM 处理器有 4 个 DMA 通道,I²S 总线复用其中的两个 DMA 通道,用于全双工数据交换。与 I²S 交互的数据经过 I²S 控制器写入 FIFO 寄存器组,将 FIFO 填充满以后,通过 DMA 控制器一次性写入预先分配的内存缓存区中。

应用程序第一次使用音频设备并向设备里面传输数值的时候,驱动程序必须完成下面的任务:

① 通过程序控制音频设备并且为设备设置好工作参数(包括速度、声道、采样宽度),同时设置好对应的传输总线 I²S。

② 根据采样参数计算出缓冲段的大小(程序也可以指定缓存区的大小),分配对应的 DMA 空间供设备使用。

③ 向缓存区填入应用程序生成的数据。

④ 如果第一个缓存区填充完毕,音频设备就开始播放填入数据;对于播放要求比较高的应用,可以等两个或者更多的缓存区段被填充满以后再开始播放。

⑤ 应用程序继续填充缓存区。如果所有的缓存区都被使用,那么应用程序将转入挂起状态,直到第一个缓存区内的数据播放完毕,音频设备发出一个中断,通知应用程序继续向缓存区输入数据。

以后的操作过程和上面的过程相似,只不过应用程序不用初始化音频设备和缓冲区。

应用程序从设备里面读取数据的操作和向设备里面写数据的操作是类似的,具体过程如下:

① 通过程序控制音频设备,并且为设备设置好工作参数(包括数据、声道、采样宽度)。

② 根据采样参数计算出缓冲段的大小(程序也可以指定缓存区的大小)。

③ 激活录音设备开始录音。

④ 录音设备将处理好的数据填入缓冲区,在这个期间应用程序挂起,直到缓存区被填满。

⑤ 当第一个缓存区被填充满以后,应用程序将缓存区中的数据复制到应用程序的内存区域。

⑥ 当缓存区中的数据读完以后,读操作挂起,等待音频设备填充其他的缓存区,直到录音结束。以后从音频设备读取数据的操作过程和上面的过程相似,只不过应用程序不用初始化音频设备和缓冲区。

当应用程序处理缓存区内数据的速度和音频设备产生数据的不匹配时,就会出现数据丢失的现象。比如录音的时候,操作是实时的,当音频设备填充完所有的缓存区、而应用程序却没有处理完缓存区中的数据时，新录制的声音数据将会丢失，播放音频数据的时候也会出现这样的问题。在处理高品质音频数据的时候这个问题尤其应该引起程序员的注意。

习 题

1. S3C2410 芯片共有几个 I/O 端口？各端口各有多少根 I/O 引脚？
2. 若需要把端口 G 的低 8 位用作输入外部设备数据的 8 位数据线、高 8 位用作输出数据的 8 位数据线，写出相应的初始化程序。
3. 键盘的接口电路有多种形式，可以用专用的芯片来连接，也可以直接由微处理器芯片的 I/O 引脚来连接。说明行扫描法的键盘接口设计思想。
4. 简述 A/D 与 D/A 转换器的原理。
5. 简述电阻式触摸屏检测坐标值的原理。
6. 描述常见的显示器接口 CRT、LED、LCD 的区别与特点。
7. S3C2410 内部 LCD 控制器支持 RGB 像素点字节的数据格式是怎样的？
8. LCD 控制器和 LCD 驱动器有何区别？
9. 什么是 I^2S 总线？并说明其特点。

第 5 章

外部总线接口

外部总线是用来实现计算机和外部设备通信的重要手段。本章结合国内常用的 ARM 芯片 S3C2410,介绍了常用的外部总线接口,如 RS-232 接口、PCI 接口、SPI 接口、I^2C 接口、USB 接口、PCMCIA 接口等,并结合电路介绍了如何对外部总线进行接口编程。

5.1 串行与并行接口

5.1.1 概 述

串行通信是数据的一种传送方式,在这种方式下数据是一位紧接一位在通信介质中进行传输的。在传输过程中,每一位数据都占据一个固定的时间长度。串行接口的作用就是将外部设备与 CPU 之间联系起来,使它们能够通过串行传送方式互相传送和接收信息。串口、并口一般具有以下几种基本的功能:

数据缓冲功能:串口、并口为协调 CPU 与外设速度上的差异、避免因速度不一致而丢失数据,一般都有数据寄存器或缓冲器,它们统称为数据口。

信号变换功能:CPU 芯片基本是用 MOS 工艺制造的,并采用并行传输方式。对于串口而言,接口与外设采用了串行通信方式,这就需要有串行/并行数据转换功能,由串行接口中设置的移位寄存器来完成。为了扩大传输距离,串口的数据电平和 CPU 的电平不一致,这就需要电平转换电路。此外,还需要有逻辑关系的处理、时序配合和通信速率的匹配等方面的功能。

可编程功能:由于具体的工作方式、运行参数等均有不同的需求,大多数串口或并口都具有可编程功能,从而改善了接口的灵活性和扩充性。命令寄存器的设置就是可编程功能的具体体现。

错误检测功能:接口电路应能对错误信息进行检测,如采用奇偶和校验对传输数据进行检测等。

寻址功能:这是系统总线对接口所提出的基本要求。接口中的数据、命令(或工作方式)、状态寄存器都有相应的地址。CPU 通过总线的地址来访问这些寄存器。

接口作为微机与外设的中转站,在与 CPU 之间的关系上,不论串口与并口,都是通过总线与 CPU 相连,在与 CPU 信息交互的处理上也是相似的。相对地,接口与外设之间的关系则要复杂得多。

按照接口电路数据传送方式,可以分为串行和并行;从终端接收方式,可以分为全双工、半双工和单工方式,如图5-1所示;按数据收发时钟来划分,又可分为同步方式和异步方式。

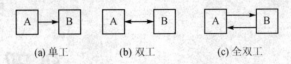

图5-1 串口的传送方式

1. 单工、半双工和全双工方式

单工方式:最简单的一种通信方式。在这种方式下,系统只能单向传送数据,也就是说,系统一端作为发送端,另一端作为接收端。

半双工方式:输入过程和输出过程使用同一通路,端口可以收发数据,但不能同时进行。有些计算机和显示终端之间采用半双工方式,这时从键盘输入的字符在发送到主机的同时就被送到终端上显示出来,而不是用回送的办法,所以避免了接收过程和发送过程同时进行的情况。对于像打印机这样的单方向传输的外部设备,只要用半双工方式就能满足需要。

全双工方式:对数据的两个传输方向采用不同的通路,可以同时进行发送和接收数据。对于串行接口来说,意味着可以同时进行输入和输出。

2. 同步方式和异步方式

通信可以分为两种类型,即同步通信和异步通信。采用同步通信时,将许多字符组成一个信息组,这样字符可以逐个传输。但是,在每组信息(通常称为一个信息帧)的开始要加上同步字符,在没有信息要传输时,要填上空字符,因为同步传输不允许有间隙。

异步通信是以字符为单位进行传输的,两个字符之间的传输间隔是任意的,所以,每个字符的前后都要用一些数位来作为分隔位。接收设备在收到起始信号之后只要在一个字符的传输时间内能和发送设备保持同步就能正确接收。下一个字符起始位的到来又使同步重新校准。在异步通信方式下,从一个字符的结束到下一个字符开始之间,没有规定固定的间隔长度,因此称为异步传输方式。间隔时间用停止位填充。间隔时间可长可短,但也不能太长,某些场合下,如果间隔时间超过了一定的范围,接收端就认定为超时故障。

异步通信方式如图5-2所示,其中各位的意义如下:

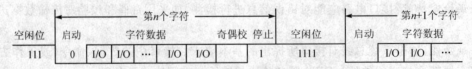

图5-2 异步通信方式

起始位:先发出一个逻辑"0"信号,表示传输字符的开始。

数据位:紧接着起始位之后。数据位的个数可以是 4、5、6、7、8 等,构成一个字符。通常采用 ASCII 码。从最低位开始传送,靠时钟定位。

奇偶校验位:数据位加上这一位后,使得"1"的位数应为偶数(偶校验)或奇数(奇校验),以此来校验数据传送的正确性。

停止位:它是一个字符数据的结束标志,可以是 1 位、1.5 位、2 位的高电平。

空闲位:处于逻辑"1"状态,表示当前线路上没有数据传送。

异步通信的效率较低,因为每个字符都必须有一个起始位,1~2 位的停止位,即每个字符都有 2~3 位的辅助位,也就是说传输的信息中,有 20%~30% 的无用信息。比较起来,在传输率相同时,同步通信方式下的信息要比异步方式下的效率高,因为同步方式下的非数据信息的比例较小。但是,从另一方面看,同步方式下,要求进行信息传输的双方必须要用同一个时钟进行协调,正是这个时钟确定了同步串行传输过程中每一位的位置。这样一来,如采用同步方式,那么在传输数据的同时,还必须传输时钟信号。而在异步方式下,接收方的时钟频率和发送方的时钟频率不必完全一样,而只要比较相近,即不超过一定的允许范围就行了。

异步串行通信一般适用于较低速的通信,传输速度实际使用中一般不超过 115 200 bps。在需要高速通信时,一般采用同步通信方式。

3. 发送时钟和接收时钟

在串行通信过程中,数据是以二进制形式在一根线上传输的。通常用高电平表示二进制 1,而用低电平表示二进制 0。为了保证发送的数据和接收的数据保持一致,每一位二进制数的持续时间必须是固定的,因此在发送端和接收端都必须有一个时钟来定时,它们称为发送时钟和接收时钟。一位二进制数可以是一个时钟宽度,也可以是多个时钟宽度。

异步通信和同步通信对时钟的要求是不一样的。在异步通信中,一帧信息的长度只有 10~11 位,在起始位启动后,接收时钟只要在接收期间能够和发送时钟保持同步就可以正确接收数据。因此,在异步通信中,发送端和接收端可有自己的独立时钟。

在同步通信中,由于一帧数据位数较多且通信速度较快,要求发送时钟和接收时钟精确同步。这样,发送端和接收端就不能采用独立的局部时钟,而采用统一的时钟。通常采用的方法是,在发送端利用编码器把发送的数据和发送的时钟组合在一起,通过传输线发送到接收端,在接收端再用解码器从数据流中分离出时钟。

4. 波特率与校验方式

为了衡量串行通信的速度,应该有一个测量单位,在串行通信中通常用波特率来表示。波特率是衡量数据传送速率的指标,表示每秒钟传送的二进制位数。例如,数据传送速率为 120 字符/s,而每一个字符为 10 位,则其传送的波特率为 10×120=1 200 字符/s=1 200 波特。在没有调制的数字信号通信中,波特率和传输率相等;而在采用调制解调器将数据调制成模拟信号进行通信时,波特率和传输率就不一定相等。例如,采用调相制时,如果采用4个相位(可表示2位二进制数),传输率便是波特率的两倍。

串行通信一般要检测传输过程中是否有错误出现,目前串行通信一般采用两种校验方式,奇偶校验和CRC循环冗余校验。

5. 信号的调制与解调

为了利用电话线传输数字信号,必须采取一些措施,把数字信号转换为适于传输的模拟信号,而在接收端再将其转换成为数字信号。前一种转换称为调制,后一种转换称为解调。完成调制、解调功能的设备称为调制解调器(Modem)。调制解调器的作用如图5-3所示。

常用的调制方式有3种,幅移键控ASK(Amplitude Shift Keying)也称为调幅;频移键控FSK(Frequency Shift Keying)也称为调频;相移键控PSK(Phase Shift Keying)也称为调相,如图5-4所示。

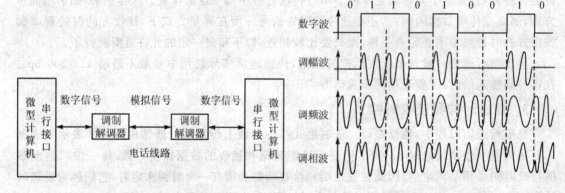

图5-3 信号的调制和解调　　　　　图5-4 调制方式

在数据进行中、高速传输时,经常用多元调制方式,如多电平调幅(MASK)、多元调频(MFSK)及多元调相(MPSK);或者进行混合调制,如既调幅又调相等。现在国际上的数传机传输速率已标准化,调制方式也日趋规范化,一般来说600 bps以下的数传机用ASK,600～2 400 bps用FSK,4 800 bps以上的数传机用PSK或多元调制、混合调制等。

5.1.2 RS-232-C串行接口

在通信中,RS-232-C是作为数据终端设备DTE与数据通信设备DCE的接口标准而引入的。目前,不仅在远距离通信中经常用到它,就是在两台计算机或者设备之间的近距离串行连接也普遍用RS-232-C接口,如图5-5所示。计算机的串行接口用来连接外部设备、调制解调器、计算机终端或另一台计算机等。

1. RS-232-C的信号定义

RS-232-C信号名称、功能和引脚如表5-1所列。一个简单的数据终端的典型RS-

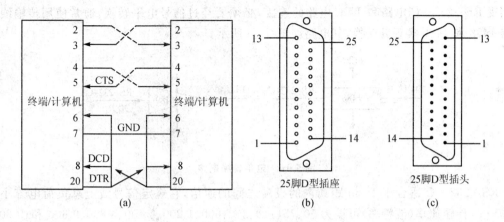

图 5-5 RS-232 接口

232-C 接口,仅包括 TxD、RxD、RTS、CTS、SGND、CD 和 DTR 这 7 条信号线。甚至用 TxD、RxD 和 SGND 这 3 条线就可以组成一个最简单的接口。

表 5-1 RS-232-C 引脚定义

引 脚	定 义	引 脚	定 义
1	保护地(PGND)	14	辅信道发送数据
2	发送数据(TxD)	15	发送信号元定时
3	接收数据(RxD)	16	辅信道接收数据
4	请求发送(RTS)	17	接收信号元定时
5	允许发送(CTS)	18	未定义
6	数据准备就绪(DSR)	19	辅信道请求发送
7	信号地(SGND)	20	数据终端准备就绪(DTR)
8	载波检测(CD)	21	信号检测(SD)
9	未定义	22	振铃指示(RI)
10	未定义	23	数据信号速率选择
11	未定义	24	外部发送时钟
12	辅信道载波检测	25	未定义
13	辅信道载波发送		

2. RS-232-C 的电气特征

RS-232-C 总线采用负逻辑。对于数据信号线,逻辑 1 为 $-3 \sim -15\text{ V}$;逻辑 0 为 $+3 \sim +15\text{ V}$。对于控制和定时信号,接通(ON)为 $+3 \sim +15\text{ V}$;断开(OFF)为 $-3 \sim -15\text{ V}$。如果

要实现 RS-232-C 电路和 TTL 电路的连接,必须要经过信号电平转换,通常使用传输线驱动器 1488 和 1489 实现其转换,其电路如图 5-6 所示。

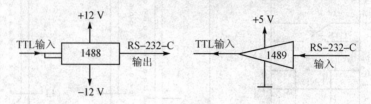

图 5-6 电平转换电路

RS-232-C 适合于 15 m 距离内的设备之间的通信,它规定信号线上总负荷电容小于 2 500 pF,传输速率(波特率)可设为 50、75、110、300、600、1 200、2 400、4 800、9 600 和 19 200。由于 RS-232-C 信号采用单端传送,因而限制了它的传输率和传输距离。若要增加传输距离和传输波特率,可采用 RS-422 标准,它规定了双端(平衡式)电气接口特性。

5.1.3 UART 控制器

关于 UART 控制器有很多芯片,本书仅以 S3C2410 为例来说明 UART 控制器的基本结构和工作原理。S3C2410 内部具有 3 个独立的 UART(Universal Asynchronous Receiver and Transmitter)控制器,每个控制器都可以工作在 Interrupt(中断)模式或 DMA(直接内存访问)模式,也就是说 UART 控制器可以在 CPU 与 UART 控制器传送数据的时候产生中断或 DMA 请求。并且每个 UART 均具有 16 字节的 FIFO(先入先出寄存器),支持的最高波特率可达到 230.4 kbps。图 5-7 是 S3C2410 内部 UART 控制器的结构图。

1. UART 的操作

UART 的操作分为以下几个部分,分别是:数据发送、数据接收、产生中断、产生波特率、LoopBack 模式、红外模式以及自动流控模式。

(1) 数据发送

发送的数据帧格式是可以编程设置的,包含了起始位、5~8 个数据位、可选的奇偶校验位以及 1~2 位停止位。这些都是通过 UART 的控制寄存器 ULCONn 来设置的。

(2) 数据接收

同发送一样,接收的数据帧格式也是可以进行编程设置的。此外,还具备了检测溢出出错、奇偶校验出错、帧出错等出错检测,并且每种错误都可以置相应的错误标志。

(3) 自动流控模式

S3C2410 的 UART0 和 UART1 都可以通过各自的 nRTS 和 nCTS 信号来实现自动流控。在自动流控(AFC)模式下 nRTS 取决于接收端的状态,而 nCTS 控制了发送端的操作。具体地说,只有当 nCTS 有效时(表明接收方的 FIFO 已经准备就绪来接收数据了),UART 才

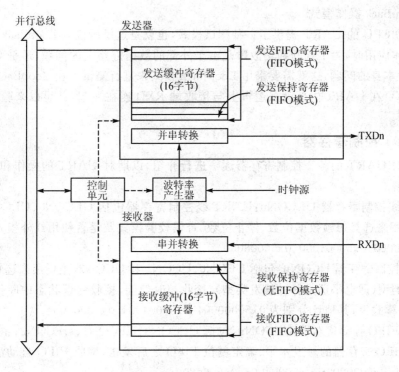

图 5-7 UART 控制器

会将 FIFO 中的数据发送出去。在 UART 接收数据之前,只要当接收 FIFO 有至少 2 字节空余的时候,nRTS 就会置为有效。

(4) 中断/DMA 请求产生

S3C2410 的每个 UART 都有 7 种状态,分别是:溢出覆盖(Overrun)错误、奇偶校验错误、帧出错、断线错误、接收就绪、发送缓冲空闲、发送移位器空闲,它们在 UART 状态寄存器 UTRSTATn/UERSTATn 中有相应的标志位。

(5) 波特率发生器

每个 UART 控制器都有各自的波特率发生器来产生发送和接收数据所用的序列时钟;波特率发生器的时钟源可以是 CPU 内部的系统时钟,也可以从 CPU 的 UCLK 管脚由外部取得时钟信号;并且可以通过 UCONn 选择各自的时钟源。波特率产生的具体计算方法如下:

当选择 CPU 内部时钟时:

$$UBRDIVn = (int)(PCLK/(bps \times 16)) - 1$$

其中,bps 为所需要的波特率值,PCLK 为 CPU 内部外设总线(APB)的工作时钟。

当需要得到更精确的波特率时,可以选择由 UCLK 引入的外部时钟来生成:

$$UBRDIVn = (int)(UCLK/(bps \times 16)) - 1$$

(6) LoopBack 操作模式

S3C2410 CPU 的 UART 提供了一种测试模式，也就是这里所说的 LoopBack 模式。在设计系统的具体应用时，为了判断通信故障是由于外部的数据链路上的问题，还是 CPU 内驱动程序或 CPU 本身的问题，这就需要采用 LoopBack 模式来进行测试。在 LoopBack 模式中，数据发送端 TXD 在 UART 内部就从逻辑上与接收端 RXD 连在一起，并可以来验证数据的收发是否正常。

2. UART 控制寄存器

下面针对 UART 的各个控制寄存器逐一进行介绍，以期对 UART 的操作和设置能有更进一步的了解。

UART 线控制寄存器 ULCONn：UART 线控制寄存器包括 ULCON0、ULCON1 和 ULCON2，主要用来选择每帧数据位数、停止位数、奇偶校验模式及是否使用红外模式，其地址分别为 0x50000000、0x50004000、0x50008000。

UART 控制寄存器 UCONn：包括 UCON0、UCON1 和 UCON2，主要用来选择时钟、接收和发送中断类型（即电平还是脉冲触发类型）、接收超时使能、接收错误状态中断使能、回环模式、发送接收模式等，其地址分别为 0x50000004、0x50004004、0x50008004。

UART FIFO 控制寄存器 UFCONn：包括 UFCON0、UFCON1、UFCON2，主要用来确定发送/接收 FIFO 寄存器的触发水平、确定复位 FIFO 之后发送/接收 FIFO 自动清除与否等，其地址分别为 0x50000008、0x50004008、0x50008008。

UART 发送/接收状态寄存器 UTRSTATn：包括 UTRSTAT0、UTRSTAT1 和 UTRSTAT2，此状态寄存器的相关位表明发送/接收期间缓冲区 FIFO 中数据的情况。复位后的初始值均为 0x6。其中的[2]位作用如下：当发送缓冲区没有合法数据要发送、并且发送移位寄存器为空时，该位自动设置为 1；该位为 0 时，表示发送非空。[1]位的作用如下：当发送缓冲区为空时，该位自动设置为 1；该位为 0 时，表示发送非空，[0]位的作用如下：当接收缓冲区接收到一个数据时，该位自动设置为 1；该位为 0 时，表示接收为空，其地址分别为 0x50000010、0x50004010、0x50008010。

UART 错误状态寄存器 UERSTATn：包括 UERSTAT0、UERSTAT1 和 UERSTAT2，此状态寄存器的相关位表明是否有帧错误或溢出错误发生，其地址分别为 0x50000014、0x50004014、0x50008014。

UART FIFO 状态寄存器 UFSTATn：包括 UFSTAT0、UFSTAT1、UFSTAT2，分别对应于 UART0、UART1、UART2，均为只读，主要用来表示 FIFO 的状态。例如，[9]位 Tx FIFO Full 表示在发送期间，当发送 FIFO 满时，该位自动置 1；反之为"0"；[8]位 Rx FIFO Full 表示在接收期间，当接收 FIFO 满时，该位自动置 1；反之为"0"，其地址分别为 0x50000018、0x50004018、0x50008018。

UART 发送缓冲寄存器 UTXHn：在 UART 模块中有 3 个 UART 发送缓冲寄存器，包括

UTXH0、UTXH1 和 UTXH2。UTXHn 有 8 位发送数据,用来存放 8 位将要发送的数据,其地址分别为 0x50000020、0x50004020、0x50008020。

UART 接收缓冲寄存器 URXHn:在 UART 模块中有 3 个 UART 接收缓冲寄存器,包括 URXH0、URXH1 和 URXH2。URXHn 有 8 位接收数据,用来存放接收到的数据,其地址分别为 0x50000024、0x50004024、0x50008024。

UART 波特率因子寄存器:UART 包括 3 个波特率因子寄存器 UBRDIV0、UBRDIV1 和 UBRDIV2,其地址分别为 0x50000028、0x50004028、0x50008028。

存储在波特率因子寄存器(UBRDIVn)中的值决定串口发送和接收的时钟数率(波特率)。波特率产生器的时钟源可以选择 S3C2410 芯片的内部系统时钟或者外部时钟 UCLK。换句话说,被除数是可选的,用户可以通过设置时钟选择器 UCONn 来实现。波特率时钟是通过把源时钟(即 PCLK 或 UCLK)和 UART 的波特率因子寄存器产生的 16 位数相除产生的,计算公式如下:

$$除数 = (PCLK/(波特率 \times 16)) - 1$$

除数的值范围是一个 $1 \sim 2^{16} - 1$ 的整数。为了实现准确的 UART 运算,S3C2410 芯片也支持把 UCLK 作为一个除数,其计算公式如下:

$$除数 = (UCLK/(波特率 \times 16)) - 1$$

【例 5-1】 假设波特率是 115 200,PCLK 或 UCLK 是 40 MHz,那么 UBRDIVn 中的值如何设置?

UBRDIVn 的计算公式如下:

UBRDIVn=(int)(40 000 000/(115 200×16))−1=(int)(21.7)−1=21−1=20

上述计算时的小数被舍弃,这样必然引起误差;但 UART 波特率产生器容许有一定的误差,其误差范围是:

UART 的 10 位时间误差要小于 1.87%,即 3/160。

tUPCLK=(除数+1)×16×10/PCLK　　　　tUPCLK 为实际的 UART 10 位时间

tUEXACT=10/波特率　　　　　　　　　　tUEXACT 为理想的 UART 10 位时间

UART 误差=((tUPCLK−tUEXACT)/tUEXACT)×100%

3. 接口电路

图 5-8 是一个 RS-232 接口电路。电路中所采用的电平转换芯片是 MAX3232,S3C2410 芯片的 UART0 相关引脚 TxD0、RxD0、nRTS0、nCTS0 经过 MAX3232 电平转换后连接到 DB9 型插座上,这样就可以使用 S3C2410 芯片内部的 UART0 部件来控制符合 RS-232 标准的串行通信了。对于近距离的 RS-232 通信接口来说,通常不需要调制解调器,因此,其接口电路中只需要连接 TxD 和 RxD 信号线,nRTS 和 nCTS 信号线可以不连接。但应该注意,若近距离使用 RS-232 通信,则 2 台数据终端设备之间的通信电缆插座应交叉连接。

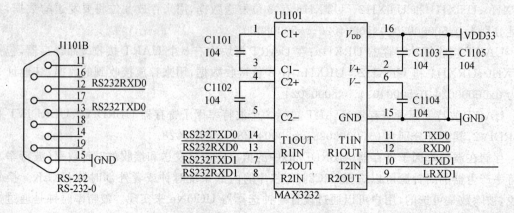

图 5-8 RS-232 接口电路

5.1.4 串行接口编程

有了串口电路,还需要编程设置 UART0 内部的寄存器,才能使 UART0 部件按照 RS-232 标准控制串行通信。初始化编程需要设置的主要内容有:设置通信的数据位数、奇偶校验方式、停止位,还要设置通信的波特率以及是否开放中断等,流程如图 5-9 所示。

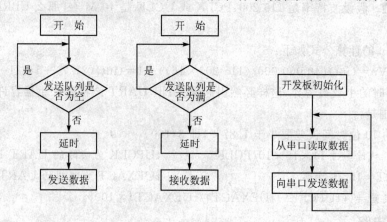

图 5-9 串口编程流程图

1. 相关寄存器定义

```
#define rGPHCON  (*(volatile unsigned *)0x56000070) //Port H control
#define rGPHUP   (*(volatile unsigned *)0x56000078) //Pull-up control H
#define rULCON0  (*(volatile unsigned *)0x50000000) //UART 0 Line control
#define rUCON0   (*(volatile unsigned *)0x50000004) //UART 0 Control
#define rUFCON0  (*(volatile unsigned *)0x50000008) //UART 0 FIFO control
```

```
#define rUMCON0   (*(volatile unsigned *)0x5000000c) //UART 0 Modem control
#define rUTRSTAT0 (*(volatile unsigned *)0x50000010) //UART 0 Tx/Rx status
#define rUERSTAT0 (*(volatile unsigned *)0x50000014) //UART 0 Rx error status
#define rUFSTAT0  *(volatile unsigned *)0x50000018) //UART 0 FIFO status
#define rUMSTAT0  *(volatile unsigned *)0x5000001c) //UART 0 Modem status
#define rUBRDIV0 *(volatile unsigned *)0x50000028) //UART 0 Baud rate divisor
```

2. 串口初始化函数

串口初始化函数 Uart_Init() 主要功能是配置相关的 GPIO 控制器、设置波特率、串口的工作方式等，源代码如下：

```
void Uart_Init(int baud)
{
    rGPHCON &= ~(0xF<<4);        /* GPH2 引脚使能 TXD0 功能_GPH3 引脚使能 RXD0 功能 */
    rGPHCON |= 0xA<<4;
    rGPHUP  &= ~(0x2<<2);        /* GPH2 和 GPH3 引脚上拉 */
    rUFCON0 = 0x00;              /* 不使用 FIFO */
    rUMCON0 = 0x0;               /* 无数据流控制 */
    rULCON0 = 0x3;               /* 不采用红外线传输模式_无奇偶校验位_1 个停止位_8 个数据位 */
    rUCON0  = 0x245;             /* 使能超时中断_使能接收错误中断_回环模式_传输返回信号_中断
                                    或轮询发送模式_中断或轮询接收模式 */
    rUBRDIV0 = ((int)(PCLK/(baud*16))-1);   /* 设置波特率 */
}
```

3. 串口发送函数

串口发送函数 Uart_SendByten() 主要功能是实现数据的发送，源代码如下：

```
void Uart_SendByten(char data)
{
    while(!(rUTRSTAT0 & 0x4));   /* 等待上一次的发送 */
    WrUTXH0(data);               /* 发送数据 */
}
```

4. 串口接收函数

串口接收函数 Uart_Getchn() 主要功能是实现数据的接收，源代码如下：

```
char Uart_Getchn(void)
{
    while(!(rUTRSTAT0 & 0x1));   /* 等待对方发送数据 */
    return RdURXH0();            /* 接收数据 */
}
```

5. 测试函数

```
void Example(void)
{
    char buf = 0x0;
    Uart_Init(115200);              /*串口初始化,把串口的波特别率设为115 200*/
    while(1)                        /*从PC方接收到数据后,又把该数据发回PC*/
    {
        buf = Uart_Getchn();        /*接收数据*/
        Uart_SendByten(buf);        /*发送数据*/
    }
}
```

以上函数实现了从串口读取数据后又将数据发送到串口,这样在 PC 机端的超级终端就可以通过键盘输入字符看到相应的字符,详见光盘中实验七的相关内容。

5.1.5 并行接口

1. 概 述

由于微机总线上的数据都是并行传输的,所以,以并行传输方式实现的接口种类是非常多的。图 5-10 是采用并行接口的一些外设。

(a) 显示器　　(b) 打印机　　(c) CD-ROM(IDE,SCSI)　(d) 硬盘(IDE,SCSI)　(e) 扫描仪(IDE,SCSI)

图 5-10　常用并口

所谓并行接口,就是指采用并行传输方式来传输数据的接口标准。从最简单的一个并行数据寄存器或专用接口集成电路芯片(如 8255、6820 等),一直到比较复杂的 SCSI 或 IDE 并行接口,其种类不下数十种,但总的来说,一个并行接口的接口特性可以从两个方面加以描述:

① 以并行方式传输的数据通道的宽度,也称接口传输的位数。
② 用于协调并行数据传输的额外接口控制线或称交互信号的特性。

数据的宽度可以为 1~128 位或者更宽,在微型计算机中最常用的是 8 位,这样微处理器可以通过接口一次传送 8 个数据位。8 位并行接口也用于 16 位和 32 位微机系统,因为有许多 8 位的外部设备更适用这样的接口。许多设备(如打印机)最初都是按 8 位计算机而设计的。另一个原因是最常用的字符码 ASCII 至少需要 7 位的接口。并行接口有如下特点:

① 并行接口在多根数据线上以数据字为单位同时传递。
② 并行接口传递的数据不要求固定的格式。
③ 并行接口从电路结构来看,有可编程和不可编程之分,可编程结构居多。
④ 并行接口适合于近距离数据传送。

2. 简单并口

简单的并口指接口电路中不设置握手控制信号线,也不需要对接口芯片进行编程,只要执行输入/输出写指令就可以将数据通过数据总线输出到指定地址的锁存器中,并通过锁存器输出。同样,执行输入/输出读指令,也就可以从三态门上读入数据。并行接口电路的最简单形式主要是由一些 D 触发器、三态门等电路组成,使用时再配合一些简单的输入/输出程序来完成并行的数据传输功能。微机用于显示软盘工作状态的发光二极管指示灯,测控系统中的继电器、报警器、电磁阀等器件的控制往往都是 CPU 通过简单的并口来实施控制的。

3. 输入握手并口

图 5-11(a)是带握手控制的并行输入接口结构图。数据的输入可采用应答式异步传输方式及查询/中断工作方式。

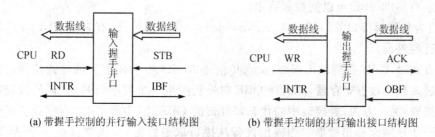

(a) 带握手控制的并行输入接口结构图　　(b) 带握手控制的并行输出接口结构图

图 5-11　并行接口结构图

图 5-11(a)中的握手、控制线及接口中的状态寄存器的功能分述如下:

RD:控制总线中的读信号线。

INTR:中断请求信号线。当接口接收了外设的数据后,向 CPU 发出中断请求信号,要求 CPU 从接口的数据缓存器中读取外设的输入数据。

IBF:输入缓冲器满(Input Buffer Full)握手信号线。这是给外设的一个应答信号,当 IBF 有效时,表明数据已输入到数据寄存器;当 CPU 取走数据时,使其复位。它由 STB 的下降沿置位,而由 RD 信号上升沿复位。

STB:输入选通握手信号线。外设送来输入数据,并置此线有效,表示有输入数据打入接口的数据寄存器。

用查询方式进行输入时,输入设备在数据准备好以后,便往接口发一个选通信号(STB),该信号把外设数据送入接口数据寄存器,该接口即让 IBF 有效并通知外设,表示输入缓冲器已满,不可再送数据;另一方面,置接口中状态寄存器中的 IBF 位有效,表示已收到外设的输入数据,等待 CPU 查询。CPU 在程序的查询中,若检测到 IBF 位有效,即数据已经输入到接口的寄存器中,CPU 执行 IN 指令读取数据,状态位 IBF 及时清除,以便进入下一轮的输入。

中断方式和查询方式在 CPU 控制方式上有所不同。中断方式进行输入时,外设用选通信号把数据锁入接口的数据寄存器,同时选通信号使 IBF 有效,告诉外设数据已经收到。若接口处于中断允许的状态,则接口通过 INTR 中断请求线向 CPU 发出中断请求,CPU 响应中断,发 RD 信号把数据读入,同时 RD 信号也使 INTR 复位、IBF 复位,从而结束一次数据输入过程。

4. 输出握手并口

图 5-11(b)是带握手控制的并行输出接口结构图,其工作方式与上面所介绍的输入并口类似,数据的输出采用应答式异步传输方式及查询/中断工作方式。

WR:控制总线中的写信号线。

INTR:为中断请求(Interrupt Request)信号线。外设接收了 CPU 的输出之后,用此向 CPU 提出新的中断请求,要求 CPU 继续输出。

OBF:为输出缓冲器满(Output Buffer Full)握手信号线。有效时表示 CPU 已经把数据输出给指定的端口,外设可以把数据取走。

ACK:为外设对接口的回答确认(Acknowledge)握手信号线,有效时表示 CPU 输出到接口的数据已到外设。

查询方式时,CPU 执行输出指令,由选择信号 M/IO 和 WR 产生的选通信号将数据总线上的数据送入接口数据寄存器,同时使 OBF 向外设产生一个握手信号,告诉外设现在已经有数据可供提取;另一方面,置接口中的状态寄存器的 OBF 位,告诉 CPU 当前设备正处于"忙"状态,阻止 CPU 继续输出数据。当输出设备从接口取走数据后,通常会送一个 ACK 信号使状态寄存器中的 OBF 复位,这样就可以进行一轮输出。

中断方式时,输出过程是由 CPU 响应中断开始的。在中断服务程序中,CPU 输出数据并发出 WR 信号,该信号将数据线 $D_{0\sim7}$ 上的数据写入接口输出缓冲器中,WR 信号一方面清除 INTR 使其复位撤消中断请求;另一方面在 WR 的上升沿使 OBF 有效,通知外设接收数据,实质上 OBF 是对外设的选通信号,外设接收数据后发出 ACK 响应信号并使 OBF 复位也将 INTR 置位,再向 CPU 发出中断请求信号,请求输出。

5. 输入/输出握手并口

图 5-12 是带握手控制的并行输入/输出接口结构图,实际上是以上两种输入并行和输出并行的综合。数据的输入/输出采用应答式异步传输方式及查询/中断工作方式。

INTR:中断请求线,用于输入和输出时向 CPU 发出中断申请。

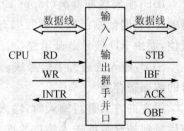

图 5-12 并口握手信号

OBF:输出缓冲器满握手信号线,为输出信号线,指示输出缓冲器已经装入数据。
ACK:响应输入的握手信号线。
IBF:输入缓冲器满握手信号线,为输出信号线,表明输入缓冲器中已经装入数据。
STB:选通输入握手信号线,把外部数据写入输入锁存器。
INTE:中断允许位,INTR 要受其制约。

5.2 USB 接口

5.2.1 概 述

1. USB 体系结构

USB 是英文 Universal Serial Bus 的缩写,中文含义是"通用串行总线"。USB 是在 1994 年底由英特尔、康柏、IBM、Microsoft 等多家公司联合提出的。从 1994 年 11 月 11 日发表了 USB V0.7 版本以后,USB 版本经历了多年的发展,到现在已经发展为 2.0 版本,成为目前计算机中的标准扩展接口。目前,主板中主要采用 USB1.1 和 USB2.0,各 USB 版本间能很好地兼容。USB 具有传输速度快、使用方便、支持热插拔、连接灵活、独立供电等优点,可以连接鼠标、键盘、打印机、扫描仪、摄像头、闪存盘、MP3 机、手机、数码相机、移动硬盘、外置光软驱、USB 网卡、ADSL Modem、Cable Modem 等几乎所有的外部设备。

目前,USB1.1 规范中的高速方式的传输速率为 12 Mbps,低速方式的传输速率为 1.5 Mbps。USB2.0 规范是由 USB1.1 规范演变而来的,它的传输速率达到了 480 Mbps,折算为 MB 为 60 MB/s,足以满足大多数外设的速率要求。USB 2.0 中的"增强主机控制器接口"(EHCI)定义了一个与 USB 1.1 相兼容的架构。它可以用 USB 2.0 的驱动程序驱动 USB 1.1 设备。

USB 的物理连接是一个层次性的星型布局,USB 的总线拓扑如图 5-13 所示。在 USB 的树形拓扑中,每个集线器是在星型的中心,每条线段是点对点连接的,USB 的 HUB 为 USB 的功能部件连接到主机提供了扩展的接口。利用这种树形拓扑,USB 总线支持最多 127 个 USB 外设同时连接到主计算机系统。从图中可看出 USB 的拓扑布局。任何 USB 系统中,只有一个主机。USB 和主机系统的接口称为主机控制器(Host Controller),是由硬件和软件综合实现的。根集线器是综合于主机系统内部的,用以提供 USB 的连接点。USB 的设备包括集线器(HUB)和功能设备(Function)。集线器为 USB 提供了更多的连接点,功能部件是指键盘、扬声器等,为系统提供了具体的功能。USB 的协议实现了系统的协调。

USB 的系统分为 3 个部分:USB 主机(USB Host)、USB 设备(USB Device)和 USB 的连接。

USB 主机(USB Host):一个 USB 系统仅可以有一个主机,而为 USB 设备连接主机系统

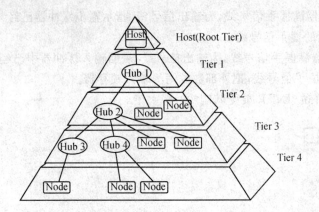

图 5-13　USB 的总线拓扑示意图

提供主机接口的部件称为 USB 主机控制器。USB 主机控制器是一个由硬件、软件和固件(Firmware)组成的复合体。一块具有 USB 接口的主板通常集成了一个称为 ROOT HUB(根集线器)的部件,它为主机提供一到多个可以连接其他 USB 外设的 USB 扩展接口,我们通常在主板上见到的 USB 接口都是由 ROOT HUB 提供的。无论在软件还是硬件层次上,USB 主机都处于 USB 系统的核心。主机系统不仅包含了用于和 USB 外设进行通信的 USB 主机控制器及用于连接的 USB 接口(SIE),更重要的是主机系统是 USB 系统软件和 USB 客户软件的载体。

当一个 USB 外设初次接入一个 USB 系统时,主机就会为该 USB 外设分配一个唯一的 USB 地址,并作为该 USB 外设的唯一标识(USB 系统最多可以分配这样的地址 127 个),这称为 USB 的总线枚举(Bus Enumeration)过程。USB 使用总线枚举方法在计算机系统运行期间动态检测外设的连接和摘除,并动态地分配 USB 地址,从而在硬件意义上真正实现"即插即用"和"热插拔"。

在所有的 USB 信道之间动态地分配带宽是 USB 总线的特征之一。当一台 USB 外设在连接(Attached)并配置(Configuration)以后,主机即会为该 USB 外设的信道分配 USB 带宽;而当该 USB 外设从 USB 系统中摘除(Detached)或是处于挂起(Suspended)状态时,它所占用的 USB 带宽即释放,并为其他的 USB 外设所分享。这种"分时复用"(Scheduling the USB)的带宽分配机制大大地提高了 USB 带宽利用率。

USB 设备:可以分为两种,即 USB 集线器和 USB 功能设备(Function Device)。作为 USB 总线的扩展部件,USB 集线器必须满足以下特征:

① 为自己和其他外设的连接提供可扩展的下行和上行(Downstream and Upstream)埠。
② 支持 USB 总线的电源管理机制。
③ 支持总线传输失败的检测和恢复。
④ 可以自动检测下行埠外设的连接和摘除,并向主机报告。

⑤ 支持低速外设和高速外设的同时连接。

USB 功能设备可以为主机系统提供某种功能的 USB 设备,如一个 USB ISDN 的调制解调器或是一个 USB 接口的数字摄像机、USB 的键盘或鼠标等。USB 的功能设备作为 USB 外设(USB Function),必须保持和 USB 协议的完全兼容,并可以响应标准的 USB 操作。同样,用于表明自己身份的"BIOS"系统对于 USB 外设也是必不可少的,这在 USB 外设上被称为协议层。

2. USB 物理接口

USB 用一个 4 针插头作为标准插头,采用菊花链形式可以把所有的外设连接起来,最多可以连接 127 个外部设备,并且不会损失带宽。USB 需要主机硬件、操作系统和外设 3 个方面的支持才能工作。目前的主板一般都采用支持 USB 功能的控制芯片组,主板上也安装有 USB 接口插座;而且除了背板的插座之外,主板上还预留有 USB 插针,可以通过连线接到机箱前面作为前置 USB 接口以方便使用。USB 接口还可以通过专门的 USB 连机线实现双机互连,并可以通过 HUB 扩展出更多的接口。

用于实现外设到主机或 USB HUB 连接的是 USB 线缆(如图 5-14 所示)。从严格意义上讲,USB 线缆应属于 USB 设备的接口部分。USB 线缆由 4 根线组成,其中一根是电源线 V_{BUS},一根是地线 GND,其余两根是用于差分信号传输的数据线(D+ 及 D-)。将数据流驱动成为差分信号来传输的方法可以有效提高信号的抗干扰能力(EMI)。在数据线末端设置结束电阻的思路是非常巧妙的,以至对于 HUB 来判别所连接的外设是高速外设或是低速外设,仅仅只需要检测外设被初次连接时 D+ 或 D- 上的信号是高或是低即可。因为对于 USB 协议来说,要求低速外设在其 D- 端并联一个 1.5 kΩ 的接地电阻,而高速外设则在 D+ 端接同样的电阻。在加电时,根据低速外设的 D- 线和高速外设的 D+ 线所处的状态,HUB 就很容易判别设备的种类,从而为设备配置不同的信息。为提高数据传输的可靠性、系统的兼容性及标准化程度,USB 协议对用于 USB 的线缆提出了较为严格的要求。如用于高速传输的 USB 线缆,其最大长度不应超过 5 m,而用于低速传输的线缆则最大长度为 2 m,每根数据线的电阻应为标准的 90 Ω。

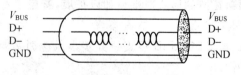

图 5-14 USB 线缆

3. USB 的电源

USB 电源包括电源的分配和管理。电源分配用来处理 USB 设备如何使用主机通过 USB 总线提供的电源,USB 系统可以通过 USB 线缆为其外设提供不高于 +5 V、500 mA 的总线电源。那些完全依靠 USB 线缆来提供电源的设备称为总线供电设备(Bus-Powered Device),

而自带电源的设备则称为自供电外设(Self-Powered Device)。需要注意的是,当一个外设初次连接时,设备的配置和分类并不使用外设自带的电源,而是通过 USB 线缆提供的电源来使外设处于上电状态。

电源管理用来处理 USB 系统软件和设备如何适应主机上的电源管理系统。作为一种先进的总线方式,USB 提供了基于主机的电源管理系统。USB 系统会在一台外设长时间(这个时间一般在 3.0 ms 以上)处于非使用状态时自动将该设备挂起(Suspend);当一台 USB 外设处于挂起状态时,USB 总线通过 USB 线缆为该设备仅仅提供 500 μA 以下的电流,并把该外设所占用的 USB 带宽分配给其他的 USB 外设。USB 的电源管理机制使它支持如远程唤醒这样的高级特性。当一台外设处于挂起状态(Suspended Mode)时,必须先通过主机使该设备唤醒(Resume),然后才可以执行 USB 操作。USB 的这种智能电源管理机制使得它特别适合如笔记本计算机之类的设备的应用。

4. USB 总线特点

速度快:接口的传输速度高达 480 Mbps,和串口 115 200 bps 的速度相比,相当于串口速度的 4 000 多倍,完全能满足需要大量数据交换的外设的要求。

连接简单快捷:所有的 USB 外设利用通用的连接器可简单方便地连入计算机,安装过程高度自动化,既不必打开机箱插入插卡,也不必考虑资源分配,更不用关掉计算机电源,即可实现热插拔。

无须外接电源:一些采用普通串口或并口设备(比如打印机、扫描仪等)都需要相应的外接电源系统,而 USB 电源能向低压设备提供 5 V 的电源,因此新的设备就不需要专门的交流电源,从而降低了这些设备的成本并提高了性价比。

有不同的带宽和连接距离:USB 提供低速与全速两种数据传送速度规格。全速传送时,结点间连接距离为 5 m,连接使用 4 芯电缆(电源线 2 条、信号线 2 条)。该速率与标准的串行端口相比,大约快 100 倍;与标准的并行端口相比,也快近 10 倍。因此,USB 能支持高速接口(如 ISDN、PRI、T1 等),使用户拥有足够的带宽供新的数字外设使用。

支持多设备连接:利用菊花链的形式对端口加以扩展,避免了 PC 机上插槽数量对扩充外设的限制,减少 PC 机 I/O 接口数量。

提供了对电话的两路数据支持:USB 可支持异步以及等时数据传输,使电话可与 PC 集成,共享语音邮件及其他特性。

具有高保真音频:由于 USB 音频信息生成于计算机外,因此减少了电子噪声干扰声音质量的机会,从而使音频系统具有更高的保真度。

良好的兼容性:USB 接口标准有良好的向下兼容性。以 USB 2.0 和 1.1 版本为例,2.0 版本就能很好地兼容以前的 USB 1.1 的产品。系统自动侦测到 1.1 版本的接口类型时,自动按照以前的 12 Mbps 的速度进行传输,而其他的采用 2.0 版本的设备并不会因为接入了一个 1.1 标准的设备而减慢它们的速度,它们还是能以 2.0 标准所规定的速度进行传输。

5.2.2 USB通信原理

1. USB规范

USB的所有标准主要包含3部分：USB基本规范（常说的USB1.x、USB2.0标准等）、USB设备规范和USB主机控制器规范。

USB基本规范从0.7版本发展到2.0版本，其中，规定了USB总线的系统结构、物理、机械、电气特性、数据传输格式、USB HUB等基本内容。在USB设备规范中规定了不同属性USB设备的设备配置和数据传输特性。

USB主机控制器规范规定了USB主机硬件接口，因而在设计USB协议栈时（USB基本驱动程序），设计者就必须了解相关的USB主机控制规范。针对USB1.1及以前的USB标准，有Intel制定的通用主机控制器接口（UHCI）标准，还有由康柏、微软、松下等提出的开放式主机控制器接口（OHCI）标准。两种规范各有特点，相对而言，OHCI的应用更为普及。针对USB2.0，Intel提出了增强型主机控制器接口（EHCI），目前，EHCI是唯一的USB2.0中USB主机控制器的接口规范，用来指导硬件厂商进行USB主机控制器设计。

2. 数据传输模式

在前面已经提到，每一个USB信道对应着一个特定的USB传输模式，根据不同的需要，USB外设可以为USB信道指定不同的USB传输模式。USB总线支持4种数据传输模式：

① 控制传输模式：控制传输用于在外设初次连接时对设备进行配置，对外设的状态进行实时检测，对控制命令的传送等；也可以在设备配置完成后被客户软件用于其他目的。Endpoint 0信道只可以采用控制传送的方式。

② 块传送模式：块传送用于进行批量的、非实时的数据传输。如一台USB扫描仪即可采用块传送的模式，以保证数据连续地、在硬件层次上的实时纠错地传送。采用块传送方式的信道所占用的USB带宽，在实时带宽分配中具有最高的优先级。

③ 同步传输模式：同步传输适用于那些要求数据连续地、实时地、以固定的数据传输率产生、传送并消耗的场合，如数字录像机等。为保证数据传输的实时性，同步传输不进行数据错误的重试，也不在硬件层次上响应一个握手数据包，这样有可能使数据流中存在数据错误的隐患。为保证在同步传输数据流中致命错误的几率小到可以容忍的程度，而数据传输的延迟又不会对外设的性能造成太大的影响，厂商必须为使用同步传输的信道选择一个合适的带宽（即必须在速度和品质之间做出权衡）。

④ 中断传输模式：对于那些小批量的、点式的、非连续的数据传输应用的场合，如用于人机交互的鼠标、键盘、游戏杆等，中断传输的方式是最适合的。

3. USB 工作原理

在 USB 系统中,数据是通过 USB 线缆采用 USB 数据包从主机传送到外设或是从外设传送到主机的。在 USB 协议中,把基于外设的数据源和基于主机的数据接收软件(或者方向相反)之间的数据传输模式称为信道或管道(Pipe)。信道分为流模式的信道(Stream Pipe)和消息模式的信道(Message Pipe)两种。信道和外设所定义的数据带宽、数据传输模式以及外设的功能部件的特性(如缓存大小、数据传输的方向等)相关。只要一个 USB 外设一经连接,就会在主机和外设之间建立信道。对于任何的 USB 外设,在它连接到一个 USB 系统中并被 USB 主机经 USB 线缆加电使其处于上电状态时,都会在 USB 主机和外设的协议层之间首先建立一个称为 Endpoint 0(端点 0)的消息信道,这个信道又称为控制信道,主要用于外设的配置(Configuration)、对外设所处状态的检测及控制命令的传送等。信道方式的结构使得 USB 系统支持一个外设拥有多个功能部件(用 Endpoint 0、Endpoint 1、…、Endpoint n 这样的方法进行标识),这些功能部件可以同时以不同的数据传输方向在同一条 USB 线缆上进行数据传输而互不影响(如图 5-15 所示)。比如一个 USB 的 ISDN MODEM 可以同时拥有一个上传的信道和一个下载的信道,并能同时很好地工作。

USB 外设使用一段代码来存储关于该外设工作的一些重要信息,这称为 USB 的协议层(Protocol Layer);它不仅存储了如厂家识别号、该外设所属的类型(是 HUB 还是 Function,是低速设备还是高速设备)、电源管理等常规信息,更重要的是还存储了外设的设备类型、设备配置信息、功能部件的描述、接口信息等,其存储方式都采用特征字(Descriptors)的方式。USB 主机通过在外设的协议层和主机之间建立 Endpoint 0 信道,采用控制传输的方式对这些信息进行存取。特征字采用 USB 协议所规定的结构和代码排列。协议层是 USB 外设能够被主机正确识别和配置、并正常工作的前提。可以说,协议层是 USB 外设的固件(Firmware)中心。

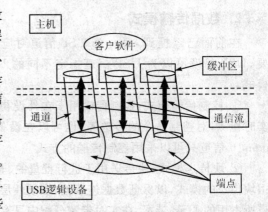

图 5-15 USB 的通信流及信道

在 USB 外设中,用于实现和 USB 线缆无缝连接的 USB 传输接收部分(Transreceiver)是必不可少的,它不仅要在电气和物理层面上实现和 USB 线缆的连接,而且要完成对数据包的差分驱动或分离的操作。

以上简述了 USB 外设接口的硬件组成,那么在完成 USB 数据传输的过程中,这些硬件又是如何配合工作并和位于主机的软硬件交互,以完成数据传输的呢?

前面已经提到,USB 总线采用总线列举的方法来标记和管理外设所处的状态,当 USB 外设初次连接到 USB 系统中后,通过 8 个步骤来完成它的初始化:

① USB 外设所连接的 HUB(ROOT HUB 或扩展 HUB)检测到所连接的 USB 外设自动通知主机,以及它的端口状态的变化,这时外设还处于禁止(Disabled)状态。

② 主机通过对 HUB 的查询确认外设的连接。

③ 现在,主机已经知道有一台新的 USB 外设连接到了 USB 系统中,然后它激活(Enabled)这个 HUB 的埠,并向 HUB 发送一个复位(Reset)该埠的命令。

④ HUB 将复位信号保持 10 ms 为连接到该埠的外设提供 100 mA 的总线电流,这时该外设处于上电状态,它的所有寄存器被清空并指向默认的地址。

⑤ 在外设分配到唯一的 USB 地址以前,它的默认信道均使用主机的默认地址;然后主机通过读取外设协议层的特征字来了解该外设的默认信道所使用的实际最大数据有效载荷宽度(即外设在特征字中所定义的在 DATA0 数据包中数据域位的长度)。

⑥ 主机分配一个唯一的 USB 地址给该外设,并使它处于 Addressed 状态。

⑦ 主机开始使用 Endpoint 0 信道读取外设的设备配置特征字,这会花去几帧的时间。

⑧ 基于设备配置特征字。主机为该外设指定一个配置值,这时外设即处于配置(Configured)状态,它的所有端点(Endpoint)这时也处于配置值所描述的状态。从外设的角度来看,这时该外设已处于准备使用的状态。

在外设能使用之前,必须被配置。配置即主机根据外设的配置特征字来定义设备的配置寄存器,以便规定外设的所有 Endpoint 的工作环境。如某信道所采用的数据传输方式、该外设所属的设备"类"(Class)、"子类"(SubClass)等,从而通过基于主机的 USB 系统软件或客户软件对外设进行控制。一台 USB 外设配置好以后即进入挂起(Suspend)状态,直到它开始使用。

必须指出的是,一台 USB 外设一旦配置好,它的每一个特定的信道只能使用一种数据传输方式。Endpoint 0 信道只能采用控制传送的方式,主机通过 Endpoint 0 来传送标准的 USB 命令,完成如读取设备配置特征字、控制外设对数据的采集、处理和传送等任务,并可以通过 Endpoint 0 来检测和改变外设所处的状态(如对外设的远程唤醒、挂起和恢复等)。

5.2.3 S3C2410 的 USB 接口

S3C2410 芯片内部的 USB 接口包括 USB 主机控制器和 USB 设备控制器。USB 主机控制器的结构如图 5-16 所示。

1. USB 主机控制器

S3C2410 芯片支持 2 个 USB 主机接口,符合 OHCI1.0 规范和 USB1.1 规范,既可以支持低速 USB 设备,也可以支持高速的 USB 设备。S3C2410 芯片的 USB 主机控制器的内部结构如图 5-16 所示,内核通过 HCI 总线和 OHCI(Open Host Controller Interface)相连,其中,

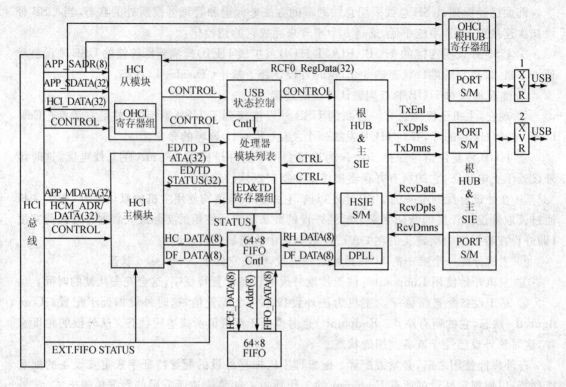

图 5-16 USB 主机控制器结构

OHCI 是一个 USB 用的主控器接口规范。外部设备则通过 SIE(Serial Interface Engine)部件连接，SIE 主要完成 NRZI 编码、解码，对填充位的操作，CRC 校验，串并转换，检测、产生 SOP（数据包同步字段）和 EOP 信号等工作。

2. USB 设备控制器

S3C2410 内置的 USB Device 控制器具有以下特性：

- 完全兼容 USB1.1 协议；
- 支持全速设备(12 Mbps)；
- 集成的 USB 收发器；
- 支持控制(Control)、中断(Interrupt)和大批量(Bulk)传输模式；
- 5 个具备 FIFO 的通信端点；
- Bulk 端点支持 DMA 操作方式；
- 接收和发送均有 64 字节的 FIFO；
- 支持挂起和远程唤醒功能。

图 5-17 是 USB 控制器的内部逻辑示意图，其中，SIE 部件与主控制器中 SIE 部件相同，

实现了全部的 USB 协议层。FIFOs 是先进先出的缓冲区;GFI 是其控制逻辑;MCU 接口是与 ARM 内核的接口,其所需的信号连同接口控制逻辑集成在芯片内部。SIU 是内部寄存器单元,用来控制并记录 USB 设备的传输及传输状态。USB 设备控制器内部的专用寄存器包括 USB 设备地址寄存器(FUNC_ADDR_REG)、电源管理控制寄存器(PWR_REG)等数十个寄存器,这些寄存器的详细功能请查看 www.samsung.com,这里就不一一列举了。

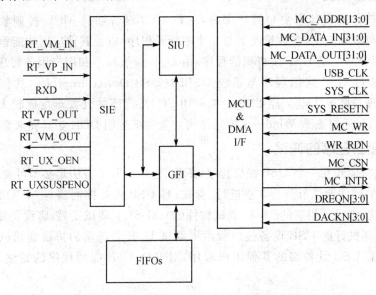

图 5-17 USB 控制器的内部逻辑图

5.2.4 USB 接口软件设计

USB 主机接口和 USB 设备接口完成的功能是不一样的,但其软件接口主要完成 USB 协议的处理和数据交换,这部分软件的编写一定要遵循 USB 技术规范。

1. USB 主机接口

通常,嵌入式产品作为 USB 设备,因此嵌入式系统实现的大多是 USB 设备的接口。USB 主机通常由 PC 机承担,其底层接口驱动程序由操作系统完成,用户通常在应用程序中调用相关的 API 函数。而要在嵌入式系统中实现 USB 主机接口,特别是在无操作系统的环境下实现 USB 接口程序是有一定难度的。嵌入式环境下的 USB 主机接口程序需要实现如下 3 大部分功能:

① USB 主机控制器的初始化,完成对主机控制器的相关寄存器的设置并开放系统中断。

② 配置 USB 设备,读取 USB 设备的信息,并判断属于哪一类设备。这一部分按照 USB 规范的规定,完成主机重启设备、主机给设备供电、设备通过地址 0 与主机通信、主机给设备分

配地址、主机请求设备的描述符及其他功能。

③ 完成特定类 USB 设备的操作命令。USB 协议规定了许多类别的 USB 设备,如人机接口设备 HID 类、Mass Storage 类、音频类等。在嵌入式系统中的 USB 主机接口需要选择支持的类别,实现其对应的命令。

2. USB 设备接口

USB 设备软件的设计主要包括两部分:一是 USB 设备端的 MCU 控制软件,主要完成 USB 协议处理与数据交换(多数情况下是一个中断子程序)以及其他应用功能程序(比如 A/D 转换、MP3 解码等);二是 USB 主机端的程序,由 USB 通信程序和用户服务程序两部分组成,用户服务程序通过 USB 通信程序与系统 USBDI(USB Device Interface)通信,由系统完成 USB 协议的处理与数据传输。若 USB 主机采用 PC,其程序的开发难度比较大,程序员不仅要熟悉 USB 协议,还要熟悉 Windows 体系结构并能熟练运用 DDK 工具完成驱动程序。

3. USB 接口程序的调试

要快捷、成功地开发一个 USB 接口程序,正确、合理的调试方法是必不可少的环节。对于 USB 设备接口的软件调试节分为 3 步进行:首先,对 USB 设备控制器与 MCU 之间的接口控制程序进行调试,借助于相应的 MCU 调试软件(如 ADS1.2 调试工具)将设备端的 USB 协议调通。其次,用调试好的 USB 设备接口程序来调试 USB 主机端的协议通信软件(即驱动软件)。最后,加上 USB 设备端的其他用户程序,对整个 USB 应用程序的完整系统进行系统调试。

5.3 IEEE1394 接口

5.3.1 概 述

1. IEEE 1394 简介

IEEE 1394 是美国 Apple 公司提出的一种高品质、高传输速率的串行总线技术。1995 年被 IEEE 认定为串行工业总线标准,命名为 1394-1395,后来又在其基础上增加了被称为 1394a 的附加规范。近年又计划提出新的 1394b 规范。世界几大计算机公司(包括 IBM、Apple、Microsoft 等)都支持这种总线。虽然目前多数计算机不含 1394 的接口,但越来越多的迹象表明,1394 将成为一种新的串行总线标准得到广泛使用。

IEEE 1394 本来主要应用于实时多媒体领域,如消费电子应用(数码摄像机、DVD、数字 VCRs 以及音乐系统)。在 PC 机上,它主要用于大容量存储器以及打印机、扫描仪,作为这些设备的数字化高速接口。由此看出,IEEE 1394 作为一种标准总线,可以在不同的工业设备间架起一座沟通的桥梁。采用 IEEE 1394 的典型意义在于,在一条 IEEE 1394 总线上可以接入

63 个设备,大大减少了外设接口的数量。

2. IEEE 1394 的特点

IEEE 1394 的主要特点包括:

① 支持多种总线速度,适应不同应用要求。IEEE 1394a 支持的速度范围为 100 Mbps、200 Mbps 和 400 Mbps,其中,支持 100 Mbps 和 200 Mbps 的总线设备已经推出。IEEE 1394b 支持的速度更高,为 800 Mbps、1 600 Mbps 和 3 200 Mbps。不像 USB,在一个 IEEE 1394 系统中,各种速度的设备可以共存,但不互相影响通信速度。

② 即插即用,支持热插拔。在任何时刻,用户均可以将设备加入到总线中或从总线中移去而不必关掉电源或重新启动计算机。总线控制器会自动重新配置好设备。每个设备的资源均由总线控制自动分配,用户不需做任何繁琐的配置工作。

③ 支持两种传输方式,即同步和异步的传输方式。设备可以根据需要动态地选择传输方式,总线自动完成带宽分配。异步传输方式类似于内存映射 I/O 总线方式,此时,它类似于 PCI 总线,任何设备可以在 64 位的地址空间内进行读/写操作。异步传输实际上是由一个发送应答行为组合而成的,对于不同的传输速度,异步包的大小是不一样的。同步传输方式下,一个重要的特点是总线控制器为每次传输保证足够的带宽。它不用地址空间而使用频道进行数据的传输。每个频道有一个频道号,发送方和接收方在指定号的频道上进行数据的读/写操作。同步周期为 125 μs。两种传输方式可以适用不同的传输要求:在要求实时传输并对数据的完整性要求不严格的场合,可采用同步传输方式;如果对数据的完整性要求较高,采用异步传输方式更好。

④ 支持点到点的通信模式。和 USB 的主从式结构不同,IEEE 1394 是多主总线(类似于 PCI),每个设备都可以获得总线的控制权,与其他设备进行通信,这使设备间的直接互连成为可能。

⑤ 遵循 ANSI IEEE 1212 控制及状态寄存器(CSR)标准。该标准定义了 64 位的地址空间,可寻址 1 024 条总线的 63 个节点,每个节点可包含 256 TB 的内存空间。

⑥ 支持较远距离的传输。普通线缆环境下,两个设备之间的最大距离可达到 4.5 m(高级线缆可达 15 m),使用中继器可以延长两个设备间的距离至 72 m,跨越最多 16 个中继器。IEEE 1394b 规范支持多介质传输,用玻璃光缆或 5 类双绞线传输,设备间的距离可达 100 m 以上。

⑦ IEEE 1394 支持公平仲裁原则,为每一种传输方式保证足够的带宽。同时,支持错误检测和处理。

⑧ IEEE 1394 的 6 线电缆具有电源线,可传输 8~40 V 的直流电压;某些特定的节点可通过电源线向总线供电;其他节点可以从总线获取能量。

5.3.2 IEEE1394 协议结构

IEEE 1394 总线的物理拓扑结构包括两种类型,一种是总线板结构,另一种是电缆结构,这两种结构之间要通过总线桥连接,这里主要介绍采用电缆环境的 IEEE 1394。从物理结构来讲,IEEE 1394 的电缆由 6 根屏蔽双绞线组成,其中,两对双绞线用于信号的传递,另外一对用于供应电源。IEEE 1394a 标准的附录中还规定了一种 4 根导线的可选无源连接电缆。

IEEE 1394 的协议栈由 3 层组成:物理层、链路层及事务层;另外还有一个管理层。物理层和链路层由硬件组成,而事务层主要由软件实现,如图 5-18 所示。

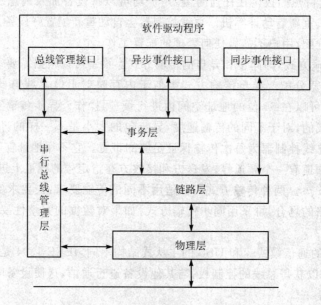

图 5-18 IEEE 1394 的分层结构模型

1. 事务层

定义了一个完整的请求——响应协议,这个协议完成总线传输,支持 CSR 构造(读、写和加锁操作)。注意,尽管事务层为有相同时间间隔的数据提供了一条到达串行总线管理的路径,但是到达串行总线管理是通过从相同时间间隔控制 CSR 读和对比—交换完成的,事务层并不增加任何为有相同时间间隔的数据的服务。

2. 链路层

链路层提供了给事物层确认的数据包服务,包括寻址、数据组帧及数据校验。链路层还提供直接面向应用的服务,包括产生 125 μs 的同步周期。链路层支持两种传输格式。链路层的底层(对于 OSI 的介质访问层,也有的书上将它归为物理层)提供了仲裁机制,以确保同一时间上只有一个节点在总线上传输数据。

3. 物理层

物理层提供了 IEEE 1394 的电气和机械接口，它的功能是重组字节流并将它们发送到目的节点上去。同时，物理层为链路层提供服务，解析字节流并发送数据包给链路层。有 3 个主要功能：

① 它把链接层的逻辑信号转换成在不同串行总线介质里的电信号。

② 它确保在某个时间里只有一个节点通过提供仲裁服务发送数据。

③ 它定义了串行总线的机械接口。

在电缆和背板的不同环境里有不同的物理层。电缆物理层也提供了一个数据再同步、重复服务以及自动总线初始化。

4. 管理层

管理层定义了一个管理节点所使用的所有协议、服务以及进程。电缆环境下，IEEE 1394 定义了两大类管理：总线管理(BM)和同步资源管理(IRM)。BM 包含总线的电源管理信息、拓步结构信息及不同节点的速度极限信息，以协调不同速度设备之间的通信。IRM 管理同步资源，如可用频道信息以及带宽的分配。可充当管理层角色的节点是可选的。

数据传输服务支持异步数据传输和同步数据传输。异步(任何时间)数据传输服务提供了一个包发送协议来发送不定长包到一个确定地址并返回一个确认信息。同步(相同时间)数据传输服务提供了一个广播包传送协议，在等长时间间隔内传送不定长包。异步数据传输服务使用事务层，而等时数据传输由应用程序来实现。

一般来说，物理层及链路层由电路来实现，通常集成在同一个芯片上。而事务层是由软件实现的。由此可以看出，IEEE 1394 定义了分层的协议结构，这使它更适合于网络应用；通过各协议层的配合工作，可以为终端用户提供可靠、快速的通信服务。

5.4 SPI 接口

5.4.1 概　述

SPI 系统用于同标准外设芯片通信，这类芯片很多，如串/并和并/串移位寄存器、A/D 转换器、LCD 控制器等。微控制器还可以通过 SPI 组成一个通信速率比 UART 高的同步网络，在一个小型系统中交换数据，完成较复杂的工作。

1. SPI 总线特点

SPI(Serial Peripheral Interface)是 Freescale 公司推出的一种串行同步通信协议。SPI 接口是工业标准的同步串行接口，是一种全双工、3 线通信的系统；它允许 MCU 与各种外围设备(FLASHRAM、网络控制器、LCD 显示驱动器、A/D 转换器和 MCU 等)以串行方式(多位数据同时、同步地被发送和接收)进行通信。

　　SPI 总线系统可直接与各个厂家生产的多种标准外围器件接口,该接口一般使用 4 条线:串行时钟线(SCK)、主机输入/从机输出数据线 MISO、主机输出/从机输入数据线 MOST 和低电平有效的从机选择线 SS,也称从使能。实际电路中,有的 SPI 接口芯片带有中断信号线 INT、有的 SPI 接口芯片没有主机输出/从机输入数据线 MOSI。由于 SPI 系统总线一共只需 3~4 位数据线和控制即可实现与具有 SPI 总线接口功能的各种 I/O 器件进行接口,而扩展并行总线则需要 8 根数据线、8~16 位地址线、2~3 位控制线,因此,采用 SPI 总线接口可以简化电路设计,节省很多常规电路中的接口器件和 I/O 口线,提高设计的可靠性。当传输速度要求不是太高时,使用 SPI 总线可以增加应用系统接口器件的种类,提高应用系统的性能。

2. SPI 总线工作原理

　　SPI 可工作在主模式或从模式下。如图 5-19 所示,在主模式,每一位数据的发送/接收需要 1 次时钟作用;而在从模式下,每一位数据都是在接收到时钟信号之后才发送/接收。一个典型的 SPI 系统包括 1 个主 MCU 和 1 个或几个从外围器件。SPI 接口可设置成在发送/接收 1 个字节的结束时产生 1 次中断。主时钟可以通过编程而成为不同的状态。

　　SCK 是主机的时钟线,为 MISO 数据的发送和接收提供同步时钟信号。每一位数据的传输都需要 1 次时钟作用,因而发送或接收 1 个字节的数据需要 8 个时钟的作用。数据可以设置为时钟的上升沿有效或者下降沿有效。

　　SPI 系统的工作原理好像一个分布式 16 位移位寄存器,一半在微控制器里(即 SPI),另外一半在外设里。当微控制器准备好发送数据时,这个分布式 16 位寄存器循环移位 8 位,这样就有效地在微控制器与外设之间交换了数据。在某些情况下,这种循环移位是不完全的,因为数据可能只是从微控制器到外设或从外设到微控制器。

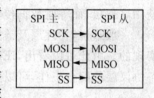

图 5-19　SPI 接口

　　SPI 协议是以主从方式工作的,有一个主设备和一个或多个从设备,主设备通过提供移位时钟和从使能信号来控制信息的流动;从使能信号是一个可选的高低电平,它激活从设备(在没有时钟提供的情况下)的串行输入和输出。在没有专门的从使能信号的情况下,主/从设备之间的通信由移位时钟的有无来决定,在这种连接方式下,从设备必须自始至终保持激活状态,而且从设备只能是一个,不能为多个。

　　一个 SPI 的数据包有 16 位,它们被发送到 DIN 端,每一位串行数据在每个 CLK 的下降沿被移到内部 16 位寄存器中。S3C2410 中 SPI 接口的一种数据传送格式如图 5-20 所示。

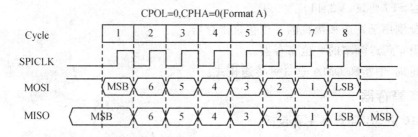

图 5-20 S3C2410 中 SPI 数据传输时序

5.4.2 S3C2410 中的 SPI 接口

1. S3C2410 中的 SPI 接口

S3C2410 有 2 个 SPI 口，可以实现串行数据的传输，其内部逻辑结构如图 5-21 所示。每个 SPI 接口各有 2 个移位寄存器分别负责接收和发送数据。在传送数据期间，发送数据和接收数据是同步进行的，传送的频率可由相应的控制寄存器设定。如果只想发送数据，则接收数据为哑元；如果只想接收数据，则须发送哑元 0xff。SPI 接口共有 4 个引脚信号：串行时钟 SCK(SPICLK0,1)、主入从出 MISO(SPICLK0,1)和主出从入 MOSI(SPIMOSI0,1)数据线、低电平有效引脚/SS(nSSO,1)。S3C2410 的 SPI 接口具有如下特点：

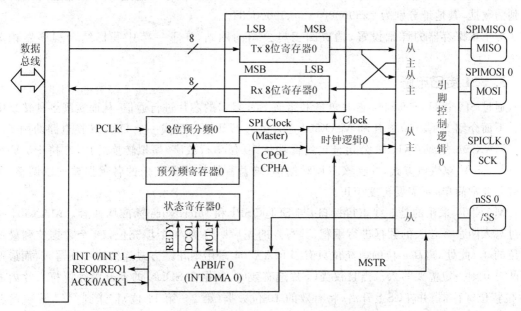

图 5-21 S3C2410 中 SPI 控制器结构

① 兼容 SPI 协议(V2.11)。
② 有分别用于发送和接收的 8 位移位寄存器。
③ 有设定传送频率的 8 位寄存器。
④ 有轮询、中断和 DMA 这 3 种传送模式。

2. SPI 寄存器

S3C2410 中 SPI 寄存器主要包括：

SPI 控制寄存器 SPCON0、SPCON1：主要用来设置通道 0 和通道 1 中 SPI 的工作模式，其地址分别是 0x59000000、0x59000020。

SPI 状态寄存器 SPSTA0、SPSTA1：主要用来标识通道 0 和通道 1 中 SPI 的工作状态，其地址分别是 0x59000004、0x59000024。

SPI 引脚控制寄存器 SPPIN0、SPPIN1：主要用来设置通道 0 和通道 1 中主/从模式下数据输入/输出的方向，其地址分别是 0x59000008、0x59000028。

SPI 波特率预分频寄存器 SPPRE0、SPPRE1：主要用来设置通道 0 和通道 1 中波特率的预分频的值，其地址分别是 0x5900000C、0x5900002C。

SPI 发送数据寄存器 SPTDAT0、SPTDAT1：主要用来暂存设置通道 0 和通道 1 中的发送数据，其地址分别是 0x59000010、0x59000030。

SPI 接收数据寄存器 SPTDAT0、SPTDAT1：主要用来暂存设置通道 0 和通道 1 中的接收到的数据，其地址分别为 0x59000014、0x59000034。

关于各寄存器的详细设置，请查阅三星公司的网站，在下一节中我们结合程序做相关介绍。

3. SPI 接口电路

通过 SPI 接口，S3C2410 芯片就能和带有 SPI 接口的芯片进行通信，从而实现各种接口电路。下面介绍 S3C2410 芯片和 MAX504 芯片通过 SPI 接口组成一个 D/A 转换电路的例子。

MAX504 是 MAXIUM 公司推出的低功耗 10 位串行数字/模拟转换芯片，支持+5 V 单供电和±5 V 双供电方式，并且该芯片对偏移、增益和线性误差在内的各项误差均以调整，所以应用非常简单，不需要再度校正。

MAX504 采用的是 3 线串行接口，与 SPI、QSPI 和 Microwire 标准均兼容。MAX504 可通过写入两个 8 位长的数据进行编程，其写入的先后顺序为：4 个填充位，10 个数据位和最低两位的 0。此处，最高 4 位的填充位只有当 MAX504 采用菊花链方式连接时必须写入，而最低的两位 0 则一定需要写入。当且仅当 $\overline{CS}$ 片选有效时，数据在 SCLK 的上升沿逐位打入片内的 16 位移位寄存器；并在 $\overline{CS}$ 上升沿，将有效的 10 位数据(第 2～第 11 位)传送到 D/A 转换寄存器中，修改原寄存器内容。

MAX504 芯片为 14 引脚的 DIP 或者 SO 封装形式。除电源和地引脚外，引脚可以分为两组,一组与处理器相连接,另一组引脚的不同连接可以改变 MAX504 的工作模式。

MAX504 具有 3 种工作模式,分别是单极性输出、双极性输出和四象限乘法器。通过 MAX504 的 REIN、V_{OUT}、BIPOFF 和 RFB 引脚的不同连接方式,可以根据需要将 MAX504 定义为需要的工作模式。MAX504 与 S3C2410 芯片连接如图 5-22 所示。

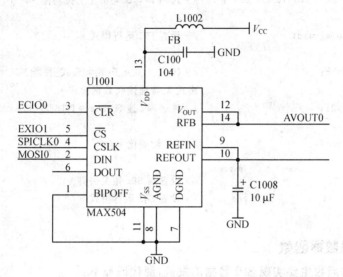

图 5-22 S3C2410 芯片和 MAX504 的连接

DIN:数据输入端。该引脚用于接收串行通信数据信号,直接与 S3C2410 的 MOSI 引脚连接即可。MOSIn(n 可以为 0 或 1,分别对应两个 SPI 口)引脚(S3C2410 作为 SPI 串行通信的主模块使用)由 S3C2410 输出信号,MAX504 作为通信的从设备进行数据的接收。

SCLK:串行时钟输入端。该引脚用于接收串行通信的时钟信号,以便在串行通信过程中的通信双方的同步,直接与 S3C2410 的 SPI 时钟输出管脚 SPICLK 连接即可。

$\overline{CS}$:片选引脚。该引脚为低电平有效,只有当 $\overline{CS}$ 有效时,MAX504 接收数据;并在 $\overline{CS}$ 失效时,开始进行数据转换。本电路中,使用 S3C2410 的一根外部 I/O 引脚进行控制。

CLR:清除端。该引脚也是低电平有效,可将 MAX504 的转换数据寄存器复位清零。本电路使用 S3C2410 的另一个外部 I/O 脚进行控制。

该电路采用的是单极性工作模式,输出电压范围为 0~2 V_{REF},参考电压 V_{REF} 由片内电路形成,为 2.048 V,故该电路的输出电压范围为 0~4.096 V。

5.4.3 SPI 接口编程

1. SPI 初始化函数

SPI 初始化函数主要配置与 SPI 相关引脚,源代码如下:

```c
void SPI_initIO(void)
{
    rGPECON| = ((2<<22)|(1<<11));    /* 选用 SPIMISO0_禁止上拉功能 */
    rGPECON| = ((2<<24)|(1<<12));    /* 选用 SPIMOSI0_禁止上拉功能 */
    rGPECON| = ((2<<26)|(1<<13));    /* 选用 SPICLK0_禁止上拉功能 */
}
void Set_SIO_mode(void)              /* 设置 SPI 运行模式 */
{
    rSPCON0 = 0x18;                  /* 00_1_1_0_0_0:轮询模式_使能 SCK_设置为 master 传输
                                        格式 A_普通接收数据模式 */
    rSPPRE0 = 0x21;                  /* 确定 SPI 速率 rate = PCLK/2/(Prescaler value + 1) */
}
void SPI_init(void)                  /* SPI 初始化 */
{
    SPI_initIO();                    /* 设置与 SPI 相关引脚 */
    Set_SIO_mode();                  /* 设置 SPI 运行模式 */
}
```

2. SPI 发送数据函数

SPI 发送数据函数主要实现 SPI 数据的发送,源代码如下:

```c
void SPISend (unsigned char val)
{
    rSPTDAT0 = val;                  /* rSPRDAT0 为通道 0 发送数据寄存器 */
    while (!(rSPSTA0 & 1));          /* rSPSTA0 为通道 0 的状态寄存器,检测发送已完成 */
}
```

3. SPI 接收数据函数

```c
unsigned char SPIRecv (void)
{
    return rSPRDAT0;                 /* rSPRDAT0 为通道 0 接收数据寄存器 */
}
```

5.5 I²C 总线接口

5.5.1 概 述

I²C(Inter - Integrated Circuit)总线是一种由 NXP 公司开发的两线式串行总线,用于连接微控制器及其外围设备。I²C 总线最初为音频和视频设备开发,如今主要在服务器管理中使用,其中包括单个组件状态的通信。例如,管理员可对各个组件进行查询,以管理系统的配置或掌握组件的功能状态,如电源和系统风扇;可随时监控内存、硬盘、网络、系统温度等多个参数,增加了系统的安全性,方便了管理。

I²C 总线最主要的优点是其简单性和有效性。由于接口直接在组件之上,因此,I²C 总线占用的空间非常小,减少了电路板的空间和芯片引脚的数量,降低了互联成本。总线的长度可高达 25 英尺,并且能够以 10 kbps 的最大传输速率支持 40 个组件。I²C 总线的另一个优点是支持多主控(Multi-Mastering),其中,任何能够进行发送和接收的设备都可以成为主总线。一个主控能够控制信号的传输和时钟频率。当然,在任何时间点上只能有一个主控。

5.5.2 I²C 总线工作原理

I²C 总线是由数据线 SDA 和时钟 SCL 构成的串行总线,可发送和接收数据。如图 5-23 所示,在 CPU 与被控 IC 之间、IC 与 IC 之间进行双向传送,最高传送速率 100 kbps。各种被控制电路均并联在这条总线上,就像电话机一样,只有拨通各自的号码才能工作,所以每个电路和模块都有唯一的地址。在信息的传输过程中,I²C 总线上并接的每一个模块电路既是主控器(或被控器),又是发送器(或接收器),这取决于它所要完成的功能。CPU 发出的控制信号分为地址码和控制量两部分,地址码用来选址,即接通需要控制的电路,确定控制的种类;控制量决定该调整的类别(如对比度、亮度等)及需要调整的量。这样,各控制电路虽然挂在同一条总线上,却彼此独立,互不相关。

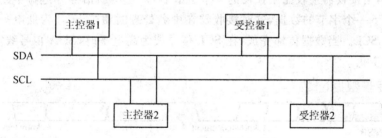

图 5-23 I²C 总线结构

I²C 总线在传送数据过程中共有 3 种类型的控制信号,它们分别是开始信号/重新开始信号、结束信号和应答信号,如图 5-24 所示。

开始信号:SCL 为高电平时,SDA 由高电平向低电平跳变,开始传送数据。

结束信号:SCL 为高电平时,SDA 由低电平向高电平跳变,结束传送数据。

应答信号:接收数据的 IC 在接收到 8bit 数据后,在第 9 个时钟周期向发送数据的 IC 发出特定的低电平脉冲时,表示已收到数据。CPU 向受控单元发出 8 位数据后,发送方释放 SDA 信号线,等待受控单元发出一个应答信号;CPU 接收到应答信号后,根据实际情况作出

嵌入式系统接口原理与应用

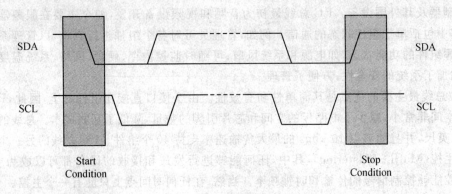

图 5-24　开始和结束信号

是否继续传递信号的判断。若未收到应答信号，则判断为受控单元出现故障。

图 5-25 是 S3C2410 芯片的 I^2C 总线数据传输时序。可以看出，当 SCL 信号线保持高电平时，若 SDA 信号线上有高电平到低电平的变化，那么 I^2C 总线数据传输就开始了，随后 SCL 信号线上出现的是时钟信号，SDA 信号线上出现的是数据，最高位最先传输。8 位数据传输完后，在 SCL 信号线上要出现第 9 个时钟脉冲，以便 SDA 信号线确定 ACK 信号。在下一个字节开始前，SCL 信号线上保持低电平，迫使总线进入等待状态。这种情况可以用于当接收器接收到一个字节后要进行一些其他方面的工作而无法立即接收下一个数据时，迫使总线进入等待状态，直到接收器准备好接收新的数据时，接收器再释放时钟线使数据传送得以继续正常进行。例如，当接收器接收完主控器的一个字节后，产生中断信号并进行中断处理，中断处理完才能接收下一个字节的数据，这时接收器在中断处理时钳位 SCL 为低电平，直到中断处理完毕才释放 SCL。当数据传输完成，在 SCL 信号线为高电平时，SDA 信号线需要有由低电平到高电平的变化。

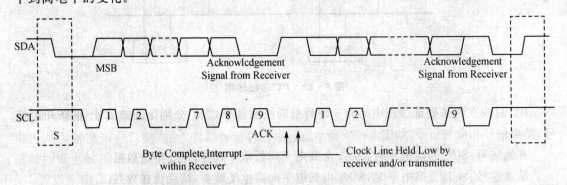

图 5-25　S3C2410 中 I^2C 总线传输时序

S3C2410 芯片的 I^2C 总线数据传输格式如图 5-26 所示，在 SDA 线上每次传输的数据应该是 8 位长度的，开始信号之后的第一个字节应该是地址域。当 I^2C 总线工作在控制模式时，地址域是由 S3C2410 芯片内部的 I^2C 总线控制器传输。每传输一个字节,就必须跟一位应答信号(ACK)。数据或地址的 MSB 位(最高位)总是最先传输。

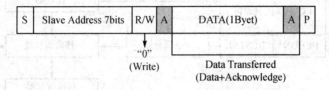

图 5-26 主机向从机写数据

主机向从机写一个字节数据的过程如下:主机首先产生 S(STATR)信号;然后紧跟着发送一个从机地址,这个地址共有 7 位;紧接着的第 8 位是数据方向位(R/W),0 表示主机发送数据(写),1 表示主机接收数据(读);这时主机等待从机的应答信号(A),当主机收到应答信号时,发送数据,数据发送完毕产生停止信号 P,结束整个传输过程。主机向从机读一个字节数据的过程类似,如图 5-27 所示,只不过数据的方向位为 1。

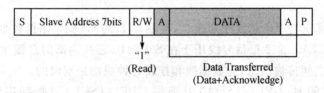

图 5-27 主机向从机读数据

目前,有很多半导体集成电路上都集成了 I^2C 接口。带有 I^2C 接口的单片机有 CYGNAL 的 C8051F0XX 系列、PHILIPSP87LPC7XX 系列、MICROCHIP 的 PIC16C6XX 系列等;很多外围器件如存储器、监控芯片等也提供 I^2C 接口。

5.5.3 I^2C 总线接口电路

I^2C 总线主控器结构如图 5-28 所示。S3C2410 芯片的 I^2C 总线接口具有 4 种操作模式:主机发送模式、主机接收模式、从机发送模式、从机接收模式。当 I^2C 总线接口未激活时,通常处于从机状态。换句话说,在检测到 SDA 线上的起始条件之前,接口应该配置为从机模式。当接口改变状态为主机模式时,必须初始化 SDA 线上的数据,并且 SDL 开始生成时钟信号。I^2C 总线工作方式的一些设置是通过 IICCON 寄存器来完成的,IICSTAT 用来设置 I^2C 总线的 4 种操作模式。4 位预分频器用来控制 I^2C 总线的工作频率。

在传送模式下,若进行数据传送,则 S3C2410 芯片的总线接口需要等待,直到 I^2C 总线的数据移位寄存器(IICDS)中有新的数据为止。移位寄存器的作用是将并行的数据转换为串行

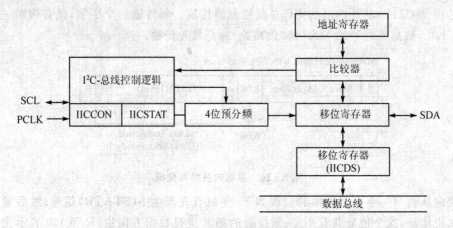

图 5-28 I²C 总线主控器结构

的数据放到 SDA 上。

在接收模式下,当开始接收的数据到来时,通过移位寄存器取出地址经过比较器来判断是否为正确的接收方,之后的数据将写入 IICDS,然后 IICDS 中的数据通过数据总线读到 CPU 完成数据的接收。

S3C2410 芯片能支持 I²C 总线序列接口,其端口 E 的 GPE15 用作数据线(SDA),GPE14 用作连续时钟线(SCL)。这 2 根信号线用于在 S3C2410 芯片内部的总线主控器和连接到 I²C 总线上的外围设备之间传输信息,此数据线和连续时钟线均是双向的。

当 I²C 总线空闲时,GPE15(SDA)引脚和 GPE14(SCL)引脚都应该设置为高电平。GPE15 引脚从高电平转到低电平时,启动一个传输。当 GPE14 保持在高电平时,GPE15 引脚从低电平转换到高电平表示传输结束。

图 5-29 是一个 S3C2410 芯片和 ATMENGA 单片机组成的一个电路。ATMENGA 单片机用来控制一个矩阵小键盘,小键盘以矩阵键盘的形式直接连接到 Mega8 上。当小键盘使能后,每隔一段时间,Mega8 都会扫描小键盘的改动,只有当其状态变化时才会通过 I²C 总线发送扫描码到 S3C2410 芯片,同样,S3C2410 芯片的一些控制命令也是通过 I²C 总线实现的。

5.5.4 I²C 总线接口编程

S3C2410 芯片内部的 I²C 总线控制器在使用时必须初始化设置一些控制器,这些控制器主要有如下几个:

IICCON:I²C 总线控制寄存器。该寄存器是可读/写的,主要用来设置 I²C 的工作方式;其地址为 0x54000000,复位后初始值为 0x0X,即高 4 位为 0,低 4 位不确定。

IICSTAT:I²C 总线状态寄存器。该寄存器是可读/写的,主要用来设置 I²C 的工作模式;其地址为 0x54000004,复位后初始值为 0x0。

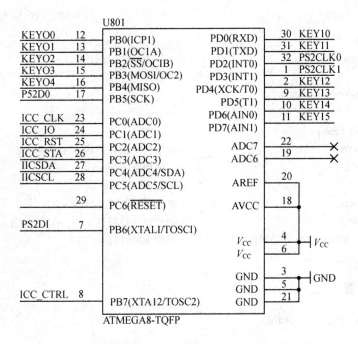

图 5-29 I²C 总线控制的键盘电路

IICADD:I²C 总线地址寄存器。该寄存器是可读/写的,表示 I²C 总线的 7 位从属地址;其地址为 0x54000008,复位后初始值为初值不确定。

IICDS:I²C 总线传送/接收寄存器。该寄存器是可读/写的,主要用来存放 I²C 总线传输的 8 位数据;其地址为 0x5400000C,复位后初始值不确定。

I²C 总线的编程除了要对 I²C 总线的专用寄存器进行初始化外,还需要按照 I²C 总线的时序要求编写传送和接收程序。这里只给出了 I²C 总线的初始化和主控器的传送和接收函数。完整的代码可参考光盘中例子。

1. I²C 初始化函数

I²C 总线初始化函数主要功能是配置 I²C 相关的 GPIO 控制器、I²C 的工作方式等属性,源代码如下:

```
/* 使能相关引脚 */
void IIC_init(void)
{
    rGPECON| = ((2<<28)|(2<<30));              /* 使能 SDA_使能 SCL 引脚 */
    rIICCON = (1<<7)|(1<<6)|(1<<5)|(3<<0);
                      /* 使能 ACK_使用 IICCLK = PCLK/512_使用中断方式_Tx 时钟 = IICCLK/4 */
    rIICADD = 0x10;                             /* 设置 Slave 的地址 */
```

```
rIICSTAT = 0x10;                              /* IIC 总线(Rx 与 Tx)使能 */
}
```

2. 传送函数

```
void IIC_MasterTx(char data)
{
    unsigned int temp;
    temp = rIICCON;                           /* 基于目前所处的状态 */
    temp& = (~(1<<4));                        /* 清除中断标记 */
    temp| = (1<<7);                           /* 使能 ACK */
    rIICDS = data;                            /* 把数据写入缓冲区中 */
    rIICCON = temp;                           /* 把已经由设置好了的 temp 直接写入 rIICCON 处 */
    while(! (rIICCON & (1<<4)));              /* 等待 ACK 回应 */
}
```

3. 接收函数

```
unsigned char IIC_Recive(void)
{
    unsigned char data;                       /* 把接收到的数据取出来 */
    data = rIICDS;
    rIICCON & = ~(1<<4);                      /* 去除中断标志 */
    return data;
}
```

5.6 PCMCIA 接口和 PCI 总线

5.6.1 PCMCIA 接口

PCMCIA(Personal Computer Memory Card International Association)是一个国际标准组织,成立于 1989 年,现在已经拥有超过 2000 个企业会员。该组织成立之初,是为了建立一个物理尺寸较小、低功耗的、灵活的存储卡标准,以满足笔记本电脑对移动存储方面越来越迫切的要求。1990 年 9 月,PCMCIA 推出了 PCMCIA1.0 规范,该规范是针对各类存储卡或虚拟盘设计的,其接口采用了 JEIDA(Japanese Electronics Industry Development Association) 68 针的接口;到 1991 年,PCMCIA 推出了 2.0 规范,根据业界的需要添加了对 I/O 设备的规范,以方便在笔记本电脑上扩展 I/O 设备,但接口仍然采用与 1.0 规范兼容的 68 针接口。同时,PCMCIA 对其驱动程序的框架也作了规范,以便于软件开发人员的驱动程序可以相互兼容。

随着多媒体和高速网络的发展，PCMCIA 原有的体系（16 位）支持不了这么快的速度，于是又发展 32 位的 CardBus。到今天，PCMCIA 接口不仅在笔记本电脑上得到了广泛的应用，在许多电子产品，如数码相机、机顶盒、车载设备、手持设备、PDA 等方面也不断地被采用。由于现在越来越多的产品都希望有接口可以扩展模块化功能，因此，PCMCIA 也将自己的使命改成了"发展模块化外设的标准，并将它们推广到全世界"。

需要指出的是，虽然 CardBus 和原来的 PCMCIA 接口物理尺寸一致，但它采用了地址数据复用的总线，因此底层协议和 16 位 PCMCIA 接口相差很大。从原理上讲，CardBus 有些类似于 PCI 总线，而 16 位 PCMCIA 接口和 ISA 总线类似。

5.6.2 PCI 总线

PCI（Peripheral Component Interconnect）外部设备互联总线是 Intel 公司于 1991 年下半年首先提出的，并马上得到 IBM、Compaq、AST、HP、DEC 等 100 多家大型计算机公司的大力支持，于 1993 年正式推出了 PCI 局部总线标准——PCI 总线。PCI 总线标准和总线资源的管理由一个专门的组织 PCISIG（PCI Special Interest Group）进行协调，网址为 http://www.Pcisig.com。目前，PC 机中使用的 PCI 总线以 PCI V2.0 为主，且均为 32 位/33 MHz 的 PCI 总线和 5 V 的总线插槽。新的 PCI V2.1 标准仅仅对 64 位/66 MHz 主频的应用进行了补充，基本上与 PCI V2.0 标准相同。

PCI 总线是一种即插即用的总线标准，支持全面的自动配置，最大允许 64 位并行数据传送，采用地址/数据总线复用方式，最高总线时钟可达 66 MHz，支持多总线结构和线性突发（Burst）传输，最高峰值传输速度可达 528 MB/s。PCI 总线通过桥接技术保持与传统总线（如 ISA、EISA、VESA、MCA 等）标准的兼容性，使高性能的 PCI 总线与已大量使用的传统总线技术特别是 ISA 总线并存。

PCI 总线技术的出现是为了解决由于微机总线的低速度和微处理器的高速度而造成的数据传输瓶颈问题，PCI 局部总线是在 ISA 总线和 CPU 总线之间增加的一级总线。由于独立于 CPU 的结构，该总线增加了一种独特的中间缓冲器的设计，从而与 CPU、时钟频率无关；用户可以将一些高速外设直接挂到 CPU 总线上，使之与其相匹配。PCI 局部总线使得 PC 系列微机结构也随之升级为现在的基于 PCI 总线的 3 级总线结构。PC 机的 3 级总线结构如图 5-30 所示。

PC 机的数据传输能力使 PC 机对高速外设（如图形显示器、硬盘等）的支持能力极大提高；它是目前各种总线标准中定义最完善、性能价格比最高的一种总线标准，除在 PC 机中广泛应用和普及外，在目前小型工作站等高档计算机中也得到推广。

PCI 总线独立于 CPU 的局部总线，因此，在进行 PCI 总线接口的开发与应用时，可以不必关心 CPU 的具体结构和时序，只需按 PCI 总线标准设计即可；这一点对 PC 机或 RISC 小型机

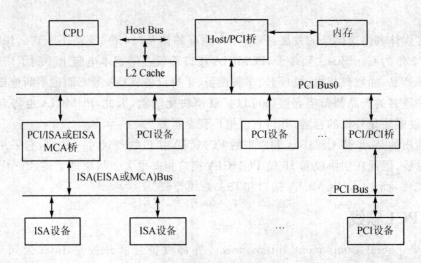

图 5-30 PCI 总线

的 PCI 总线接口设计均是相同的。PCI 总线的特点如下：

线性突发传输：PCI 总线的数据传输是一种线性突发（Burst）的数据传输模式，即数据帧的传输模式，可确保总线不断满载数据，使 PCI 总线达到其峰值传输速度。PCI 总线每次数据传输都是以数据帧为基础，一帧少则单次 32 位传输，多则可传输一个任意长度的数据块。在 PCI 总线上虽没有 DMA 方式，但线性突发的数据传输模式可达到与 ISA 总线上 DMA 方式相同的效果。

同步总线操作：PCI 总线是一种同步总线，总线上除中断等少数几个信号外全部与总线时钟的上升沿同步。PCI 总线时钟的工作范围可以很宽，由主板决定，一般为 33 MHz。为了使总线适应各种速度接口设备的要求，总线可以有多种方式申请等待周期，使 PCI 总线在接口设计和应用上灵活性更高。

多总线主控方式：在 PCI 总线上可以存在多个具有总线管理控制能力的主控设备。当一个具有总线控制管理能力的外围设备有任务处理需暂时接管总线时，可以向 PCI 总线申请总线请求并经响应后接管总线，以加速执行高吞吐量、高优先级的任务。PCI 的总线主控方式可以实现比 ISA 总线上熟知的 DMA 操作方式强得多的总线管理功能。

不受处理器限制：PCI 总线通过 CPU 局部总线到 PCI 总线之间的桥接器形成一种独特的中间缓冲器设计方式，中央处理器子系统与外围设备分开，使 PCI 总线具有独立于处理器的结构特点。一般来说，在中央处理总线上增加的设备或部件会降低系统的性能和可靠程度。而有了缓冲器的设计方式，用户可随意增添外围设备以扩展电脑系统，而不必担心在不同时钟频率下会导致系统性能的降低。

兼容性强：PCI 总线通过各种总线桥接器达到与目前已得到广泛应用的各种总线标准的完全兼容，对保护用户的已有投资和 PCI 总线的推广应用以及更新换代发挥了重要作用。目前,微机系统内均通过 PCI/ISA 总线桥实现 PCI 总线与 ISA 总线的完全兼容,保证了通用的 ISA 总线技术到高性能 PCI 总线的平稳过渡,这正是 PCI 总线的生命力所在。PCI 总线通过专用桥接器还可保证与 EISA、VESA 及 MCA 总线的完全兼容,并实现不同总线之间的距离。

自动配置功能:PCI 总线标准为 PCI 接口提供了一套完整的自动配置功能,使 PCI 接口所需的各种硬件资源(如中断、内存、I/O 地址等)通过即插即用的 BIOS 在系统启动时进行自动配置,达到对计算机资源的优化使用和合理配置,从而使 PCI 接口达到真正的即插即用(PnP)目的,使接口的设计和应用更加简易。

习 题

1. 用图示和文字的方式说明异步串行通信协议中规定的数据格式。
2. 什么叫波特率?S3C2410 芯片的 UART 部件的波特率如何计算?写出波特率的计算公式。
3. RS-232-C 接口信号的特性是如何规定的?
4. 简述 USB 总线的拓扑结构与数据包的传输过程。
5. 简单说明 SPI 接口与 USB 接口的区别。
6. 用文字及时序图说明 I^2C 总线协议中如何规定一个字节的数据传送的开始和结束。
7. S3C2410 芯片的 I^2C 总线时序中,ACK 信号作用是什么?结合相应的时序图加以说明。
8. 分析各种接口的区别与特点,通过比较说明各种接口的应用范围。

第 6 章

网络接口

嵌入式发展的最大一个趋势是网络化,通过网络可以在任何时间、任何地点、任何人都能实现实时功能。网络包括有线和无线方式等,本章主要介绍以太网络、CAN 总线以及常用的无线网络技术。

6.1 以太网接口

6.1.1 概 述

1. 以太网工作原理

以太网(Ethernet)是由施乐公司创建并由施乐、Intel 和 DEC 公司联合开发的基带局域网规范。以太网络使用 CSMA/CD(载波监听多路访问及冲突检测)技术,并以一定速率运行在多种类型的电缆上,是局域网发展史上的一个重要里程碑。以太网的结构如图 6-1 所示。

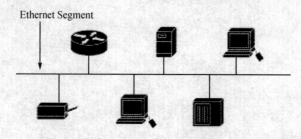

图 6-1 以太网结构示意图

通常所说的以太网主要是指以下 3 种不同的局域网技术:

① 10 Mbps 以太网:采用同轴电缆作为网络介质,采用曼彻斯特编码,数据传输率达到 10 Mbps。

② 100 Mbps 以太网:又称快速以太网,采用双绞线作为网络介质,数据传输率达到 100 Mbps。

③ 1 000 Mbps 以太网：又称千兆以太网，采用光缆或双绞线作为网络介质，数据传输率达到 1 000 Mbps。

以太网通常使用专门的网络接口卡或通过系统主电路板上的电路实现。以太网使用收发器与网络媒体进行连接；收发器可以完成多种物理层功能，其中，包括对网络冲突进行检测；收发器可以作为独立的设备通过电缆与终端站连接，也可以直接集成到终端站的网卡中。

以太网采用广播机制，所有与网络连接的工作站都可以看到网络上传递的数据。它们通过查看包含在帧中的目的地址，确定是否进行接收或放弃。如果确认数据是发给自己的，工作站就会接收数据并传递给高层协议进行处理。

以太网采用 CSMA/CD 介质访问技术，任何工作站都可以在任何时候访问网络。在发送数据之前，工作站首先需要侦听网络是否空闲，如果网络上没有任何数据传递，工作站就会把所要发送的信息投放到网络中；否则，工作站只能等待网络下一次出现空闲的时候再进行数据发送。

作为一种基于竞争机制的网络环境，以太网允许任何一台网络设备在网络空闲时发送信息，因为没有任何集中式的管理措施，所以非常有可能出现多台工作站同时检测到网络处于空闲状态，进而同时向网络发送数据的情况。这时，发出的信息会相互碰撞而导致损坏。因此，工作站必须等待一段时间，重新发送数据。补偿算法就是用来决定在发生碰撞后，工作站应当在何时重新发送数据。

2. 以太网帧格式

以太网协议有两种，一种是 IEEE802.2/IEEE802.3，还有一种是以太网的封装格式。现代的操作系统均能同时支持这两种类型的协议格式。我们只需要了解其中的一种就够了，特别是对嵌入式开发来说，不可能支持太多的协议格式。一个标准的以太网物理传输帧（IEEE802.3）由组成如表 6-1 所列。

表 6-1　IEEE802.3 数据帧结构表　　　　　　　　　　　单位：字节

帧的组成结构	PR	SD	DA	SA	TYPE	DATA	PAD	FCS
字节数	7	1	6	6	2	46~1 500	可选	4

PR：同步位，用于收发双方的时钟同步，同时也指明了传输的速率（10M 和 100M 的时钟频率不一样，所以 100M 网卡可以兼容 10M 网卡），是 56 位的二进制数 101010101010…

SD：分隔位，表示下面跟着的是真正的数据，而不是同步时钟，为 8 位的 10101011；跟同步位不同的是最后 2 位是 11，而不是 10。

DA：目的地址。以太网的地址为 48 位（6 个字节）二进制地址，表明该帧传输给哪个网卡。如果为 FFFFFFFFFFFF，则是广播地址，广播地址的数据可以被任何网卡接收到。

SA：源地址，48 位，表明该帧的数据是哪个网卡发的，即发送端的网卡地址，同样是 6 个字节。

TYPE：类型字段，表明该帧的数据是什么类型的数据，不同协议的类型字段不同。如 0800H 表示数据为 IP 包，0806H 表示数据为 ARP 包，814CH 是 SNMP 包，8137H 为 IPX/SPX 包，小于 0600H 的值是用于 IEEE802 的、表示数据包的长度。

DATA：数据段。该段数据不能超过 1 500 字节。因为以太网规定整个传输包的最大长度不能超过 1 514 字节，14 字节为 DA、SA、TYPE。

PAD：填充位。由于以太网帧传输的数据包最小不能小于 60 字节，除了（DA、SA、TYPE 14 字节），还必须传输 46 字节的数据；当数据段的数据不足 46 字节时，后面补 000000…

FCS：32 位数据校验位，为 32 位的 CRC 校验。该校验由网卡自动计算，自动生成，自动校验，自动在数据段后面填入。

通常，PR、SD、PAD、FCS 这几个数据段是由网卡自动产生的，DA、SA、TYPE、DATA 这 4 个段的内容是由上层软件控制的。

3. 以太网的地址

为了标识以太网上的每台主机，需要给每台主机上的网络适配器（网络接口卡）分配一个唯一的通信地址。以太网卡可以接收 3 种地址的数据，一个是广播地址，一个是多播地址，一个是它自已的地址，即 Ethernet 地址或称为网卡的物理地址（MAC 地址）。Ethernet 地址长度为 48 比特，共 6 个字节。IEEE 负责为网络适配器制造厂商分配 Ethernet 地址块，各厂商为自己生产的每块网络适配器分配一个唯一的 Ethernet 地址。因为在每块网络适配器出厂时，其 Ethernet 地址就已烧录到网络适配器中。所以，有时也将此地址称为烧录地址（Burned-In-Address，BIA）。

4. IP 地址、子网掩码、网关

IP 地址也可以称为互联网地址或 Internet 地址，是用来唯一标识互联网上计算机的逻辑地址。每台连网计算机都依靠 IP 地址来标识自己，这很类似于我们的电话号码，通过电话号码来找到相应的电话。全世界的电话号码都是唯一的，IP 地址也是一样。用 4 个以小数点隔开的十进制整数就是一个 IP 地址。每部分的十进制的整数实际上由 8 个二进制数组成，如表 6-2 所列。所以每个数字最大为 255，最小为 0。在 IP 地址的这 4 部分中，又可以分成两部分，一部分是网络号 Network（用来标识网络），一部分是主机号（标识在某个网络上的一台特定的主机）。那在这 4 部分中，哪部分表示网络，哪部分表示主机呢？

表 6-2　IP 地址

二进制	1100100	01110010	00000110	00110011
十进制	200	114	6	51

为了在 IP 地址中标识网络,我们把 IP 地址分成 A、B、C 类:A 类地址,第一组表示网络,后面 3 组表示主机。B 类地址,第一、二组表示网络,后面两组表示主机。C 类地址,第一、二、三组表示网络,最后一组表示主机。

为了确定 IP 地址的网络号和主机号是如何划分的,需要使用子网掩码。也就是说,在一个 IP 地址中,通过掩码来决定哪部分表示网络,哪部分表示主机。大家规定,用"1"代表网络部分,用"0"代表主机部分。也就是说,计算机通过 IP 地址和掩码才能知道自己是在哪个网络中。所以掩码很重要,必须配置正确,否则就得出错误的网络地址了。利用 IP 地址和子网掩码就可以算出网络地址和主机地址,如图 6-2 所示。

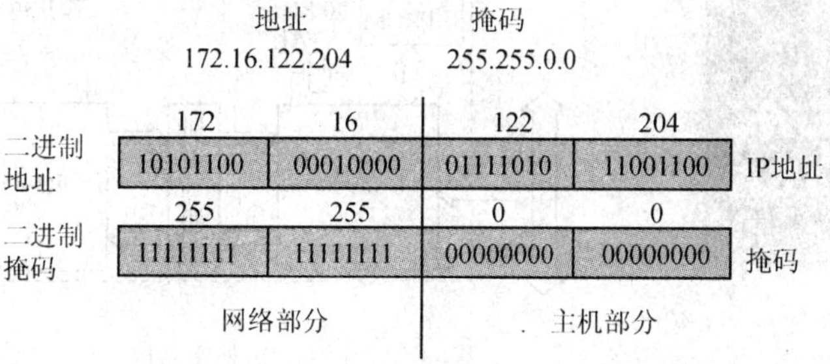

	地址 172.16.122.204			掩码 255.255.0.0		
二进制 地址	172 10101100	16 00010000	122 01111010	204 11001100		IP 地址
二进制 掩码	255 11111111	255 11111111	0 00000000	0 00000000		掩码
	网络部分			主机部分		

图 6-2 IP 地址和子网掩码的关系

网关就是与主机连在同一个子网的路由器的 IP 地址。如图 6-3 所示,假设我们在网络一,有个数据包要给网络二中的机器,则这个数据包必须先给和我们相连的路由器的那个端口,也就是图中的"1.1"。由它转给网络二中的主机。这很类似于寄信,不需要自己亲自把信送过去,交给邮递员就行了,由邮递员再进行转递,所以在配置计算机中必须也要把这个配置正确;否则计算机不知道该把数据包转到哪去。

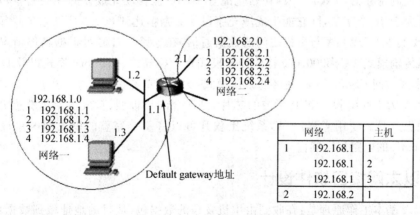

图 6-3 网关

6.1.2 以太网接口工作原理

以太网接口芯片很多,这里主要介绍 CIRRUS LOGIC 公司生产的 CS8900 以太网控制器芯片,其封装外观如图 6-4(a)所示。该芯片的突出特点是使用灵活,其物理层接口、数据传输模式和工作模式等都能根据需要而动态调整,通过内部寄存器的设置来适应不同的应用环境。

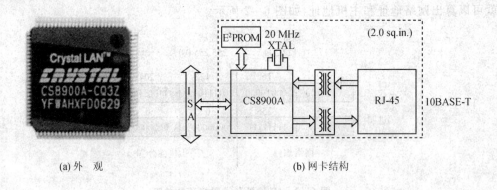

(a) 外 观　　　　　　　　　　(b) 网卡结构

图 6-4 CS8900 以太网控制器

CS8900A 内部功能模块主要是 802.3 介质访问控制块(MAC)。802.3 介质访问控制块支持全双工操作,完全依照 IEEE 802.3 以太网标准(ISO/IEC8802-3,1993),负责处理有关以太网数据帧的发送和接收,包括冲突检测、帧头的产生和检测、CRC 校验码的生成和验证。通过对发送控制寄存器(TxCMD)的初始化配置,MAC 能自动完成帧的冲突后重传。如果帧的数据部分少于 46 个字节,则它能生成填充字段使数据帧达到 802.3 所要求的最短长度。

另外,要实现 CS8900A 与主机之间的数据通信,在电路设计时可根据具体情况灵活选择合适的数据传输模式。CS8900A 支持的传输模式有 I/O 模式、Memory 模式以及 DMA 模式。其中,I/O 模式访问 CS8900A 存储区的默认模式,比较简单易用。

CS8900A 为 100 引脚 TQFP 封装的芯片,是适合细小板型、对成本变化敏感的以太网应用产品的理想产品。使用 CS8900A,系统工程师可以将一个完整的以太网电路设计在不到 $1.5\ in^2(10\ cm^2)$ 的电路板空间内。

6.1.3 以太网接口软件设计

CS8900A 基本工作原理是:在收到由主机发来的数据包(从目的地址域到数据域)后侦听网络线路,如果线路忙,它就等到线路空闲为止;否则,立即发送该数据帧。发送过程中,首先,它添加以太网帧头(包括先导字段和帧开始标志),然后生成 CRC 校验码,最后,将此数据帧发送到以太网上。接收时,它将从以太网收到的数据帧在经过解码、去掉帧头和地址检验等步骤后缓存在片内。在 CRC 校验通过后,它根据初始化配置情况,通知主机 CS8900A 收到了数据帧。最后,用上面介绍的某种传输模式传到主机的存储区中。

- CS8900A 初始化部分的主要内容如下:
- 软件复位,并检查复位完成标志是否置位;
- 设定 8/16 位工作模式,一般设为 16 位模式;
- 设定临时使用的以太网物理地址,真实地址需要向权威机构申请;
- 设定接收帧的类型,一般要能接收广播;
- 确定数据的传送方向,可设为全双工或半双工;
- 中断允许;
- 使能接收中断;
- 确定 CS8900A 的中断管脚号,根据硬件线路使用情况来确定;
- 接收发送使能。

由于一个网络可能由不同体系结构的 CPU 组成,而这些不同体系结构的 CPU 使用的字节顺序是不同的,如 Intel 处理器的字节顺序与 Freescale 处理器的字节顺序是正好相反的。前者采用的是 Little-endian 顺序,而后者采用的是 Big-endian 顺序。Internet 的字节顺序(网络字节序)是与 Big-endian 顺序一致的。由于 CS8900A 设计时主要是向 Little-endian 顺序的系统靠拢的,即内部硬件作了一次字节序的交换以减少软件处理上的工作量,因此,对应 Big-endian 顺序的 CPU,只要在网络驱动程序中做一次字节序的调换就可以了,即收帧后首先将帧转换为主机字节序再保存,发帧前要将帧转换为网络字节序再发送。下面是对 CS8900 几个主要工作寄存器进行介绍:

- LINECTL:决定 CS8900 的基本配置和物理接口。
- RXCTL:控制 CS8900 接收特定数据报。
- RXCFG:控制 CS8900 接收到特定数据报后会引发接收中断。
- BUSCT:可控制芯片的 I/O 接口的一些操作。
- ISQ:是网卡芯片的中断状态寄存器,内部映射接收中断状态寄存器和发送中断状态寄存器的内容。
- PORT0:发送和接收数据时,CPU 通过 PORT0 传递数据。
- TXCMD:发送控制寄存器。如果写入数据 00C0H,那么网卡芯片在全部数据写入后开始发送数据。
- TXLENG:发送数据长度寄存器。发送数据时,首先写入发送数据长度,然后将数据通过 PORT0 写入芯片。

6.2 CAN 总线接口

6.2.1 概　述

　　CAN，全称为 Controller Area Network，即控制器局域网，是国际上应用最广泛的现场总线之一。CAN 最初出现在 20 世纪 80 年代末的汽车工业中，由德国 Bosch 公司最先提出。当时，由于消费者对于汽车功能的要求越来越多，而这些功能的实现大多是基于电子操作的，这就使得电子装置之间的通信越来越复杂，同时意味着需要更多的连接信号线。提出 CAN 总线的最初动机就是为了解决现代汽车中庞大的电子控制装置之间的通信，减少不断增加的信号线。于是，他们设计了一个单一的网络总线，所有的外围器件可以挂接在该总线上。比如发动机管理系统、变速箱控制器、仪表装备、电子主干系统中，均嵌入 CAN 控制装置。1993 年，CAN 已成为国际标准 ISO11898（高速应用）和 ISO11519（低速应用）。

　　一个由 CAN 总线构成的单一网络中，理论上可以挂接无数个节点。实际应用中，节点数目受网络硬件的电气特性所限制。例如，当使用 NXP 的 P82C250 作为 CAN 收发器时，同一网络中允许挂接 110 个节点。CAN 可提供高达 1 Mbps 的数据传输速率，这使实时控制变得非常容易。另外，硬件的错误检定特性也增强了 CAN 的抗电磁干扰能力。

　　CAN 是一种多主方式的串行通信总线，基本设计规范要求有高的位速率，高抗电磁干扰性，而且能够检测出产生的任何错误。当信号传输距离达到 10 km 时，CAN 仍可提供高达 50 kbps 的数据传输速率。

　　由于 CAN 总线具有很高的实时性能，因此，CAN 已经在汽车工业、航空工业、工业控制、安全防护等领域中得到了广泛应用。

　　CAN 通信协议主要描述设备之间的信息传递方式。CAN 层的定义与开放系统互连模型（OSI）一致。每一层与另一设备上相同的那一层通信。实际的通信发生在每一设备上相邻的两层，而设备只通过模型物理层的物理介质互连。CAN 的规范定义了模型的最下面两层：数据链路层和物理层。应用层协议可以由 CAN 用户定义成适合特别工业领域的任何方案。已在工业控制和制造业领域得到广泛应用的标准是 DeviceNet，这是为 PLC 和智能传感器设计的。在汽车工业，许多制造商都应用他们自己的标准。

　　CAN 具有十分优越的特点，使人们乐于选择，这些特性包括：

➢ 低成本；
➢ 极高的总线利用率；
➢ 很远的数据传输距离（长达 10 km）；
➢ 高速的数据传输速率（高达 1 Mbps）；
➢ 可根据报文的 ID 决定接收或屏蔽该报文；

- 可靠的错误处理和检错机制；
- 发送的信息遭到破坏后，可自动重发；
- 节点在错误严重的情况下具有自动退出总线的功能；
- 报文不包含源地址或目标地址，仅用标志符来指示功能信息、优先级信息。

6.2.2 CAN 总线工作原理

1. CAN 总线的技术规范

(1) 帧类型

在 CAN 总线中，有 4 种不同的帧类型：

数据帧(Data Frame)：数据帧带有应用数据。

远程帧(Remote Frame)：通过发送远程帧可以向网络请求数据，启动其他资源节点传送它们各自的数据。远程帧包含 6 个不同的位域：帧起始、仲裁域、控制域、CRC 域、应答域、帧结尾。仲裁域中的 RTR 位的隐极性表示为远程帧。

错误帧(Error Frame)：错误帧能够报告每个节点的出错，由两个不同的域组成，第一个域是不同站提供的错误标志的叠加，第二个域是错误界定符。

过载帧(Overload Frame)：如果节点的接收尚未准备好就会传送过载帧，由两个不同的域组成，第一个域是过载标志，第二个域是过载界定符。

(2) 数据帧结构

数据帧由以下 7 个不同的位域(Bit Field)组成：帧起始、仲裁域、控制域、数据域、CRC 域、应答域、帧结尾。

帧起始：标志帧的开始，由单个显性位构成，在总线空闲时发送，在总线上产生同步作用。

仲裁域：由 11 位标识符($ID10 \sim ID0$)和远程发送请求位(RTR)组成。RTR 位为显性表示该帧为数据帧，隐性表示该帧为远程帧；标识符由高至低按次序发送，且前 7 位（$ID10 \sim ID4$)不能全为显性位。标识符 ID 用来描述数据的含义而不用于通信寻址，CAN 总线的帧是没有寻址功能的。标识符还用于决定报文的优先权，ID 值越低优先权越高；在竞争总线时，优先权高的报文优先发送，优先权低报文退出总线竞争。CAN 总线竞争的算法效率很高，是一种非破坏性竞争。

控制域：为数据长度码（$DLC3 \sim DLC0$），表示数据域中数据的字节数，不得超过 8。

数据域：由被发送数据组成，数目与控制域中设定的字节数相等，第一个字节的最高位首先发送。其长度在标准帧中不超过 8 个字节。

CRC 域：包括 CRC(循环冗余码校验)序列(15 位)和 CRC 界定符(1 个隐性位)，用于帧校验。

应答域：由应答间隙和应答界定符组成，共两位；发送站发送两个隐性位，接收站在应答间隙中发送显性位。应答界定符必须是隐性位。

帧结束：由7位隐性位组成。

2. 自定义CAN高层协议

CAN的高层协议也可理解为应用层协议，技术规范CAN2.0A规定标准的数据帧有11位标识符，用户可以自行规定其含义，将所需要的信息包含在内。

3. CAN总线的电气特性

CAN能够使用多种物理介质进行传输，如双绞线、光纤等。最常用的就是双绞线。信号使用差分电压传送，两条信号线称为CAN_H和CAN_L，静态时均是2.5 V左右，此时状态表示为逻辑1也可以叫"隐性"。用CAN_H比CAN_L高表示逻辑0，称为"显性"。此时，通常电压值CAN_H=3.5 V和CAN_L=1.5 V。当"显性"位和"隐性"位同时发送的时候，最后总线数值将为"显性"。这种特性为CAN总线的总裁奠定了基础。CAN总线的一个位时间可以分成4个部分：同步段、传播段、相位段1和相位段2，每段的时间份额的数目都是可以通过CAN总线控制器（比如MCP2510）编程控制的，而时间份额的大小t_q由系统时钟t_{sys}和波特率预分频值BRP决定：$t_q = BRP/t_{sys}$。

6.2.3 CAN总线接口

图6-5是使用MicroChip公司的MCP2510 CAN总线控制器。MCP2510是一种带有SPI接口的CAN控制器，DIP封装如图6-5(a)所示；它支持CAN技术规范V2.0A/B；能够发送或接收标准的和扩展的信息帧，同时具有接收滤波和信息管理的功能。MCP2510通过SI接口与MCU进行数据传输，最高数据传输速率可达5 Mbps；MCU可通过MCP2510与CAN总线上的其他MCU单元通信。MCP2510内含3个发送缓冲器和2个接收缓冲器，同时还具有灵活的中断管理能力，这些特点使得MCU对CAN总线的操作变得非常简便。MCP2510特点如下：

- 支持CAN V2.0A/B；
- 具有SPI接口，支持SPI模式0,0和1,1；
- 内含3个发送缓冲器和2个接收缓冲器，可对其优先权进行编程；
- 具有6个接收过滤器，2个接收过滤器屏蔽；
- 具有灵活的中断管理能力；
- 采用低功耗CMOS工艺技术，其工作电压范围为3.0～5.5 V，有效电流为5 mA，维持电流为10 μA；
- 工作温度范围为−40～+125℃。

MCP25lO有PDIP、SOIC和TSSOP这3种封装形式。图6-5(b)是MCP2510的内部结构框图。CAN协议机负责与CAN总线的接口，SPI接口逻辑用于实现同MCU的通信，而寄存、缓冲器组与控制逻辑则用来完成各种方式的设定和操作控制。现结合其工作过程将各部

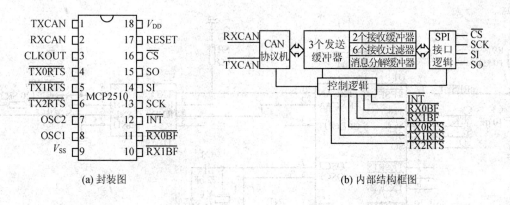

图 6-5 MCP2510 CAN 控制器

分的功能、原理作一介绍。

(1) 收发操作

MCP2510 的发送操作通过 3 个发送缓冲器来实现。这 3 个发送缓冲器各占据 14 字节的 SRAM。第 1 字节是控制寄存器 TXBNCTRL，该寄存器用来设定信息发送的条件，且给出了信息的发送状态；第 2～6 字节用来存放标准的、扩展的标识符以及仲裁信息；最后 8 字节则用来存放待发送的数据信息。在进行发送前，必须先对这些寄存器进行初始化。

(2) 中断管理

MCP2510 有 8 个中断源，包括发送中断、接收中断、错误中断及总线唤醒中断等。利用中断使能寄存器（CANINTE）和中断屏蔽寄存器（CANINTF）可以方便地实现对各种中断的有效管理。当有中断发生时，INT 引脚变为低电平并保持在低电平，直到 MCU 清除中断为止。

(3) 错误检测

CAN 协议具有 CRCF 错误、应答错误、形式错误、位错误和填充错误等检测功能。MCP2510 内含接收出错计数器（REC）和发送出错计数器（TEC）两个错误计数器。因而，对网络中的任何一个节点来说，都有可能因为错误计数器的数值不同而使其处于"错误—激话"、"错误—认可"和"总线—脱离"3 种状态之一。

图 6-6 是 MCP2510 与 S3C2410 芯片连接的参考电路，电路中平台间的连接方式是将要用于通信的平台的 CAN_H 和 CAN_H、CAN_L 和 CAN_L 相连。系统中，S3C2410X 通过 SPI 同步串行接口和 MCP2510 相连；MCP2510 的片选信号通过接在 S3C2410X 的 GPH0 上来控制。

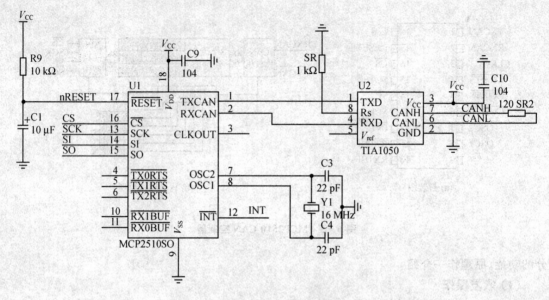

图 6-6　MCP2510 参考电路

6.2.4　CAN 总线接口编程

MCP2510 正常工作之前,需要进行正确的初始化,包括设置 SPI 接口的数据传输速率、CAN 通信的波特率、MCP2510 的接收过滤器、屏蔽器以及发送和接收中断允许标志位等。S3C2410 对 MCP2510 的接收缓冲器和发送缓冲器的操作,必须通过 SPI 接口用 MCP2510 内置读/写命令来完成。通过定义如下宏实现 MCP2510 的片选:

\#define MCP2510_Enable()　　GPHDAT=GPHDAT&0x7fe
\#define MCP2510_Disable()　　GPHDAT=GPHDAT|0x01

上述两个宏定义就是对 GPH0 端口的置 1 和清 0 操作。S3C2410X 带有高速 SPI 接口,可以直接和 MCP2510 通信。CAN 总线编程中主要实现了波特率的设置、过滤器的设置、MCP2510 的初始化、MCP2510 发送和接收数据等功能。这里给出了 MCP2510 的初始化、MCP2510 发送和接收数据功能函数,其他的功能函数请阅读光盘实验十中附带的源程序。

1. MCP2510 的初始化

MCP2510 的初始化如下步骤:
① 软件复位,进入配置模式。
② 设置 CAN 总线波特率。
③ 关闭中断。
④ 设置 ID 过滤器。

⑤ 切换 MCP2510 到正常状态(Normal)。
⑥ 清空接收和发送缓冲区。
⑦ 开启接收缓冲区,开启中断(可选)。
其源代码如下：

```c
/******************对 CAN 总线的:初始化_写数据帧_读数据帧操作*************
    初始化 MCP2510 芯片
    bandrate 表示波特率
*********************************************************/
void init_MCP2510(CanBandRate bandrate)
{
unsigned char i,j;
unsigned char reg;
MCP2510_Reset();                        /*重启 MCP2510 芯片*/
MCP2510_SetBandRate(bandrate);          /*设置 CAN 总线波特率*/
MCP2510_Write(CANINTE,0x0);             /*屏蔽中断*/
MCP2510_Write(CANCTRL,0|(1<<2)|0);      /*设置为正常模式_引脚使能_使用系统时钟*/
reg = TXB0CTRL;                         /*清空 MCP2510 芯片内置的三组 TXB 寄存器*/
for(i = 0;i < 3;i++)                    /*共有 3 组*/
{
    for(j = 0;j < 14;j++)               /*每一组有 14 个寄存器(除了 CANSTAT 和 CANCTRL)*/
    {
    MCP2510_Write(reg,0);               /*寄存器清零*/
    reg++;
    }
    reg += 2;                           /*跳过 CANSTAT 和 CANCTRL 两个寄存器*/
}
MCP2510_Write(RXB0CTRL,0x0);            /*清空 MCP2510 芯片内置的两组组 RXB 寄存器*/
MCP2510_Write(RXB1CTRL,0x0);
MCP2510_Write(BFPCTRL,0x3C);            /*RX1BF 引脚为高电平_RX0BF 引脚为高电平_RX1BF
                                          引脚使能_RX0BF 引脚使能_RX1BF 引脚为数字输出
                                          模式_RX0BF 引脚为数字输出模式*/
/*设置允许接收的 CAN 地址(即帧 ID),共有 6 个过滤寄存器*/
MCP2510_Write_Can_ID(RXF0SIDH,0x7FF,0); /*其中 0x7FF 表示允许接收的帧 ID*/
MCP2510_Write_Can_ID(RXF1SIDH,0x79A,0); /*其中 0x79A 表示允许接收的帧 ID*/
MCP2510_Write_Can_ID(RXF2SIDH,0x7AB,0); /*其中 0x7AB 表示允许接收的帧 ID*/
MCP2510_Write_Can_ID(RXF3SIDH,0x7BC,0); /*其中 0x7BC 表示允许接收的帧 ID*/
MCP2510_Write_Can_ID(RXF4SIDH,0x7CD,0); /*其中 0x7CD 表示允许接收的帧 ID*/
MCP2510_Write_Can_ID(RXF5SIDH,0x7DE,0); /*其中 0x7DE 表示允许接收的帧 ID*/
```

```
/*设所有过滤寄存器应用于标准帧,如果使用扩展帧,就不需要这段代码*/
MCP2510_WriteBits(RXF0SIDL,0,(1<<3));          /*把 RXF0SIDL 第 3 位置为 0*/
MCP2510_WriteBits(RXF1SIDL,0,(1<<3));          /*把 RXF1SIDL 第 3 位置为 0*/
MCP2510_WriteBits(RXF2SIDL,0,(1<<3));          /*把 RXF2SIDL 第 3 位置为 0*/
MCP2510_WriteBits(RXF3SIDL,0,(1<<3));          /*把 RXF3SIDL 第 3 位置为 0*/
MCP2510_WriteBits(RXF4SIDL,0,(1<<3));          /*把 RXF4SIDL 第 3 位置为 0*/
MCP2510_WriteBits(RXF5SIDL,0,(1<<3));          /*把 RXF5SIDL 第 3 位置为 0*/

/*地址的屏蔽,要通过 RXF 和 RXM 两类寄存器共同作用,才算通过*/
MCP2510_Write_Can_ID(RXM0SIDH,0x7FF,0);        /*设 RXM0 为任何地址都可通过*/
MCP2510_Write_Can_ID(RXM1SIDH,0x7FF,0);        /*设 RXM1 为任何地址都可通过*/

/*设置为接收所有报文,那么上面设置的接收过滤和屏蔽机制将不起作用*/
MCP2510_WriteBits(RXB0CTRL,(3<<5),0xFF);       /*RXB0 通道接收所有报文*/
MCP2510_WriteBits(RXB1CTRL,(3<<5),0xFF);       /*RXB1 通道接收所有报文*/
}
```

2. MCP2510 发送和接收数据

MCP2510 中有 3 个发送缓冲区,可以循环使用,也可以只使用一个发送缓冲区,但是,必须保证在发送的时候,前一次的数据已经发送结束。MCP2510 中有 2 个接收缓冲区,可以循环使用。数据的发送和接收均可使用查询或者中断模式,这里,为编程简单,收发数据都采用查询模式。通过状态读取命令(Read Status Instruction)来判断是否接收到(或者发送出)数据。

```
/********************************对 CAN 总线读取数据*************************
    n       表示接收数据缓冲区的通道
    id      表示读取到数据帧的 ID
    pdata   表示读取到的数据
    dlc     表示读取到的数据的长度
    rxRTR   表示标记远程帧
    IsExt   表示标记扩展帧
*****************************************************************************/
void canRead(int n,unsigned int * id,unsigned char * pdata, unsigned char * dlc,int * rxRTR,int * IsExt)
{
    if(n==0)    /*如果 RX0 通道有数据*/
    {
        *IsExt = MCP2510_Read_Can(n,rxRTR,id,pdata,dlc);     /*读取数据*/
        MCP2510_WriteBits(CANINTF,~(1),(1));                 /*清除中断标记*/
```

```
            return;
    }
    if(n == 1)                                          /* 如果 RX1 通道有数据 */
    {
        * IsExt = MCP2510_Read_Can(n,rxRTR,id,pdata,dlc);  /* 读取数据 */
        MCP2510_WriteBits(CANINTF,~(1<<1),(1<<1));         /* 清除中断标记 */
        return;
    }
}
```
发送数据函数与接收数据函数类似,详见光盘。

6.3 常用无线接入技术

6.3.1 概　述

无线网络就是利用无线电波作为信息传输的网络,与有线网络相比,两者最大不同就在于传输信息的途径不同。传统以太网(Ethernet)使用网线连接局域网设备(如交换机、网卡等),而无线网络则用无线电波取代了网线,所以无线网络在架设便利性或使用机动性等方面都要比有线网络更具优势。

目前,市场上比较常见的无线接入技术有 IEEE 802.11b/g/a(WLAN)、蓝牙(Bluetooth)、IrDA(红外线数据)、HomeRF、无线微波接入技术、IEEE 802.16(WiMAX,WMAN)、GPRS/CDMA 无线接入等,其中,WLAN、蓝牙、GPRS、ZigBee 将专门介绍,下面就分别介绍其他的几种无线技术的特点。

6.3.2 红外技术

IrDA(红外线数据)是 Infrared Data Association 的缩写,是一套使用红外线作为媒介的工业用无线传输标准,速度由 IrDA - SIR 的 115.2 kbps 到最新 IrDA - VFIR 的 16 Mbps 都有,传输距离一般都在 30 cm～3 m 之间(视模组的功率而定),角度限制在 30°～120°。

以新的 VFIR(Very Fast InfraRed)超速 IrDA 为例,它是 IRDA 1.1 标准的补充,是一种可以提供 16 Mbps 半双工高速传输的 IrDA 新模式,接收角度也由传统的 30°扩展到 120°。VFIR 不但兼容 FIR,也可以同 SIR 设备进行数据通信。如图 6 - 7 所示,IrDA 可广泛用于文件传送、红外打印(IrLPT)、红外图像传输(IrTran - P)和红外网络(IrNET 和 IrComm)等各种领域。

例如,通过 IrComm 应用,可以通过计算机和配置红外的手机连接到 Internet 上或发送传真,而不必使用其他设备,如图 6 - 8 所示。通过 IrNET 应用,可以在计算机与计算机间或其他红外设备之间建立点对点的连接,也可以在计算机与网络访问点之间建立连接。

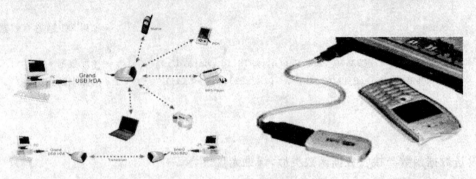

图 6-7　红外传输应用广泛　　　　图 6-8　手机和笔记本用红外通信

6.3.3　HomeRF 技术

　　HomeRF 技术是由 HRFWG(Home RF Working Group)工作组开发的;该工作组 1998 年成立,主要由 Intel、IBM、Companq、3com、Microsoft 等几家大公司组成,旨在制定 PC 和用户电子设备之间无线数字通信的开放性工业标准,为家庭用户建立具有互操作性的音频和数据通信网。HomeRF 是现有无线通信标准的综合和改进:当进行数据通信时,采用 IEEE802.11 规范中的 TCP/IP 传输协议;进行语音通信时,则采用数字增强型无绳通信标准。HomeRF 无线家庭网络有以下特点:通过拨号、DSL 或电缆调制解调器上网;传输交互式话音数据采用 TDMA 技术,传输高速数据包分组采用 CSMA/CA 技术;数据压缩采用 LZRW3-A 算法;不受墙壁和楼层的影响;通过独特的网络 ID 来实现数据安全;无线电干扰影响小;支持近似线性音质的语音和电话业务。

　　HomeRF 采用了 IEEE 802.11 标准的 CSMA/CA 模式,以竞争的方式来获取信道的控制权。在一个时间点上只能有一个接入点在网络中传输数据,提供了对"流业务"的真正意义上的支持,规定了高级别的优先权并采用了带有优先权的重发机制,确保了实时性"流业务"所需的带宽(2~11 Mbps)和低干扰、低误码。HomeRF 是现有无线通信标准的综合和改进,当进行数据通信时,采用 IEEE 802.11 规范中的 TCP/IP 传输协议;进行语音通信时,则采用数字增强型无绳通信标准。因此,接收端必须捕获传输信号的数据头和几个数据包,判断是音频还是数据包,进而切换到相应的模式。

　　HomeRF 采用对等网的结构,每一个节点相对独立,不受中央节点的控制。因此,任何一个节点离开网络都不会影响其他节点的正常工作。如图 6-9 所示,HomeRF 主要是家庭网络设计的无线射频技术,是 IEEE802.11 与 DECT 的结合体。HomeRF 也采用了扩频技术,工作在 2.4 GHz 频带,HomeRF 的带宽为 1~2 Mbps;而 HomeRF 2.0 版集成了语音和数据传送技术,工作频段在 10 GHz,数据传输速率达到 10 Mbps,在安全性上具备访问控制和加密技术。

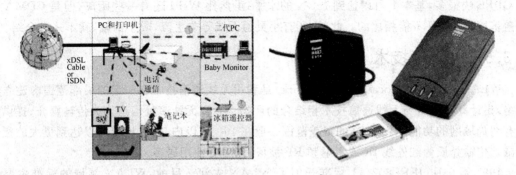

图 6-9 Home RF 应用及 HomeRF 适配器

6.3.4 GPRS/CDMA 接入技术

GPRS 是通用分组无线业务(General Packet Radio Service)的英文简称,是在现有的 GSM 系统上发展出来的一种新的分组数据承载业务,具有实时在线、按量计费、快捷登录、高速传输、自如切换的优点。

Option 公司于 2006 年 2 月 13 日在 3GSM 大会发布了世界上第一款支持 3 频 3G 的无线上网卡。这款 GT MAX 无线网卡支持 3G 的 UMTS 和 3.5G 的 HSDPA 网络,支持的频率为 850/1 900/2 100 MHz。该网卡同时也支持 GSM/GPRS/EDGE4 频(850/900/1 800/1 900)。这样,用户在全球决大部分地方都可以享受到当地移动运营商提供的最高速度的上网服务。常用无线接入设备如图 6-10 所示。

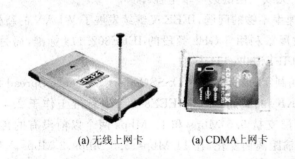

(a) 无线上网卡　　　(a) CDMA 上网卡　　　(c) GPRS/EDGE/CDMA 路由器

图 6-10 常用无线接入设备

国内联通的 CDMA 1X 将加快移动数据服务从早期的仅支持文本格式向具有丰富图像、色彩和多媒体特点的高级内容应用的发展。用户可以用高达 153.6 kbps 的连接速率通过手持移动终端浏览 Internet 网、收发电子邮件、玩游戏、享受即时消息服务、使用可提升生产力的工具以及其他更多的功能和应用。一般使用 CDMA 无线上网卡的下载速率都在十几 kbps,

比 GPRS 快很多,基本上可以达到 ISDN 的水平;虽然比 WIFI 还有一些距离,但是 CDMA 的覆盖范围是 WIFI 不能相比的。此外,还有小灵通无线等非主流,限于篇幅,就不一一介绍。

6.3.5 WLAN 技术

WLAN(Wireless Local Area Network)是利用无线通信技术在一定的局部范围内建立的网络,是计算机网络与无线通信技术相结合的产物。它以无线多址信道作为传输媒介,提供传统有线局域网的功能。WLAN 的覆盖范围一般在 100 m 以内,通过桥接可以达到更大的覆盖范围。传输介质为红外线 IR 或者射频 RF 波段,以后者使用居多。

1997 年 6 月,IEEE802.11 标准开创了 WLAN 先河。目前,WLAN 领域的标准主要是 IEEE 制定的 IEEE802.11x 系列与欧洲 ETSI 制定的 HiperLAN/x 系列两种标准。

成立于 1999 年的 Wi-Fi 联盟是一个非牟利国际协会,旨在认证基于 IEEE802.11 规格的无线局域网产品的互操作性。Wi-Fi 的英文全称是 Wireless Fidelity,借用了高保真音响设备的 HIFI 中的意思。目前,全球已超过 100 家公司加入 Wi-Fi 联盟。自 Wi-Fi 联盟于 2000 年 3 月开始推行产品认证以来,已经有 1 500 项以上的产品得到 Wi-Fi 认证。Wi-Fi 联盟会员的目标是通过认证产品互操作性,增进用户的使用经验。

IEEE802.11 标准是 1997 年制定的第一个无线局域网标准。该标准定义了物理层和媒体访问控制 MAC 协议的规范,允许无线局域网及无线设备制造商在一定范围内建立互操作性网络设备。该标准由无线媒体提供含分组语音在内的无连接 MAC 业务,业务主要限于数据访问。它的数据传输速率最高可到 2 Mbps,采用直接扩频编码。当时主要由 Lucent 和 Intersil 公司生产该标准的产品,尽管该标准在速率、传输距离、安全性、电磁兼容能力及服务质量方面均不尽人意,但是它毕竟开创了无线上网的第一个里程碑。

为了解决 IEEE802.11 标准传输速率不够的问题,IEEE 又继续发展了 WLAN 的新标准。这时候 IEEE 内部发生分裂,一些人发展了利用 5 GHz 频段的 IEEE802.11a 标准,而另外一部分发展了继续利用 2.4 GHz 频段的 IEEE802.11b 标准。

IEEE802.11b 标准于 1999 年年底制定,以直序扩频 DSSS(Direct Sequence Spread Spectrum)作为调变技术配合补码键控(CKK)的编码方式。IEEE802.11b 标准工作于 2.4 GHz 频带,有 3 个可用的非重叠信道,物理层支持 5.5 Mbps 和 11 Mbps 两个以前没有的传输速率。它的传输速率可因环境干扰或传输距离而变化,在 11 Mbps、5.5 Mbps、2 Mbps、1 Mbps 之间切换。它还提供了 MAC 层的访问控制加密机制,以提供与有线网络相同级别的安全保护,还提供了可选择的 40 位及 128 位的共享密钥算法。由于 IEEE802.11b 标准良好的兼容性,以及足够的上网速度,再加上 PC 芯片巨头 Intel 公司的大力推动(Intel 公司仅仅花在 WLAN 上的广告费就高达 2 亿美金),从而成为目前 IEEE802.11 系列的主流产品。

IEEE802.11a 和 IEEE802.11b 标准推出的时间差不多,由于它采用了更高的传输频段,因此也更容易达到更高的传输速率——54 Mbps。它可提供 25 Mbps 的无线 ATM 接口和

10 Mbps 的以太网无线帧结构接口,支持语音、数据、图像业务。它选择了具有能有效降低多径衰减与有效使用频率的 OFDM 为调变技术;工作在 5 GHz 频段,与 IEEE802.11b 标准相比,有更多可用的非重叠信道。因此,它的抗干扰性优于 IEEE802.11b/g 标准。在数据加密方面,IEEE802.11a 标准采用了更为严密的算法。但是,高频段的信道衰减也比较大,因此,IEEE802.11a 标准的产品需要更大的发射功率,而且它的传输速率常随传输距离增加而迅速下降。IEEE802.11a 标准芯片价格昂贵,空中接力不好,点对点连接很不经济,和现有的主流 IEEE802.11b 标准不兼容;同时每个国家政府监管 5 GHz 频带使用的管理规定都是不同的,因此妨碍了 IEEE802.11a 标准的部署。

为了在 2.4 GHz 频段上提高更高速的无线接入服务,IEEE 又推出了 IEEE802.11g 标准;它建构在既有的 IEEE802.11b 标准物理层与媒体层标准基础上,依然工作于 2.4 GHz 频段;与 IEEE802.11b 标准兼容,采用 OFDM(正交频分复用)技术,最高传输速率亦提升至 54 Mbps。随着 IEEE802.11g 标准技术的成熟和产品价格的下降,它已经能够逐步取代 IEEE802.11b 标准的地位,成为市场上 WLAN 产品新的主流。

WLAN 属于无线设备,它的开发和测试都比较复杂。另外,WLAN 芯片生产厂家一般并未详细公开其芯片文档,它们往往需要考核和选择客户,只有客户对它们的芯片用量大到一定规模,它们才会提供给客户详细的资料和参考设计,而且还要收取一笔不菲的技术转让费。因此,建议开发人员在需要用到 WLAN 上网的嵌入式设备中直接采用 WLAN 的上网卡,而不是自己利用 WLAN 芯片进行开发。

6.4 蓝牙接口

6.4.1 概 述

蓝牙技术大约在 20 世纪 90 年代晚期发端于爱立信公司,目前,该技术处于蓝牙专业组 SIG(Special Interest Group)的领导之下;该机构由爱立信、诺基亚、IBM、东芝、Intel、3COM、朗讯和微软等大公司所组成。

蓝牙(Bluetooth)是一种短距离的无线连接技术标准,主要面向网络中各类数据及语音设备,如 PC 机、手机、笔记本电脑、打印机、家用设备等,使用无线微波的方式将它们连成一个微微网(Piconet),从而方便快速地实现各种设备之间的通信。蓝牙无线电波根据天线的传送能力可以实现从 10 m(家庭)~100 m(机场候机大厅)范围内的无线通信。依赖于设备的类型,蓝牙无线电可以传输最高 100 mW(20 dBm)、最低 1 mW(0 dBm)的功率。蓝牙采用跳频技术抑制干扰、降低信号衰减,使用时分复用 TDD 和高斯频移键控 GFSK(Gaussian Frequency Shift Keying)调制实现全双工数据传输。

1. 蓝牙技术的特点

① 采用跳频技术，数据包短，抗信号衰减能力强。
② 采用快速跳频和前向纠错方案以保证链路稳定，减少同频干扰和远距离传输时的随机噪声影响。
③ 使用 2.4 GHz ISM 频段，无须申请许可证。
④ 可同时支持数据、音频、视频信号。
⑤ 采用 FM 调制方式，降低设备的复杂性。

2. 蓝牙的频段

蓝牙无线电作为蓝牙设备的一部分为其提供电气接口，设备通过该接口，采用经过调制的载波频率和无线承载业务（CDMA、GSM 和 DECT 等）传输数据包。蓝牙无线电采用 2 400～2 483.5 MHz 的 ISM（工业、科学和医学）频段，这是因为：

① 该频段内没有其他系统的信号干扰，同时频段向公众开放，无须特许。
② 该频段在全球范围内有效，世界各国、各地区的相关法规不同，一般只规定信号的传输范围和最大传输功率。
③ 该频段只需要很小的高效天线、优良的芯片级 RF 前端（LNA，上行转换器和下行转换器）、电源控制器、GFSK 调节器和一个起收发器作用的发送/接收开关即可正常工作。

蓝牙无线电运行于 2.4 GHz ISM 频带。在这个频带上，美国和欧洲只能使用其中的 83.5 MHz 可用频段，其中，定义了相隔 1 MHz 的 79 个 RF 频道。日本、西班牙和法国只能使用间隔 1 MHz 的 23 个 RF 频道，如表 6-3 所列。

表 6-3 RF 频道分布

国家和地区	频率范围/MHz	RF 频道/MHz	k
欧洲和美国	2 400～2 483.5	2 402+k	0～78
日本	2 471～2 497	2 473+k	0～22
西班牙	2 445～2 475	2 449+k	0～22
法国	2 446.5～2 483.5	2 454+k	0～22

频道由伪随机调频序列的 79 个或者 23 个 RF 频道所代表。调频序列对微微网而言是唯一的，并且由主单元的蓝牙设备地址所决定；调频序列的相位则由主单元的蓝牙时钟决定。频道被划分为时隙，每个时隙的长度为 625 ms，每个时隙对应一个 RF 跳频。名义上的跳频速度是 1 600 hops/s。微微网中的所有蓝牙单元针对频道计时和进行跳频同步。

3. 微微网

蓝牙系统既可以实现点对点连接，也可以实现一点对多点连接。在一点对多点连接的情况下,信道由几个蓝牙单元分享。两个或者多个分享同一信道的单元构成了所谓的微微网。微微网是由采用蓝牙技术的设备以特定方式组成的网;微微网的建立是由两台设备(如笔记本电脑和手机)的连接开始的;一个微微网中存在 1 个主单元和最多可达 7 台的活动从单元,如图 6-11 所示。

每个 Piconet 的蓝牙装置组成为 1 个主设备(Master)和若干个从设备(Slave),主设备负责通信协议的运作。MAC 地址用 3 位来表示,即在 1 个微微网内可寻址 8 个设备(互联的设备数量实际是没有限制的,只不过在同一时刻只能激活 8 个,其中 1 个为主,7 个为从)。此外,蓝牙系统还支持一点到多点的通信构成分布式网络,即 1 个主设备可以是其他 Piconet 的从设备,每个从设备也可以是其他 Piconet 的主设备。

所有的蓝牙设备都是对等的,以同样的方式工作。然而,当一个微微网建立时,只有一台为主设备,其他均为从设备,而且在这个微微网存在时将一直维持这一状况。这些设备可以处在以下几个状态情况下:active(活动)、park(暂停)、hold(保持)和 sniff(呼吸)。多个相互覆盖的微微网形成了所谓的分布网(scatternet)。

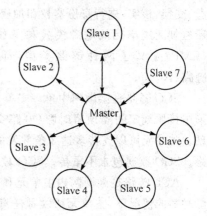

图 6-11 微微网

6.4.2 蓝牙的基本原理

1. 蓝牙的结构和运行

蓝牙系统包括蓝牙硬件和蓝牙协议。蓝牙硬件由模拟部分和数字部分组成。模拟部分是指蓝牙射频发射台;数字部分指主控制器。蓝牙的核心协议层主要包括基带(baseband)、链路管理(LMP)、逻辑链路控制与适应协议(L2CAP)、业务搜寻协议(SDP),如图 6-12 所示。

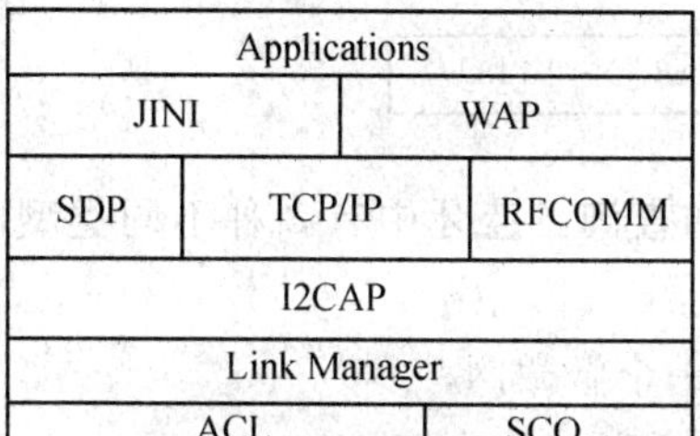

基带(BB)就是蓝牙的物理层,负责管理物理信道和链路中除了错误纠正、数据处理、调频选择和蓝牙安全之外的所有业务。基带在蓝牙协议栈中位于蓝牙无线电之上,基本上起链路控制和链路管理的作用,比如承载链路连接和功率控制这类链路级路由等。基带还管理异步和同步链路、处理数据包、寻呼、查询接入和查询蓝牙设备等。基带收发器采用时分复用 TDD 方案(交替发送和接收),因此除了不同的跳频之外(频分),时间都划分为时隙。在正常的连接模式下,主单元总是以偶数时隙启动,而从单元则总是从奇数时隙启动(尽管可以不考虑时隙的序数而持续传输)。

图 6-12 蓝牙协议栈

链路管理(LMP)层负责两个或多个设备链路的建立、拆除以及链路的安全、控制,如鉴权和加密、控制和协商基带包的大小等,为上层软件模块提供不同的访问入口。通过连接的发起、交换、核实,进行身份鉴权和加密等安全方面的任务;通过协商确定基带数据分组大小;它还控制无线单元的电源模式和工作周期,以及微微网内蓝牙组件的连接状态。链路管理(LMP)定义了两种链路类型,即面向连接的同步链路(SCO)和面向无连接的异步链路(ACL)。

SCO 链路是微微网中单一主单元和单一从单元之间的一种点对点对称的链路。主单元采用按照规定间隔预留时隙(电路交换类型)的方式维护 SCO 链路。SCO 链路携带语音信息。主单元可以支持多达 3 条并发的 SCO 链路,而从单元则可以支持两条或者 3 条 SCO 链路。SCO 数据包永不重传。SCO 数据包用于 64 kbps 语音传输。

ACL 链路是微微网内主单元和全部从单元之间一点对多点链路。在没有为 SCO 链路预留时隙的情况下,主单元可以对任意从单元在每时隙的基础上建立 ACL 链路,其中,也包括了从单元已经使用某条 SCO 链路的情况(分组交换类型)。只能存在一条 ACL 链路。对大多数 ACL 数据包来说,都可以应用数据包重传。

逻辑链路控制与适应协议(L2CAP)位于基带协议层之上,属于数据链路层,是一个为高层传输和应用层协议屏蔽基带协议的适配协议;其完成数据的拆装、基带与高层协议间的适配,并通过协议复用、分用及重组操作为高层提供数据业务和分类提取;它允许高层协议与应用接收或发送超过 64 字节的 L2ACAP 数据包。

业务搜寻协议(SDP)是极其重要的部分。通过 SDP 可以查询设备信息、业务及业务特征,并在查询之后建立两个及多个蓝牙设备间的连接。SDP 支持 3 种查询方式:按业务类别搜寻、按业务属性搜寻和业务浏览。

2. 数据包格式

微微网信道内的数据都是通过数据包传输的。通常的数据包格式如下所示:

Access Code [72]	Header [54]	Payload [0~2 745]

接入码(Access Code)用来定时同步、偏移补偿、寻呼和查询。蓝牙中有 3 种不同类型的接入码:

- ➢ 信道接入码 CAC(Channel Access Code):用来标识一个微微网;
- ➢ 设备接入码 DAC(Device Access Code):用作设备寻呼和它的响应;
- ➢ 查询接入码 IAC(Inquiry Access Code):用作设备查询目的。

分组头(Header)包含 6 个字段,用于链路控制。其中,AM_ADDR 是激活成员地址,TYPE 指明分组类型,FLOW 用于 ACL 流量控制,ARQN 是分组确认标识,SEQN 用于分组重排的分组编号,HEC 对分组头进行验证。蓝牙使用快速、不编号的分组包确认方式,通过设置合适的 ARQN 值来确定是否接收到分组数据包。如果超时,则忽略这个分组包,继续发送下一个。

数据包的数据部分(Payload)可以包含语音字段、数据字段或者两者皆有。数据包可以占据一个以上的时隙(多时隙数据包),而且可以在下一个时隙中持续传输。数据部分还可以携带一个16位长的CRC码,用于数据错误检测和错误纠正。

3. 数据的发送和接收

蓝牙建议用 FIFO(先进先出)队列来实现 ACL 和 SCO 链接的发送和接收,如图 6-13 所示。链接管理器负责填充这些队列,而链接控制器负责自动清空队列。如果接收 FIFO 队列已满,则使用流控制来避免分组丢失和拥塞。如果不能接收到数据,接收者的链接控制器将发送一个 STOP 指令,并插入到返回的分组头(Header)中,并且 FLOW 位置1;当发送者接收到 STOP 指令时,则冻结它的 FIFO 队列停止发送。如果接收器已经准备好,则发送一个 GO 分组给发送方重新恢复数据传输,FLOW 置 0。

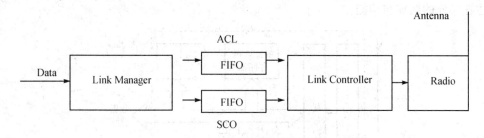

图 6-13 数据的发送和接收

蓝牙收发器采用时分复用(TDD)技术方案,这意味着它可以采用同步方式实现交替地传送和接收操作。主单元数据包传输的平均时间相对于理想的 625 ms 时隙必定不会快于 20 ppm,平均延迟时间应当小于 1 ms。微微网由主单元的系统时钟同步。主单元的蓝牙设备地址(BD_ADDR)决定了跳频序列和信道访问码;主单元的系统时钟确定跳频序列的相位。主单元通过查询方式控制信道上的流量。在微微网存在期间,主单元从不调节其系统时钟。从单元为了匹配主单元时钟,则采用时序偏移以适应其内部时钟。蓝牙时钟应该达到 312.5 ms 的精度。

为了让接收方的访问相关器可以搜索到正确的信道访问码并和发送方保持同步,精确接收时间允许有一个 20 ms 的不确定窗口。当从单元自保持状态返回时,它即可和更大的不确定窗口发生相关直到从单元不再与时隙交迭。暂停的从单元周期性地唤醒,以侦听来自主单元的信号并重新同步自身的时钟偏移。

6.4.3 蓝牙接口

蓝牙技术规范除了包括协议部分外,还包括蓝牙应用部分(即应用模型)。在实现蓝牙的时候,一般是将蓝牙分成两部分来考虑:其一是软件实现部分,它位于 HCI 的上面,包括蓝牙协议栈上层的 L2CAP、RFCOMM、SDP 和 TCS 蓝牙的一些应用;其二是硬件实现部分,它位于 HCI 的下面,即上面提到的底层硬件模块。下面讨论蓝牙硬件模块的结构和性能。

1. 蓝牙硬件结构分析

蓝牙硬件模块由蓝牙协议栈的无线收发器(RF)、基带控制器(BB)和链路管理层(LMP)组成。目前,大多数生产厂家都是利用片上系统 SOC(System On Chip)将这 3 层功能模块集嵌在同一块芯片。图 6-14 为单芯片蓝牙硬件模块结构图,它由微处理器(CPU)、无线收发器(RF)、基带控制器(BB)、静态随机存储器(SRAM)、闪存(FLASH 程序存储器)、通用异步收发器(UART)、通用串行接口(USB)、语音编/解码器(CODEC)及蓝牙测试模块组成。下面分别叙述各部分的组成和功能。

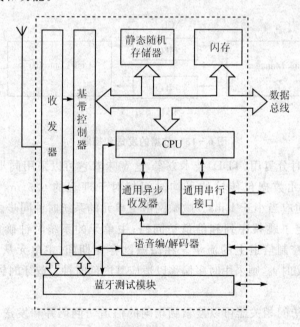

图 6-14 单芯片蓝牙硬件模块结构

(1) 蓝牙基带控制器

蓝牙基带控制器是蓝牙硬件模块的关键模块,主要由链路控制序列发生器、可编程序列发生器、内部语音处理器、共享 RAM 存储器及定时链管理、加密/解密处理等功能单元组成。其主要功能:在微处理器模块控制下,上层蓝牙基带部分的实时处理功能,包括负责对接收比特流进行符号定时提取的恢复;分组头及净荷的循环冗余校验(CRC);分组头及净荷的前向纠错码(FEC)处理荷发送处理;解密和解密处理等。并且能提供从基带控制器到其他芯片的接口,如数据路径 RAM 客户接口、微处理器接口、脉码调制口(PCM)等。

(2) 无线收发器模块

无线收发器是蓝牙设备的核心,任何蓝牙设备都要有无线收发器。它与用于广播的普通无线收发器的不同之处在于体积小、功率小(目前生产的蓝牙无线收发器的最大输出功率只有 100、2.5、1 mW 这 3 种)。它由锁相环、发送模块和接收模块等组成,其中,发送模块包括一个倍频器,且直接使用压控振荡器调制(VCO);接收部分包括混频器、中频放大器、鉴频器及低噪声放大器等。无线收发器的主要功能是调制/解制、桢定时恢复和跳频功能,同时完成发送和接收操作。发送操作包括载波的产生、载波调制、功率控制及自动增益控制 AGC;接收操作包括频率调谐至载波频率及信号强度控制等。

(3) 微处理器

微处理器(CPU)负责蓝牙比特流调制和解调的所有比特级处理,并且还负责控制接收器和转移的语言编码和解码器。

(4) Flash 存储器和 SRAM

Flash 存储器用于存放基带和链路管理层中的使用软件部分。SRAM 作为 CPU 的运行空间,在工作时把 Flash 中的软件调用到 SRAM。

(5) 语音编/解码器 CODEEC

语音编/解码器 CODEEC(Coder/Decoder)由模/数转换器(ADC)、模/数转换接口、数字接口、编码模块等组成。其主要功能是:提供语音编码和解码功能,提供 CVSD(Continuous Variable Slope Delta Modulatuin,连续可变斜率增量调制)及对数 PCM(Pulse Coded Modulation,数码调制)两种编码方式。

(6) 蓝牙测试模块

蓝牙测试模块 DUT(Device Under Test)由测试模块与测试设备及计量设备组成。一般测试设备和被测试设备构成微微网,测试设备是主节点,DUT 是从节点。测试设备对整个测试过程进行控制,主要功能是提供无线层和基带层的认证和一致性规范,同时还管理产品的生产和售后测试。

2. 蓝牙收发芯片 RF2968

RF2968 是专为蓝牙的应用而设计,工作在 2.4 GHz 频段的收发机。符合蓝牙无线电规范 1.1 版本功率等级 2(+4 dBm)或等级 3(0 dBm)要求。对功率等级 1(+20 dBm)的应用,RF2968 可以和功率放大器搭配使用,如 RF2172。芯片内包含发射器、接收器、VCO、时钟、数据总线、芯片控制逻辑等电路。

RF2968 应用电路如图 6-15 所示。由于集成了中频滤波器,RF2968 只需最少的外部器件,避免外部(如中频 SAW 滤波器和"对称-不对称"变换器等)器件。接收机输入和发射输出的高阻状态可省去外部接收机/发射机转换开关。RF2968 和天线、RF 带通滤波器、基带控制器连接，可以实现完整的蓝牙解决方案。除 RF 信号处理外，RF3968 同样能完成数据调制的基带控制、直流补偿、数据和时钟恢复功能。

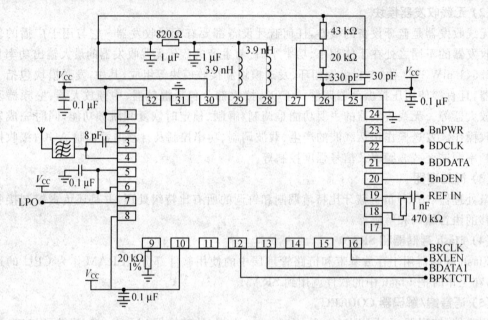

图 6-15 RF2968 应用电路

RF2968 发射机输出在内部匹配到 50 Ω，需要 1 个 AC 耦合电容。接收机的低噪声放大器输入在内部匹配 50 Ω 阻抗到前端滤波器。接收机和发射机在 TXOUT 和 RXIN 间连接 1 个耦合电容，共用 1 个前端滤波器。此外，发射通道可以通过外部的放大器放大到 +20 dBm。接通 RF2968 的发射增益控制和接收信号强度指示，可使蓝牙工作在功率等级一。RSSI 数据经串联端口输入，超过 −20～80 dBm 的功率范围时提供 1 dB 的分辨率。发射增益控制在 4 dB 内调制，可经串联端口设置。

基带数据经 BDATA1 脚送到发射机。BDATA1 脚是双向传输引脚，在发射模式作为输入端，接收模式作为输出端。RF2968 实现基带数据的高斯滤波、FSK 调制中频电流控制的晶体振荡器（ICO）和中频 IF 上变频到 RF 信道频率。

片内压控振荡器（VCO）产生的频率为本振（LO）频率的一半，再通过倍频到精确的本振频率。在 RESNTR+ 和 RESNTR− 间的 2 个外部回路电感设置 VCO 的调节范围，电压从片内调节器输给 VCO，调节器通过 1 个滤波网络连接在 2 个回路电感的中间。由于蓝牙快速跳频的需要，环路滤波器（连接到 DO 和 RSHUNT）特别重要，它们决定 VCO 的跳变和设置时间。

RF2968 可以使用 10 MHz、11 MHz、12 MHz、13 MHz 或 20 MHz 的基准时钟频率，并能

支持这些频率的 2 倍基准时钟。时钟可由外部基准时钟通过隔直电容直接送到 OSC1 脚。如果没有外部基准时钟，可以用晶振和 2 个电容组成基准振荡电路。无论是外部或内部产生的基准频率，使用 1 个连接在 OSC1 和 OSC2 之间的电阻来提供合适的偏置。基准频率的频率公差规为 20×10^{-6} 或更好，以保证最大的允许系统频率偏差保持在 RF2968 的解调带宽之内。LPO 脚用 3.2 kHz 或 32 kHz 的低功率方式时钟给休眠模式下的基带设备提供低频时钟。考虑到最小的休眠模式功率消耗，并灵活选择基准时钟频率，可选用 12 MHz 的基准时钟。

接收机用低中频结构，使得外部元件最少。RF 信号向下变频到 1 MHz，使中频滤波器可以植入到芯片中。解调数据在 BDATA1 脚输出，进一步的数据处理用基带 PLL 数据和时钟恢复电容完成。D1 是基带 PLL 环路滤波器的连接脚。同步数据和时钟在 REDATA 和 RECCLK 脚输出。如果基带设备用 RF2968 做时钟恢复，D1 环路滤波器可以略去不用。

6.5 GPRS 接口

6.5.1 概 述

GPRS(General Packet Radio Service)是通用分组无线业务的简称，是在 GSM 系统的基础上引入新的部件而构成的无线数据传输系统。它是利用"包交换"(Packet-Switched)的概念发展出的一套无线传输方式；包交换就是将数据封装成许多独立的封包，再将这些封包一个一个传送出去。GPRS 使用分组交换技术，特别适合突发性分组数据的传输。在无线接口上可以按需分配信道资源(统计时分复用)，一方面，每个用户可以根据需要同时使用多个信道(最多 8 个)；另一方面，同一信道又可以同时由多个用户共享。也就是说，是一种面向非连接的技术，平时用户并不需要一直占用无线资源，一旦有信息发送或接收需求时可以立即进行连接。在移动通信中，GPRS 既考虑了向第三代系统的过渡，同时兼顾了第二代系统，是第二代 GSM 系统过渡到第三代 WCDMA 系统的重要环节，因此 GPRS 也称为"2.5 代技术"。

分组交换技术是利用存储—转发的原理使不同终端的数据采用等长的数据格式，通过非专用的许多逻辑子信道进行数据的快速交换，即将信息分成为数据分组或信息包，再加上包含目的地址、分组编码、控制比特等的分组头，沿不同路由进行传递；接收端可按分组编码重新组装成原始信息。

近年来，随着科学技术的不断进步以及人们对移动信息需求的急剧上升，移动通信和因特网已跃然成为当今发展最快的两大行业。GPRS(通用分组无线业务)正是迎合 GSM 移动通信市场和全球因特网的迅猛发展和日益融合而推出的，为 GSM 运营商由仅提供话音业务向提供综合信息服务业务领域拓展提供了重要的网络平台，并为 GSM 向第三代移动通信的过渡打下基础。随着 GPRS 的出现，人们第一次能够真正通过移动设备享受完全的 Internet 访问功能。

随着中国移动 GPRS 网络的发展,GPRS 所具有的基于 IP、实时在线、按流量计费、方便、性价比高的特点,越来越受到关注,并开始广泛应用于远程监控、电力抄表、环境监控等领域,替代现有的网络连接方式(如 DDN、点对点的无线网络、SMS 等)。

6.5.2 GPRS 的基本原理

由于 GPRS 采用与 GSM 相同的频段、相同的频带宽度、相同的突发结构、相同的无线调制标准、相同的跳频规则以及相同的 TDMA 帧结构。因此,构建 GPRS 系统的方法是在 GSM 系统中引入 3 个主要组件,如图 6-16 所示,分别是 SGSN(GPRS 业务支持节点)、GGSN(GPRS 网关节点)和 PCU(分组控制单元),其中,SGSN 和 GGSN 合称为 GSN(GPRS 支持节点)。对 GSM 系统中的相关部件进行软件升级。

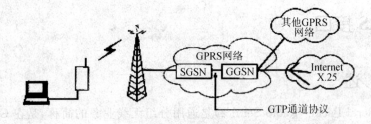

图 6-16 GPRS 网络的简化模型

GPRS 原理框图如图 6-17 所示,在 GSM 网络上加了 SGSN 和 GGSN 两个设备:SGSN(Serving GPRS Support Node)主要负责传输 GPRS 网络内的数据包,扮演的角色有如通信网络内的路由器,将 BSC 送出的数据包路由到其他的 SGSN,或者是由 GGSN 将包传递到外部的英特网,还负责数据传输的验证、编码功能、与数据有关的会话管理、手机上的逻辑频道管理、与统计传输数据量用于收费等功能。可根据组网结构和 SGSN 的性能指标来确定 SGSN 的数量。

GGSN 代表 GPRS 网络与外部英特网的一个网关,能将外界网络的包传递进 GPRS 网络内或将 GPRS 网络内的包传出外界的因特网。在 GPRS 的标准的定义内,GGSN 可以与外部网络的路由器、ISP 的 RADIUS 服务器或者是企业的 Intranet 等 IP 网络相连接,也可以与 X.25 网络相连接;不过全世界大部分的电信运营商都倾向将 GPRS 网络连接 IP 网络。从外面看,GGSN 是 GPRS 网络对因特网的一个窗口,还负责分配各个手机的 IP 地址,并扮演了网络防火墙,除了防止从因特网上的非法侵入外,基于安全的理由,还能从 GGSN 上设置限制手机连接到的某些网站。GGSN 提供与 SGSN 的接口、与外部 PDN/外部 PLMN 的接口、路由选择与转发、流量管理、移动性管理和接入服务器等功能。从外部 IP 网来看,GGSN 是一个拥有 GPRS 网络所有用户的 IP 地址信息的主机,并提供到达正确 SGSN 的路由和协议转换的功能。GGSN 根据所连接的网络不同分为两种情况:一种是与另一个 PLMN 网连接,一种是与 PDN 连接。在建

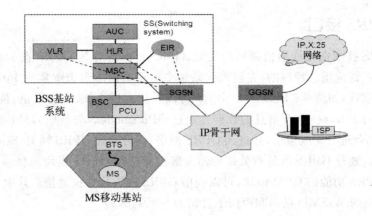

图 6-17 GPRS 原理框图

网初期主要是与 PDN 连接,并且也可以把 SGSN 设置成为混合的 GSN 节点。

基站 BSS 子系统包含 BTS 与 BSC 两部分,BTS(Base Transceiver Station,基站收发器)包含许多天线与电路,负责接收、发送无线电波信号,提供无线电频道、物理层与数据链路层的接口;BTS 接收到的信号交由 BSC 处理,BSC(Base Station Controller,基站控制器)为 BSS 系统的信号处理中心,将信号传递到 SS 系统,BSC 主要负责无线电资源管理、通话频道的指派、跳频控制、通话交递(Handover)、无线电性能测量、功率控制等,一部分 BSC 会同时连接许多 BTS 基站。

PCU(Packet Control Unit,分组控制单元)主要用于分组数据的信道管理和信道接入控制,相当于速度适配单元 TRAU,主要功能是在 BSC 与 SGSN 两个节点之间提供基于帧中继的 Gb 接口,速率为 2 Mbps。

交换机 SS(Switching System)子系统包括 GMSC、MSC、VLR、HLR、AUC、及 EIR。GMSC 与 MSC 是电信系统上的交换机,电信网络的任何通话都是在所有交换机间建立联机。MSC(Mobile switching Center,移动交换中心)主要功能是将从 BSC 进来的拨号,依照发话者拨号的目的地号码,传递到另外一个交换机 MSC 上,最后在所有交换机间建立一条报号者与受话者间的联机。VLR(Visited Location Regiter,访问定位寄存器)记录到该区域内的所有用户位置。HLR(Home Location Register,本地定位寄存器)主要功能是当用户拨号时,电信运行商将用户的拨号号码与加值服务记录在 HLR 中;另一功能是记录目前用户所在地区建立联机时,查询 HLR 中的记录用户目前位置信息。VLR 会将暂时性的数据不定时地送到 HLR 内储存。为了加快联机的速度与减少网络负载,HLR 还会将用户验证数据送到 VLR 储存。AUC(Authentication Center,验证中心)主要功能是记录一些和验证有关的数据、负责计算验证(Authentication)需要的 SRES 参数与编码(Ciphering)需要的参数 Kc。EIR 记录手机的 IMEI 标识码,可防止被窃或被盗用的手机使用系统的权利。

6.5.3 GPRS 接口

随着 GPRS 技术在无线通信领域的发展，GPRSmodem 作为 GPRS 在 Internet 的 PC 机终端已得到了广泛应用。相应的，在嵌入式系统中运用 GPRSmodem 实现 Internet 接入也已开始为人们所重视，如图 6-18 所示。GPRS 可以发挥永远在线、快速登录、按流量计费等优势。嵌入系统与 Internet 交互信息的数据先通过 GPRSmodem 与当地 GSM 基站中的 GPRS 业务节点(SGSN)进行无线通信，并进入 GPRS 网络，然后通过 GPRS 网关(SGSN)与 Internet 进行数据交互。通过 GPRS 网进行数据传输一般需要使用 GPRS 模块。目前，GPRS 模块一般是指带有 GPRS 功能的 GSM 模块，可以利用 GPRS 网进行数据通信。其中，比较流行的有法国 Wave 公司的 WISMO 系列和西门子公司的 S 系列等。

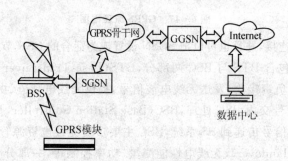

图 6-18 GPRS 与 Internet 连接原理图

图 6-19 简单示意了该系统的分层结构，把 GPRS 服务节点和网关节点等 GPRS 内部节点简化抽象为 GPRS 网络，把 GPRS 内部协议及 Internet 网关协议等简化抽象为 GPRS 网关协议。

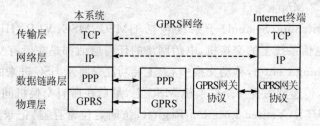

图 6-19 系统结构和协议栈

物理层：ARM CPU 利用 AT 指令对 GPRSmodem 进行拨号。反馈应答后，一条物理信道即 GPRS 信道就在本系统中的 GPRSmodem 和 Internet 之间建立起来。

数据链路层：PPP 协议将原始的 GPRS 物理层连接改造成无差错的数据链路，系统可远程登录 Internet，并得到 GPRS 网关分配的 A 类 IP 地址。

网络层：采用 IP 协议作为网络层协议。IP 协议将接入 Internet 的、具有不同 IP 地址的终端都联系起来。经过 IP 路由选择，可以实现本系统与连在 Internet 上的任一 IP 终端进行数据交互。

传输层:选择 TCP 作为传输层协议,为数据传输提供面向连接的可靠服务。

1. GPRS 模块

GPRS 模块一般是指带有 GPRS 功能的 GSM 模块,可以利用 GPRS 网进行数据通信。其中,比较流行的有法国 Wave 公司的 WISMO 系列和西门子公司的 S 系列等。WAVECOM 的 WISMO 模块接口简单、使用方便且功能非常强大,与微控制器、SIM 卡、电源之间的连接如图 6-20 所示。

其中,GPRS 模块与微控制器间是通过串行口进行通信的,通信速率最快可以达到 115 200 bps。模块与控制器间的通信协议是 AT 命令集,除了串口发送(TX)、串口接收(RX)之外,主控制器与 GPRS 模块之间还有一些硬件握手信号,如 DTR、CTS、DCD 等。为了简化主控制器的控制,硬件设计时没有使用全部的硬件握手信号,而只使用数据载波检测(Data Carrier Detect,DCD)和终端准备(Data Terminal Ready,DTR)信号。DCD 信号可以检测 GPRS 模块是处于数据传送状态还是处于 AT 命令传送状态。DTR 信号用来通知 GPRS 模块传送工作已经结束。

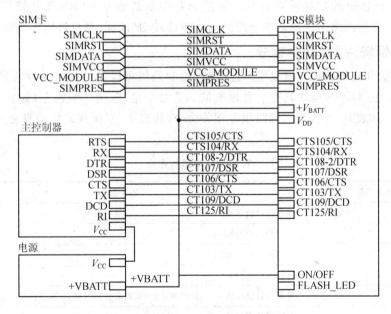

图 6-20 GPRS 模块的硬件连接图

硬件连接完成后,在进行 GPRS 上网操作之前,首先要对 GPRS 模块进行一定的设置,主要的设置工作有:

① 设置通信波特率,可以使用 AT+IPR=38400 命令把波特率设为 38 400 bps 或其他合适的波特率,默认的通信速度为 9 600 bps。

② 设置接入网关,通过 AT+CGD CONT=1,"IP","CMNET"命令设置 GPRS 接入网关为移动梦网。

③ 设置移动终端的类别,通过 AT+CGCLASS="B"设置移动终端的类别为 B 类,即同时监控多种业务;但只能运行一种业务,即在同一时间只能使用 GPRS 上网或者使用 GSM 的语音通信。

④ 测试 GPRS 服务是否开通,使用 AT+CGACT=1,1 命令激活 GPRS 功能。如果返回 OK,则 GPRS 连接成功;如果返回 ERROR,则 GPRS 失败,这时应检查一下 SIM 卡的 GPRS 业务是否已经开通、GPRS 模块天线是否安装正确等问题。

中国移动在 GPRS 与 Internet 网中间建立了许多相当于 ISP 的网关支持节点(GGSN),以连接 GPRS 网与外部的 Internet 网。GPRS 模块可以通过拨"*99***1#"登录到 GGSN 上动态分配到 Internet 网的 IP 地址。其间 GPRS 模块与网关的通信要符合点对点协议(Point to Point Protocol,PPP),其中,身份验证时用户名、密码都为空。使用 PPP 协议登录上之后,就可以通过 GGSN 接上 Internet 了。

GPRS 无线模块作为终端的无线收发模块,把从嵌入式系统发送过来的 IP 包或基站传来的分组数据进行相应的处理后再转发。通过 AT 指令初始化 GPRS 无线模块使之附着在 GPSR 网络上,获得网络运营商动态分配的 GPRS 终端 IP 地址,并与目的终端建立连接。

2. 通信模块 AT 命令集指令

GPRS 模块和应用系统是通过串口连接的,控制系统可以发给 GPRS 模块 AT 命令的字符来控制其行为。GPRS 模块具有一套标准的 AT 命令集,包括一般命令(如表 6-4 所列)、呼叫控制命令(如表 6-5 所列)、网络服务相关命令(如表 6-6 所列)、短消息命令(如表 6-7 所列)等。

表 6-4 一般的命令

AT 命令字符串	功能描述
AT+CGMI	返回生产商标识
AT+CGMM	返回产品型号标识
AT+CGMR	返回软件版本标识
ATI	发行的产品信息
ATE〈value〉	决定是否显示输入的命令,Value=0 表示关闭回显,1 表示打开回显
AT+CGSN	返回产品序号标识
AT+CLVL?	读取受话器音量
AT+CLVL=level〉	设置受话器音量级别,level 在 1~100 之间,数值越小则音量越轻
AT+CHFA=state〉	切换音频通道,state=0 为主音频道,1 为辅助音频道
AT+CMIC=〈ch〉〈gain〉	改变 MIC 增益,ch=0 为主 MIC,1 为辅助 MIC,gain 值在 0~15 之间

表 6-5 呼叫控制命令

AT 命令字符串	功能描述
ADTxxxxxxxx	拨打电话号码 xxxxxxxx,注意最后要加分号,中间无空格
ATA	接电话
ATH	拒接电话或挂断电话
AT+VTS=<dtmfstr>	在语音通话中发送 DTMF 音,用于拨打分机或一些自动台服务系统

表 6-6 网络服务相关命令

AT 命令字符串	功能描述
AT+CNUM	读取本机号码
AT+COPN	读取网络运营商名称
AT+CSQ	信号强度指示,返回接收信号强度指示和信号误码率

表 6-7 短消息命令

AT 命令字符串	功能描述
AT+CMGF=<mode>	选择短消息。mode=0 为 PDU 模式,1 为文本模式。建议为文本模式
AT+CSCA?	读取短消息中心地址
AT+CMGL=<stat>	列出当前短消息存储器中的短信。stat 参数空白为收到的未读短信
A+CMGS=xxxxxxxx'CR' Text'CTRL+Z'	发送短消息。xxxxxxxx 为对方手机号码,回车后接着输入短信内容,然后按 CTRL+Z 发送短信。CTRL+Z 的 ASCⅡ 码为 26
AT+CMGD=<index>	删除短消息。Index 为所有要删除短信的记录号

6.5.4 GPRS 接口编程

ARM 嵌入式开发平台只需要将 AT 命令字符串通过串口发给 GPRS 模块即可以实现对它的控制。在程序中可以用字节发送函数 Uart_SendByt()、串口接收函数 Uart_Getch()基本满足需要。和串口有关的编程请参考光盘中的源代码,这些代码实现了拨打电话、收发短信等功能。这里给出了 SIM300 模块的初始化函数 SIM300_Init()和命令发送函数 SIM300_Cmd()。

```
void SIM300_Init()
{
    SIM300_Cmd("AT\n");
    SIM300_Cmd("ATE1\n");                    /*设置有回显*/
    SIM300_Cmd("AT+CSMS=1\n");               /*选择短信息服务*/
```

```
        SIM300_Cmd("AT + CNMI = 2,2\n");        /* 收到短信提示 */
        SIM300_Cmd("AT + CMGF = 1\n");          /* 英文短信就是 TEXT 模式 */
        SIM300_Cmd("AT + CSCS = GSM\n");        /* 选择字符集 */
        SIM300_Cmd("ATH\n");                    /* 挂电话 */
}
void SIM300_Cmd(char * pt)
{
        int i = 0;
        char ch;
        while(pt[i] != '\0')                    /* 从串口 2 中发送出 AT 命令字符串 */
        {
            if(pt[i] == '\r')                   /* 把字符串中的回车改为换行符,并发送出去 */
            {Uart_SendByten(2,'\r');}
            else
            {Uart_SendByten(2,pt[i]);}
            i + +;
            Keep(10);                           /* 等待一段时间(用于 SIM300 接收命令) */
            Uart_Getch(&ch,2);                  /* 接收从 SIM300 返回来的命令回显 */
            if (ch == '\r')
            {Uart_SendByten(0,'\r');}
            else
            {Uart_SendByten(0,ch);}
        }
        Keep(10);                               /* 等待一段时间(用于 SIM300 处理命令) */
        while(LSR & 0x1)                        /* 接收从 SIM300 返回来的命令执行结果 */
        {
            Uart_Getch(&ch,2);
            Uart_SendByten(0,ch);
        }
}
```

这段代码在向串口 2 发送字符的同时,将 GPRS 模块回显的字符从串口 0 发送到 PC 机的超级终端,并在 LCD 上显示出来。

6.6 ZigBee 技术

6.6.1 概　述

ZigBee 技术主要用于无线个域网(WPAN),是基于 IEEE802.15.4 无线标准研制开发的。IEEE802.15.4 定义了两个底层,即物理层和媒体接入控制(MediaAccess Control,MAC)层;ZigBee 联盟则在 IEEE 802.15.4 的基础上定义了网络层和应用层。ZigBee 联盟成立于 2001 年 8 月,由 Invensys、三菱、Freescale、NXP 等公司组成,如今已经吸引了上百家芯片公司、无线设备公司和开发商的加入,其目标市场是工业、家庭以及医学等需要低功耗、低成本、对数据速率和 QoS(服务质量)要求不高的无线通信应用场合。

ZigBee 是一种短距离、低功耗的无线通信技术名称。ZigBee 这个名字来源于蜂群的通信方式:蜜蜂之间通过跳 Zigzag 形状的舞蹈来交互消息,以便共享食物源的方向、位置和距离等信息。其特点是近距离,低复杂度,低功耗,低数据速率,低成本;主要适合用于自动控制和远程控制领域,可以嵌入各种设备。

它以 IEEE 802.15.4 协议为基础,使用全球免费频段进行通信,能够在 3 个不同的频段上通信。全球通用的频段是 2.400 GHz~2.484 GHz,欧洲采用的频段是 868.0 MHz~868.66 MHz 美国采用的频段是 902 MHz~928 MHz;传输速率分别为 250 kbps、20 kbps 和 40 kbps,通信距离的理论值为 10~75 m。

采用较低的数据传输率、较低的工作频段和容量更小的 Stack,并且将设备的 ZigBee 模块在未使用的情况下进入休眠状态从整体上降低了其功耗。

ZigBee 中的物理层、介质访问层和数据链路层是基于 IEEE802.15.4 无线个人局域网(WPAN)标准协议;ZigBee 在 IEEE802.15.4 标准基础之上建立网络层和应用支持层,包括巨大数量节点(处理最大节点数可以达到 65 535 个)、ZigBee 设备对象、用户定义的应用轮廓以及应用支持层等。应用层则由用户根据需要进行开发。

与其他无线通信协议相比,ZigBee 无线协议复杂性低、对资源要求少,主要有以下特点:

低功耗:这是 ZigBee 的一个显著特点。由于工作周期短、收发信息功耗较低以及采用了休眠机制,ZigBee 终端仅需要两节普通的五号干电池就可以工作 6 个月到两年。

低成本:协议简单且所需的存储空间小,这极大降低了 ZigBee 的成本,每块芯片的价格仅 2 美元,而且 ZigBee 协议是免专利费的。

延时短:通信延时和从休眠状态激活的时延都非常短。设备搜索延时为 30 ms,休眠激活延时为 15 ms,活动设备信道接入延时为 15 ms。这样一方面节省了能量消耗;另一方面更适用于对时延敏感的场合,如一些应用在工业上的传感器就需要以毫秒的速度获取信息,以及安装在厨房内的烟雾探测器也需要在尽量短的时间内获取信息并传输给网络控制者,从而阻止火灾的发生。

传输范围小:在不使用功率放大器的前提下,ZigBee 节点的有效传输范围一般为 10~75 m,能覆盖普通的家庭和办公场所。

数据传输速率低:2.4 GHz 频段为 250 kbps,915 MHz 频段为 40 kbps,868 MHz 频段只有 20 kbps。

数据传输的可靠性高:由于 ZigBee 采用了碰撞避免机制,同时为需要固定带宽的通信业务预留了专用时隙,从而避免了发送数据时的竞争和冲突。MAC 层采用完全确认的数据传输机制,每个发送的数据包都必须等待接收方的确认信息,保证了节点之间传输信息的高可靠性。

ZigBee 的出现将给人们的工作和生活带来极大的方便和快捷,它以低功耗、低速率、低成本的技术优势,适合的应用领域主要有:

> 家庭和建筑物的自动化控制:照明、空调、窗帘等家具设备的远程控制使其更加节能、便利,烟尘、有毒气体探测器等可自动监测异常事件以提高安全性。
> 消费性电子设备:电视、DVD、CD 机等电器的远程遥控(含 ZigBee 功能的手机就可以支持主要遥控器功能)。
> PC 外设:无线键盘、鼠标、游戏操纵杆等。
> 工业控制:利用传感器和 ZigBee 网络使数据的自动采集、分析和处理变得更加容易。
> 医疗设备控制:医疗传感器、病人的紧急呼叫按钮等。
> 交互式玩具。

6.6.2 ZigBee 技术的基本原理

1. ZigBee 协议栈

ZigBee 协议栈结构如图 6-21 所示,是基于标准 OSI 的 7 层模型的,包括高层应用规范、应用汇聚层、网络层、媒体接入层和物理层。

IEEE802.15.4 定义了两个物理层标准,分别是 2.4 GHz 物理层和 868/915 MHz 物理层。两者均基于直接序列扩频(Direct Sequence Spread Spectrum,DSSS)技术。868 MHz 只有一个信道,传输速率为 20 kbps;902 MHz~928 MHz 频段有 10 个信道,信道间隔为 2 MHz,传输速率为 40 kbps。以上这两个频段都采用 BPSK 调制。2.4 GHz~2.483 5 GHz 频段有 16 个信道,信道间隔为 5 MHz,能够提供 250 kbps 的传输速率,采用 O-QPSK 调制。为了提高传

图 6-21 ZigBee 协议栈

输数据的可靠性,IEEE 802.15.4 定义的媒体接入控制(MAC)层采用了 CSMA-CA 和时隙 CSMA-CA 信道接入方式和完全握手协议。应用汇聚层主要负责把不同的应用映射到 ZigBee 网络上,主要包括安全与鉴权、多个业务数据流的会聚、设备发现和业务发现。

2. ZigBee 网络配置

低数据速率的 WPAN 中包括两种无线设备:全功能设备(FFD)和精简功能设备(RFD)。其中,FFD 可以和 FFD、RFD 通信,而 RFD 只能和 FFD 通信,RFD 之间是无法通信的。RFD 的应用相对简单,如在传感器网络中,它们只负责将采集的数据信息发送给它的协调点,并不具备数据转发、路由发现和路由维护等功能。RFD 占用资源少,需要的存储容量也小,成本比较低。

在一个 ZigBee 网络中,至少存在一个 FFD 充当整个网络的协调点,即 PAN 协调点,ZigBee 中也称作 ZigBee 协调点。一个 ZigBee 网络只有一个 PAN 协调点。通常,PAN 协调点是一个特殊的 FFD,具有较强大的功能,是整个网络的主要控制者;负责建立新的网络、发送网络信标、管理网络中的节点以及存储网络信息等。FFD 和 RFD 都可以作为终端节点加入 ZigBee 网络。此外,普通 FFD 也可以在它的个人操作空间(POS)中充当协调点,但它仍然受 PAN 协调点的控制。ZigBee 中每个协调点最多可连接 255 个节点,一个 ZigBee 网络最多可容纳 65 535 个节点。

3. ZigBee 网络的拓扑结构

ZigBee 网络的拓扑结构主要有 3 种,星型网、网状(mesh)网和混合网。

星型网(如图 6-22(a)所示)是由一个 PAN 协调点和一个或多个终端节点组成的。PAN 协调点必须是 FFD,负责发起建立和管理整个网络;其他的节点(终端节点)一般为 RFD,分布在 PAN 协调点的覆盖范围内,直接与 PAN 协调点进行通信。星型网通常用于节点数量较少的场合。

mesh 网(如图 6-22(b)所示)一般是由若干个 FFD 连接在一起形成,它们之间是完全的对等通信,每个节点都可以与它的无线通信范围内的其他节点通信。mesh 网中,一般将发起建立网络的 FFD 节点作为 PAN 协调点。mesh 网是一种高可靠性网络,具有自恢复能力,可为传输的数据包提供多条路径;一旦一条路径出现故障,则存在另一条或多条路径可供选择。

mesh 网可以通过 FFD 扩展网络组成 mesh 网与星型网构成的混合网(如图 6-22(c)所示)。混合网中,终端节点采集的信息首先传到同一子网内的协调点,再通过网关节点上传到上一层网络的 PAN 协调点。混合网适用于覆盖范围较大的网络。

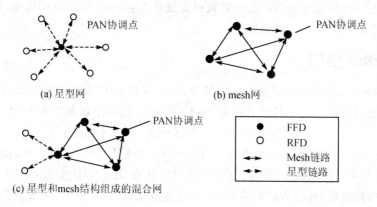

图 6-22 ZigBee 拓扑结构

4. ZigBee 组网技术

ZigBee 中,只有 PAN 协调点可以建立一个新的 ZigBee 网络。当 ZigBeePAN 协调点希望建立一个新网络时,首先扫描信道,寻找网络中的一个空闲信道来建立新的网络。如果找到了合适的信道,ZigBee 协调点会为新网络选择一个 PAN 标识符(PAN 标识符是用来标识整个网络的,因此所选的 PAN 标识符必须在信道中是唯一的)。一旦选定了 PAN 标识符,就说明已经建立了网络,此后,如果另一个 ZigBee 协调点扫描该信道,这个网络的协调点就会响应并声明它的存在。另外,这个 ZigBee 协调点还会为自己选择一个 16bit 网络地址。ZigBee 网络中的所有节点都有一个 64bit IEEE 扩展地址和一个 16 bit 网络地址,其中,16bit 的网络地址在整个网络中是唯一的,也就是 802.15.4 中的 MAC 短地址。

ZigBee 协调点选定了网络地址后,就开始接收新的节点加入其网络。当一个节点希望加入该网络时,它首先会通过信道扫描来搜索它周围存在的网络;如果找到了一个网络,它就会进行关联过程加入网络,只有具备路由功能的节点可以允许别的节点通过它关联网络。如果网络中的一个节点与网络失去联系后想要重新加入网络,它可以进行孤立通知过程重新加入网络。网络中每个具备路由器功能的节点都维护一个路由表和一个路由发现表,它可以参与数据包的转发、路由发现和路由维护,以及关联其他节点来扩展网络。

ZigBee 网络中传输的数据可分为 3 类:周期性数据,如传感器网中传输的数据,这一类数据的传输速率根据不同的应用而确定;间歇性数据,如电灯开关传输的数据,这一类数据的传输速率根据应用或者外部激励而确定;反复性的、反应时间低的数据,如无线鼠标传输的数据,这一类数据的传输速率是根据时隙分配而确定的。为了降低 ZigBee 节点的平均功耗,ZigBee 节点有激活和睡眠两种状态,只有当两个节点都处于激活状态时才能完成数据的传输。在有信标的网络中,ZigBee 协调点通过定期的广播信标为网络中的节点提供同步;在无信标的网络中,终端节点定期睡眠、定期醒来,除终端节点以外的节点要保证始终处于激活状态外,终端节点醒来后会主动询问它的协调点是否有数据要发送给它。在 ZigBee 网络中,协调点负责缓存要发送给正在睡眠的节点的数据包。

6.6.3 ZigBee 接口

实现 ZigBee 协议的芯片很多,本小节介绍使用比较广泛的 CC2430 芯片;CC2430/CC2431 是 TI 公司收购无线单片机公司 CHIPCON 后推出的全新概念新一代 ZigBee 无线单片机系列芯片。CC2430 是一款真正符合 IEEE802.15.4 标准的片上 SOCZigBee 产品。CC2430 除了包括 RF 收发器外,还集成了加强型 8051MCU、32/64/128 KB 的 Flash 内存、8 KB 的 RAM、ADC、DMA、看门狗等。CC2430 可工作在 2.4 GHz 频段,采用低电压(2.0~3.6 V)供电且功耗很低(接收数据时为 27 mA,发送数据时为 25 mA),灵敏度高达 −91 dBm、最大输出为 +0.6 dBm、最大传送速率为 250 kbps。CC2430 芯片的主要特点如下:

➢ 内含高性能和低功耗的 8051 微控制器核;
➢ 集成有符合 IEEE802.15.4 标准的 2.4 GHz 的 RF 无线电收发机;
➢ 具有优良的无线接收灵敏度和强大的抗干扰能力。

- 休眠模式时仅 0.9 μA 的流耗,可用外部中断或 RTC 唤醒系统;待机模式时的电流消耗少于 0.6 μA,也可以用外部中断唤醒系统;
- 硬件支持 CSMA/CA 功能;
- 具有较宽的电压范围(2.0~3.6 V);
- 具有数字化的 RSSI/LQI 支持和强大的 DMA 功能;
- 具有电池监测和温度感测功能;
- 内部集成有 14 位模数转换的 ADC;
- 集成有 AES 安全协处理器;
- 带有 2 个可支持几组协议的 UART 以及 1 个符合 IEEE802.15.4 规范的 MAC 计时器;同时,带有 1 个常规 16 位计时器和 2 个 8 位计时器;
- 具有强大和灵活的开发工具。

CC2430 芯片需要很少的外围部件配合就能实现信号的收发功能。图 6-23 为 CC2430 芯片的一种典型硬件应用电路。

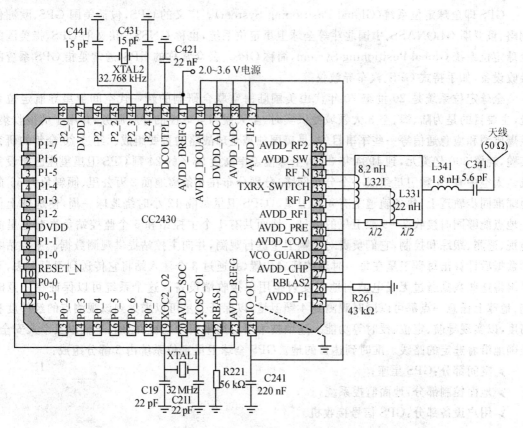

图 6-23 CC2430 芯片的典型电路

电路使用一个非平衡天线,连接非平衡变压器可使天线性能更好。电路中的非平衡变压器由电容 C341 和电感 L341、L321、L331 以及一个 PCB 微波传输线组成,整个结构满足 RF 输入/输出匹配电阻(50 Ω)的要求。内部 T/R 交换电路完成 LNA 和 PA 之间的交换。R221 和 R261 为偏置电阻,电阻 R221 主要用来为 32 MHz 的晶振提供一个合适的工作电流。用 1 个 32 MHz 的石英谐振器(XTAL1)和 2 个电容(C191 和 C211)构成一个 32 MHz 的晶振电路。用 i 个 32.768 kHz 的石英谐振器(XTAL2)和 2 个电容(CA41 和 CA31)构成一个 32.768 kHz 的晶振电路。电压调节器为所有要求 1.8 V 电压的引脚和内部电源供电,C241 和 C421 电容是去耦合电容,用来电源滤波,以提高芯片工作的稳定性。

6.7 GPS 接口

6.7.1 概述

GPS 即全球定位系统(Global Positioning System)。广义的 GPS,包括美国 GPS、欧洲伽利略、俄罗斯 GLONASS、中国北斗等全球卫星定位系统,也称 GNSS。狭义的 GPS,指美国的全球定位系统 Global Positioning System,简称 GPS。公众常称的 GPS,通常是指 GPS 系统的接收设备,如手持式 GPS、汽车导航仪等。

全球定位系统是 20 世纪 70 年代由美国陆海空联合研制的新一代空间卫星导航定位系统,主要目的是为陆、海、空 3 大领域提供实时、全天候和全球性的导航服务,并用于情报收集、核爆监测和应急通信等一些军事目的,是美国独霸全球战略的重要组成。经过 20 余年的研究实验,耗资 300 亿美元,到 1994 年 3 月,全球覆盖率高达 98% 的 24 颗 GPS 卫星星座已布设完成。太空中有 24 颗卫星组成一个分布网络,分别分布在 6 条离地面 2 万公里、倾斜角为 55°的地球准同步轨道上,每条轨道上有 4 颗卫星。GPS 卫星每隔 12 小时绕地球一周,使地球上任一地点能够同时接收 7~9 颗卫星的信号。地面共有 1 个主控站和 5 个监控站负责对卫星的监视、遥测、跟踪和控制,它们负责对每颗卫星进行观测,并向主控站提供观测数据。主控站收到数据后计算出每颗卫星在每一时刻的精确位置,并通过 3 个注入站将它传送到卫星上去,卫星再将这些数据通过无线电波向地面发射至用户接收端设备。这个系统可以保证在任意时刻、地球上任意一点都可以同时观测到 4 颗卫星,以保证卫星可以采集到该观测点的经纬度和高度,以实现导航、定位、授时等功能。这项技术可以用来引导飞机、船舶、车辆以及个人安全、准确地沿着选定的路线,准时到达目的地。GPS 全球卫星定位系统由 3 部分组成:

> 空间部分:GPS 星座;
> 地面控制部分:地面监控系统;
> 用户设备部分:GPS 信号接收机。

GPS定位技术的高精度、高效率和低成本的优点，使其在各类大地测量控制网的加强改造、建立以及在公路工程测量和大型构造物的变形测量中得到了较为广泛的应用。目前，GPS使用比较多的是 GPS 导航仪。GPS 导航仪就是能够帮助用户准确定位当前位置。用户手中的 GPS 接收设备要想实现路线导航功能还需要一套完善的、包含硬件设备、电子地图、导航软件在内的汽车导航系统；并且根据既定的目的地计算行程，通过地图显示和语音提示两种方式引导用户行至目的地。

6.7.2 GPS 的基本原理

GPS 导航系统的基本原理是测量出已知位置的卫星到用户接收机之间的距离，然后综合多颗卫星的数据就可知道接收机的具体位置。要达到这一目的，卫星的位置可以根据星载时钟所记录的时间在卫星星历中查出。而用户到卫星的距离则通过记录卫星信号传播到用户所经历的时间，再将其乘以光速得到，由于大气层电离层的干扰，这一距离并不是用户与卫星之间的真实距离，而是伪距（PR）。当 GPS 卫星正常工作时，会不断地用 1 和 0 二进制码元组成的伪随机码（简称伪码）发射导航电文。GPS 系统使用的伪码一共有两种，分别是民用的 C/A 码和军用的 P(Y) 码。C/A 码频率 1.023 MHz，重复周期 1 ms，码间距 1 ms，相当于 300 m；P 码频率 10.23 MHz，重复周期 266.4 天，码间距 0.1 ms，相当于 30 m。而 Y 码是在 P 码的基础上形成的，保密性能更佳。导航电文包括卫星星历、工作状况、时钟改正、电离层时延修正、大气折射修正等信息，是从卫星信号中解调制出来，以 50 bps 调制在载频上发射的。导航电文每个主帧中包含 5 个子帧，每帧长 6 s。前 3 帧各 10 个字码；每 30 s 重复一次，每小时更新一次。后两帧共 15 000b。导航电文中的内容主要有遥测码、转换码、第 1、2、3 数据块，其中，最重要的则是星历数据。当用户接受到导航电文时，提取出卫星时间并将其与自己的时钟做对比便可得知卫星与用户的距离，再利用导航电文中的卫星星历数据推算出卫星发射电文时所处位置，用户在 WGS-84 大地坐标系中的位置速度等信息便可得知。

可见，GPS 导航系统卫星部分的作用就是不断地发射导航电文。然而，由于用户接收机使用的时钟与卫星星载时钟不可能总是同步，所以除了用户的三维坐标 x,y,z 外，还要引进一个 Δt，即卫星与接收机之间的时间差作为未知数；然后用 4 个方程将这 4 个未知数解出来。所以如果想知道接收机所处的位置，至少要能接收到 4 个卫星的信号。

GPS 接收机可接收到用于授时的准确至 ns 级的时间信息；用于预报未来几个月内卫星所处概略位置的预报星历；用于计算定位时所需卫星坐标的广播星历，精度为几米至几十米（各个卫星不同，随时变化）；以及 GPS 系统信息，如卫星状况等。

GPS 接收机对码的量测就可得到卫星到接收机的距离，由于含有接收机卫星钟的误差及大气传播误差，故称为伪距。对 0A 码测得的伪距称为 UA 码伪距，精度约为 20 m，对 P 码测得的伪距称为 P 码伪距，精度约为 2 m。

GPS 接收机对收到的卫星信号进行解码或采用其他技术，将调制在载波上的信息去掉后,就可以恢复载波。严格而言,载波相位应称为载波拍频相位,是收到的受多普勒频移影响的卫星信号载波相位与接收机本机振荡产生信号相位之差。一般在接收机中确定的历元时刻量测,保持对卫星信号的跟踪,就可记录下相位的变化值,但开始观测时的接收机和卫星振荡器的相位初值是不知道的,起始历元的相位整数也是不知道的,即整周模糊度,只能在数据处理中作为参数解算。相位观测值的精度高至 mm,但前提是解出整周模糊度,因此只有在相对定位并有一段连续观测值时才能使用相位观测值,而要达到优于 m 级的定位精度也只能采用相位观测值。

按定位方式,GPS 定位分为单点定位和相对定位(差分定位)。单点定位就是根据一台接收机的观测数据来确定接收机位置的方式,只能采用伪距观测量,可用于车船等的概略导航定位。相对定位(差分定位)是根据两台以上接收机的观测数据来确定观测点之间相对位置的方法,既可采用伪距观测量也可采用相位观测量;大地测量或工程测量均应采用相位观测值进行相对定位。

在 GPS 观测量中包含了卫星和接收机的钟差、大气传播延迟、多路径效应等误差,在定位计算时还要受到卫星广播星历误差的影响,在进行相对定位时大部分公共误差被抵消或削弱,因此定位精度将大大提高。双频接收机可以根据两个频率的观测量抵消大气中电离层误差的主要部分,在精度要求高、接收机间距离较远时(大气有明显差别),应选用双频接收机。

GPS 定位原理:GPS 定位的基本原理是根据高速运动的卫星瞬间位置作为已知的起算数据,采用空间距离后方交会的方法确定待测点的位置。如图 6-24 所示,假设 t 时刻在地面待测点上安置 GPS 接收机,可以测定 GPS 信号到达接收机的时间 $\triangle t$;再加上接收机所接收到的卫星星历等其他数据可以确定 4 个方程式,如图 6-25 所示。

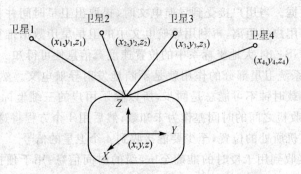

$$[(x_1-x)^2+(y_1-y)^2+(z_1-z)^2]^{1/2}+c(V_{t_1}-V_{t_0})=d_1$$
$$[(x_2-x)^2+(y_2-y)^2+(z_2-z)^2]^{1/2}+c(V_{t_2}-V_{t_0})=d_2$$
$$[(x_3-x)^2+(y_3-y)^2+(z_3-z)^2]^{1/2}+c(V_{t_3}-V_{t_0})=d_3$$
$$[(x_4-x)^2+(y_4-y)^2+(z_4-z)^2]^{1/2}+c(V_{t_4}-V_{t_0})=d_4$$

图 6-24 GPS 基本原理

上述 4 个方程式中,待测点坐标 x、y、z 和 Vt_0 为未知参数,其中,$d_i=c\triangle t_i(i=1,2,3,4)$。$d_i(i=1,2,3,4)$ 分别为卫星 1、卫星 2、卫星 3、卫星 4 到接收机之间的距离。$\triangle t_i(i=1,2,3,4)$ 分别为卫星 1、卫星 2、卫星 3、卫星 4 的信号到达接收机所经历的时间。c 为 GPS 信号的传播速度(即光速)。4 个方程式中各个参数意义如下:x、y、z 为待测点坐标的空间直角坐标。x_i、y_i、$z_i(i=1,2,3,4)$ 分别为卫星 1、卫星 2、卫星 3、卫星 4 在 t 时刻的空间直角坐标,可由卫星导航电文求得。$Vt_i(i=1,2,3,4)$ 分别为卫星 1、卫星 2、卫星 3、卫星 4 的卫星钟的钟差,由卫星星历提供。Vt_0 为接收机的钟差。由以上 4 个方程即可解算出待测点的坐标 x、y、z 和接收机的钟差 Vt_0。目前,GPS 系统提供的定位精度是优于 10 m,而为得到更高的定位精度,通常采用差分 GPS 技术:将一台 GPS 接收机安置在基准站上进行观测。根据基准站已知精密坐标,计算出基准站到卫星的距离改正数,并由基准站实时将这一数据发送出去。用户接收机在进行 GPS 观测的同时,也接收到基准站发出的改正数,并对其定位结果进行改正,从而提高定位精度。

6.7.3 GPS 接口

常用的 GPS 模块很多,而且价格也便宜,这里介绍的 GPS 模块是 GPS15L/H。其接口特性如下:RS-232 输出,可输入 RS-232 或者具有 RS-232 极性的 TTL 电平;可选的波特率为:300、600、1 200、2 400、4 800、9 600、19 200。GPS15 与串口的连接如图 6-25 所示。

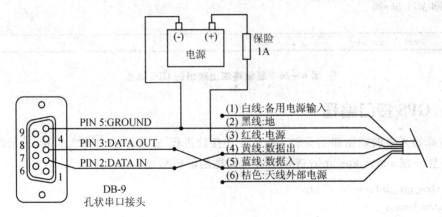

图 6-25 GPS 15 与串口连接示意图

串口输出协议:输出 NEMA0183 格式的 ASCII 码语句;输出:GPALM、GPGGA、GPGLL、GPGSA、GPGSV、GPRMC、GPVTG(NMEA 标准语句);PGRMB、PGRME、PGRMF、PGRMM、PGRMT、PGRMV(GARMIN 定义的语句);还可将串口设置为输出包括 GPS 载波相位数据的二进制数据;输入:初始位置、时间、秒脉冲状态、差分模式、NMEA、输出间隔等设置信息。

在默认的状态下，GPS 模块输出数据的波特率为 4 800，输出信息包括 GPRMC、GPG-GA、GPGSA、GPGSV、PGRME 等，每秒钟定时输出，如图 6-26 所示。

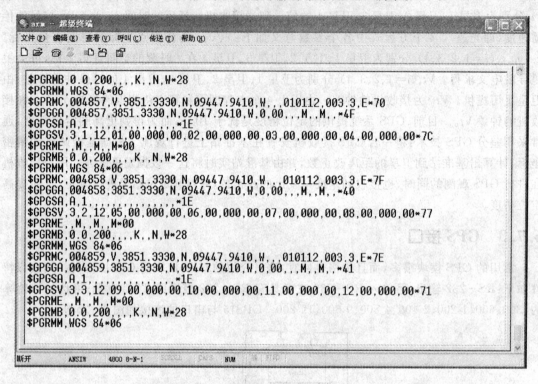

图 6-26 超级终端上输出的 GPS 信息

6.7.4 GPS 接口编程

GPS 原始采集的数据如图 6-26 所示。在接收进程 receive 中收到"\n"时，表示收到一条完整的信息。在 show_gps_info 进程中进行数据的解析和显示：

```
void show_gps_info(void * Id)
{    char txmsg;
     INT8U err;
     while(1)
     {
         rxmsg = OSMboxPend(mbox,0,&err);
         gps_parse(rxmsg,&gps_info);
         show_gps(&gps_info);
         OSTimeDly(50);
     }
```

}

gps_parse 函数实现 GPRMC 格式数据的解析,源代码如下:

```c
void gps_parse(char * line,GPS_INFO * GPS)
{
    int i,tmp,start,end;
    char c;
    char * buf = line;
    c = buf[5];
    if(c == 'C'){                                                       /* 判断"GPRMC"语句 */
        GPS->D.hour = (buf[ 7]-'0') * 10 + (buf[ 8]-'0');                /* 读取小时 */
        GPS->D.minute = (buf[ 9]-'0') * 10 + (buf[10]-'0');              /* 读取分钟 */
        GPS->D.second = (buf[11]-'0') * 10 + (buf[12]-'0');              /* 读取秒 */
        tmp = GetComma(9,buf);
        GPS->D.day = (buf[tmp+0]-'0') * 10 + (buf[tmp+1]-'0');           /* 读取日 */
        GPS->D.month = (buf[tmp+2]-'0') * 10 + (buf[tmp+3]-'0');         /* 读取月 */
        GPS->D.year = (buf[tmp+4]-'0') * 10 + (buf[tmp+5]-'0') + 2000;   /* 读取年 */
        GPS->status = buf[GetComma(2,buf)];                              /* 读取小时 */
        GPS->latitude = get_double_number(&buf[GetComma(3,buf)]);        /* 读取纬度 */
        GPS->NS = buf[GetComma(4,buf)];                                  /* 南纬或北纬 */
        GPS->longitude = get_double_number(&buf[GetComma(5,buf)]);       /* 读取经度 */
        GPS->EW = buf[GetComma(6,buf)];                                  /* 东经或西经 */
    }
    if(c == 'A'){ //" $ GPGGA"
        GPS->high = get_double_number(&buf[GetComma(9,buf)]);            /* 读取小时 */
    }
}
```

习 题

1. 简述 TCP/IP 的网络体系结构。
2. 以图示的格式说明 S3C2410 以太网接口的数据帧格式。
3. CAN 总线协议中的数据链路层协议是如何规定的?
4. 简述比较常用的无线接入技术,分别说明各个技术的特点。
5. 试述蓝牙技术的特点。
6. 举出 3 个以上 AT 命令,并说明其作用。
7. 简述与蓝牙技术的主要区别。
8. 写出 GPS 定位的计算公式。

第 7 章

嵌入式系统软件设计

嵌入式系统的软件可以是无操作系统的,也可以是基于某种嵌入式操作系统的;当然,后者的嵌入式系统能有效缩短开发周期,开发出功能更强大的系统。本章首先介绍了通用操作系统和嵌入式操作系统的基本联系和区别,然后重点介绍 μC/OS-Ⅱ 操作系统的基本结构和 μC/OS-Ⅱ 在 ARM 内核 CPU 中的移植,最后结合实例介绍了 μC/OS-Ⅱ 下应用程序的编写。

7.1 嵌入式系统软件结构

7.1.1 嵌入式软件体系结构

图 7-1 是嵌入式软件的体系结构图。最底层是嵌入式硬件,包括嵌入式微处理器、存储器和键盘、输入笔、LCD 显示器等输入/输出设备。紧接在硬件层之上的,是设备驱动层;它负责与硬件直接打交道,并为上层软件提供所需的驱动支持。在一个嵌入式系统当中,操作系统是可能有也可能无的;但无论如何,设备驱动程序是必不可少的。所谓的设备驱动程序,就是一组库函数,用来对硬件进行初始化和管理,并向上层软件提供良好的访问接口。

对于不同的硬件设备来说,它们的功能是不一样的,所以它们的设备驱动程序也是不一样的。但是一般来说,大多数的设备驱动程序都会具备以下的一些基本功能:

➤ 硬件启动:在开机上电或系统重启的时候,对硬件进行初始化;
➤ 硬件关闭:将硬件设置为关机状态;
➤ 硬件停用:暂停使用这个硬件;
➤ 硬件启用:重新启用这个硬件;
➤ 读操作:从硬件中读取数据;
➤ 写操作:往硬件中写入数据。

除了以上这些普遍适用的功能之外,设备驱动程序还可能有很多额外的、特定的功能。在具体实现的时候,这些功能一般是用函数的形式来实现的。这些函数之间的组织结构主要有两种组织结构,即分层结构和混合结构。

分层结构就是把设备驱动程序中的所有函数分为两种类型:一种是直接跟硬件打交道的,

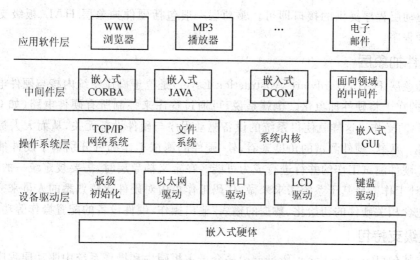

图 7-1 嵌入式软件体系结构

直接去操作和控制硬件设备,这些函数称为硬件接口;另一种是跟上层软件(包括操作系统、中间件和应用软件)打交道,作为上层软件的调用接口。这些函数虽然也是设备驱动程序的一部分,但它们并不会直接去跟硬件打交道,主要作为上层软件的调用接口。在具体实现上,它们会去调用硬件接口当中的函数。

设备驱动层的上面是操作系统层,它可以分为基本部分和扩展部分——前者是操作系统的核心,负责整个系统的任务调度、存储管理、时钟管理和中断管理等功能,这一部分是基础和必备的;后者是系统为用户提供的一些扩展功能,包括网络、文件系统、图形用户界面 GUI、数据库等,这一部分的内容可以根据系统的需要来进行剪裁。操作系统层的上面是一些中间件软件;再上面就是各种应用软件了,如网络浏览器、MP3 播放器、文本编辑器、电子邮件客户端、电子游戏等。对于嵌入式系统的用户来说,就是通过这些应用软件来跟系统打交道的。

混合结构就是在设备驱动程序当中,上层接口和硬件接口的函数式是混在一起、相互调用的,之间没有明确的层次关系。

分层结构的优点是:把所有与硬件有关的细节都封装在硬件接口当中,这样如果将来硬件要升级,需要更新设备驱动程序,那么只需要改动硬件接口当中的函数即可,而上层接口当中的函数不用做任何修改。另外,无论是分层结构还是混合结构,它们给上层软件提供的调用接口都应该是明确而稳定的,即便设备驱动程序的内部有任何变化,也不会影响到上层软件,这样在移植操作系统和应用程序的时候,就非常方便。

7.1.2 设备驱动层

设备驱动层是嵌入式系统中必不可少的重要部分;使用任何外部设备都需要有相应驱动程序的支持,它为上层软件提供了设备的操作接口。上层软件不用理会设备的具体内部操作,只须调用驱动层程序提供的接口即可。驱动层一般包括硬件抽象层 HAL、板级支持包 BSP 和设备驱动程序。

1. 硬件抽象层

硬件抽象层 HAL(Hardware Abstraction Layer)是位于操作系统内核与硬件电路之间的接口层,目的在于将硬件抽象化。也就是说,可通过程序来控制所有硬件电路(如 CPU、I/O、Memory 等)的操作。这样就使得系统的设备驱动程序与硬件设备无关,从而大大提高了系统的可移植性。从软/硬件测试的角度来看,软/硬件的测试工作都可分别基于硬件抽象层来完成,使得软/硬件测试工作的并行进行成为可能。在定义抽象层时,需要规定统一的软/硬件接口标准,设计工作需要基于系统需求来做,代码工作可由对硬件比较熟悉的人员来完成。抽象层一般应包含相关硬件的初始化、数据的输入/输出操作、硬件设备的配置操作等功能。

2. 板级支持包

板级支持包(Board Support Package)是介于主板硬件和操作系统中驱动层程序之间的一层;一般认为它属于操作系统的一部分,主要实现对操作系统的支持,为上层的驱动程序提供访问硬件设备寄存器的函数包,使之能够更好地运行于硬件主板。BSP 是相对于操作系统而言,不同的操作系统对应于不同形式定义的 BSP。板级支持包实现的功能大体有以下两个方面:

系统启动时,完成对硬件的初始化。例如,对系统内存、寄存器以及设备的中断进行设置。这是比较系统化的工作,要根据嵌入式开发所选用的 CPU 类型、硬件以及嵌入式操作系统的初始化等多方面决定 BSP 应实现什么功能。

为驱动程序提供访问硬件的手段。驱动程序经常要访问设备的寄存器,对设备的寄存器进行操作,BSP 就是为上层的驱动程序提供访问硬件设备寄存器的函数包。

3. 设备驱动程序

系统安装设备后,只有在安装相应的驱动程序之后才能使用,驱动程序为上层软件提供设备的操作接口。上层软件只须调用驱动程序提供的接口,而不用理会设备的具体内部操作。驱动程序的好坏直接影响着系统的性能。驱动程序不仅要实现设备的基本功能函数,如初始化、中断响应、发送、接收等,使设备的基本功能能够实现;而且因为设备在使用过程中还会出现各种各样的差错,所以好的驱动程序还应该有完备的错误处理函数。

7.1.3 实时操作系统

对于使用操作系统的嵌入式系统而言,操作系统一般以内核映像的形式下载到目标系统中。以 Linux 为例,在系统开发完成之后,将整个操作系统部分做成内核映像文件,与文件系统一起传送到目标系统中;然后通过 BootLoader 指定地址运行 Linux 内核,启动已经下载好的嵌入式 Linux 系统;再通过操作系统解开文件系统,运行应用程序。整个嵌入式系统与通用操作系统类似,功能比不带有操作系统的嵌入式系统强大很多。

嵌入式操作系统的种类繁多,但大体上可分为 2 种:商用型和免费型。目前,商用型的操作系统主要有 VxWorks、Windows CE、Psos、Palm OS、OS-9、LynxOS、QNX、LYNX 等。它们的优点是功能稳定、可靠,有完善的技术支持和售后服务,而且提供了图形用户界面和网络支持等高端嵌入式系统要求的许多高级的功能;缺点是价格高昂且源代码封闭,这就大大地影响了开发者的积极性。目前,免费型的操作系统有 Linux 和 μC/OS-Ⅱ,它们在价格方面具有很大的优势,比如嵌入式 Linux 操作系统以价格低廉、功能强大、易于移植而且程序源码完全公开等优点正在被广泛采用。

7.1.4 中间件层

中间件(Middleware)是基础软件的一大类,属于可复用软件的范畴。顾名思义,中间件处于操作系统软件与用户的应用软件的中间。中间件在操作系统、网络和数据库之上,应用软件的下层;总的作用是为处于自己上层的应用软件提供运行与开发的环境,帮助用户灵活、高效地开发和集成复杂的应用软件。

中间件屏蔽了底层操作系统的复杂性,使程序开发人员面对一个简单而统一的开发环境,减少程序设计的复杂性,将注意力集中在自己的业务上,不必再为程序在不同系统软件上的移植而重复工作,从而大大减少了技术上的负担。

中间件带给应用系统的,不只是开发的简便、开发周期的缩短,也减少了系统维护、运行和管理的工作量,还减少了计算机总体费用的投入。Standish 的调查报告显示,由于采用了中间件技术,应用系统的总建设费用可以减少 50% 左右。在网络经济大发展、电子商务大发展的今天,从中间件获得利益的不只是 IT 厂商,IT 用户同样是赢家,并且是更有把握的赢家。

其次,中间件作为新层次的基础软件,其重要作用是将不同时期、在不同操作系统上开发应用软件集成起来,彼此像一个天衣无缝的整体协调工作,这是操作系统、数据库管理系统本身做不了的。中间件的这一作用使得在技术不断发展之后,我们以往在应用软件上的劳动成果仍然物有所用,节约了大量的人力、财力投入。

在实现上中间件可以看作 API 实现的一个软件层。API(Application Programming Interface,即应用程序接口)是一系列复杂的函数、消息和结构的集合体。嵌入式操作系统下的 API 和一般操作系统下的 API 在功能、含义及知识体系上完全一致。可以这样理解 API:在计算机系统中有很多可通过硬件或外部设备去执行的功能,这些功能的执行可通过计算机操作系统或硬件预留的标准指令调用;而软件人员在编制应用程序时,就不需要为每种可通过硬件或外设执行的功能重新编制程序,只需按系统或某些硬件事先提供的 API 调用即可完成功能的执行。因此,在操作系统中提供标准的 API 函数可加快用户应用程序的开发,统一的应用程序开发标准也为操作系统版本的升级带来了方便。在 API 函数中,提供了大量的常用模块,可大大简化用户应用程序的编写。

7.1.5 应用程序

实际的嵌入式系统应用软件建立在系统的主任务(Main Task)基础之上。用户应用程序主要通过调用系统的 API 函数对系统进行操作,完成用户应用功能开发。在用户的应用程序中,也可创建用户自己的任务。任务之间的协调主要依赖于系统的消息队列。

在设计一个简单的应用程序时,可以不使用操作系统;但在设计较复杂的程序时,就可能需要一个操作系统(OS)来管理和控制内存、多任务、周边资源等。依据系统所提供的程序界面来编写应用程序,可大大减少应用程序员的负担。有些书籍将应用程序接口 API 归属于 OS 层,由于硬件电路的可裁减性和嵌入式系统本身的特点,其软件部分也是可裁减的。

7.2 嵌入式操作系统

7.2.1 操作系统的基本功能

操作系统是计算机中最基本的程序。操作系统负责计算机系统中全部软、硬件资源的分配、回收、控制、与协调等并发的活动。操作系统提供用户接口,使用户获得良好的工作环境。操作系统的功能主要包括 4 个部分:

处理机管理:实质上是对处理机执行时间的管理,即如何将 CPU 真正合理地分配给每个任务,主要是对中央处理机(CPU)进行动态管理。由于 CPU 的工作速度比其他硬件快得多,而且任何程序只有占有了 CPU 才能运行。因此,CPU 是计算机系统中最重要、最宝贵、竞争最激烈的硬件资源。为了提高 CPU 的利用率,采用多道程序设计技术(Multiprogramming)。当多道程序并发运行时,引进进程的概念:将一个程序分为多个处理模块,进程是程序运行的动态过程。通过进程管理,协调多道程序之间的 CPU 分配调度、冲突处理及资源回收等关系。

存储器管理:实质是对存储空间的管理,主要指对内存的管理。只有被装入主存储器的程序才有可能去竞争中央处理机。因此,有效地利用主存储器可保证多道程序设计技术的实现,也就保证了中央处理机的使用效率。存储管理就是要根据用户程序的要求为用户分配主存储区域。当多个程序共享有限的内存资源时,操作系统就按某种分配原则为每个程序分配内存空间,使各用户的程序和数据彼此隔离(Segregate),互不干扰(Interfere)及破坏;当某个用户程序工作结束时及时收回它所占的主存区域,以便再装入其他程序。另外,操作系统利用虚拟内存技术,把内、外存结合起来,共同管理。

设备管理:负责管理计算机系统中除了中央处理机和主存储器以外的其他硬件资源,是系统中最具有多样性和变化性的部分,也是系统重要资源。操作系统对设备的管理主要体现在两个方面:一方面它提供了用户和外设的接口。用户只需通过键盘命令或程序向操作系统提出申请,则操作系统中设备管理程序实现外部设备的分配、启动、回收和故障处理。另一方面,为了提高设备的效率和利用率,操作系统还采用了缓冲技术和虚拟设备技术,尽可能使外设与处理器并行工作,以解决快速 CPU 与慢速外设的矛盾。

文件管理:逻辑上有完整意义的信息资源(程序和数据)以文件的形式存放在外存储器(磁盘、磁带)上的,并赋予一个名字,称为文件。文件管理是操作系统对计算机系统中软件资源的管理,通常由操作系统中的文件系统来完成这一功能的。文件系统由文件、管理文件的软件和相应的数据结构组成。文件管理有效地支持文件的存储、检索和修改等操作,解决文件的共享、保密和保护问题,并提供方便的用户界面,使用户能实现按名存取,一方面使得用户不必考虑文件如何保存以及存放的位置,但同时也要求用户按照操作系统规定的步骤使用文件。

7.2.2 嵌入式操作系统

1. 嵌入式操作系统特点

嵌入式系统覆盖面很广,从很简单到复杂度很高的系统都有,这主要是由具体的应用要求决定的。简单的嵌入式系统根本没有操作系统,只是一个控制循环;但是当系统变得越来越复杂时,就需要一个操作系统来支持,否则应用软件就会变得过于复杂,使开发难度过大,安全性和可靠性都难以保障。在多任务嵌入式系统中,合理的任务调度必不可少,单纯通过提高处理器的速度无法达到目的,这样就要求嵌入式系统的软件必须具有多任务调度的能力。和通用操作系统相比较,嵌入式操作系统具有通用操作系统的基本特点,但是也有自己的特点:

- 可定制性:用户可以根据需要来添加或裁剪操作系统的内核。
- 可移植性:可以支持在不同的处理器上运行。
- 实时性:嵌入式系统环境往往要求实时应用,所以要求嵌入式操作系统提供实时支持。
- 资源限制:限于成本、体积、能源等要求,嵌入式系统的资源相对通用操作系统来说非常有限,因此嵌入式操作系统的内核往往会很小。

2. 常用嵌入式操作系统

嵌入式操作系统的种类繁多,但大体上可分为 2 种:商用型和免费型。目前,商用型的操作系统主要有 VxWorks、Windows CE、Psos、Palm OS、OS-9、LynxOS、QNX、LYNX 等。它们的优点是功能稳定、可靠,有完善的技术支持和售后服务,而且提供了图形用户界面和网络支持等高端嵌入式系统要求的许多高级的功能;缺点是价格昂贵且源代码封闭,这就大大地影响了开发者的积极性。目前,免费型的操作系统有 Linux 和 $\mu C/OS-II$,它们在价格方面具有很大的优势,比如嵌入式 Linux 操作系统以价格低廉、功能强大、易于移植而且程序源码完全公开等优点正在被广泛采用。下面简单介绍几种常用的嵌入式操作系统。

(1) $\mu C/OS-II$ 嵌入式操作系统内核

$\mu C/OS-II$ 是一个可裁减、源码开放、结构小巧、抢先式的实时多任务内核,主要面向中小型嵌入式系统,具有执行效率高、占用空间小、可移植性强、实时性能优良和可扩展性强等特点。μC/OS-Ⅱ中最多可支持64个任务,分别对应优先级0~63,其中,0为最高优先级。实时内核在任何时候都是运行就绪了的最高优先级的任务,是真正的实时操作系统。μC/OS-Ⅱ最大程度地使用ANSI C语言开发,现已成功移植到40多种处理器体系上。

(2) VxWorks嵌入式实时操作系统

VxWorks是WindRiver Systems公司推出的一个实时操作系统,是目前嵌入式系统领域中使用最广泛、市场占有率最高的系统。它支持多种处理器,如x86、i960、Sun Sparc、Motorola MC68xxx、MIPS RX000、PowerPC等。VxWorks实时操作系统基于微内核结构,由400多个相对独立、短小精悍的目标模块组成,用户可根据需要增加或删减适当模块来裁减和配置系统。VxWorks的链接器可按应用的需要动态链接目标模块。VxWorks因其良好的可靠性和卓越的实时性,已广泛应用在通信、军事、航空、航天等高端技术及实时要求极高的领域中。

(3) Windows CE操作系统

Microsoft Windows CE是针对有限资源的平台而设计的多线程、完整优先权、多任务的操作系统,但不是一个硬实时操作系统。高度模块化是Windows CE的一个鲜为人知的特性,这一特性有利于它对从掌上电脑到专用的工业控制器的用户电子设备进行定制。Windows CE操作系统的基本内核至少需要200 KB的ROM。它支持Win32 API子集、多种用户界面硬件、多种串行和网络通信技术、COM/OLE和其他进程间通信的先进方法。Microsoft公司为Windows CE提供了Platform Builder和Embedded Visual Studio开发工具。

Windows CE嵌入式操作系统的最大特点是能提供与PC机类似的图形用户界面和主要的应用程序。Windows CE嵌入式操作系统的界面显示大多是在Windows里出现的标准部件,包括桌面、任务栏、窗口、图标和控件等。这样,只要是对PC机上的Windows比较熟悉的用户,就可以很快地使用基于Windows CE嵌入式操作系统的嵌入式设备。

(4) Linux操作系统

Linux类似于UNIX,是一种免费的、源代码完全开放的、符合POSIX标准规范的操作系统。Linux的系统界面和编程接口与UNIX很相似,所以UNIX程序员可以很容易地从UNIX环境下转移到Linux环境中来。Linux拥有现代操作系统所具有的内容:真正的抢先式多任务处理,支持多用户、内存保护、虚拟内存,支持对称多处理机SMP(Symmetric Multi Processing),符合POSIX标准,支持TCP/IP,支持绝大多数的32位和64位CPU。嵌入式Linux版本众多,如支持硬实时的Linux——RT-Linux/RTAI、Embedix、Blue Cat Linux和Hard Hat Linux等。

嵌入式系统是一套高度简练、界面友好、质量可靠、应用广泛、易开发、多任务并且价格低廉的操作系统,当前国家对自主操作系统是大力支持的。

7.2.3 嵌入式操作系统 μC/OS-Ⅱ 概述

μC/OS 是源码公开的实时嵌入式操作系统；1992 年其作者 Jean Labrosse 将 μC/OS 的源代码发表在《嵌入式系统编程》杂志上，得到了人们的广泛关注。μC/OS 是 MicroController Operation System 的缩写，意思是微控制器操作系统，可看出 μC/OS 最初是为微控制器所设计的。μC/OS 由于其源代码开发、内核小、实时性好的突出优点，能够移植到各种微处理器/微控制器上，应用于从自动控制到手持设备等各个领域。μC/OS-Ⅱ 是 μC/OS 的升级版本，也是目前广泛应用的版本。μC/OS-Ⅱ 在嵌入式开发中的主要有如下优点：

- 公开源代码：源代码全部公开，并且可以从有关出版物上找到详尽的源代码讲解和注释，这样使系统变得透明，容易使用和扩展。
- 可移植性好：μC/OS-Ⅱ 绝大部分源码是用 ANSI C 写的，可移植性好。而与微处理器硬件相关的部分是用汇编语言写的，已经压缩到最低限度，使得 μC/OS-Ⅱ 便于移植到其他微处理器上。μC/OS-Ⅱ 可以在绝大多数 8 位、16 位、32 位甚至 64 位微处理器、微控制器和数字信号处理器（DSP）上运行。
- 可裁减：可以只使用 μC/OS-Ⅱ 中应用程序需要的那些系统服务。也就是说，某产品可以只使用很少几个 μC/OS-Ⅱ 调用，而另一个产品则使用了几乎所有的 μC/OS-Ⅱ 功能，这也可以减少产品中 μC/OS-Ⅱ 所需的存储器空间（RAM 和 ROM），这种可裁减性是靠条件编译实现的。
- 抢占式内核：μC/OS-Ⅱ 完全是抢占式（Preemptive）的实时内核，这意味着它总是运行就绪条件下优先级最高的任务。大多数商业内核也是抢占式的，μC/OS-Ⅱ 在性能上和它们类似。
- 可确定性：全部 μC/OS-Ⅱ 的函数调用与系统服务的执行时间具有可确定性。也就是说，全部 μC/OS-Ⅱ 的函数调用与系统服务的执行时间是可知的，即 μC/OS-Ⅱ 系统服务的执行时间不依赖于应用程序任务的多少。
- 稳定性与可靠性：μC/OS-Ⅱ 是基于 μC/OS 的，μC/OS 自 1992 年以来已经有很多成功的商业应用。μC/OS-Ⅱ 得到了美国航空管理局（Federal Aviation Administration，FAA）的认证，可用于飞行器中，这表明 μC/OS-Ⅱ 是稳定的，可以用在安全临界系统中。

7.3 μC/OS-Ⅱ 的内核结构

7.3.1 多任务

μC/OS-Ⅱ 是典型的微内核实时操作系统。更确切地说，μC/OS-Ⅱ 是一个实时内核，只提供了任务调度、任务管理、时间管理和任务间的通信等基本功能。通过对 μC/OS-Ⅱ 实时内核的实现机理进行分析,我们可以了解实时操作系统的体系结构和设计思想。

任务是 μC/OS-Ⅱ 中最重要的概念之一。一个任务(也称作一个线程),是一个简单的程序,该程序可以认为 CPU 完全只属于该程序。每个任务都是整个应用的某一部分,每个任务被赋予一定的优先级,有它自己的一套 CPU 寄存器和栈空间,如图 7-2(a) 所示。

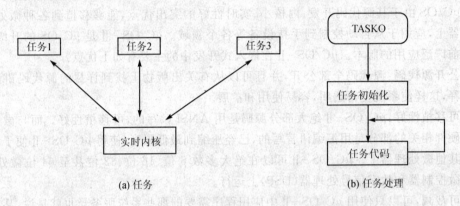

图 7-2 μC/OS-Ⅱ 的任务

如图 7-2(b) 所示,一个任务通常是一个无限的循环,看起来像其他 C 函数一样,有函数返回类型、形式参数变量。但任务是决不会返回的,返回参数必须定义成 void,其参考函数如下:

```
Void YourTask (void * pdata)
{
    for(;;)
    {
        /* 用户代码 */
        /* 调用 μC/OS-Ⅱ 的某种系统服务:*/
        OSMboxPend ();
        OSQPend ();
        OSSemPend ();;
        OSTaskDel (OS_PRIO_SELF);
        OSTaskSuspend (OS_PRIO_SELF);
        OSTimeDly ();
        OSTimeDlyHMSM ();
        /* 用户代码 */
    }
}
```

OSMboxPend() 的功能:如果邮箱中有消息(非 NULL 指针),那么从邮箱中取出该消息返回给调用函数,并将 NULL 指针存入邮箱中;如果邮箱为空,则调用 OSMboxPend() 函数的任务要进入睡眠状态,等待另一个任务(或者中断服务子程序)通过邮箱发送消息。OSMboxPend() 允许定义一个最长等待时间作为它的参数(超时时限),这样可以避免该任务无限期地等待邮箱的消息;如果该参数值是一个大于 0 的值,那么 OSMboxPend() 函数挂起该任务,该任务将一直等到邮箱获得消息或者等待超时;如果该参数值为 0,则该任务将无限期地等待下去。

OSQPend() 函数用于任务等待消息。消息通过中断或另外的任务发送给需要的任务。消息是一个以指针定义的变量,在不同的程序中消息的使用可能不同。如果调用 OSQPend() 函数时队列中已经存在需要的消息,那么该消息返回给 OSQPend() 函数的调用者,队列中清除该消息。如果调用 OSQPend() 函数时队列中没有需要的消息,则 OSQPend() 函数挂起当前任务直到得到需要的消息或超出定义的超时时间。如果同时有多个任务等待同一个消息,则 μC/OS-Ⅱ 默认最高优先级的任务取得消息并且任务恢复执行。一个由 OSTaskSuspend() 函数挂起的任务也可以接收消息,但这个任务将一直保持挂起状态直到通过调用 OSTaskResume() 函数恢复任务的运行。

OSSemPend() 函数用于以下场合:任务试图取得设备的使用权时、任务需要和其他任务或中断同步时,任务需要等待特定事件时。如果任务调用 OSSemPend() 函数时信号量的值大于零,则 OSSemPend() 函数递减该值并返回该值。如果调用时信号量等于零,则 OSSemPend() 函数将任务加入该信号量的等待队列。OSSemPend() 函数挂起当前任务直到其他的任务或中断置起信号量或超出等待的预期时间。如果在预期的时钟节拍内信号量被置起,则 μC/OS-Ⅱ 默认最高优先级的任务取得信号量恢复执行。一个被 OSTaskSuspend() 函数挂起的任务也可以接收信号量,但这个任务将一直保持挂起状态直到通过调用 OSTaskResume() 函数恢复任务的运行。

OSTaskDel() 函数删除一个指定优先级的任务。任务可以传递自己的优先级给 OSTaskDel(),从而删除自身。如果任务不知道自己的优先级,则可以传递参数 OS_PRIO_SELF。被删除的任务将回到休眠状态。任务被删除后可以用函数 OSTaskCreate() 或 OSTaskCreateExt() 重新建立。

OSTaskSuspend() 无条件挂起一个任务。调用此函数的任务也可以传递参数 OS_PRIO_SELF,挂起调用任务本身。当前任务挂起后,只有其他任务才能唤醒。任务挂起后,系统会重新进行任务调度,运行下一个优先级最高的就绪任务。唤醒挂起任务需要调用函数 OSTaskResume()。

OSTimeDly() 将一个任务延时若干个时钟节拍。如果延时时间大于 0,则系统立即进行任务调度。延时时间的长度可从 0～65 535 个时钟节拍;延时时间 0 表示不进行延时,函数将立即返回调用者。延时的具体时间依赖于系统每秒钟有多少时钟节拍(由文件 SO_CFG.H 中的常量 OS_TICKS_PER_SEC 设定)。

OSTimeDlyHMSM()将一个任务延时若干时间,延时的单位是小时、分、秒、毫秒,所以使用 OSTimeDlyHMSM()比 OSTimeDly()更方便。调用 OSTimeDlyHMSM()后,如果延时时间不为 0,则系统立即进行任务调度。

μC/OS-Ⅱ可以管理多达 64 个任务,但目前版本的 μC/OS-Ⅱ有两个任务已经被系统占用了,而且保留了优先级为 0、1、2、3、OS_LOWEST_PRIO-3、OS_LOWEST_PRIO-2、OS_LOWEST_PRIO-1 以及 OS_LOWEST_PRIO 的 8 个任务供将来使用,因此,用户可以有多达 56 个应用任务。每个任务都有不同的优先级,优先级号可以从 0~OS_LOWEST_PRIO-2,优先级号越低,任务的优先级越高。μC/OS-Ⅱ总是运行进入就绪态的优先级最高的任务。目前版本的 μC/OS-Ⅱ中,任务的优先级号就是任务编号(ID)。优先级号(或任务的 ID)也被一些内核服务函数调用,如改变优先级函数 OSTaskChangePrio()和任务删除函数 OSTaskDel()等。

7.3.2 任务调度

任务调度是实时内核最重要的工作之一。μC/OS-Ⅱ是抢占式实时多任务内核,采用基于优先级的任务调度。优先级最高的任务一旦准备就绪,则拥有 CPU 的使用权,处于运行态。μC/OS-Ⅱ不支持时间片轮转调度法,每个任务的优先级都是唯一的。μC/OS-Ⅱ任务调度所花的时间为常数,与应用程序中建立的任务数无关。

μC/OS-Ⅱ的任务调度包括任务级的任务调度和中断级的任务调度,所采用的调度算法是相同的。任务级的调度是由函数 OSSched()完成的,中断级的任务调度则由函数 OSIntExt()完成。

函数 OSSched()的内容如下:

```
Void OSSched (vpid)
{
  INT8U  y;
  OS_ENTER_CRITICAL();
  If((OSLockNesting|OSIntNesting) == 0)
  {
    y = OSUnMapTb1[OSRdyGrp];
    OSPrioHighRdy = (INT8U)((y<<3) + OSUnMapTb1[OSRdyTb1[y]]);
    If (OSPrioHighRdy ! = OSPrioCur)
    {
      OSTCBHighRdy = OSTCBPrioTb1[OSPrioHighRdy];
      OSCtxSwCtr + + ;
      OS_TASK_SW();
    }
  }
```

```
    OS_EXIT_CRITICAL();
}
```

7.3.3 中断与时间管理

1. 中断处理

中断是指由于某种事件的发生而导致程序流程的改变。产生中断的事件称为中断源。在两种情况下 CPU 可以响应中断:一是至少有一个中断源向 CPU 发出中断信号;二是系统允许中断,且对此中断信号未予屏蔽。中断一旦被识别,CPU 会保存部分(或全部)运行上下文,然后跳转到专门的中断服务子程序(ISR)去处理此事件。

在 µC/OS-Ⅱ 中,当一个中断请求产生后,可能不会立刻响应,因为这时中断可能被 µC/OS-Ⅱ 关掉了,也可能是因为 CPU 还没执行完当前指令,直到 µC/OS-Ⅱ 允许中断,中断才能得到响应。此时 CPU 的中断向量跳转到中断服务子程序,中断服务子程序保存 CPU 上下文,然后通过调用 OSIntEnter()或者给 OSIntNesting 加 1,通知 µC/OS-Ⅱ 内核进入中断服务子程序。从中断请求被识别到执行中断服务子程序第一条指令的时间称为中断响应时间。

在中断服务子程序中可能通知某任务进行某种操作,如调用信息发生函数 OSMboxPost()、OSQPost()、OSQPostFront()或 OSSemPost()等,当等待该消息的任务接收到上述消息后,可能重新进入就绪状态。

中断服务子程序执行完成后,需要调用 OSIntExit()函数。OSIntExit()函数判断任务就绪表中是否有比当前被中断的任务优先级更高的任务,如果没有,则恢复被中断任务的上下文,并执行中断返回指令;如果有更高优先级的任务,则要做一次任务切换,恢复新寄存器的上下文,并执行中断返回指令。从中断服务子程序执行完成到恢复被中断的任务或新任务的时间称为中断恢复时间。

OSIntExit()函数与任务调度函数类似,也是完成一次任务调度。但 OSIntExit()函数将中断嵌套计数器减 1,且最后调用中断级任务切换函数 OSIntCtxSw(),而不像在任务调度函数 OSSched 中,调用任务级切换函数 OS_TASK_SW()。

```
Void OSIntExit (void)
{
  OS_ENTER_CRITICAL();
  If ((--OSIntNesting | OSLockNesting) == 0)
  {
    OSIntExitY   = OSUnMapTbl [OSRdyGrp];
    OSIrioHighRdy = (INT8U)((OSIntExitY<<3)+OSUnMapTbl[ OSRdyTbl[OSIntExitY]]);
    If (OSPridHighRdy != OSPrioCur)
      {
```

```
        OSTCBHighRdy = OSTCBPrioTb1[OSPrioHighRdy];
        OSCtxCtr++;
        OSIntCtxSw();
    }
  }
  OS_EXIT_CRITICAL();
}
```

2. 时间管理

μC/OS-Ⅱ需要用户提供周期性信号源,用于实现时间延时和确认超时,节拍率应在每秒10～100次之间(或者说10～100 Hz)。时钟节拍率越高,系统的额外负荷就越重。时钟节拍的实际频率取决于用户应用程序的精度。时钟节拍源可以是专门的硬件定时器。

时钟节拍是一种特殊的中断,μC/OS-Ⅱ中的时钟节拍服务是通过在中断服务子程序中调用OSTimeTick()函数实现的。时钟节拍的中断服务子程序如下:

```
Void OSTickISR(void)
{
  保存处理器寄存器的值;
  调用 OSIntEnter()或 OSIntNesting 加 1;
  调用 OSTimeTick();  /*检查每个任务的时间延时*/
  调用 OSIntExit();
  恢复处理器寄存器的值;
  执行中断返回指令;
}
```

其中,时钟节拍函数OSTimeTick()的主要工作是给每个任务控制块OS_TCB中的时间延时项OSTCBDly减1(如果OSTCBDly不为0)。当某个任务的任务控制块中的时间延时项OSTCBDly减到0时,该任务将进入就绪任务表。因此,OSTimeTick()的执行时间与应用程序中建立了多少个任务有关。

μC/OS-Ⅱ提供了任务延时函数OSTimeDly()。调用该函数会使当前任务挂起一段时间,而μC/OS-Ⅱ则执行一次任务调度,使任务就绪表中优先级最高的任务获得CPU的控制权。OSTimeDly()函数代码如下:

```
Void OSTimeDly (INT16U ticks)
{
  If (ticks>0)
  {
    OS_ENTER_CRITICAL();
    If ((OSRdyTb1[OSTCBCur->OSTCBY] & = ~OSTCBCur->OSTCBBitX) == 0)
```

```
        {
            OSRdyGrp & = ~OSTCBCur->OSTCBBitY;
        }
    OSTCBCur->OSTCBDly = ticks;
    OS_EXIT_CRITICAL();
    OSSched();
    }
}
```

7.3.4 μC/OS-Ⅱ的初始化

μC/OS-Ⅱ要求用户首先调用系统初始化函数 OSInit(),对 μC/OS-Ⅱ所有的变量和数据结构进行初始化,然后调用函数 OSTaskCreate()或 OSTaskCreateExt()建立用户任务,最后通过调用 OSStart()函数启动多任务。

```
Void main (void)
{
    OSInit();    /*初始化 μC/OS-Ⅱ*/
    ...
/*通过调用 OSTaskCreate()或 OSTaskCreateExt()创建至少一个任务;*/
    ...
    OSStart();/*开始多任务调度! OSStart()永远不会返回*/
}
```

当调用 OSStart()函数时,OSStart()函数从任务就绪表中找出用户建立的优先级最高的任务的任务控制块。然后,OSStart()函数调用最高优先级就绪任务启动函数 OSStartHighRdy()。这个函数的任务是把任务栈中保存的任务状态参数值恢复到 CPU 寄存器中,然后执行一条中断返回指令;中断返回指令强制执行该任务代码,从而完成多任务的启动过程。其代码如下:

```
Void OSStart() (void)
{
 INT8U  y;
  INT8U  x;
  If (OSRunning == FALSE)
  {
      y = OSUnMapTb1[OSRdyGrp];
      x = OSUnMapTb1[OSRdyTb1[y]];
      OSPrioHighRdy = (INT8U)((y<<3) + x);
      OSPrioCur    = OSPrioHighRdy;
```

```
OSTCBHighRdy = OSTCBPrioRb1[OSPrioHighRdy];
OSTCBCur = OSTCBHighRdy;
OSStartHighRdy();
    }
}
```

7.3.5 μC/OS-Ⅱ的任务通信和同步

在多任务合作过程中的,操作系统应解决两个问题:一是各任务之间应具有一种互斥关系,即对于某个共享资源的共享,如果一个任务正在使用,则其他任务只能等待,等到该任务释放该资源以后,等待的任务之一才能使用它;二是相关的任务在执行上要有先后次序,一个任务要等其伙伴发来通知或建立了某个条件后才能继续执行,否则只能等待。任务之间的这种制约性的合作运行机制叫任务间的同步。

1. μC/OS-Ⅱ任务间的通信

任务之间的通信包括低级通信和高级通信两类。低级通信只能传递状态和整数值等控制信息,如信号量机制和信号机制。这种方法的优点是速度快;缺点是传送的信息量非常少,如果要传递较多信息,就要进行多次通信。高级通信能够传送任意数量的数据,主要包括共享内存和消息传递。

(1) 共享内存

为了在多个进程之间交换信息,内核专门留出了一小块内存区,这段内存区可以由需要访问的进程将其映射到自己的私有空间。因此,进程就可以直接读/写这一内存而不需要进行数据复制,从而大大提高了效率。可以说,共享内存是一种最为高效的进程间通信方式,但是由于多个进程共享一段内存,因此也需要依靠某种同步机制,如互斥锁和信号量等,其原理如图7-3所示。

图7-3 共享内存示意图

(2) 消息传递

消息(Message)是内存空间中的一段长度可变的缓冲区,其长度和内容均由用户定义。从操作系统的角度来看,所有的消息都是单纯的字节流,既没有确切的格式,也没有特定的含义。对消息内容的解释是由应用来完成的,应用根据自定义的消息格式将消息解释成特定含义,如某种类型的数据、数据块的指针或空。

消息传递(Message Passing)指的是任务和任务之间通过发送和接收消息来交换信息。消息机制由操作系统来维护,包括定义寻址方式、认证协议、消息的数量等。一般提供两个基本的操作:send 操作,用来发送一条消息;receive 操作,用来接收一条消息。如果两个任务想要利用消息机制来进行通信,它们首先要在两者之间建立一个通信链路,然后就可以使用 send 和 receive 操作来发送和接收消息。常用的消息传递方式包括邮箱和消息队列。

2. μC/OS‐Ⅱ 任务间通信的基本概念

(1) 事 件

通信就要依赖中间媒介,在 μC/OS‐Ⅱ 中,使用信号量、邮箱(消息邮箱)和消息队列这些数据结构来作为中间媒介。由于这些数据结构影响到任务的程序流程,所以它们也称为事件。把信息发送到事件上的操作叫发送事件,读取事件的操作叫请求事件或者等待事件。

(2) 信号量

信号量是一类用来进行任务间通信的最基本事件。由于二值事件可以实现共享资源的独占式占用,所以叫互斥型信号量。计数式的信号叫信号量,给等待信号量的任务设置一个等待时限。若等待信号量的任务因等待时间已超过这个时限却还未等到这个信号,则令该任务脱离等待状态而继续运行,这样就不会出现死机现象。在严格按照优先级别进行调度的可剥夺内核中,优先级别决定了任务能否获得处理器的使用权,而能否获得信号量则决定它能否被运行。也就是说,在使用了信号量进行同步的任务中,制约任务能否运行的条件有两个:一个是它的优先级别;另一个是它是否获得了它正在等待的信号量。正是这个事实产生了不得不想办法解决的优先级反转问题,也正是这个事实使得操作系统的 C/S 结构得以实现。

(3) 消息邮箱

在多任务操作系统中,常常需要通过传递一个数据(这种数据叫消息)的方式来进行任务之间的通信。为了达到这个目的,可以在内存中创建一个存储空间作为该数据的缓冲区。如果把这个缓冲区叫消息缓冲区,那么在任务间传递数据(消息)的一个最简单的方法就是传递消息缓冲区。于是,用来传递消息缓冲区指针的数据结构(事件)就叫消息邮箱。

(4) 消息队列

上面的消息邮箱不仅可用来传递一个消息,而且也可以定义一个指针数组。让数组的每个元素都存放一个消息缓冲区指针,那么任务就可以通过传递这个指针数组指针的方法来传递多个消息了。这种可以传递多个消息的数据结构叫消息队列。

(5) 事件的等待任务列表

作为功能完善的事件,应有对这些等待任务具有两方面的管理功能:一是要对等待事件的所有任务进行记录并排序;二是允许任务有一定的等待时限。对于等待事件任务的记录和排序,μC/OS‐Ⅱ 采用了与任务就绪表类似的方法,定义一个 INT8U 类型的数组 OSEventTbl[] 作为记录等待事件任务的记录表,这个表叫等待任务表;也定义一个 INT8U 的变量 OSEvent-Grp 来表示等待任务表中的任务组。

至于等待任务的等待时限,则记录在等待任务的任务控制块 TCB 的成员 OSTCBDly 中,并在每个时钟节拍中断服务程序中对该数据进行维护。每当有任务的等待时限已到时,则将该任务从事件等待任务表中删除,并使它进入就绪状态。

(6) 事件控制块

μC/OS-Ⅱ把事件等待任务表和与事件相关的其他信息组合起来定义一个叫事件控制块 ECB 的数据结构。这样,在 μC/OS-Ⅱ中统一采用 ECB 来描述注入信号量、邮箱(消息邮箱)和消息队列这些事件。在 μC/OS-Ⅱ.H 中,事件控制块的定义如下:

```
typedef struct {
    void      * OSEventPtr;                       /* 指向消息或者消息队列的指针 */
    INT8U     OSEventTbl[OS_EVENT_TBL_SIZE];      /* 等待任务列表 */
    INT16U    OSEventCnt;                         /* 计数器 */
    INT8U     OSEventType;                        /* 事件类型 */
    INT8U     OSEventGrp;                         /* 等待任务所在组 */
} OS_EVENT;
```

成员 OSeventTbl[OS_EVENT_TBL_SIZE]是一个数组。与任务就绪表的格式一样,应用程序中的所有任务按照优先级别各自在表中占据一个二进制位,并用该位的值是 1 还是 0 来表示该位对应的任务是否为正在等待事件的任务,这个表叫任务等待表。

7.4 μC/OS-Ⅱ的原理与移植

7.4.1 移植 μC/OS-Ⅱ基本要求

所谓移植,就是使这个实时内核能在某个微处理器上运行。为了方便移植,大部分的 μC/OS-Ⅱ代码都是用 C 语言写的,但仍需要汇编语言写一些与处理器相关的代码,这是因为 μC/OS-Ⅱ在读/写处理器寄存器时只能通过汇编语言来实现。由于 μC/OS-Ⅱ在设计时就已经充分考虑了可移植性,所以 μC/OS-Ⅱ的移植相对来说是比较容易的。μC/OS-Ⅱ的框架结构如图 7-4 所示。

μC/OS-Ⅱ的正常运行需要处理器平台满足以下要求:

① 处理器的 C 编译器能产生可重入代码;

② 用 C 语言就可以打开和关闭中断;

③ 处理器支持中断,并且能产生定时中断(通常在 10~100 Hz 之间);

④ 处理器支持能够容纳一定量数据(可能是几千字节)的硬件堆栈;

⑤ 处理器有将堆栈指针和其他 CPU 寄存器读出和存储到堆栈或内存中的指令。

S3C2410 处理器采用 ARM920T 内核,内部共有 37 个寄存器,其中,R13 通常用作堆栈指

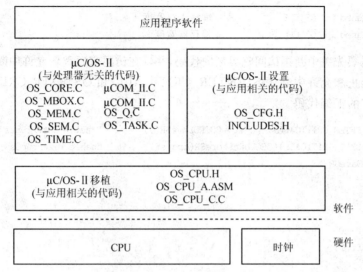

图 7-4 μC/OS-Ⅱ 的框架结构

针,只要系统 RAM 空间允许,堆栈空间理论上没有限制。ARM 处理器提供 ARM 指令和 Thumb 指令两种指令集,每种指令集都包含有丰富的指令对堆栈进行操作,可以随意地对处理器中的寄存器进行堆栈操作。根据堆栈生长方向的不同,可以生成 4 种不同的堆栈,分别是满递增、空递增、满递减(此移植中使用的是满递减方式)、空递减。芯片内集成 5 个定时时钟,任何一个都可以产生定时中断,满足第③条要求。ADS 集成开发环境的内置编译器可以产生可重入代码,并且支持内嵌汇编,C 环境中可任意地进行开关中断操作。综上所述,μC/OS-Ⅱ完全可以移植到 S3C2410 上运行,下面介绍其移植过程。

7.4.2 主体移植过程

1. 设置与处理器及编译器相关的代码

不同的编译器会使用不同的字节长度来表示同一数据类型,所以要定义一系列数据类型以确保移植的正确性。修改 OS_CPU.H 文件,下面是 μC/OS-Ⅱ 定义的一部分数据类型。

```
typedef unsigned char BOOLEAN;
typedef unsigned char INT8U;        /*无符号8位*/
typedef signed char INT16S;         /*带符号8位*/
typedef unsigned int INT16U;        /*无符号16位*/
typedef signed int INT16S;          /*带符号16位*/
typedef unsigned long INT32U;       /*无符号32位数*/
typedef signed long INT32S;         /*带符号32位数*/
typedef float FP32;                 /*单精度浮点数*/
typedef double FP64;                /*双精度浮点数*/
```

```
typedef unsigned int OS_STK;        /*堆栈入口宽度*/
typedef unsigned int OS_CPU_SR;     /*寄存器宽度*/
```

μC/OS-Ⅱ需要先关中断再访问临界区的代码,并且在访问完后重新允许中断。μC/OS-Ⅱ定义了两个宏来禁止和允许中断:OS_ENTER_CRITICAL()和 OS_EXIT_CRITICAL(),本移植实现这两个宏的汇编代码。

```
#define OS_ENTER_CRITICAL()(cpu_sr = OSCPUSaveSR())      /*Disable interrupts*/
#define OS_EXIT_CRITICAL()(OSCPURestoreSR(cpu_sr))       /*Enable interrupts*/
EXPORT OSCPUSaveSR
OSCPUSaveSR
    mrs r1,cpsr
    mov r0,r1
    orr r1,r1,#0xc0
    msr cpsr_cxsf,r1
    mov pc,lr
EXPORT OSCPURestoreSR
OSCPURestoreSR
    msr cpsr_cxsf,r0
    mov pc,lr
```

2. 用 C 语言实现与处理器任务相关的函数

下面这几个函数是和操作系统相关的函数,实际需要修改的只有 OSTaskStkInit()函数,其他 5 个函数需要声明,但不一定有实际内容。这 5 个函数都是用户定义的,所以 OS_CPU_C.C 中没有给出代码。如果需要使用这些函数,可以将文件 OS_CFG.H 中的 #define constant OS_CPU_HOOKS_EN 设为 1,设为 0 表示不使用这些函数。

- OSTaskStkInit();
- OSTaskCreateHook();
- OSTaskDelHook();
- OSTaskSwHook();
- OSTaskStatHook();
- OSTimeTickHook()。

OSTaskStkInit()函数由 OSTaskCreate()或 OSTaskCreateExt()调用,需要传递的参数是任务代码的起始地址、参数指针(pdata)、任务堆栈顶端的地址和任务的优先级,用来初始化任务的堆栈、初始状态的堆栈模拟发生一次中断后的堆栈结构。堆栈初始化工作结束后,OSTaskStkInit()返回新的堆栈栈顶指针,OSTaskCreate()或 OSTaskCreateExt()将指针保存在任务的 OS_TCB 中。调用 OSTaskStkInit()给任务做一个初始的任务上下文堆栈,形状如图7-5所示。

3. 处理器相关部分汇编实现

整个 μC/OS-Ⅱ 移植实现中只需要提供一个汇编语言文件(源程序请参考光盘实验十二附带的实验源码),提供几个必须由汇编才能实现的函数。

1) 运行优先级别最高的就绪任务 OSStartHighRdy()

该函数在 OSStart() 多任务启动之后,负责从最高优先级任务的 TCB 控制块中获得该任务的堆栈指针 sp,通过 sp 依次将 CPU 现场恢复,此时系统就将控制权交给用户创建的该任务的进程,直到该任务被阻塞或者被其他更高优先级的任务抢占了 CPU。该函数仅仅在多任务启动时被执行一次,用来启动第一个(也就是最高优先级的)任务执行。

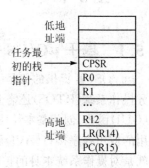

图 7-5 任务初始化堆栈

2) 任务级切换函数 OSCtxSw()

该函数是任务级的上下文切换函数,在任务因为被阻塞而主动请求与 CPU 调度时执行;主要工作是先将当前任务的 CPU 现场保存到该任务堆栈中,然后获得最高优先级任务的堆栈指针,从该堆栈中恢复此任务的 CPU 现场,使之继续执行,从而完成一次任务切换。

3) 中断级的任务切换函数 OSIntExit()

该函数是中断级的任务切换函数,在时钟中断 ISR 中发现有高优先级任务在等待时,需要在中断退出后不返回被中断的任务,而是直接调度就绪的高优先级任务执行。其目的在于能够尽快让高优先级的任务得到响应,保证系统的实时性能。

4) 时钟节拍中断 OSTickISR()

该函数是时钟中断处理函数,主要任务是负责处理时钟中断,调用系统实现的 OSTimeTick 函数;如果有等待时钟信号的高优先级任务,则需要在中断级别上调度其执行。另外两个相关函数是 OSIntEnter() 和 OSIntExit(),都需要在 ISR 中执行。

4. 测 试

至此代码移植过程已经完成,下一步工作就是测试。测试一个像 μC/OS-Ⅱ 一样的多任务实时内核并不复杂,甚至可以在没有应用程序的情况下测试。换句话说,就是让这个实时内核在目标板上跑起来,让内核自己测试自己,这样做有两个好处:第一,避免使本来就复杂的事情更加复杂;第二,如果出现问题,可以知道问题出在内核代码上而不是应用程序上。刚开始的时候可以运行一些简单的任务和时钟节拍中断服务例程,一旦多任务调度成功地运行了,再添加应用程序的任务就是非常简单的工作了。

7.5 基于 µC/OS-Ⅱ 的应用程序设计

7.5.1 基于 µC/OS-Ⅱ 扩展的 RTOS 体系结构

µC/OS-Ⅱ提供的仅是一个任务调度的内核,要实现一个相对完整、实用的嵌入式实时多任务操作系统(RTOS)还需要相当多扩展性的工作,主要包括建立文件系统、创建图形用户接口(GUI)函数、创建基本绘图函数、建立基于 ARM 和 µC/OS-Ⅱ 的 TCP/IC 协议、建立其他实用的应用程序接口(API)函数等。将 µC/OS-Ⅱ 移植到 ARM 微处理器上以后,接下来的工作就是对操作系统本身的扩充。一般来说软件体系可划分成如下模块:

1) 系统外围设备的硬件部分

系统外围设备的硬件部分包括液晶显示屏(LCD)、键盘、海量 Flash 存储器、系统的时钟和日历。外围设备的硬件部分是保证系统实现指定任务的最底层的部件。

2) 驱动程序模块

驱动程序是连接底层的硬件和上层的 API 函数的纽带,有了驱动程序模块,就可以把操作系统的 API 函数和底层的硬件分离开来。任何一个硬件的改变、删除或者添加,只需要随之改变、删除或者添加提供给操作系统相应的驱动程序就可以了,并不会影响到 API 函数的功能,更不会影响到用户的应用程序。

3) 操作系统的 API 函数

在操作系统中提供标准的应用程序接口(API)函数,可以加速用户应用程序的开发,同时也给操作系统版本的升级带来了方便。在 API 函数中,提供了大量的常用软件模块,可以大大简化用户应用程序的编写。

4) 实时操作系统的多任务管理

µC/OS-Ⅱ作为操作系统的内核,主要任务就是完成多任务之间的调度和同步。

5) 系统的消息队列

这里所说的系统的消息队列是以 µC/OS-Ⅱ 的消息队列派生出来的系统消息传递机制,用来实现系统的各个任务之间、用户应用程序的各个任务之间以及用户应用程序和系统的各个任务之间的通信。

6) 系统任务

在本系统中,系统任务主要包括液晶显示屏(LCD)的刷新任务、系统键盘扫描任务。这两个任务是操作系统的基本任务,随着操作系统的启动而运行。

7) 用户应用程序

用户的应用程序建立在系统的主任务(Main_Task)基础之上。用户应用程序主要通过调用系统的 API 函数对系统进行操作,完成用户的要求。在用户的应用程序中也可以创建用户自己的任务。任务之间的协调主要依赖于系统的消息队列。

7.5.2 基于 μC/OS-Ⅱ 的应用程序

用户的应用程序建立在系统的主任务(Main_Task)基础之上,主要通过调用系统的 API 函数对系统进行操作,完成用户的要求。在用户的应用程序中也可以创建用户自己的任务。任务之间的协调主要依赖于系统的消息队列。基于 μC/OS-Ⅱ 的应用程序启动和运行过程如图 7-6 所示。图中应用程序的典型代码如下:

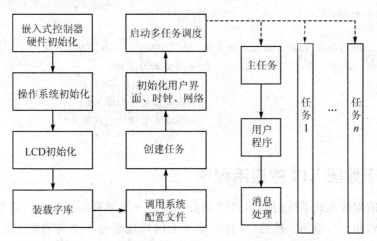

图 7-6 嵌入式系统的启动和运行过程

```
/***************任务定义*****************/
OS_STK Main_Stack[STACKSIZE] = {0,};     /*定义 Main_Test_Task 堆栈*/
void Main_Task(void * Id);               /*定义 Main_Test_Task*/
#define Main_Task_Prio       12          /*定义 Main_Task 任务优先级*/
OS_STK test_Stack[STACKSIZE] = {0,};     /*test_Test_Task 堆栈*/
void test_Task(void * Id);               /*test_Test_Task*/
#define test_Task_Prio       15
/*************已经定义的 OS 任务**************/
#define SYS_Task_Prio             1      /*系统任务*/
#define Touch_Screen_Task_Prio    9      /*触摸屏任务*/
#define Main_Task_Prio            12
#define Key_Scan_Task_Prio        58     /*键盘扫描任务*/
#define Lcd_Fresh_prio            59     /*液晶屏刷新任务*/
#define Led_Flash_Prio            60
/****************事件定义******************/
```

```
int main(void)
{
    ARMTargetInit();                /* 开发板初始化 */
    OSInit();                       /* μC/OS-Ⅱ初始化 */
    OSInitUart();                   /* 串口初始化 */
    initOSFile();                   /* 文件初始化 */
    ...
    loadsystemParam();
    ...
    OSTaskCreate(Main_Task,(void *)0,(OS_STK *)&Main_Stack[STACKSIZE-1],
    Main_Task_Prio);                /* 创建 Main_Task */
    ...
    OSStart();                      /* 启动多任务调度 */
    return 0;                       /* 程序不会执行到这里 */
}
```

7.5.3 基于绘图 API 的应用程序

这里通过使用嵌入式系统的绘图 API 函数实现了一个屏幕绘图程序。首先,在屏幕上绘制一个圆角矩形和一个整圆。然后,再在屏幕上无闪烁地绘制一个移动的正弦波,如图 7-7 所示。在这个过程中,读者可以从中学习使用嵌入式系统的绘图 API 函数;理解绘图设备上下文(DC)在多任务操作系统中的作用;会使用绘图设备上下文(DC)在屏幕上绘制一个圆角矩形和一个圆;理解绘制防止闪烁的基本原理,可以实现无闪烁的动画。下面结合代码介绍其实现过程。

在 μC/OS-Ⅱ系统环境下,绘图必须通过使用绘图设备上下文(DC)来实现。绘图设备上下文中包括了与绘图相关的信息,如画笔的宽度、绘图的原点等。这样,在多任务系统中,不同的任务通过不同的绘图设备上下文绘图才不会互相影响。绘图设备上下文(DC)的结构定义如下:

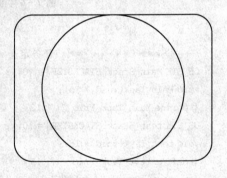

图 7-7 绘制图形

```
Typedef struct{
        Int DrawPointx;
        Int DrawPointy;             /* 绘图所使用的坐标点 */
        Int PenWidth;               /* 画笔宽度 */
        U32 PenMode;                /* 画笔模式 */
        COLORREF PenColor;          /* 画笔的颜色 */
```

```
    Int DrawOrgx;              /*绘图的坐标原点位置*/
    Int DrawOrgy;
    Int WndOrgx;               /*绘图的窗口坐标位置*/
    Int WndOrgy;
    Int DrawRangex;            /*绘图的区域范围*/
    Int DrawRangey;
    StructRECT DrawRect;       /*绘图的有效范围*/
    UB bUpdataBuffer;          /*是否更新后台缓冲区及显示*/
    U32 Fontcolor;             /*字符颜色*/
}DC,* PDC
```

与绘图设备上下文有关的函数有 intOSDC(),用来初始化系统的 DC,为 DC 动态内存开辟空间;CreateDC()和 DestoryDC(PDC pdc)分别用来创建和删除 DC,前者返回所创建的 DC 指针,后者则释放 DC 的内存空间。和绘图有关的函数有 TextOut()、LineTo()、FillRect()、Circle()、ShowBmp()等。

在 μC/OS-Ⅱ 操作系统中,液晶显示屏的刷新是通过 Lcd_Fresh_Task 任务完成的。该任务是在系统附加任务初始化函数 OSAddTask_Int()中定义的,该函数开辟了 LCD 刷新任务、触摸屏任务和键盘任务等。绘图首先是在绘图缓冲区中完成,然后系统自动(也可以通过设置绘图设备上下文参数,不让系统自动刷新)向 Lcd_Fresh_Task 发送更新信息,流程如图 7-8 所示。

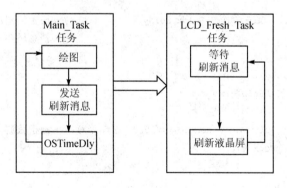

图 7-8 绘图流程

因为绘图是在后台进行的,绘制完成后要再更新到液晶屏上,所以绘图时不用担心反复擦除屏幕会引起屏幕的闪烁,这样可以很方便地实现动画无闪烁的显示。绘制完一次图形后,必须要使用 OSTimeDly()函数给出一定时间的延时(推荐用 200),同时使 Main_Task 任务主动让出对 CPU 的控制权,使 Lcd_Fresh_Task 任务可以完成刷新。源代码如下:

```
/***************** Main_Test_Task 的定义 *****************/
void Main_Task(void * Id)
```

```
{
    int oldx,oldy;                                          /* 保存原来坐标系位置 */
    PDC pdc;                                                /* 定义绘图设备上下文结构 */
    int x,y;                                                /* 坐标 */
    double offset = 0;                                      /* x 坐标偏移量 */
    ClearScreen();                                          /* 清屏 */
    pdc = CreateDC();                                       /* 创建绘图设备上下文 */
    SetDrawOrg(pdc,LCDWIDTH/2,LCDHEIGHT/2,&oldx,& oldy);
                                                            /* 设置绘图原点为屏幕中心 */
    Circle(pdc,0,0,50);                                     /* 画圆 */
    MoveTo(pdc, -50, -50);                                  /* 移动 */
    LineTo(pdc,50, -50);                                    /* 画线 */
    ArcTo(pdc,80, -20,TRUE,30);                             /* 画弧 */
    LineTo(pdc,80,20);
    ArcTo(pdc,50,50,TRUE,30);
    LineTo(pdc, -50,50);
    ArcTo(pdc, -80,20,TRUE,30);
    LineTo(pdc, -80, -20);
    ArcTo(pdc, -50, -50,TRUE,30);
    OSTimeDly(3000);                                        /* 将任务挂起 3 s */
    ClearScreen();
    SetDrawOrg(pdc,0,LCDHEIGHT/2,&oldx,&oldy);              /* 设置绘图原点为屏幕左边中部 */
    for(;;)                                                 /* 消息循环 */
    {
        MoveTo(pdc,0,0);
        for(x = 0;x<LCDWIDTH;x++)
        {
            y = (int)(50 * sin(((double)x)/20.0 + offset));/* 画正弦波 */
            LineTo(pdc,x,y);
        }
        offset += 1;
        if(offset>= 2 * 3.14)
            offset = 0;
        OSTimeDly(1000);
        ClearScreen();
    }

    DestoryDC(pdc);                                         /* 删除绘图设备上下文 */
}
```

本程序中应注意如下几点：

① 绘制整圆可以用 Circle 函数，绘制直线用 Line 函数，绘制圆弧用 ArcTo 函数。调试的过程中可以在每个绘图函数之后调用 OSTimeDly 函数，使系统更新显示并输出到液晶屏上。

② 为方便绘图，可使用 SetDrawOrg 函数设置绘图的原点。

③ 因为本次实验不用系统的字符显示，所以，可以去掉 Main()函数中的 LoadFont()函数，以节省系统启动的时间。

习 题

1. μC/OS-Ⅱ有哪些特点？
2. 简述 μC/OS-Ⅱ的内核结构组成。
3. 简述 μC/OS-Ⅱ的启动过程。
4. 移植 μC/OS-Ⅱ需要具备哪些知识？
5. 移植 μC/OS-Ⅱ需要编写哪些文件？
6. μC/OS-Ⅱ中的任务可有哪些状态？
7. 试述 μC/OS-Ⅱ的任务调度过程。
8. 基于 μC/OS-Ⅱ编写一个简单的应用程序。

第 8 章

常用接口实验

本章首先介绍了嵌入式接口开发环境,然后对常用的接口实验进行了介绍。其中,基本实验主要包括存储器实验、矩阵键盘实验、A/D 转换实验、触摸屏实验、LCD 实验、串口实验、SPI 总线接口、UCOS_II 实验;扩展实验包括 I^2C 实验、CAN 总线接口、GPRS 实验、GPS 实验。基本实验都有相应的视频作为参考,读者可根据实际情况选做其中的实验。

8.1 嵌入式系统开发环境

一、实验目的

① 熟悉 ADS1.2 开发环境,掌握 ADS 开发嵌入式程序的编辑、编译、连接、调试过程。

② 熟悉 UP-NETARM2410-S 实验箱的使用。

二、实验设备

硬件:PC 机,UP-NETARM2410-S 实验箱。

软件:ADS1.2 集成开发环境。

三、实验预习要求

① 阅读 1.5 节内容。

② 阅读 2.5 节有关内容。

四、实验内容

1) ADS 开发嵌入式软件的基本流程

① 建立一个新工程。

② 建立一个汇编程序,并添加到工程中。

③ 设置编译链接控制选项。

④ 编译链接工程。

⑤ 使用 AXD 调试工程。

2) 熟悉 UP-NETARM2410-S 实验箱的使用

① 实验箱和 PC 机的硬件连接。

② 熟悉超级终端的使用。

③ 熟悉 ARM 仿真器的使用。
④ 在线调试。
⑤ 下载映像到目标板的方法。

3) ARM 汇编和 C 语言混合编程

五、实验步骤

1. ADS 开发嵌入式软件的基本流程

ADS 开发嵌入式软件的基本流程如下,详细操作请参考光盘实验一中的视频 1:

① 启动 ADS1.2 开发环境,选择 File→New 菜单项,使用 ARM Executable Image 工程模板建立一个工程,工程名称为 test。

② 选择 File→New 菜单项,选择 File 多项卡,在 File name 文本框中输入 test.s;选中 Add to Project,则 Targets 变成可选,全部选中,按确定,则建立好了 test.s。然后,在弹出的编辑界面中输入源程序。

③ 选择 Edit→DebugRel Settings 菜单项,在 DebugRel Settings 列表框中选择 ARM Assembler,设置 Target 型号为 ARM920T;选择 ARM Linker 项,观察其默认设置,这里不做任何修改,单击 OK。

④ 选择 Project→Make 菜单项,编译链接工程;编译过程如果没有错误则表示编译成功。

⑤ 启动 AXD 调试器,选择 Options→Configure Target 菜单项,选择 ARMUL 调试器,并在该界面下单击 Configure,配置 Processor 为 ARM920T,依次单击 OK 退出。

⑥ 在 AXD 界面中选择 File→Load Image 菜单项,将 C:\test\test_Data\DebugRel\test.axf 文件加载到调试器。

⑦ 选择 Processor Views→Registers 菜单项打开寄存器,并选择 Current 寄存器;选择 Processor Views→Memory 菜单项打开内存观察器,并输入地址 0x8000100。然后,按 F10 逐行执行以上程序。在执行的过程中可以通过寄存器观察器和内存观察器跟踪每条指令对相关寄存器或存储器值的影响过程,从而可以判断指令执行正确与否。当全部按预定步骤指令执行完毕,则说明程序调试成功。

2) 熟悉 UP‐NETARM2410‐S 实验箱的使用
① 实验箱和 PC 机的硬件连接,参考实验一中的视频 2。
② 熟悉超级终端的使用,参考实验一中的视频 3。
③ 熟悉 ARM 仿真器的使用,参考实验一中的视频 4。
④ 在线调试,参考实验一中的视频 5。
⑤ 下载映像到目标板的方法,参考实验一中的视频 6。

3) ARM 汇编和 C 语言混合编程
① 汇编语言程序调用 C 语言程序,参考实验一中的视频 7。
② C 语言程序调用汇编语言程序,参考实验一中的视频 8。

六、思考题

1. 工程模板的作用是什么？
2. 当源程序修改了,如何重新加载到 AXD 调试器？
3. 如何修改程序加载的初始地址？
4. 如何将已编辑好的汇编源文件加入工程？
5. 仿真器有何作用？

8.2 存储器实验

一、实验目的

① 学习基于 S3C2410X 的 Nand Flash 编程。
② 熟练掌握 Jtag 在线调试方法的使用,熟悉 AXD 的各种功能。

二、实验设备

硬件:PC 机,UP-NETARM2410-S 实验箱。
软件:ADS1.2 集成开发环境。

三、实验预习要求

学习 Nand Flash 的相关知识,掌握 S3C2410X 的 Nand Flash 相关寄存器的作用和设置方法,学习对 Nand Flash 读写等功能的编程。
① 阅读 1.5 节内容。
② 阅读 3.5 节有关内容。

四、实验内容

① 实验箱和 PC 机的硬件连接。
② 使用 ADS 重新编译 Nand Flash 工程文件。
③ Nand Flash 芯片基本功能函数的调试。
④ 下载到实验箱用超级终端查看实验结果。

五、实验步骤

1) 实验箱和 PC 机的硬件连接

① 将 UP-NETARM2410-S 实验箱的电源连接上。
② 将 PC 机和实验箱连接好,具体有串口线、JTAG 仿真器、网线。
③ 在 PC 机上打开超级终端。
④ PC 机上运行 UarmJtag,并设置好参数,初始化配置,处理器选 ARM9。
⑤ 打开实验箱电源。

2) 使用 ADS 重新编译 Nand Flash 工程文件

① 将 Nand Flash 工程文件复制至某个盘符根目录下,如 D:\。

② 打开 Nand Flash 工程文件。
③ 选择 Project→remove object code 菜单项清除以前编译的目标文件。
④ 选择 Project→make 菜单项重新编译，生成新的目标文件。
⑤ 调用 AXD 调试工程，AXD 要设置好。
⑥ 使用 AXD 在线调试 Nand Flash 项目，重点是 NandFlash.c。

3) Nand Flash 芯片基本功能函数的调试

Nand Flash 芯片基本功能函数的调试参考实验二视频 9。

① 进入 Nand Flash.c 调试 Example，如图 8-1 所示。

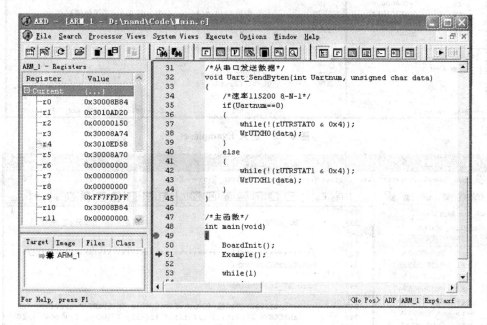

图 8-1　进入 Nand Flash.c

单击运行(GO)按钮进入到 main.c 后会停止在中断点，然后通过单步执行(Step)或运行到光标处(Run To Cursor)，使得程序指针指向 Example()，如图 8-1 所示；然后单击 Step in 按钮进入 Nand Flash.c 调试 Example.c，如图 8-2 所示。

② 调试 INIT NF_Init(void)。该函数的功能主要是对 Nand Flash 控制器进行配置，其配置的详细说明可参考 3.5 节有关内容；进入该函数后可使用内存观察器调出 Nand Flash 控制寄存器 0x4E000000 中的内容观察其变化，如图 8-3 所示。

③ 调试 NF_Reset()。该函数的功能主要是对芯片进行复位，其实质就是对 Nand Flah 芯片写入复位命令，如图 8-4 所示。

嵌入式系统接口原理与应用

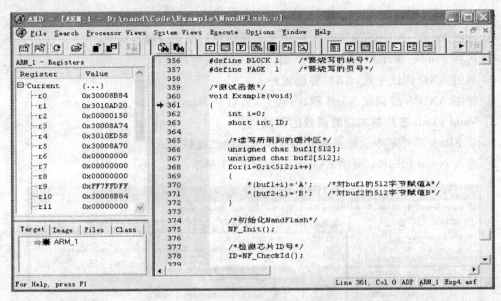

图 8-2 进入 Example.c

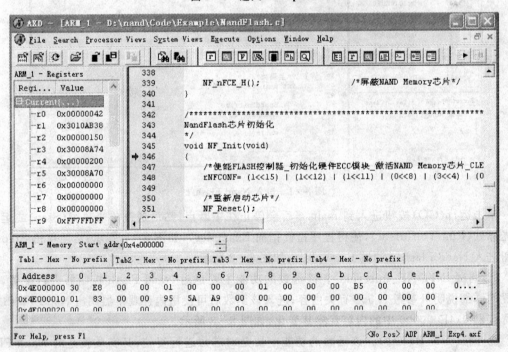

图 8-3 调试 NF_Init(void) 函数

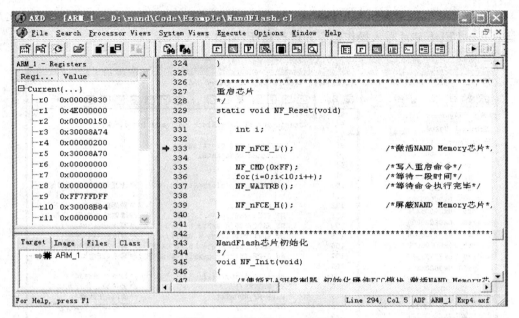

图 8-4 调试 NF_Reset( )函数

④ 调试 NF_CheckId( )。该函数的功能主要是检测芯片的 ID 号,其实质就是对 Nand Flah 芯片写入操作命令,如图 8-5 所示。

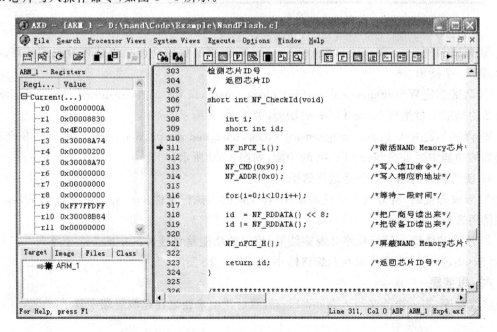

图 8-5 调试 NF_CheckId( )

⑤ 调试 NF_IsBadBlock(BLOCK)。该函数的功能主要是检测芯片是否有坏块,其实质就是对 Nand Flah 芯片写入操作命令并进行判断,如图 8-6 所示。

图 8-6　调试 NF_IsBadBlock(BLOCK)

⑥ 调试 NF_EraseBlock(unsigned int block)。该函数的功能主要是将检测到的坏块删除,如图 8-7 所示。

⑦ 调试 NF_WritePage(unsigned int block, unsigned int page, unsigned char * buffer)。该函数的功能主要是写 Nand Flash 的功能,如图 8-8 所示。

⑧ 调试 NF_ReadPage(unsigned int block, unsigned int page, unsigned char * buffer)。该函数的功能主要是写 Nand Flash 的功能,如图 8-9 所示。

4) 使用超级终端观察程序运行结果

① 修改源代码,将修改后的代码编译,将生成的可执行文件 system.bin 下载到 Flash 中,这里使用超级终端下载。

② 使用超级终端运行程序并观察结果,程序的功能是将缓冲区中的 512 个字母'A'写入 Nand Flash,然后读出来显示在超级终端中,如图 8-10 所示。

六、思考题

修改程序,将一段英文写入 Nand Flash,然后读出来使之在超级终端中显示。

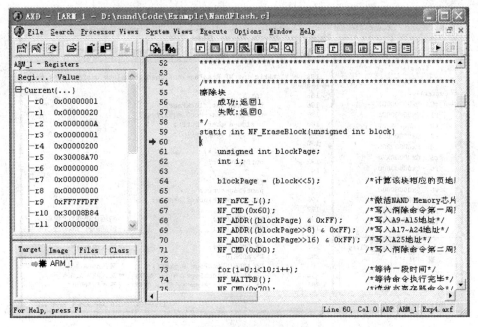

图 8-7 调试 NF_EraseBlock( )

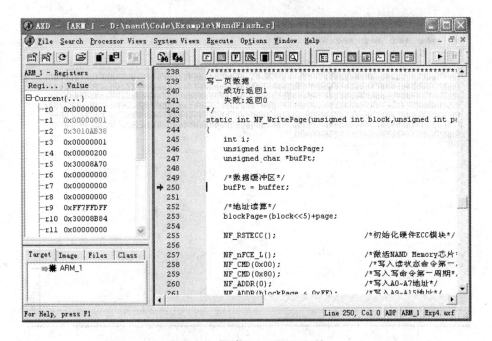

图 8-8 调试 NF_WritePage( )

嵌入式系统接口原理与应用

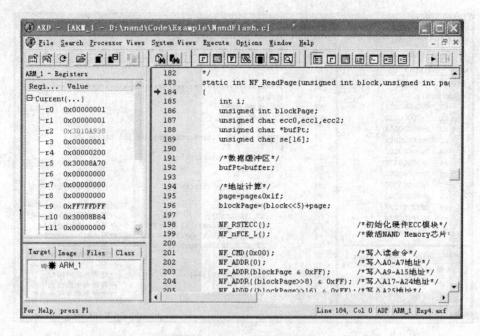

图 8-9 调试 NF_ReadPage( )

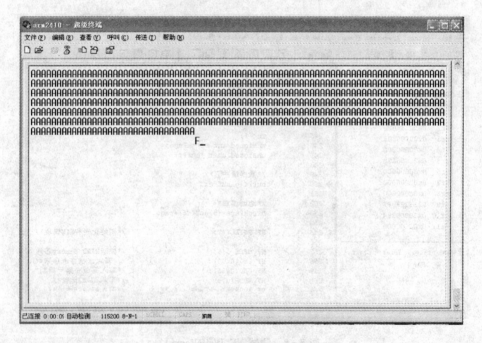

图 8-10 超级终端观察结果

8.3 矩阵键盘实验

一、实验目的

① 掌握矩阵结构键盘的工作原理,会使用行扫描法编程实现简易的矩阵键盘。
② 掌握 GPIO 的基本原理与 I/O 编程技术。

二、实验设备

硬件:ARM 嵌入式开发平台、PC 机、Jtag 仿真器、串口线、简易键盘。
软件:ADS1.2、AXD、UarmJtag、超级终端。

三、实验预习要求

学习键盘原理,理解键盘电路图,预习基于 S3C2410 的 I/O 口编程。
① 阅读 4.1 节内容。
② 阅读 4.2 节有关内容。

四、实验内容

① 实验箱和 PC 机的硬件连接。
② 根据电路图制作简易键盘,将键盘安装到实验箱上。
③ 在线调试矩阵键盘代码,用超级终端观察效果。

五、实验步骤

1) 实验箱和 PC 机的硬件连接

① 将 UP-NETARM2410-S 实验箱的电源连接上。
② 将 PC 机和实验箱连接好,具体有串口线、JTAG 仿真器、网线。
③ 在 PC 机上打开超级终端。
④ PC 机上运行 UarmJtag,并设置好参数,初始化配置,处理器选 ARM9。
⑤ 打开实验箱电源。

2) 根据电路图制作简易键盘,将键盘安装到实验箱上

① 2×2 键盘参考光盘实验三中附录的文档"简易小键盘制作.doc"。
② 将键盘的连线接到实验箱相关的 GPIO 口。

3) 在线调试矩阵键盘代码,用超级终端观察效果,参考实验三视频 10

① 打开矩阵键盘工程文件,重新 make 项目,如图 8-11 所示。
② 使用 AXD 在线调试代码。主要调试键盘初始化 InitKey() 函数,该函数主要设置 GPHCON,将其配置为输入 I/O 口用于接收键盘按键的输入,如图 8-12 所示。
调试键盘扫描 Scan() 函数,该函数主要实现了键盘扫描功能。键盘扫描的原理请参考 4.2 节相关的内容,该函数调试过程如图 8-13 所示。

嵌入式系统接口原理与应用

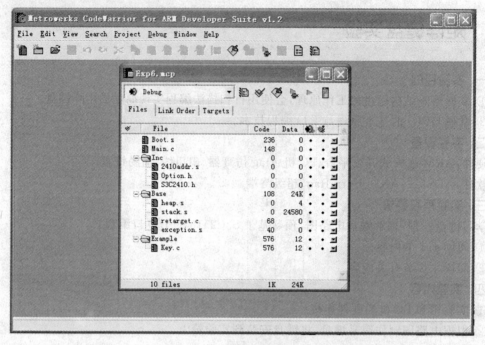

图 8-11 编译项目

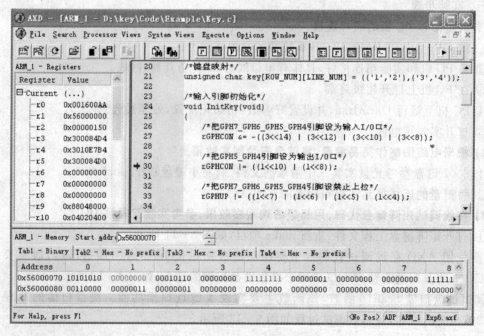

图 8-12 调试 InitKey( )函数

常用接口实验 8

图8-13 调试键盘扫描 Scan( )函数

③ 打开超级终端观察程序运行,分别按下矩阵键盘的按键,查看超级终端的变化如图8-14所示。

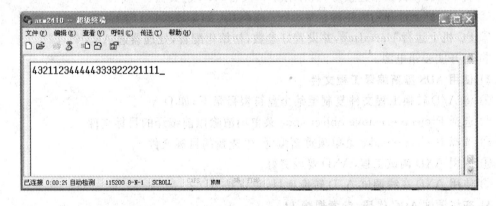

图8-14 超级终端查看结果

六、思 考

在参考代码中,每按一下只显示一个字符,请问如何实现长按不放,超级终端不停输入字符直到键盘放开?

8.4 A/D 转换实验

一、实验目的

① 理解 A/D 转换的原理。

② 掌握 A/D 转换的方法,调试基于 S3C2410 的 A/D 转换代码。

二、实验设备

硬件:ARM 嵌入式开发平台、PC 机、Jtag 仿真器、串口线。

软件:ADS1.2、AXD、UarmJtag、超级终端。

三、实验预习要求

阅读 4.3 节内容。

四、实验内容

① 实验箱和 PC 机的硬件连接。

② 使用 ADS 重新编译工程文件。

③ 在线调试代码,调整实验箱模拟量,使用超级终端查看数字量的变化。

④ 下载到实验箱用超级终端查看实验结果。

五、实验步骤

1) 实验箱和 PC 机的硬件连接

① 将 UP-NETARM2410-S 实验箱的电源连接上。

② 将 PC 机和实验箱连接好,具体有串口线、JTAG 仿真器、网线。

③ 在 PC 机上打开超级终端。

④ PC 机上运行 UarmJtag,并设置好参数,初始化配置,处理器选 ARM9。

⑤ 打开实验箱电源。

2) 使用 ADS 重新编译工程文件

① 将 A/D 转换工程文件复制至某个盘符根目录下,如 D:\。

② 选择 Project→remove object code 菜单项清除以前编译的目标文件。

③ 选择 Project→make 菜单项重新编译,生成新的目标文件。

④ 调用 AXD 调试工程,AXD 要设置好。

⑤ 使用 AXD 在线调试 A/D 转换项目,重点是 AD.c。

3) 在线调试 ADC 代码,参考视频 11

① 调试初始化 ADC 函数 void init_ADdevice()。init_ADdevice()初始化函数主要实现对 ADCCON 寄存器中的一些基本的设置,这些设置决定了 ADC 的工作方式,其调试过程如图 8-15 所示。

② 调试获取 A/D 采集值函数 int GetADresult(int channel)。转换函数 GetADresult()主要

实现对选择的某一个通路进行 A/D 转换,并将转换后的值返回,其调试过程如图 8-16 所示。

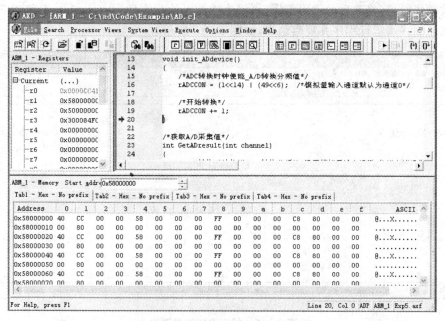

图 8-15 调试 init_ADdevice() 函数

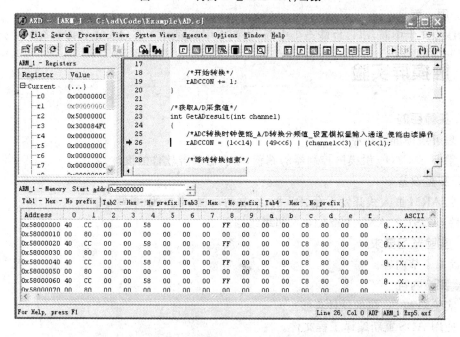

图 8-16 调试转换函数 GetADresult()

4）下载到实验箱，调整实验箱模拟量，使用超级终端查看数字量的变化

修改源代码，将修改后的代码编译，再将生成的可执行文件 system.bin 下载到 Flash 中，然后使用超级终端运行程序并观察结果，如图 8-17 所示。

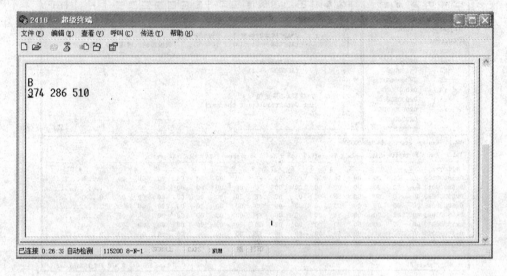

图 8-17 超级终端查看结果

六、思　考

A/D 能产生中断，串口也能产生中断，当两个中断同时产生，ARM 处理器会怎样处理？

8.5　触摸屏实验

一、实验目的

① 理解触摸屏工作原理。
② 掌握 S3C2410 触摸屏控制器的编程，学会触摸屏软件的设计。

二、实验设备

硬件：ARM 嵌入式开发平台、PC 机、Jtag 仿真器、串口线、手写笔。
软件：ADS1.2、AXD、UarmJtag、超级终端。

三、实验预习要求

阅读 4.4 节内容。

四、实验内容

① 实验箱和 PC 机的硬件连接。
② 使用 ADS 重新编译工程文件。
③ 在线调试代码，用手写笔点击触摸屏，使用超级终端查看数值变化。

④ 下载到实验箱用超级终端查看实验结果。

五、实验步骤

1) 实验箱和 PC 机的硬件连接

① 将 UP - NETARM2410 - S 实验箱的电源连接上。

② 将 PC 机和实验箱连接好,具体有串口线、JTAG 仿真器、网线。

③ 在 PC 机上打开超级终端。

④ PC 机上运行 UarmJtag,并设置好参数,初始化配置,处理器选 ARM9。

⑤ 打开实验箱电源。

2) 使用 ADS 重新编译工程文件

① 将触摸屏工程文件复制至某个盘符根目录下,如 D:\。

② 选择 Project→remove object code 菜单项清除以前编译的目标文件。

③ 选择 Project→make 菜单项重新编译,生成新的目标文件。

④ 调用 AXD 调试工程,AXD 要设置好。

⑤ 使用 AXD 在线调试触摸屏项目,重点是 touch.c。

3) 在线调试触摸屏代码,参考实验五视频 12

① 调试触摸屏初始化函数 voidTchScr_init()。触摸屏初始化函数主要设置 rGPGCON 和 rADCCON 等控制寄存器,使之处于触摸屏工作所需要的条件下,其调试过程如图 8-18 所示。

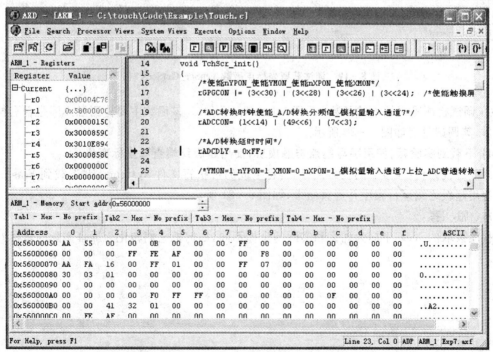

图 8-18 调试触摸屏初始化函数 TchScr_init()

② 调试获取坐标点函数 void TchScr_GetScrXY(int * x,int * y)。获取坐标点函数主要实现获取某通道的模拟量并把它们转化成数字信号,其调试过程如图 8-19 所示。

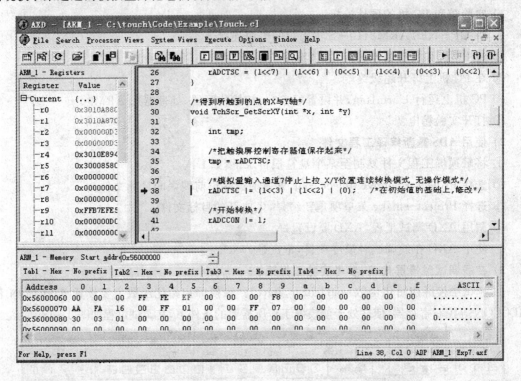

图 8-19　调试获取坐标点函数 TchScr_GetScrXY( )

③ 调试检测是否按下的函数 int CheckDown(void)。该函数主要检测触摸屏是否有按下的动作,其调试过程如图 8-20 所示。

4) 下载到实验箱,使用手写笔点击触摸屏,使用超级终端查看坐标变化

修改源代码,将修改后的代码编译,再将生成的可执行文件 system.bin 下载到 Flash 中,然后使用超级终端运行程序并观察结果,如图 8-21 所示。

六、思　考

程序读取的 X、Y 坐标为什么和实际的坐标不同,如何把它们转化为屏幕实际的坐标?

常用接口实验 8

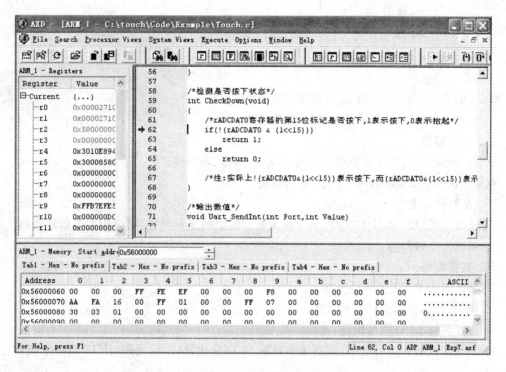

图 8-20　调试检测是否按下的函数 CheckDown( )

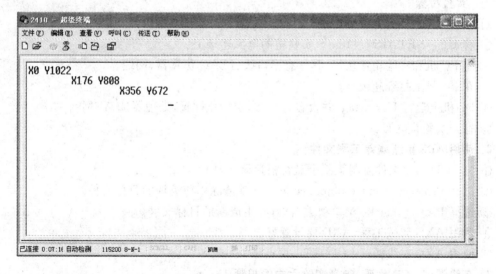

图 8-21　超级终端查看结果

8.6 LCD 实验

一、实验目的

① 了解 S3C2410 芯片的 LCD 控制器及原理。

② 掌握 ARM 处理 LCD 底层驱动编程方法。

二、实验设备

硬件：ARM 嵌入式开发平台、PC 机、Jtag 仿真器、串口线。

软件：ADS1.2、AXD、UarmJtag、超级终端。

三、实验预习要求

① 学习 S3C2410 芯片 LCD 控制器相关寄存器的功能及设置，阅读相关实验源代码。

② 阅读 4.6 节内容。

四、实验内容

① 实验箱和 PC 机的硬件连接。

② 使用 ADS 重新编译工程文件。

③ 在线调试 LCD 驱动代码，查看屏幕变化。

④ 调试源代码并运行程序，观察实验箱的 LCD 变化，修改源代码，让 LCD 显示出自己想要的画面。

五、实验步骤

1) 实验箱和 PC 机的硬件连接

① 将 UP - NETARM2410 - S 实验箱的电源连接上。

② 将 PC 机和实验箱连接好，具体有串口线、JTAG 仿真器、网线。

③ 在 PC 机上打开超级终端。

④ PC 机上运行 UarmJtag，并设置好参数，初始化配置，处理器选 ARM9。

⑤ 打开实验箱电源。

2) 使用 ADS 重新编译工程文件

① 将 LCD 工程文件复制至某个盘符根目录下，如 D:\。

② 选择 Project→remove object code 菜单项清除以前编译的目标文件。

③ 选择 Project→make 菜单项重新编译，生成新的目标文件。

④ 调用 AXD 调试工程，AXD 要设置好。

⑤ 使用 AXD 在线调试 LCD 项目，重点是 touch.c。

3) 在线调试 LCD 代码，参考实验六中的视频 13

调试 LCD 控制器初始化函数 void LCD_Init()。LCD 控制器初始化函数主要设置 LCD-CON1 等控制寄存器，和 LCD 相关的 GPIO 控制器、输出缓冲等，其调试过程如图 8 - 22 所示。

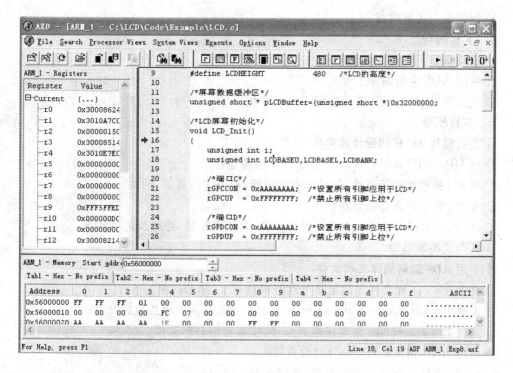

图 8-22 调试初始化函数 void LCD_Init( )

4) 修改源代码并运行程序,让 LCD 显示出自己想要的画面

六、思　考

如何让屏幕显示字母或汉字?

8.7　串口实验

一、实验目的

① 了解 S3C2410 芯片的 UART 控制器及原理。

② 学习基于 S3C2410 的串口通信编程。

二、实验设备

硬件:ARM 嵌入式开发平台、PC 机、Jtag 仿真器、串口线。

软件:ADS1.2、AXD、UarmJtag、超级终端。

三、实验预习要求

① 学习 S3C2410 芯片 UART 控制器相关寄存器的功能及设置,阅读相关实验源代码。

② 阅读 5.1.3 节内容。

③ 阅读 5.1.4 节内容。

四、实验内容
① 实验箱和 PC 机的硬件连接。
② 使用 ADS 重新编译工程文件。
③ 在线调试串口代码,查看超级终端的变化。

五、实验步骤
1) 实验箱和 PC 机的硬件连接
① 将 UP-NETARM2410-S 实验箱的电源连接上。
② 将 PC 机和实验箱连接好,具体有串口线、JTAG 仿真器、网线。
③ 在 PC 机上打开超级终端。
④ PC 机上运行 UarmJtag,并设置好参数,初始化配置,处理器选 ARM9。
⑤ 打开实验箱电源。

2) 使用 ADS 重新编译工程文件
① 将 UART 工程文件复制至某个盘符根目录下,如 D:\。
② 选择 Project→remove object code 菜单项清除以前编译的目标文件。
③ 选择 Project→make 菜单项重新编译,生成新的目标文件。
④ 调用 AXD 调试工程,AXD 要设置好。
⑤ 使用 AXD 在线调试串口项目,重点是 RS232.c。

3) 在线调试串口代码,参考实验七视频 14
① 调试串口初始化函数 void Uart_Init(int baud)。串口初始化函数 Uart_Init()主要功能是配置相关的 GPIO 控制器,设置波特率,串口的工作方式等,其调试过程如图 8-23 所示。
② 调试串口发送函数 void Uart_SendByten(char data)。串口发送函数 Uart_SendByten()主要功能是实现数据的发送,其调试过程如图 8-24 所示。
③ 调试串口接收函数 char Uart_Getchn(void)。串口接收函数 Uart_Getchn()主要功能是实现数据的接收,其调试过程如图 8-25 所示。

4) 下载到实验箱,调整实验箱模拟量,在键盘上按键,使用超级终端查看结果
修改源代码,将修改后的代码编译,再将生成的可执行文件 system.bin 下载到 Flash 中,然后使用超级终端运行程序并观察结果,如图 8-26 所示。

六、思 考
1. 如何使用串口发送字符串?试编程实现。
2. RS-232 通信的数据格式是什么?
3. 串行通信最少需要几根线,分别如何连接?

常用接口实验 8

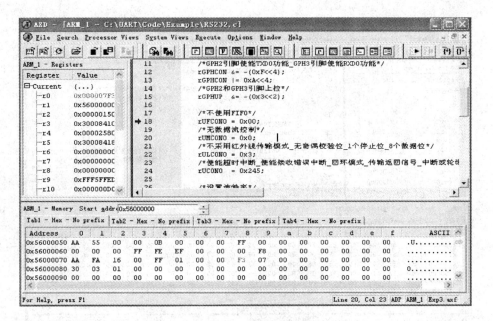

图 8-23　调试串口初始化函数 Uart_Init( )

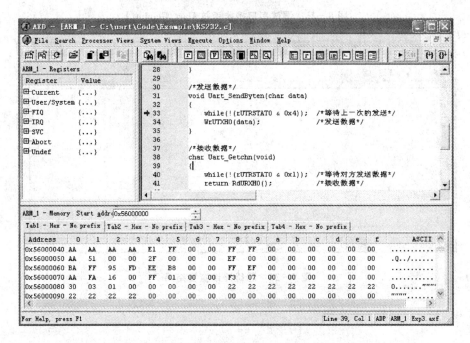

图 8-24　调试串口发送函数 Uart_SendByten( )

嵌入式系统接口原理与应用

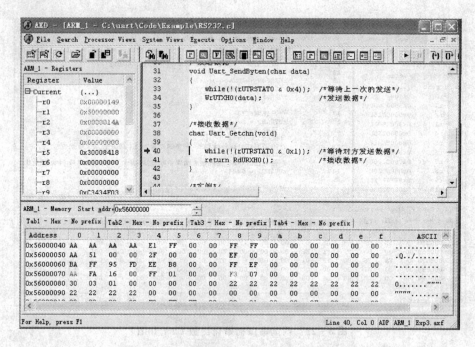

图 8-25　调试串口接收函数 Uart_Getchn( )

图 8-26　超级终端查看结果

8.8 SPI 实验

一、实验目的
① 理解 SPI 总线的工作原理。
② 掌握 S3C2410 芯片的 SPI 相关寄存器的设置。

二、实验设备
硬件:ARM 嵌入式开发平台、PC 机、Jtag 仿真器、串口线、万用表(或电压表)。
软件:ADS1.2、AXD、UarmJtag、超级终端。

三、实验预习要求
① 学习 S3C2410 芯片的 SPI 相关寄存器的设置,阅读相关实验源代码。
② 阅读 5.4.2 节内容。
③ 阅读 5.4.3 节内容。

四、实验内容
① 实验箱和 PC 机的硬件连接
② 使用 ADS 重新编译工程文件。
③ 在线调试 SPI 总线接口代码。

五、实验步骤

1) 实验箱和 PC 机的硬件连接
① 将 UP – NETARM2410 – S 实验箱的电源连接上。
② 将 PC 机和实验箱连接好,具体有串口线、JTAG 仿真器、网线。
③ 在 PC 机上打开超级终端。
④ PC 机上运行 UarmJtag,并设置好参数,初始化配置,处理器选 ARM9。
⑤ 打开实验箱电源。

2) 使用 ADS 重新编译工程文件
① 将 SPI 工程文件复制至某个盘符根目录下,如 D:\。
② 选择 Project→remove object code 菜单项清除以前编译的目标文件。
③ 选择 Project→make 菜单项重新编译,生成新的目标文件。
④ 调用 AXD 调试工程,AXD 要设置好。
⑤ 使用 AXD 在线调试串口项目,重点是 SPI.c 和 DAC.c。

3) 在线调试 SPI 代码,参考实验八视频 15
① 调试 SPI 初始化函数 void SPI_initIO(void)。SPI 初始化函数主要配置与 SPI 相关引脚,其调试过程如图 8 – 27 所示。
② 调试 SPI 发送数据函数 void SPISend (unsigned char val)。SPI 发送数据函数主要实

嵌入式系统接口原理与应用

现 SPI 数据的发送,其调试过程如图 8-28 所示。

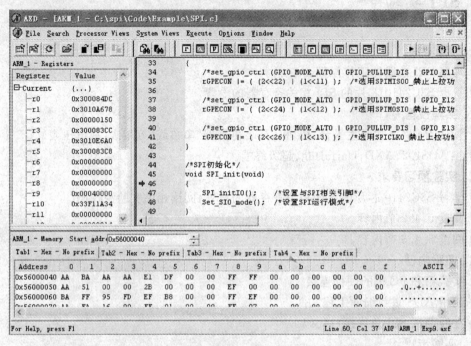

图 8-27 调试 SPI 初始化函数 void SPI_initIO( )

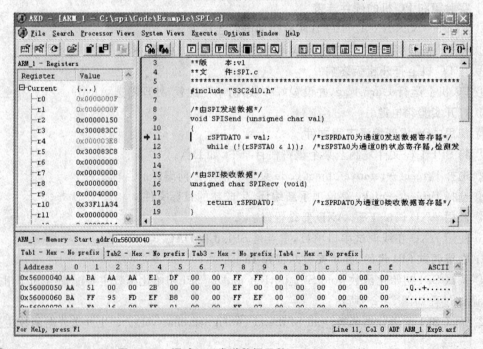

图 8-28 调试 SPI 发送数据函数 void SPISend( )

③ 调试设置 DA 值函数 void Max504_SetDA(int value)，使用万用表（或电压表）测量 DAC1 的电压，其调试过程如图 8-29 所示。

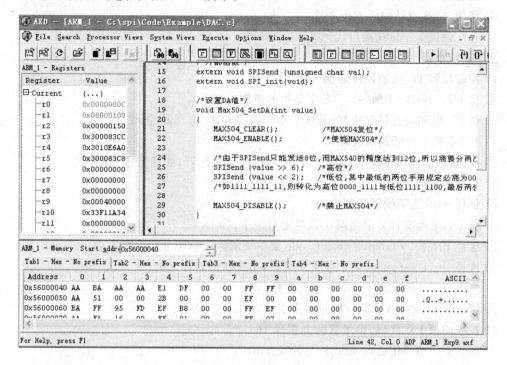

图 8-29　调试设置 DA 值函数 Max504_SetDA( )

六、思　考
SPI 总线和串口总线有何区别？

8.9　I²C 接口实验

一、实验目的
① 理解 I²C 总线的工作原理。
② 掌握 S3C2410 芯片的 I²C 相关寄存器的设置。

二、实验设备
硬件：ARM 嵌入式开发平台、PC 机、Jtag 仿真器、串口线。
软件：ADS1.2、AXD、UarmJtag、超级终端。

三、实验预习要求
① 学习 S3C2410 芯片 I²C 相关寄存器的设置，阅读相关实验源代码。
② 阅读 5.5 节内容。

四、实验内容

① 实验箱和 PC 机的硬件连接。
② 使用 ADS 重新编译工程文件。
③ 在线调试 I^2C 总线接口代码。

五、实验步骤

1) 实验箱和 PC 机的硬件连接

① 将 UP–NETARM2410–S 实验箱的电源连接上。
② 将 PC 机和实验箱连接好,具体有串口线、JTAG 仿真器、网线。
③ 在 PC 机上打开超级终端。
④ PC 机上运行 UarmJtag,并设置好参数,初始化配置,处理器选 ARM9。
⑤ 打开实验箱电源。

2) 使用 ADS 重新编译工程文件

① 将 I^2C 工程文件复制至某个盘符根目录下,如 D:\。
② 选择 Project→remove object code 菜单项清除以前编译的目标文件。
③ 选择 Project→make 菜单项重新编译,生成新的目标文件。
④ 调用 AXD 调试工程,AXD 要设置好。
⑤ 使用 AXD 在线调试串口项目,重点是 SPI.c 和 DAC.c。

3) 在线调试 I^2C 代码,参考实验九视频 16

① 调试 I^2C 初始化函数 void IIC_init(void)。
I^2C 初始化函数主要配置与 I^2C 相关引脚以及 I^2C 总线控制器,其调试过程如图 8–30 所示。

其中,完成一次传输的 3 个过程:
- Master Tx 开始:void IIC_MasterTxStart(char data);
- Master Tx 传输:void IIC_MasterTx(char data);
- Master Tx 停止:void IIC_MasterTxStop(void)。

数据的接收与发送:
- 对 Slave 端发送数据:void IIC_Send(char devaddr,const char * pdata,int n);
- 触发检测:unsigned char IIC_Poll(void);
- 接收数据:unsigned char IIC_Recive(void)。

参考 S3C2410.pdf 文档,查询以上代码中各个寄存器的作用以及取值所代表的含义。

② 调试 I^2C 发送数据函数 IIC_MasterTx(char data)。I^2C 发送数据函数主要实现 I^2C 数据的发送,其调试过程如图 8–31 所示。

③ 调试 I^2C 接收数据函数 IIC_Recive()。I^2C 接收数据函数主要实现 I^2C 数据的接收,其调试过程如图 8–32 所示。

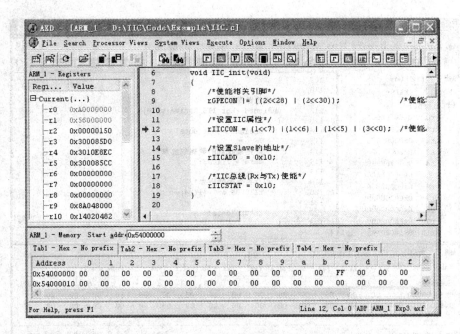

图 8-30　调试 I^2C 初始化函数 IIC_init(void)

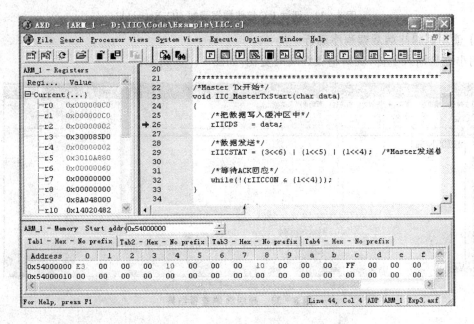

图 8-31　调试 I^2C 发送数据函数 IIC_MasterTx( )

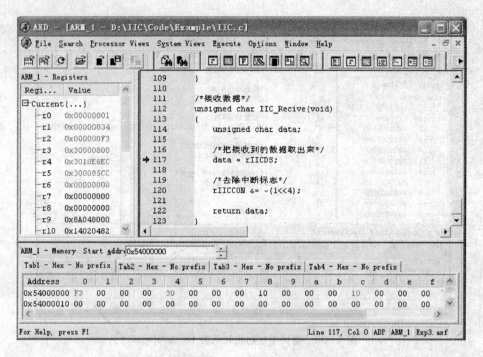

图 8-32　调试 I^2C 接收数据函数 IIC_Recive( )

4）使用超级终端观察程序运行

用小键盘输入字符，观察超级终端的变化，如图 8-33 所示。

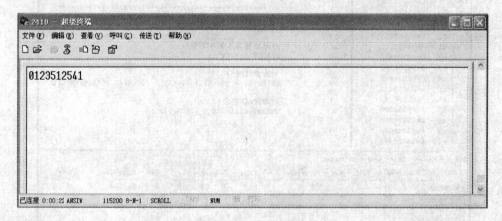

图 8-33　超级终端查看结果

5）根据 S3C2410 芯片手册修改源代码,熟悉各个寄存器的功能

六、思　考

1. 如何实现小键盘的双击功能。
2. 修改键值映射表实现非数字键盘输入。

8.10　CAN 总线实验

一、实验目的

① 了解 CAN 总线的工作原理。
② 掌握 S3C2410 芯片中 CAN 总线相关寄存器的设置。

二、实验设备

硬件:ARM 嵌入式开发平台、PC 机、Jtag 仿真器、CAN 总线模块。
软件:ADS1.2、AXD、UarmJtag、超级终端。

三、实验预习要求

① 学习 S3C2410 芯片的 CAN 总线控制相关寄存器的设置,阅读相关实验源代码。
② 阅读 6.2.3 节内容。
③ 阅读 6.2.4 节内容。

四、实验内容

① 实验箱和 PC 机的硬件连接。
② 连接 CAN 总线模块。
③ 使用 ADS 重新编译工程文件。
④ 在线调试 CAN 总线接口代码。

五、实验步骤

1）实验箱和 PC 机的硬件连接

① 将 UP-NETARM2410-S 实验箱的电源连接上。
② 将 PC 机和实验箱连接好,具体有串口线、JTAG 仿真器、网线。
③ 在 PC 机上打开超级终端。
④ PC 机上运行 UarmJtag,并设置好参数,初始化配置,处理器选 ARM9。

2）连接 CAN 总线模块

① 将 CAN 总线模块和 UP-NETARM2410-S 实验箱 CAN 总线接口的连线连接好,注意接线的数序不能弄错。
② 打开实验箱电源,打开 CAN 总线模块的电源。

3）使用 ADS 重新编译工程文件

① 将 CAN 总线工程文件复制至某个盘符根目录下,如 D:\。

② 选择 Project→remove object code 菜单项清除以前编译的目标文件。
③ 选择 Project→make 菜单项重新编译,生成新的目标文件。
④ 调用 AXD 调试工程,AXD 要设置好。
⑤ 使用 AXD 在线调试串口项目,重点是 CAN.c。

4) 在线调试 CAN 总线代码,参考实验十视频 17

① 调试 MCP2510 的初始化函数 void init_MCP2510(CanBandRate bandrate),其调试过程如图 8-34 所示。

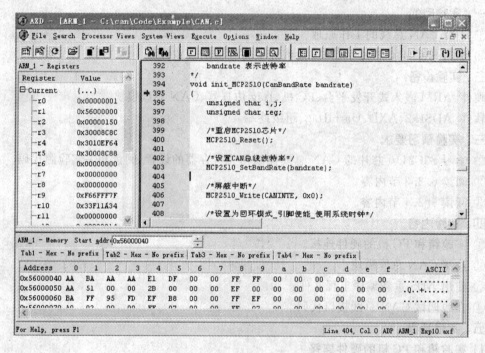

图 8-34 调试 MCP2510 的初始化函数 init_MCP2510()

② 调试 MCP2510 发送和接收数据函数 void SPISend(unsigned char val),其调试过程如图 8-35 所示。

六、思　考

CAN 总线和 SPI 总线的区别。

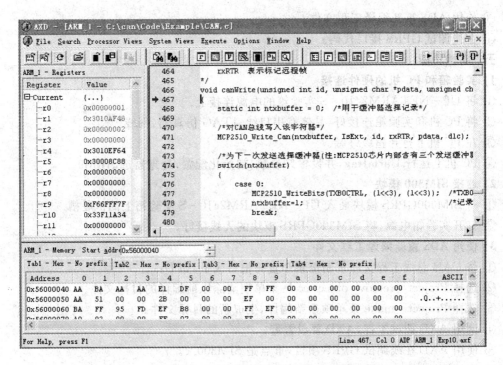

图 8-35　调试 MCP2510 发送和接收数据函数 SPISend( )

8.11　GPRS 总线实验

一、实验目的

① 学习基于 S3C2410 的 SIM300 模块编程。
② 掌握 S3C2410 芯片串口相关寄存器的设置。

二、实验设备

硬件：ARM 嵌入式开发平台、PC 机、Jtag 仿真器、CAN 总线模块。
软件：ADS1.2、AXD、UarmJtag、超级终端。

三、实验预习要求

① 学习 S3C2410 芯片串口控制相关寄存器的设置，阅读相关实验源代码。
② 阅读 6.2.3 节内容。
③ 阅读 6.2.4 节内容。

四、实验内容

① 实验箱和 PC 机的硬件连接。
② 连接 GPRS 总线模块。

③ 使用 ADS 重新编译工程文件。
④ 在线调试 GPRS 接口代码。

五、实验步骤

1) 实验箱和 PC 机的硬件连接

① 将 UP-NETARM2410-S 实验箱的电源连接上。
② 将 PC 机和实验箱连接好,具体有串口线、JTAG 仿真器、网线。
③ 在 PC 机上打开超级终端。
④ PC 机上运行 UarmJtag,并设置好参数,初始化配置,处理器选 ARM9。

2) 连接 SIM300 模块

① 将 SIM300GPRS 模块插入 UP-NETARM2410-S 实验箱上的扩展槽。
② 打开实验箱电源,将 SIM300GPRS 模块的天线接好。

3) 使用 ADS 重新编译工程文件

① 将 CAN 总线工程文件复制至某个盘符根目录下,如 D:\。
② 选择 Project→remove object code 菜单项清除以前编译的目标文件。
③ 选择 Project→make 菜单项重新编译,生成新的目标文件。
④ 调用 AXD 调试工程,AXD 要设置好。
⑤ 使用 AXD 在线调试 GPRS 项目,重点是 SIM300.c。

4) 在线调试 GPRS 代码,参考实验十一视频 18

① 调试串口 2 初始化函数 Uart2_Init()。

```
void Uart2_Init(void)
{LCR = 0;
  IER = 0;
  FCR_ISR = 0;
  MCR = 0x3;              /* 正常模式 */
  LCR| = 0x83;
  DLL = 0x6;
  DLM = 0;
  LCR&= 0x7F;}
```

以上是 16C550 芯片的相关寄存器初始化,同时与"串口 0 初始化"相比较得出 UART 与 16C550 的相异同,其调试过程如图 8-36 所示。

② 调试 SIM300 模块初始化函数 SIM300_Init(),其调试过程如图 8-37 所示。
③ 调试 SIM300 模块拨打电话函数 SIM300_CALL(),其调试过程如图 8-38 所示。
④ 调试 SIM300 模块发送短信函数 SIM300_MGS(),其调试过程如图 8-39 所示。

5) 其他函数的调试

超级终端查看到的结果,如图 8-40 所示。

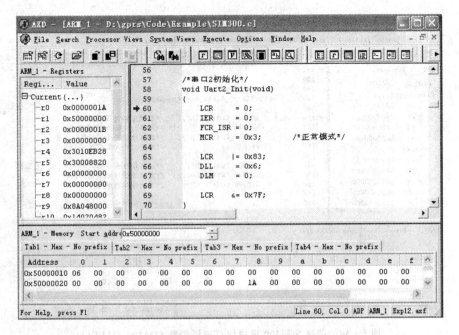

图 8-36　调试串口 2 初始化函数 Uart2_Init( )

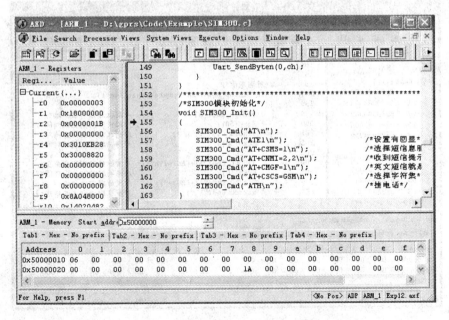

图 8-37　调试 SIM300 模块初始化函数 SIM300_Init( )

嵌入式系统接口原理与应用

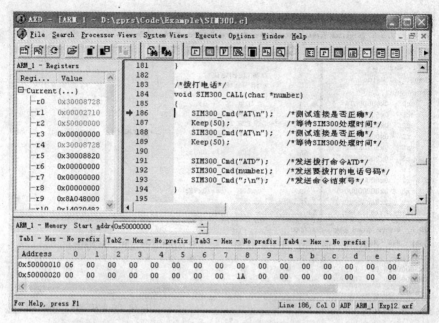

图 8 – 38　调试 SIM300 模块拨打电话函数 SIM300_CALL( )

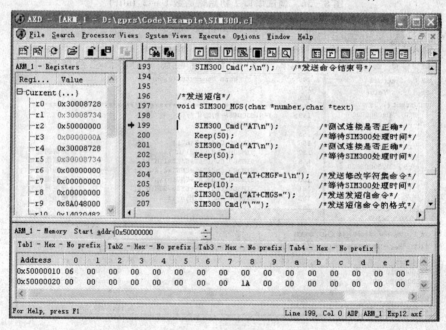

图 8 – 39　调试 SIM300 模块发送短信函数 SIM300_MGS( )

分别注意如下 SIM300 相关函数：

```
void SIM300_Init()                        /*SIM300 模块初始化*/
void SIM300_HOLD()                        /*挂断电话*/
void SIM300_ANSWER()                      /*接听电话*/
void SIM300_CALL(char * number)           /*拨打电话*/
void SIM300_MGS(char * number,char * text) /*发送短信*/
```

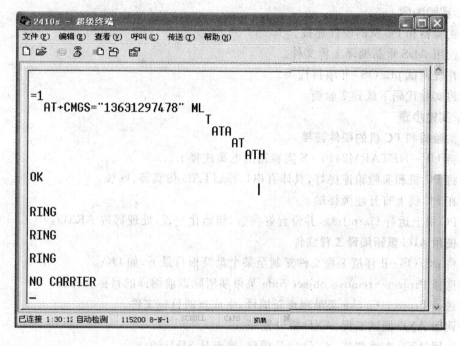

图 8-40　超级终端查看结果

六、思　考

通过 SIM300 模块实验的学习，实现其他 AT 命令的应用。

8.12　μC/OS-Ⅱ实验

一、实验目的

① 了解 μC/OS-Ⅱ内核主要结构。
② 掌握将 μC/OS-Ⅱ内核移植到 ARM920T 核心板上的基本方法。
③ 掌握 μC/OS-Ⅱ下应用程序的编写方法。

二、实验设备

硬件：ARM 嵌入式开发平台、PC 机、Jtag 仿真器、CAN 总线模块。

软件:ADS1.2、AXD、UarmJtag、超级终端。

三、实验预习要求

① 熟悉 μC/OS-Ⅱ 的源代码,了解它的组织目录,阅读相关实验源代码。

② 阅读 7.3 节内容。

③ 阅读 7.4 节内容。

④ 阅读 7.5 节内容。

四、实验内容

① 实验箱和 PC 机的硬件连接。

② 使用 ADS 重新编译工程文件。

③ 在线调试 μC/OS-Ⅱ 项目代码。

④ 将实验代码下载到实验箱。

五、实验步骤

1) 实验箱和 PC 机的硬件连接

① 将 UP-NETARM2410-S 实验箱的电源连接上。

② 将 PC 机和实验箱连接好,具体有串口线、JTAG 仿真器、网线。

③ 在 PC 机上打开超级终端。

④ PC 机上运行 UarmJtag,并设置好参数,初始化配置,处理器选 ARM9。

2) 使用 ADS 重新编译工程文件

① 将 μC/OS-Ⅱ 移植工程文件复制至某个盘符根目录下,如 D:\。

② 选择 Project→remove object code 菜单项清除以前编译的目标文件。

③ 选择 Project→make 菜单项重新编译,生成新的目标文件。

④ 调用 AXD 调试工程,AXD 要设置好。

⑤ 使用 AXD 在线调试 μC/OS-Ⅱ 项目,重点是 SIM300.c。

3) 在线调试 μCOSII 代码,参考视频 19

① 打开 μC/OS-Ⅱ 目录,观察学习里面的代码,其代码结构如图 8-41 所示。

② 学习 os_cpu.h、os_cpu_a.s、os_cpu_c.c 这 3 个与处理器相关的文件,如图 8-42 所示。

③ 利用超级终端查看到的结果,如图 8-43 所示。

4) 应用程序的调试

参考实验 2 将绘图 API 项目重新编译调试。此项目实现了一个屏幕绘图程序。首先,在屏幕上绘制一个圆角矩形和一个整圆。然后,再在屏幕上无闪烁地绘制一个移动的正弦波,如图 8-44 所示。

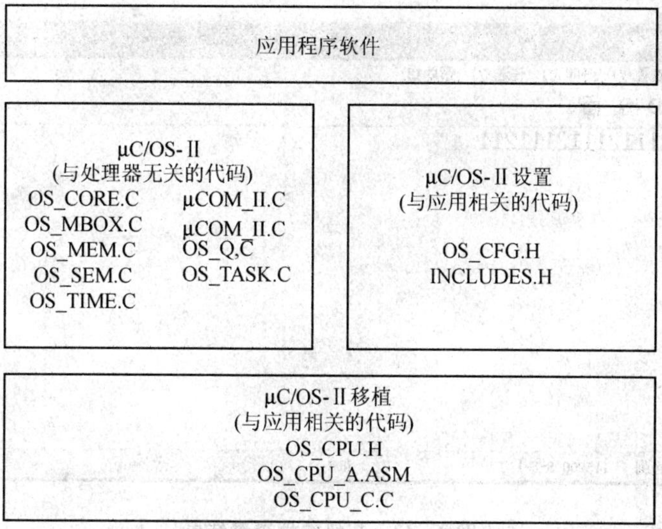

常用接口实验 8

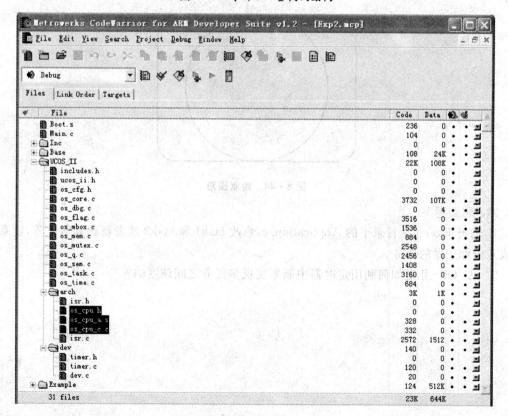

图 8-41 μC/OS-II 代码结构

图 8-42 与处理器相关的文件

嵌入式系统接口原理与应用

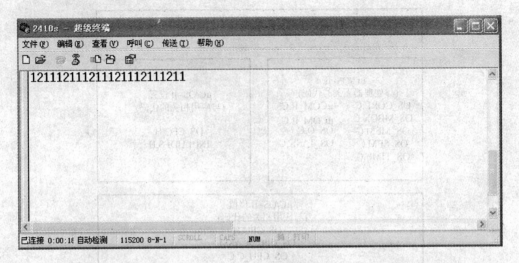

图 8-43　超级终端查看结果

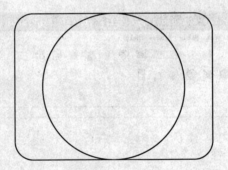

图 8-44　绘制图形

六、思　考

1. 打开 Example 目录下的 Application.c，修改 task1 和 task2 或者新建其他任务，让系统完成几个你想做的任务。

2. μC/OS-Ⅱ是如何利用定时器中断来实现多任务之间调度的？

参考文献

[1] 王根义,马德宝,杨黎斌.基于 ARM 的嵌入式最小系统架构研究.微计算机信息.2008.
[2] 唐塑飞.计算机组成原理[M].北京:高等教育出版社,1999.
[3] 魏洪兴.嵌入式系统设计师教程[M].北京:清华大学出版社,2006.
[4] 彭楚武.微机原理与接口技术[M].湖南:湖南大学出版社,2004.
[5] 符意德,陆阳.嵌入式系统原理及接口技术[M].北京:清华大学出版社,2007.
[6] 文全刚.汇编语程序设计——基于 ARM 体系结构[M].北京:北京航空航天大学出版社,2007.
[7] 王田苗,魏洪兴.嵌入式系统设计与实例开发[M].北京:清华大学出版社,2008.